# 变值体系理论基础及其应用

## 第一卷：理论基础及其应用

郑智捷　著

科学出版社

北　京

# 内 容 简 介

本书从向量 0-1 逻辑基础出发，通过理论基础到应用实例展示变值体系的分层结构化组织体系。

所涉及的内容包括从抽象基础理论到具体典型应用的宽泛领域，不同内容可以供对应专业人员参考。

**图书在版编目(CIP)数据**

变值体系理论基础及其应用. 第一卷, 理论基础及其应用/郑智捷著. —北京: 科学出版社, 2021.4

ISBN 978-7-03-068275-8

Ⅰ. ①变… Ⅱ. ①郑… Ⅲ.①密码术 Ⅳ. ①TN918.4

中国版本图书馆 CIP 数据核字 (2021) 第 040663 号

责任编辑: 孟　锐/责任校对: 彭　映
责任印制: 罗　科/封面设计: 义和文创

科学出版社 出版

北京东黄城根北街 16 号
邮政编码: 100717
http://www.sciencep.com

成都锦瑞印刷有限责任公司 印刷
科学出版社发行　各地新华书店经销

\*

2021 年 4 月第 一 版　开本: 787×1092　16
2021 年 4 月第一次印刷　印张: 24 3/4
字数: 578 000

定价: **298.00** 元
(如有印装质量问题, 我社负责调换)

谨以本书献给：
易经——古老东方经典变值体系
尹兰泽/郑苏民——慈爱的母亲/父亲
高庆狮——离散并行算法/计算机体系架构恩师
TL Kunii——元知识结构大师
Bob Beaumont——复杂系统优化顾问
斯华龄(H Szu) ——序列谱统计分析权威
张平——相濡以沫的妻子

中国科学技术大学/中国科学院大学研究生院成立40周年
1978~2018

# 序　言

郑智捷是中国科学院计算技术研究所高庆狮院士的首批研究生之一，我因之有机缘与其相识。此书发端于郑智捷读研时的工作 (并行分类算法 0-1 变换、变值体系)，四十年来他孜孜不倦，开拓进取，从理论到应用取得多方面成果，先后发表于多种学术刊物。为便利读者，他把自己研究所得汇集整理，成为两种内容互补的专著。此书为作者多年心血荟萃，非一般泛泛之作可比。我相信，对于那些从事书中述及应用领域工作的读者，在解决自己的问题时，无疑都能够从书中得到启发和帮助。对于其他读者，也可以开阔眼界，我于是乐意为之向读者推荐。是为序。

中国科学院软件研究所研究员，中国科学院院士

董韫美

北京，2018 年 4 月 25 日

作为联想汉字系统早期研发主持人，非常高兴地看到当年的合作者郑智捷在过去的三十多年，从中国科学院计算技术研究所创立的逻辑型汉字平滑放大算法出发，持续形成的基础研究成果"变值体系"形成专著。期待该类测量体系对前沿网络空间安全量子密码序列检测具有特色，乐于为序。

中国科学院计算技术研究所研究员，中国工程院院士

倪光南

北京，2018 年 4 月 26 日

郑智捷和我同为四十年前中国科学院研究生院计算机体系结构第一批研究生，他深受高庆狮院士的精心引导，进入并行算法和计算机体系。郑智捷是为数不多仍然坚守在基础理论研究和前沿应用领域的创新者。很高兴看到郑智捷将几十年研究成果汇集成专著，期待开拓的变值测量技术能为下一代的量子密码通信服务。为纪念中国科学院研究生院成立四十周年，作为同期同学的良好祝愿，特此为序。

中国科学院计算技术研究所研究员，中国工程院院士

李国杰

北京，2018 年 4 月 27 日

# 前　　言

## 0.1　引言和概述

在 21 世纪的世界科技发展中，现代计算机和通信系统在光纤通信全球互联网络的支持下对社会与经济运行及发展产生了深远的影响，深刻地改变了全球化的社会和经济体系。互联网络及其遍布世界的光纤通信系统，改变了世界地理和通信格局，形成空天海地一体化的全球互联网络时代。以量子卫星为代表的量子密钥通信技术和量子纠缠实验，从前沿应用研究的角度，展现了中国科学技术引领世界科学技术的典型事例。以 Alpha Go 为前导的人工智能最新成就，显示了基于深度学习、人工神经网络以及基于知识的支持向量机体系所展现的潜在自动化 / 智能化前景。展望工业 4.0 及其智能化发展模式所获得的成就，已经从诗歌机器人、服务机器人、弹琴机器人、人脸识别、姿态识别、无人飞机、无人驾驶汽车、无人潜艇等军用和民用高科技成果之中展露头脚，成为现代生活之中丰富多彩的高科技自动化 / 智能化系列产品。

众所周知，如此巨大变化的应用基础起源于利用半导体芯片技术而发展出的先进集成电路，批量生产制造出计算机和通信技术系统，从数学仿真和逻辑设计的角度，现代计算机和光纤通信系统其模拟和设计复杂线路的逻辑基础是 0-1 逻辑体系及其多位状态表示。而相关的电子线路设计和仿真理论基础可以追溯到 20 世纪 30 年代，香农利用逻辑体系进行逻辑线路设计形成开关线路理论，图灵提出抽象的图灵机模型，冯·诺伊曼建立起现代计算机体系架构，伴随着摩尔定理以一年半为周期加倍芯片密度的速度，优化出超大规模集成电路技术，在经历半个世纪的持续进化之后显现出神奇功能。

展望未来，前沿科学和应用技术的发展通常受制于基础理论与应用研究等方面的约束。从探寻基础研究成果的角度，我们在这个古老经典逻辑的层次上还能有什么新的作为，是一个十分有趣而异常困难的研究论题。

## 0.2　编写本书的目的

从 1980 年起经过四十年对 0-1 逻辑体系的深入探索特别是近十年的聚焦研究，2010 年作者为探索向量 0-1 逻辑体系建立起变值逻辑，形成了变值测量和变值图示等核心功能，同时针对应用论题进行典型应用研究。所获得的结果大多数分散在各类专业杂志、会议文集和不同的出版物中，对所做的基础和应用研究，很难得到完整的资料。同时各篇文章关注不同的局部论题，不能照顾后续的内容，单独阅读不易获得整体的感受。本书是第一本将变值测量体系研究内容按照内蕴的逻辑关系分类整理后的专著，主要的部分将已经发表的论文按照核心内容的先后次序选择出最具代表性的文章以部分、章、节的描述为主体。基于这样的分层结构化内容架构, 不同的读者可以从相关的部分、章、节和文献中, 方便地获得相应的内容。

## 0.3　为什么需要新的体系

现代计算机和通信系统, 利用开关线路理论以 $n$ 位逻辑单元对应 $2^n$ 个状态和 $2^{2^n}$ 种逻辑函数为核心, 配合与或非等位逻辑运算, 用状态自动机和组合逻辑单元位模块构造出不同的复杂计算与通信系统。从 $n$ 元线性系统求解方程的角度, 无论是多元代数方程、布尔方程还是微分方程, 通常伴随着 $n^2$ 数量级的矩阵元素和 $n$ 组特征向量。这些线性表示模式, 对周期序列方式求解的数学问题是有效的。但是对于拟周期、非周期随机和混沌等非线性超越矩阵形式的遍历型求解模式, 利用这类线性模型和方法难以获得恰当解答。

例如, 现代分组密码生成/分析系统的核心是置换和替代网络 (substitution permutation net, SPN), 这类网络连接的 $n$ 元输入/输出体系包含状态空间的置换操作, 对应的函数空间是以 $2^n!$ 成正比。从分组密码序列测量和分析的角度, 所需要的模型和方法的整体复杂程度, 远超出基于状态自动机和组合逻辑的开关线路理论。

现代数字计算和通信技术的基础为 $n$ 元经典逻辑体系, 全球化互联网络的发展伴随的海量数据模式, 超越利用 $n$ 组特征向量的模式, 无论是深度挖掘还是人工神经网络, 基于知识的支持向量机都无法满足这些以指数和超指数为标志的内部状态与表示函数的海量增长。以傅里叶变换和小波变换为主体的现代波谱分析模型、方法和技术, 对这类任意随机状态和非周期类型的复杂函数与海量数据, 难以获得收敛的结果。尽管量子力学及其现代光电信息技术与应用反复验证了这类前沿科学的有效性, 但在诺贝尔奖得主霍夫特提出元胞自动机型量子力学解释中, 研究成果表明, 在经典逻辑和量子力学体系之间存在着交集, 在普朗克尺度 $10^{-43}$ 范围内该类支撑体系为 $n$ 元 0-1 向量, 需要处理在状态集合上的置换结构。从转换状态计数的角度, 其结构复杂性同 $2^n!$ 种状态关联。

在经典统计模型中, 伊辛模型对 0-1 状态提供有效的分析机制。利用状态遍历的假定在一维和二维结构之上形成与平均场论模型和方法作对比的严格解。在更为约束的环境和条件下, 如在随机置换分布的条件下是否存在严格解, 是一类值得深入探讨的论题。近年来前沿纳米技术、光纤材料和激光超快量子光学技术已经获得长足进展, 在一系列的纳米材料实验中根据量子体/面/线和量子点的激发与吸收能谱演化进程, 所获得的光谱分布, 会逐渐从热噪声类型连续的宽谱, 收缩为离散状态的窄谱。尽管这一领域的焦点问题远离量子尺度, 但探讨的测量模型和方法在经典概率统计覆盖范围之内。由于所观察到的效应与状态空间的置换效应关联, 所以这类复杂变换模式难以利用现代概率统计模型和方法进行解释。

从分析随机序列源的角度, 最新的量子密钥分发需要具备有效的测量模型和量化测量方法, 以识别出所采用的随机序列源是真正的量子随机序列还是利用序列密码生成机制而产生出来的伪随机序列。利用 NIST 随机性测量统计检测包, 不能满足该类需求; 利用波谱分析和线性方程工具, 难以恰当地进行判断, 对随机性特征的分析和测量需要探索更为先进的模型和方法。对多变量 0-1 序列, 概率统计模型和方法是常见的分析工具。由于任意序列随机性判别问题本身的复杂性远超过组合分析和状态自动机的范围, 涉及复合模式的置换和替换运算,所引入变换效应超越非线性变换模式以应对实际测量和分析的需求。与现代物理前沿应用中的经典统计模型和方法相适应,需要建立起支持置换和替代分析模式的逻辑体系,形成恰当地解析前沿理论模型和技术方法的基础支撑。

从数理逻辑、自动控制、人工智能、量子调控、概率统计等前沿科技多个方面对随机序列分析和测量而言,利用 $n$ 元 0-1 向量及其线性组合,无法满足不同应用本身的需求。从随机序列检测的角度,需要在 $n$ 元 0-1 向量之上,加上置换和替换等类型的变换结构,以满足量子物理、前沿密码和人工智能等方向对随机序列分析和测量的前沿需求。从这个角度,出现新的测量体系是不可避免的前沿科技研究和应用需求。

## 0.4 现代群论发展概述

从离散变换的角度,任意有限群同构于有限对称群的一个子群。现代群论的起源可以追溯到 19 世纪 30 年代伽罗瓦的贡献,克莱因依据变换群的不变量模式,提出埃尔兰根纲领,该纲领体现了群论作为对称性模式形式化体系核心的超凡魅力。受到克莱因的激励,索菲斯·李利用无穷小对称变换算符建立李群代数体系。基于多元序对结构,哈密顿建立复数和四元数向量表示。通过不变量之王戈登的工作,希尔伯特利用有限基底构造出有限完备系,形成 $n$ 元变量的代数结构,1906 年形成支持无限维复变量的希尔伯特空间。

庞加莱通过自守函数在复变换函数群相空间结构的基础研究,深刻地影响现代复杂动态系统、分型和混沌理论体系。经过诺特的研究,与对称性和不变性关联的重要成果通过解析爱因斯坦广义相对论守恒变换模式,以诺特定理流传于世。不变量和对称性相关的研究也促使了以群、环、代数、域、格等各类抽象代数结构在 20 世纪中叶蓬勃发展。20 世纪 30 年代外尔建立量子力学的群论表示,从对称算符出发建立起量子力学表示的理论基础。40 年代起华罗庚在多复变量函数论中以单位圆为核心,在典型域上发展出丰硕的矩阵表示结果。

20 世纪 50 年代杨振宁推广外尔的规范表示形成规范场理论,陈省身针对复函数微分几何建立起纤维丛结构,从 80 年代起规范场理论体系成为现代物理的基础数学工具。现代基本粒子夸克模型特有的 8 重态/10 重态等表示,在近代粒子物理的标准模型和大统一理论探索中,表示为 SU(3)/SU(5) 特殊幺群结构。

## 0.5 简要 0-1 逻辑发展史

从数理逻辑发展的角度,现代 0-1 逻辑体系的起源可以追溯到 17 世纪 70 年代莱布尼茨发明二进制计数和组合分析模型。19 世纪 50 年代布尔形成代数体系,通过 20 世纪初逻辑学派的奠基工作,现代逻辑体系在现代数学基础架构中占据重要位置。20 世纪 30 年代哥德尔针对希尔伯特公理体系判定性问题提出不完备定理,受其激励,1936 年图灵利用无限长 0-1 序列在可读写操作下构造图灵机模型。在形式化的 λ 演算体系支撑下,Church-Turing 论题奠定递归函数和可计算理论基础。利用 0-1 变量及系列逻辑运算操作,1937 年香农利用布尔代数建立开关代数,为现代的计算机和通信系统模块设计模拟及实现提供了分析设计基础与技术实现原理支撑,也为半个世纪的高技术发展,为电子线路从分离元件系统到集成电路, 进而发展成为超大规模集成电路提供了基础理论、分析设计工具和前沿应用技术等多层次的复合技术支持。

尽管现代逻辑体系的起源可追溯到莱布尼茨, 但是利用置换模式映射不同状态的变换模式是古老东方易经系统在早期起源的阴阳表示原型中就已经具备的。在五千年前以伏羲八卦为代表的早期易经体系, 利用现代数学的对应关系, 三层阴阳变爻的八个卦象与三元 0-1 变量的八个状态表示结构是等价的。三千年前周文王创立的文王八卦, 是伏羲八卦的一类置换表示。而 11 世纪 50 年代邵雍利用二叉平衡树对阴阳体系所表示的自然序结构, 等价于莱布尼茨的二进制计数。

利用阴阳模式对称的整体构架原理, 古老东方的哲学先贤将这类模拟推理系统发展形成中华传统文化的逻辑根基。由于包含在这类古老的逻辑体系中的状态分划集合, 在不同的层次上容易形成包含自相矛盾的逻辑悖论, 所以以此为基础形成的朴素辩证逻辑推理体系, 不能满足现代数理逻辑基础体系所要求系列形式化推理需要遵循的重要特征: 完备性、无矛盾性、相容性等。

## 0.6　现代 0-1 向量代数

利用 $n$ 元 0-1 向量和拓展逻辑算符为向量操作模式, 是从一位状态扩展为多位状态表示的自然模式。除了按各位变量独立进行并行操作, 为了满足多个位值之间的置换变换, 需要具备对固定位置的对换和循环移位操作, 或者利用可控模式的左右移位来实现要求的置换变换功能。

20 世纪 70 年代, Lee 在现代开关线路理论著作中利用循环移位算符描述向量化逻辑体系, 从伴随的标准型函数和矩阵型运算公式中可以看到, 整体循环移位运算结构, 需要非常复杂和庞大的变换体系支撑。针对现代分组密码算法需求而发展出的先进向量扩展 (advanced vector extensions, AVS), 以及为强化 AES(高级加密标准, advanced encryption standard) 密码算法发展出的新指令集合 (AES-NI), 体现了这类发展的最新成果。在新型的置换和替代指令控制下, 复杂的密码算法能够高效地完成加密和解密的处理要求。

## 0.7　变值体系概要

作者从 1980 年起步研究 $n$ 元整数向量的并行分类问题, 利用对称群体系在 0-1 向量控制下构造高性能并行分类算法; 随后在二维黑白点阵上, 利用二值 0-1 图像点阵逻辑分析处理技术, 实现汉字字模的平滑放大功能。20 世纪 90 年代在四种黑白图像规则平面格上, 利用多元不变量分层结构组织特征模式空间 —— 相空间, 建立共轭分类和变换系统。2010 年以 $n$ 元 0-1 变量对应的 $2^n$ 状态群集为基础, 利用置换和互补两类复合运算结构, 形成新型向量逻辑体系: 变值逻辑。经过多年的深入探索, 变值体系初具规模, 由三个核心模块 (变值逻辑、变值测量、变值图示) 构成。

变值体系基于四种基元模式形成多种概率统计不变测度、量化表述和组合投影。已经发表的研究论文和专著章节超过 100 篇, 初步形成包括从理论基础到各类典型应用的原型系统。已发表的论文分散在遍布世界的不同杂志、会议文集和专著之中，不方便感兴趣的读者收集和阅读。本书系统地汇集相关论文，是包括理论基础和典型应用的第一本专著。挑选出最具代表性的论文系统地展现变值体系，以变值逻辑、变值测量、变值图示及其典型应用等构成其核心部分。

# 0.8　本书的结构和组织

本书由三个大的部分组成：理论基础、典型应用、系统探索，共包含 17 个部分，核心内容描述如下。

理论基础部分包含六个部分：变值逻辑、变值测量、变值图示、基元体系、分层结构化设计和量子交互计算模拟。

(1) 变值逻辑：从 $n$ 元 0-1 变量通过 $2^n$ 状态，形成 $2^n! \times 2^{2^n}$ 变值置换空间。

(2) 变值测量：对每个 $n$ 元 0-1 向量，建立四元基础测度和十种扩展算符。

(3) 变值图示：对 $2^n$ 状态空间，$2^{2^n}$ 转化状态空间，利用四基元测度及其高维组合作概率统计分布。

(4) 基元体系：利用分层知识表示模型，对规则空间和复杂系统提供形而上基元基础概念、理论模型支撑。

(5) 分层结构化设计：对复杂变换和系统在基元体系的支持下进行分层结构化设计模型与方法。

(6) 量子交互计算模拟：利用基元体系和变值测量综合形成针对量子交互等问题的基础算法模型与方法。

典型应用部分包含七个部分：基元体系、变值随机序列生成器、整体变值函数、模拟量子交互作用、二元随机序列变值图示、四元基因序列变值图示、多元脉冲序列变值图示。

(1) 基元体系：曾经研究和实现过的图像处理分析系统，按内容图像检索等设计原型系统案例。

(2) 变值随机序列生成器：变值逻辑为基础伪随机序列发生器。

(3) 整体变值函数：对元胞自动机相空间对称性研究/穷举型函数空间排列及其变换排列可视化。

(4) 模拟量子交互作用：四基元测度穷举型概率统计分布变值图示模拟量子交互作用。

(5) 二元随机序列变值图示：各类密码序列的统一测量模型和方法变值图示。

(6) 四元基因序列变值图示：全基因染色体序列的整体变值图示。

(7) 多元脉冲序列变值图示：心电图/蝙蝠回声/激光测量序列变值图示。

系统探索部分包含四个部分：整体变值函数、二元随机序列分析与图示、四元基因序列分析与图示、多元脉冲序列分析与图示。

(1) 整体变值函数：系统地探讨变值体系下布尔函数优化、动态测量及其元胞自动机规则空间排列。

(2) 二元随机序列分析与图示：随机序列检测模型、各类密码序列、综合变值测量可视化复杂案例。

(3) 四元基因序列分析与图示: 基因序列、非编码基因检测、整体基因序列可视化。

(4) 多元脉冲序列分析与图示: 复杂脉冲信号系统综合处理模型和方法、心电信号检测、时间序列分析等。

全书由三个分册构成: 第一卷《理论基础及其应用》; 第二卷《核心应用及其探索》; 第三卷《综合系统探索》。

## 0.9　本书的适用群体

本书所涉及的内容包括从基础理论到典型应用的宽泛领域, 不同的部分可以提供给不同的专业人员作参考。在第一卷中, 变值逻辑/变值测量部分适合于基础逻辑、概率统计、量化分析和测量研究人员, 以及关注基础数学、组合数学、元数学、量子逻辑和组合群论的研究人员与研究生; 变值测量/变值图示部分适合于模型分析、海量大数据分析、多层特征组织和提取、人工智能、应用数学和软件工程师群体的分析设计工程师、高年级大学生与研究生; 变值图示/典型应用部分适合为复杂系统分析/设计、数据工程师、人工智能海量数据工程师、应用开发工程师、研究生和高年级本科生及其关注变值测量应用的群体提供典型案例支持。第二卷和第三卷包含不同层次的具体处理案例与实现原型, 适合于各类面向应用开发和设计技术团队成员。

郑智捷

中国云南省昆明市

2018 年 4 月

# 致　　谢

作者对长期支持研究工作的同仁 (郑昊航、刘建忠、陈涛、罗颙重、苗启明、洪昆辉、韩菡、李彤、杨义先、李丽珍、韩正甫、谷大武、杨维忠、罗静、周维、李劲、姚绍文、唐年胜、胡金明、张林、王仲民、吕梁、谢颖夫、马天星、孟捷、张曙、杨夏舟、普小云、王威廉、施新凌、余江、史衍丽、张俊、山路、林英、张云春、刘文奇、李一民、李勃、杨秀国、严明、Jerry Madakbas、Dennis Heim、Olga Heim、Colin Campbell 等) 的鼓励、批评、讨论和校正等多方面的帮助表示感谢。

对过去十多年来共同探索和深入研究的学生团队 (蔡冰晶、赵文嘉、康青、于志强、李清平、周垚、晚洁、王欢、朱桀骜、卜琴仙、张魏琼、完竹、王安、刘玉倩、杜磊、沈若愚、陈河源、吉艳、翟国秀、曾平安、刘文嘉、吴若雪、吴丽鑫、杨忠昊、冷莉华、侯智慧、毛钰源、罗亚明、李哲斐、郑诣枫、杜流云、张中蔚、郑华仙、张鑫等，以及其他的本科生和研究生团队) 表示感谢。通过系列讨论会、专题项目等，学生团队与作者共同参与的广泛探索包括二值随机序列/四值基因序列/各类多值数值序列等复杂数据序列的深入挖掘。

作者特别感谢 Kunii、Bob Beaumont 与斯华龄几十年来始终如一的友谊和多方面的支持、帮助与鼓励，共同探讨元知识模型、密码/基因/心电图序列等复杂应用、信号频谱分析及其辨识等基础和前沿论题。

感谢以下四个主要研究基金项目的支持，保证作者能够如期地完成本册书稿的详细内容的编辑工作。分别是：国家自然科学基金"组合熵概率统计方法测试量子密码序列统计分布特性"，云南省科技厅"量子保密通信关键技术研究与开发"(2018ZI002)；国家自然科学基金"随机序列的多元统计测量可视化分布特性研究"(61362014)；云南省海外高层次人才项目。

感谢云南省统计建模与数据分析重点实验室的国家自然科学基金项目 (11731011) 支持，将变值体系专著第 1 卷从黑白版面，整体提升为精美的彩色精装版本系列。

最后，感谢下列报刊许可使用已发表的两篇研究论文。《成都信息工程学院学报》：变值配置函数空间整体编码族的二维对称性。《系统工程理论与实践》：选举理论模型及其在解决多位候选人内蕴的不确定性问题中的应用。

# 目　　录

### 第一部分　理论基础——变值逻辑

第 1 章　变值配置函数空间整体编码族 ·················································· 5
　1.1　基本定义 ················································································ 6
　　1.1.1　向量 0-1 序列 ··································································· 6
　　1.1.2　逻辑变量的变值特性 ························································· 6
　1.2　$n$ 元向量变量状态空间和配置函数空间 ······································ 6
　　1.2.1　$n$ 元向量变量和基元状态 ·················································· 6
　　1.2.2　顺序编码：邵雍–莱布尼茨编码 ············································ 7
　　1.2.3　一维编码——广义编码和配置函数空间 ··································· 8
　　1.2.4　二维编码 ········································································· 9
　　1.2.5　伏羲编码和共轭编码 ························································· 10
　　1.2.6　几种编码方案比较 ···························································· 11
　1.3　单变量和双变量的表示结构 ······················································ 11
　　1.3.1　基本模式 ········································································· 11
　　1.3.2　单变量配置函数空间 ························································· 12
　　1.3.3　单变量函数的 SL 编码和 C 编码表示 ···································· 12
　　1.3.4　共轭表示的定理和推论 ······················································ 13
　1.4　双变量的表示结构 ·································································· 13
　1.5　结论 ······················································································ 16
　参考文献 ······················································································ 16
第 2 章　变值表示等价多元逻辑函数 ··················································· 19
　2.1　经典逻辑总表 ·········································································· 19
　2.2　变值逻辑表格 ·········································································· 19
　2.3　状态空间 ················································································ 19
　2.4　基元逻辑函数 ·········································································· 20
　2.5　两变量函数展现 ······································································· 20
　2.6　分解例子 ················································································ 22
　参考文献 ······················································································ 22
第 3 章　变值逻辑体系与群组悖论 ······················································ 23
　3.1　概述 ······················································································ 23
　　3.1.1　统一的泛逻辑体系 ···························································· 23
　　3.1.2　满足及不满足健全性的逻辑系统 ··········································· 24
　3.2　变值逻辑体系 ·········································································· 24

　　　3.2.1　变值逻辑基础 ································································· 25

　　　3.2.2　在变值体系中的四种变换类型 ··········································· 25

　　　3.2.3　两类扩展向量运算: $P, \Delta$ ················································· 25

　　3.3　变换例子 ······································································· 25

　　　3.3.1　真值表类型转换 ····························································· 25

　　　3.3.2　配置函数空间: 可视化例子 ··············································· 27

　　3.4　在泛逻辑体系之上的变值逻辑体系 ········································· 27

　　3.5　在 0-1 向量状态群集中的群组悖论 ········································· 28

　　　3.5.1　简单例子 ····································································· 29

　　　3.5.2　推广情况 ····································································· 29

　　　3.5.3　推广到复矩阵 ······························································· 29

　　3.6　结论 ············································································· 30

　　参考文献 ············································································· 30

第 4 章　在共轭向量变换和复变测量系统中的测量算符——从局部逻辑计算到整体
　　　　　哈密顿动力学 ·························································· 31

　　4.1　概述 ············································································· 31

　　4.2　变换结构 ······································································· 32

　　　4.2.1　核结构 ······································································· 32

　　　4.2.2　相空间和共轭相空间 ······················································· 32

　　　4.2.3　共轭分类 ($2n$ 个特征类) ················································· 32

　　4.3　配置 ············································································· 33

　　　4.3.1　两个特征向量集合 ························································· 33

　　　4.3.2　不可约表达式 ······························································· 34

　　4.4　变换方程 ······································································· 35

　　　4.4.1　特征向量的基本方程 ······················································· 35

　　　4.4.2　变换特性 ····································································· 35

　　4.5　共轭变换结构 ··································································· 37

　　　4.5.1　布尔向量代数 ······························································· 37

　　　4.5.2　共轭向量代数 ······························································· 38

　　　4.5.3　运算特性 ····································································· 39

　　　4.5.4　扩展算符 ····································································· 41

　　4.6　测量结构 ······································································· 42

　　　4.6.1　复数表示 ····································································· 42

　　　4.6.2　动力学测量算符 ····························································· 44

　　　4.6.3　示例 ··········································································· 45

### 第二部分　理论基础——变值测量

第 5 章　变值测量的基本方程 ······················································· 49

　　5.1　概述 ············································································· 49

　5.2　基本方程 ···································································· 49

　　5.2.1　A 型测量 ························································· 50

　　5.2.2　B 型测量 ························································· 50

　　5.2.3　分划结构 ························································· 51

　5.3　变换空间 ···································································· 51

　5.4　不变的组合结构 ························································· 52

　　5.4.1　A 型测量 ························································· 52

　　5.4.2　B 型测量 ························································· 52

　5.5　B 型组合公式 ···························································· 52

　5.6　两组变换公式及其量化分布 ········································ 53

　　5.6.1　例子 I ······························································ 53

　　5.6.2　例子 II ····························································· 54

　　5.6.3　结果分析 ························································· 55

　5.7　结论 ············································································ 56

　参考文献 ············································································ 56

第 6 章　变值三角形的对称性 ·············································· 58

　6.1　概述 ············································································ 58

　　6.1.1　相关的工作 ····················································· 58

　　6.1.2　先前的工作 ····················································· 59

　　6.1.3　结果 ································································· 59

　6.2　基本定义和样本 ···························································· 59

　6.3　三项式恒等式 ······························································ 61

　6.4　非平凡和平凡区域 ······················································ 63

　　6.4.1　非平凡区域 ····················································· 63

　　6.4.2　平凡区域 ························································· 63

　　6.4.3　非平凡边界值的对称特性 ···································· 64

　6.5　投影特性 ····································································· 67

　　6.5.1　两个投影 ························································· 67

　　6.5.2　变值三角序列 ·················································· 70

　　6.5.3　线性序列 ························································· 71

　　6.5.4　偶序列 ····························································· 71

　6.6　样本展现 ····································································· 72

　6.7　查询结果 ····································································· 73

　6.8　结论 ············································································ 75

　参考文献 ············································································ 75

第 7 章　变值三角形表示及其序列生成方法 ························· 76

　7.1　概述 ············································································ 76

7.1.1　研究背景 ·······················································································76
7.1.2　主要工作 ·······················································································77
7.1.3　本章结构 ·······················································································77
7.2　相关理论及技术 ······················································································78
7.2.1　组合数学 ·······················································································78
7.2.2　元胞自动机 ···················································································78
7.2.3　变值三角形型及状态群聚 ·······························································78
7.3　模型和算法 ·····························································································80
7.3.1　计算模型描述 ················································································80
7.3.2　算法描述 ·······················································································80
7.4　三角数据生成及结构化 ···········································································82
7.4.1　体系结构 ·······················································································82
7.4.2　工作流程 ·······················································································82
7.4.3　变值三角值生成 ·············································································83
7.4.4　变值数值及序列构建 ·······································································86
7.4.5　数值校验 ·······················································································86
7.4.6　用户界面 ·······················································································87
7.5　数据结构化 ·····························································································88
7.5.1　总体说明 ·······················································································88
7.5.2　几何结构化 ···················································································88
7.5.3　投影序列化 ···················································································89
7.6　结果示例及分析 ······················································································91
7.6.1　几何结构化结果 ·············································································91
7.6.2　序列化结果 ···················································································96
7.6.3　运算效率 ·······················································································96
7.7　结论 ·······································································································99
参考文献 ······································································································99
第 8 章　成对位向量的分组变换——整体量化特性 ···············································100
8.1　研究背景 ······························································································100
8.2　多元位向量状态表示 ··············································································101
8.3　三类整体变换分析 ·················································································103
8.4　整体变换特性比较 ·················································································104
8.5　结论 ·····································································································104
参考文献 ·····································································································104
第 9 章　成对位向量的分组变换——分层群集 ·····················································106
9.1　研究背景 ······························································································106
9.1.1　密码序列分析策略 ·········································································106
9.1.2　基于位向量的测量模型 ···································································107

9.1.3 典型攻击方法 ·················································································· 107

9.1.4 变值逻辑体系 ·················································································· 107

9.1.5 本章的内容组织 ·············································································· 107

9.2 多元位向量状态表示 ············································································· 108

9.2.1 多元位向量和索引 ·········································································· 108

9.2.2 变换位向量结构 ·············································································· 108

9.2.3 变换索引的置换算符 ······································································· 108

9.2.4 四基元测量算符及其测度 ································································ 109

9.2.5 六对测量算符及其测度 ···································································· 110

9.2.6 基本测量算符集合及其测度 ···························································· 110

9.3 分层描述的变换测度 ············································································· 110

9.3.1 变换测度 ························································································ 110

9.3.2 等价关系 ························································································ 111

9.3.3 互补测量算符 ················································································· 111

9.4 从变换测度到变换基和群集索引 ····························································· 112

9.4.1 单个测量度量的变换基和群集索引 ·················································· 112

9.4.2 成对测量度量的变换基和群集索引 ·················································· 113

9.5 对称约束下的变换测度 ·········································································· 114

9.6 对称约束下的变换例子 ·········································································· 115

9.6.1 顺序排列的变换 ·············································································· 115

9.6.2 满足对称排列条件的变换 ································································ 115

9.6.3 不同排列条件的比较 ······································································· 116

9.7 密码序列图示化展现 ············································································· 116

9.7.1 穷举排列模式 ················································································· 116

9.7.2 成对算符作用排列模式 ···································································· 117

9.7.3 简要分析 ························································································ 121

9.8 结论 ·································································································· 121

参考文献 ·································································································· 121

第三部分　理论基础——变值图示

第 10 章　基于变值测量基本方程形成变值图示 ··············································· 127

10.1 概述 ································································································· 127

10.2 从测量到图示 ···················································································· 127

10.2.1 例 1 ····························································································· 127

10.2.2 例 2 ····························································································· 128

10.3 转化效果 ··························································································· 129

10.3.1 例 1 ····························································································· 129

10.3.2 例 2 ····························································································· 129

10.4　结果分析 ································································· 129

10.5　结论 ····································································· 133

第 11 章　三种 0-1 随机序列在矩阵变换和变值变换下的统计系综测量 ············ 134

11.1　概述 ····································································· 134

11.1.1　信号分析和处理 ················································· 134

11.1.2　变值体系 ······················································· 135

11.1.3　本章的结果 ····················································· 135

11.2　理论模型 ································································· 135

11.2.1　A 类模式 ······················································· 135

11.2.2　B 类模式 ······················································· 136

11.2.3　C 类模式 ······················································· 136

11.2.4　三种变换模式的比较 ············································· 136

11.2.5　离散信号的频率谱 ··············································· 137

11.2.6　关键特征 ······················································· 137

11.3　统计分布下的两种变换模式 ················································· 137

11.3.1　核心变换模块 ··················································· 137

11.3.2　三组选择的随机序列 ············································· 137

11.4　处理结果 ································································· 137

11.5　结果分析 ································································· 143

11.5.1　对图 11.3 的分析描述 ············································ 143

11.5.2　对图 11.4~图 11.7 的分析描述 ····································· 143

11.5.3　两种变换模式的主要差别 ········································· 144

11.6　结论 ····································································· 144

参考文献 ········································································ 145

第四部分　理论基础——基元体系

第 12 章　分层知识表示概念细胞模型 ············································ 149

12.1　知识模型和实用知识建模系统 ··············································· 149

12.1.1　知识理论模型 ··················································· 149

12.1.2　工程建模知识构造系统 ··········································· 150

12.2　概念细胞模型 ····························································· 151

12.2.1　生物细胞和概念细胞之间的区别与联系 ····························· 151

12.2.2　有向无圈图 ····················································· 151

12.2.3　细胞模型 ······················································· 153

12.2.4　生成步骤 ······················································· 153

12.2.5　构造例子 ······················································· 153

12.2.6　基元分类 ······················································· 154

12.3　基元分划和命名 ··························································· 154

12.3.1 命名描述节点组 ·································································· 155

12.3.2 命名过程节点 ······························································· 155

12.3.3 三类节点组合 ······························································· 155

12.4 概念细胞家族 ······································································· 155

12.4.1 分层构造特性 ······························································· 157

12.4.2 扩展内部格的基本方法 ················································· 157

12.4.3 扩展描述格的方法 ························································· 158

12.5 构造实例 ············································································· 159

12.6 不同知识模型和应用系统比较 ············································· 160

12.7 结论 ··················································································· 160

参考文献 ····················································································· 162

第 13 章　选举理论模型及其在解决多候选人内蕴不确定性问题中的应用 ············· 164

13.1 选举系统和方法 ··································································· 164

13.1.1 简要综述 ······································································· 164

13.1.2 选举的废票和不确定问题 ············································· 165

13.2 简单选举模型 ······································································· 165

13.2.1 选举中的关键词组 ························································· 165

13.2.2 定义 ·············································································· 165

13.2.3 可分离条件和不确定条件 ············································· 166

13.2.4 四种附加策略 ······························································· 167

13.2.5 要多精确才算精确 ························································· 167

13.2.6 改变焦点——从无效票到有效票 ···································· 167

13.3 复合选票模型 ······································································· 168

13.3.1 定义 ·············································································· 168

13.3.2 特征分划 ······································································· 169

13.3.3 特征矩阵表示 ······························································· 170

13.3.4 概率特征向量 ······························································· 171

13.3.5 两个概率向量之间的差值 ············································· 172

13.3.6 置换不变群 ···································································· 173

13.3.7 多个概率向量及其特征索引 ·········································· 174

13.3.8 CBM 结构和可分离定理 ··············································· 174

13.3.9 主要结果 ······································································· 175

13.4 结论和未来方向 ··································································· 175

参考文献 ····················································································· 176

第 14 章　在网络空间环境中综合分析设计可视化体系 ······························ 177

14.1 概述 ··················································································· 177

14.1.1 当前状态 ······································································· 177

14.1.2 分析和设计的工具与方法 ············································· 178

14.2　体系结构基础 ······························································179

14.2.1　经典分析与综合 ··················································179

14.2.2　新的模型和方法 ··················································180

14.2.3　CW 元胞结构化方法 ··············································181

14.2.4　共轭图像分析方法 ················································181

14.3　宏观系统分析模型 ························································182

14.4　统一的分析设计模型和方法 ················································184

14.5　两类分析设计模型和方法比较 ··············································186

14.6　应用例子 ································································186

14.6.1　例 14.1：DECISION 体系结构 ·······································186

14.6.2　例 14.2：CSIE 图像增强器结果展示 ·································188

14.6.3　例 14.3：变值函数相空间 ··········································189

14.7　分析设计模型的核心特性 ··················································190

14.8　结论 ····································································191

参考文献 ········································································191

## 第五部分　理论基础——分层结构化设计

## 第 15 章　高层次人才培养框架和教育体系结构问题探讨 ·····························197

15.1　高层次人才教育现状 ······················································197

15.1.1　钱学森之问 ······················································197

15.1.2　网络空间安全 ····················································198

15.1.3　网络空间安全人才的市场需求 ········································198

15.2　从过马路看道路安全问题 ··················································198

15.2.1　同道路安全有关的问题 ··············································198

15.2.2　可以看到的问题 ··················································199

15.3　分层结构化教育模型 ······················································199

15.4　四个层次解释 ····························································200

15.4.1　普及层——通识教育 ···············································200

15.4.2　培养层——通识教育 ···············································200

15.4.3　综合教育 ························································201

15.4.4　先进教育 ························································201

15.5　教育规划例子 ····························································202

15.6　结论 ····································································203

参考文献 ········································································203

## 第 16 章　生物测量学与现代知识综合组织信息管理系统 ···························204

16.1　概述 ····································································204

16.2　生物测量学应用中不同层次复杂性 ··········································204

16.3　适用的概念、方法和实用工具 · · · · · · · · · · · · · · · · · · · · · · · · · · · · · · · · 205
16.4　未来社会需要 · · · · · · · · · · · · · · · · · · · · · · · · · · · · · · · · · · · · · · · · · · · · · · 207
16.5　基本发展策略 · · · · · · · · · · · · · · · · · · · · · · · · · · · · · · · · · · · · · · · · · · · · · · 208
参考文献 · · · · · · · · · · · · · · · · · · · · · · · · · · · · · · · · · · · · · · · · · · · · · · · · · · · · · · 208
第 17 章　利用图像不变性特征索引和自组织管理技术开发按图像内容检索应用系统 · · 210
17.1　多媒体检索体系结构 · · · · · · · · · · · · · · · · · · · · · · · · · · · · · · · · · · · · · · · · 210
17.1.1　图像特征索引模块 · · · · · · · · · · · · · · · · · · · · · · · · · · · · · · · · · · · 211
17.1.2　结构化索引组织模块 · · · · · · · · · · · · · · · · · · · · · · · · · · · · · · · · 212
17.1.3　控制/管理模块 · · · · · · · · · · · · · · · · · · · · · · · · · · · · · · · · · · · · · · 214
17.2　核心系统 · · · · · · · · · · · · · · · · · · · · · · · · · · · · · · · · · · · · · · · · · · · · · · · · · · · 214
17.3　潜在应用 · · · · · · · · · · · · · · · · · · · · · · · · · · · · · · · · · · · · · · · · · · · · · · · · · · · 217
17.3.1　面向个人用户的图像综合管理查询系统 $(10^3 \sim 10^5)$ · · · · · · · 217
17.3.2　专用图像查询管理系统 $(10^4 \sim 10^6)$ · · · · · · · · · · · · · · · · · · 217
17.3.3　超大规模专用图像检索系统 $(10^5 \sim 10^8)$ · · · · · · · · · · · · · · 218
17.4　结论 · · · · · · · · · · · · · · · · · · · · · · · · · · · · · · · · · · · · · · · · · · · · · · · · · · · · · · 218
参考文献 · · · · · · · · · · · · · · · · · · · · · · · · · · · · · · · · · · · · · · · · · · · · · · · · · · · · · · 218
第 18 章　面向乳腺图像自动分析处理的模型和方法 · · · · · · · · · · · · · · · · · · · · · · · 219
18.1　概述 · · · · · · · · · · · · · · · · · · · · · · · · · · · · · · · · · · · · · · · · · · · · · · · · · · · · · · 219
18.1.1　模式识别方法 · · · · · · · · · · · · · · · · · · · · · · · · · · · · · · · · · · · · · · · 219
18.1.2　包块形状和边缘 · · · · · · · · · · · · · · · · · · · · · · · · · · · · · · · · · · · · · 220
18.2　在共轭图像技术中基元形状特征 · · · · · · · · · · · · · · · · · · · · · · · · · · · · · · · 221
18.3　应用于微钙化点群聚检测和图像增强处理 · · · · · · · · · · · · · · · · · · · · · · · 223
18.4　三种微钙化点检测模式对比 · · · · · · · · · · · · · · · · · · · · · · · · · · · · · · · · · · · 224
18.5　结论 · · · · · · · · · · · · · · · · · · · · · · · · · · · · · · · · · · · · · · · · · · · · · · · · · · · · · · 225
参考文献 · · · · · · · · · · · · · · · · · · · · · · · · · · · · · · · · · · · · · · · · · · · · · · · · · · · · · · 225
第 19 章　黎曼流形和外尔流形之间的区别与联系 · · · · · · · · · · · · · · · · · · · · · · · · · 228
19.1　概述 · · · · · · · · · · · · · · · · · · · · · · · · · · · · · · · · · · · · · · · · · · · · · · · · · · · · · · 228
19.2　黎曼流形定义 · · · · · · · · · · · · · · · · · · · · · · · · · · · · · · · · · · · · · · · · · · · · · · · 228
19.3　外尔流形定义 · · · · · · · · · · · · · · · · · · · · · · · · · · · · · · · · · · · · · · · · · · · · · · · 229
19.3.1　外尔流形定义中的条件 (1) 就是满足豪斯多夫分离公理 · · · · · · · · · · · 229
19.3.2　外尔流形定义中的条件 (2) 是要求流形中的任意一点的一个邻域同胚于欧氏空间的一个开集 · · · · · · · · · · · · · · · · · · · · · · · · · · · · · · · · · · · · · · · · · · · · · · · · · 230
19.3.3　外尔流形定义与现代 $n$ 维流形定义一致 · · · · · · · · · · · · · · · 230
19.4　黎曼流形与外尔流形的本质区别 · · · · · · · · · · · · · · · · · · · · · · · · · · · · · · · 230
19.4.1　外尔流形定义的重要特性是局部欧氏坐标系而黎曼流形定义无此要求 · · · · 230
19.4.2　黎曼流形、外尔流形是两种不同的数学思想 · · · · · · · · · · · · · 231
19.4.3　外尔流形是黎曼流形在光滑曲面上的发展 · · · · · · · · · · · · · · · 232
19.5　结论 · · · · · · · · · · · · · · · · · · · · · · · · · · · · · · · · · · · · · · · · · · · · · · · · · · · · · · 233

参考文献 ···································································································· 233

## 第六部分　理论基础——量子交互计算模拟

### 第 20 章　逻辑 NOT 算符的 $n$ 次根量子计算方法 ··························· 237
20.1　概述 ······························································································· 237
20.1.1　平方根逻辑 NOT 运算问题 ··········································· 237
20.1.2　复数有序对的历史 ························································· 238
20.2　逻辑 NOT 算符的平方根解 ································································ 238
20.3　逻辑 NOT 算符的 $n$ 次方根解 ·························································· 239
20.4　结论 ······························································································· 241
参考文献 ···································································································· 242

### 第 21 章　玻尔互补原理不成立的现代精密测量实验证据 ··············· 244
21.1　概述 ······························································································· 244
21.1.1　爱因斯坦–玻尔量子波粒性论战 ····································· 245
21.1.2　玻尔波粒互补原理 ························································· 245
21.2　经典双缝实验 ··················································································· 245
21.3　费曼断言 ························································································· 246
21.4　阿夫夏双缝实验模型 ········································································· 246
21.5　实验结果 ························································································· 246
21.6　典型结果分析 ··················································································· 247
21.7　与阿夫夏系列实验结果对应的变值图示量子交互关系 ·························· 249
21.8　结论 ······························································································· 249
参考文献 ···································································································· 250

### 第 22 章　统计分布区间分划的逐次迭代分析方法 ·························· 251
22.1　概述 ······························································································· 251
22.1.1　统计分布序列 ································································ 251
22.1.2　动态构造模型 ································································ 251
22.2　体系结构与模型介绍 ········································································· 251
22.2.1　迭代构造模型 ································································ 252
22.2.2　可视化模型 ··································································· 252
22.3　结果展示 ························································································· 252
22.3.1　泊松分布序列与周期脉冲序列迭代结果展示 ···················· 253
22.3.2　连续正态分布及其分离结果展示 ······································ 256
22.4　结论 ······························································································· 264
参考文献 ···································································································· 264

### 第 23 章　利用随机序列在矩阵和变值变换下模拟从福克态到泊松态的统计系
综测量图示 ·············································································· 265
23.1　概述 ······························································································· 265

　　　　23.1.1　光量子统计状态分布 ························································· 265

　　　　23.1.2　光量子态的平稳/非平稳随机过程 ········································ 265

　　　　23.1.3　问题 ······································································· 266

　　　　23.1.4　矩阵变换,特征值谱分析和谱密度分布 ·································· 266

　　　　23.1.5　变值体系 ································································· 267

　　　　23.1.6　本章的结果 ······························································ 267

　　23.2　模拟模型 ·········································································· 267

　　　　23.2.1　统计分布下的两种变换模式 ············································· 267

　　　　23.2.2　核心变换模块 ···························································· 268

　　　　23.2.3　三组选择的随机序列 ···················································· 268

　　23.3　处理结果 ·········································································· 268

　　23.4　结果分析 ·········································································· 269

　　　　23.4.1　对图 23.3 的分析描述 ·················································· 269

　　　　23.4.2　对图 23.4~图 23.7 的分析描述 ········································· 269

　　　　23.4.3　两种变换模式的主要差别 ·············································· 278

　　23.5　结论 ·············································································· 278

　　参考文献 ··············································································· 278

第 24 章　变值测量与 FFT 矩阵方法在随机序列下的非平稳随机性 ··············· 280

　　24.1　概述 ·············································································· 280

　　24.2　实验基础 ·········································································· 280

　　　　24.2.1　快速傅里叶变换 ························································· 280

　　　　24.2.2　变值体系 ································································· 281

　　24.3　实验方法 ·········································································· 281

　　24.4　实验结果 ·········································································· 283

　　　　24.4.1　FFT 方法 ································································· 283

　　　　24.4.2　变值图示方法 ···························································· 284

　　24.5　结果分析 ·········································································· 285

　　24.6　结论 ·············································································· 286

　　参考文献 ··············································································· 286

## 第七部分　典型应用——分层结构化系统

第 25 章　基于反演集合数学方法的非经典感受野模型 ····························· 291

　　25.1　概述 ·············································································· 291

　　25.2　经典感受野与非经典感受野 ······················································ 291

　　25.3　基于反演集合的经典感受野模型 ·················································· 294

　　25.4　基于反演集合的非经典感受野模型 ················································ 296

　　25.5　结论 ·············································································· 298

　　参考文献 ··············································································· 299

**第 26 章　利用并发跳表构造云数据处理双层索引** ································· 300

26.1　概述 ····························································· 300

26.2　相关工作 ························································· 301

26.3　利用跳表机制的双层索引架构 ······································· 302

　　26.3.1　跳表简介 ··················································· 302

　　26.3.2　双层索引整体架构 ··········································· 302

　　26.3.3　双层可扩展索引的构造过程 ··································· 303

　　26.3.4　局部索引向全局索引发布元节点 ······························· 304

　　26.3.5　可扩展索引结构的查询处理 ··································· 305

　　26.3.6　分裂合并算法 ··············································· 306

26.4　基于并发跳表的上层索引设计 ······································· 308

　　26.4.1　设计的动机 ················································· 308

　　26.4.2　并发跳表与优化并发控制 ····································· 308

　　26.4.3　并发跳表的节点定义 ········································· 309

　　26.4.4　并发跳表基本操作 ··········································· 310

　　26.4.5　并发跳表 (concurrent skiplist) 正确性分析 ··················· 313

26.5　实验 ····························································· 315

26.6　结论 ····························································· 318

参考文献 ······························································· 318

**第 27 章　利用融合无线传感器网络的 $k$-集覆盖分布式算法** ··············· 320

27.1　概述 ····························································· 320

27.2　问题描述及融合覆盖博弈模型 ······································· 321

　　27.2.1　基于融合的 $k$-集覆盖优化问题 ······························· 321

　　27.2.2　融合覆盖博弈模型 ··········································· 321

27.3　分布式算法 ······················································· 323

　　27.3.1　节点覆盖效用的独立性 ········································· 323

　　27.3.2　基于局部信息、分布式的 $k$-集覆盖优化算法 ··················· 323

27.4　实验 ····························································· 325

　　27.4.1　算法的覆盖性能 ············································· 326

　　27.4.2　算法的收敛速度 ············································· 327

27.5　语论 ····························································· 328

参考文献 ······························································· 329

**第 28 章　基于分层结构化设计实现乳腺癌诊断原型系统** ··················· 331

28.1　概述 ····························································· 331

28.2　系统架构设计 ····················································· 332

28.3　系统功能模块设计 ················································· 334

28.4　搜索乳腺疾病诊断系统的分层结构设计 ······························· 335

28.5　检索系统设计 ····················································· 336

28.6　用户界面设计 ················································································· 336

28.7　基础功能和操作系统与界面的实现 ··············································· 338

28.8　结论 ···························································································· 339

### 第八部分　典型应用——变值随机序列生成器

**第 29 章　变值随机序列生成算法及其随机性检测** ······························· 343

29.1　概述 ···························································································· 343

29.2　变值逻辑方法生成随机序列 ························································· 343

29.3　与 BBS 等生成模型的交叉比较试验 ·············································· 344

29.4　结论 ···························································································· 345

参考文献 ······························································································ 345

**第 30 章　增强型变值伪随机数序列发生器的设计与实现** ······················ 347

30.1　概述 ···························································································· 347

30.1.1　研究背景 ·············································································· 347

30.1.2　国内外现状 ··········································································· 348

30.1.3　本章内容 ·············································································· 348

30.1.4　本章的组织结构 ····································································· 348

30.2　变值逻辑体系 ··············································································· 348

30.2.1　变值逻辑 ·············································································· 348

30.2.2　变值伪随机数发生器的可行性 ·················································· 349

30.3　增强型变值伪随机数发生器 ·························································· 349

30.3.1　增强型变值伪随机数发生器设计方案 ········································· 349

30.3.2　输入转化和输出控制机制 ························································ 349

30.3.3　并行计算机制 ········································································ 350

30.4　变值逻辑运算 ··············································································· 350

30.4.1　变值逻辑空间表分析 ······························································ 352

30.4.2　增强型变值逻辑生成算法 ························································ 354

30.4.3　置换参数生成 ········································································ 357

30.4.4　互补参数生成 ········································································ 358

30.5　基于变值逻辑的伪随机数序列性能检测 ··········································· 359

30.5.1　散点图模型测试 ····································································· 359

30.5.2　伪随机序列测试方法 ······························································ 360

30.5.3　测试结果及分析 ····································································· 361

30.6　结论 ···························································································· 363

参考文献 ······························································································ 363

# 第一卷的作者目录

郑智捷　　云南省量子信息重点实验室，云南省软件工程重点实验室，云南大学软件学院

杨忠昊　　云南省农村信用社结算中心

罗亚明　　云南大学软件学院

张鑫　　　云南大学软件学院

郑昊航　　Tahto 公司，悉尼，澳大利亚

斯华龄　　美国天主教大学，华盛顿特区，美国

文讯　　　墨尔本，澳大利亚

吕梁　　　云南省第一人民医院放射科

谢颖夫　　云南省第一人民医院计算中心

刘建忠　　云南省量子信息重点实验室，云南省软件工程重点实验室

周维　　　云南大学软件学院

路劲　　　云南大学软件学院

周可人　　云南大学软件学院

姚绍文　　云南大学软件学院

李劲　　　云南大学软件学院

岳昆　　　云南大学信息学院

刘惟一　　云南大学信息学院

赵文嘉　　新加坡

杨维忠　　复旦大学计算机学院，云南大学软件学院

王安　　　恒生电子股份有限公司，杭州

宋静　　　中国联通，北京

# 第一部分

# 理论基础——变值逻辑

> 逻辑是不可战胜的,因为反对逻辑还得使用逻辑。
>
> ——Pierre Boutroux
>
> 易有太极,是生两仪,两仪生四象,四象生八卦,八卦定吉凶,吉凶生大业。
>
> ——《易传·系辞上传》
>
> 易者易也,变易也,不易也。
>
> ——《易纬乾凿度》

变值逻辑的形式基础和起源,可以追溯到 20 世纪 90 年代作者在黑白图像上利用共轭逻辑建立的共轭分类和变换的基础工作。主要成果收入作者的博士论文 Conjugate Transformation of Regular Plane Lattices for Binary Images 中。该论文利用多种不变量按分层结构化逻辑代数形式表示,将 0-1 图像背景和前景的基元状态群集进行平衡分类与共轭变换,建立起共轭变换基本方程 (elementary equation of conjugate transformation)。共轭逻辑体系具有完备和灵活的形式架构,提供与多元 0-1 逻辑体系相容和一致的代数结构支撑。

从相空间结构和组织的角度,变值逻辑是共轭逻辑从二维黑白图像投影到一维 0-1 向量之后获得的成果。在二维图像上,利用七种不变量在四种规则平面格:$\{3,4,6,8\}$ 连接上完成共轭分类和变换。然而,在一维向量上,对任意长度 $N > 0$,所涉及的 $2^N$ 状态群集都能利用多种不变量参数结合输入输出关系进行分类和变换,形成具有任意分划特性的量化描述模式,灵活地适配不同的应用。

结合输入输出关系和状态群集的置换与互补操作,在 2010 年建立起新型向量逻辑 - 变值逻辑体系。首篇论文: A Framework to Express Variant and Invariant Functional Spaces for Binary Logic, Frontiers of Electrical and Electronic Engineering in China。第一篇变值逻辑中文论文为《变值配置函数空间整体编码族的二维对称性》。

对变值逻辑体系的系统描述,发表在 InTech 出版的开源专著第 16 章: Cellular Automata Innovative Modelling for Science and Engineering。

在 2019 年斯普林格出版的第一本变值体系开源专著: Variant Construction from Theoretical Foundation to Applications 第一部分中利用两个章节,描述变值逻辑及其分层结构化对称特征。

本书的变值逻辑部分,包括四章。

第 1 章变值配置函数空间整体编码族,为第一篇中文论文的修定稿,系统地描述 $N$ 元 0-1 变量的经典逻辑体系将置换和互补算符加入经典逻辑之后,从 $2^N$ 个状态、$2^{2^N}$ 种函数,逐次构造扩展为 $2^N! \times 2^{2^N}$ 组配置函数的过程。对变值体系特有的宏大配置空间从整体对称构造的角度,区分出三类二维整体编码族。

第 2 章变值表示等价多元逻辑函数,以 $n = 2$ 变值函数为例,系统地展现经典二基元逻辑表示与变值四基元逻辑表示之间的区别和联系。以 1-1 对应的表示形式,帮助读者理解在置换和互补算符的双重作用下,同一类逻辑公式可能形成的不同等价关系。

第 3 章变值逻辑体系与群组悖论描述,建立起变值逻辑体系不是目的,该类新型逻辑体系更需要接受经典逻辑悖论的严格检查。在书中利用经典逻辑能够满足六条健全性规则为基础,展示几类扩展的逻辑体系 (多值、概率、模糊等) 都存在内蕴的悖论,无法全部满足六条健全性规则。然而，经过置换和互补算符扩展之后形成的变值逻辑亦能完全满足六条健全性规则。尽管变值体系的相空间远大于经典逻辑，但该类扩展逻辑体系能够免受其他扩展逻辑体系无法消除的悖论之累。群组悖论部分则从另一个角度展现，从逐次构造的角度，在经典 0-1 逻辑状态空间中基于群组状态群集容易形成的悖论结构和不变性特征，以及其可能的消解策略。从逻辑系统扩张的角度，避免良性构造的扩展逻辑系统进入无法消解的悖论灾难之中。

第 4 章在共轭向量变换和复变函数的测量系统中的测量算符，利用作者博士论文的共轭变换基本方程，推导和展示当基本方程形成测量方程时，需要满足的系列基础条件。从推导过程和获得的系列结果，可以看到共轭变换测量方程与哈密顿动力学主方程之间的内蕴联系。在本章中最有趣的结果是利用陈省身先生对杨振宁–米尔斯方程的研究成果，显示共轭变换测量方程与杨振宁–米尔斯方程，从共轭、对称和反对称等算符表示的角度，为同一表示结构。更为深入的对应关系值得详细探索。

# 第 1 章　变值配置函数空间整体编码族

郑智捷*

**摘要**: 本章研究多元向量 0-1 变量的逻辑函数及其整体配置函数空间的变值编码表示。系统地定义一批整体编码结构: 邵雍–莱布尼茨码、广义码、文王码、伏羲码和共轭码。展示变值向量配置函数空间以及函数群集的状态空间组织结构。对各类编码系列的可区分数目，给出计算公式。在变值配置函数空间中展现不同编码族的内蕴对称特性。分层结构化编码配置函数空间和二维描述体系，为现代东方逻辑体系利用高维概率统计分析工具探讨 0-1 序列超复杂逻辑变换开辟道路。

**关键词**: 逻辑函数，整体编码，基元组织，元胞自动机，共轭对称。

从形式化逻辑发展的角度，0-1 逻辑体系奠定了数理逻辑基础 [1−6]，推动了当今世界先进科学技术发展的辉煌成就 [1−14]。从经典的 0-1 逻辑体系出发，利用逻辑变量和函数模型进行开关代数分析、设计、描述、优化，以及超大规模集成电路设计和逻辑门阵列实现，通过卡诺图、合取范式、析取范式等方法获得逻辑函数表示 [1−4] 等一系列规范标准 [1−8]。为现代信息和知识产业建立起坚实基础，为计算机和网络空间技术的全球化普及与发展做出实质性贡献 [15]。

从探索复杂性科学 [16−20] 的角度，元胞自动机模型 [16−23] 与利用逻辑函数递归处理和图像变化模式进行深入探讨。在 Wolfram 的 "新一代科学" 系列研究 [24−26] 中，除了按照顺序编号观察递归函数的复杂动态特性，也探寻在单个函数反复迭代操作下可能出现的图像变化输出模式 [16−27]。

多变量离散逻辑函数空间的随机组合带来非规范特性，不同表示结构对应的变换空间，内蕴的非数值化特征以及巨大组合数目。一系列的研究难点决定了对整体逻辑配置函数空间进行研究是一类高难度系统探索性论题 [16−21,28−32]。

由于包含置换运算的向量逻辑体系，在经典 0-1 逻辑中缺乏合适的基本原理、模型方法和辅助工具，特别对整体化变换群结构和相空间组织等特性的研究有待深入。利用文献 [33−37] 中对规则化平面格黑白图像基础和应用的研究，参考变值体系已经发表的一系列论文 [38,39] 和专著 [40]，本章着重描述基础组织原理和方法，利用多变量 0-1 向量序列，从整体编码角度，针对变值逻辑结构的等价性和对称性进行描述与分析 [41]。

1.1 节给出基础定义和变值基元的基元不变特征。1.2 节对 $n$ 元逻辑变量建立配置函数空间，引入两类向量扩展算符，即向量化置换运算和互补运算模式；定义了广义编码结构和二维文王编码表示系列。1.3 节和 1.4 节应用基元向量结构和变值编码系列，对单个和两个

* 云南省软件工程重点实验室，云南省量子信息重点实验室，云南大学。e-mail: conjugatelogic@yahoo.com。

本项目由国家自然科学基金 (62041213)，云南省科技厅重大科技专项 (2018ZI002)，国家自然科学基金 (61362014) 和云南省海外高层次人才项目联合经费支持。

0-1 变量的逻辑函数空间进行展示；1.5 节总结所建立的模型和方法。

## 1.1 基 本 定 义

### 1.1.1 向量 0-1 序列

令 $x = x_{n-1} \cdots x_i \cdots x_0, 0 \leqslant i < n$ 为 $n$ 元向量变量，记 $k$ 为指定的关联位置 $0 \leqslant k < n$，输出向量变量 $y$, $n$ 元向量变量函数 $f, y = f(x)$, $x_i, y \in B_2 = \{0, 1\}$, $x \in B_2^n = \{0, 1\}^n$。

对任意一个给定 $N$ 长 0-1 序列 $X = \langle X_j \rangle_{j=0}^{N-1} = X_{N-1} \cdots X_j \cdots X_0, 0 \leqslant j < N, X_j \in B_2, X \in B_2^N = \{0, 1\}^N$，选择 $n$ 元向量函数 $f$ 使得输出序列 $Y = f(X) = Y_{N-1} \cdots Y_j \cdots Y_0, Y_j \in B_2, Y \in B_2^N$，也是 $N$ 长的一个 0-1 序列。对第 $j$ 个位置，$x^j = [\cdots X_j \cdots] \in B_2^n, Y_j = f(x^j)$。

例如，$X = 01101110, Y = 11000111$ 为长度为 $N = 8$ 的 1 维 0-1 向量序列。最右侧为第 0 位，最左侧为第 7 位。

### 1.1.2 逻辑变量的变值特性

令序列中的第 $k$ 个位置为关联位置，该类元素在后继的处理中对系统有特殊重要性。

$$f : x^j = [\cdots X_j \cdots] \to Y_j, X_j, Y_j \in B_2, 0 \leqslant j < N$$

对任意逻辑变量，在选定函数之后关联位置形成 $X_j \to Y_j$ 两个逻辑变量 1-1 对应的位置关系。即该模式是在当前输入状态和输出状态之间建立的序对关系。

由于关联位置取值为 0-1，输入/输出值共有四类基元变化模式：$A : 0 \to 0, B : 0 \to 1, C : 1 \to 0, D : 1 \to 1$。所以可利用变值基元建立更为灵活的表达方式。

例如，逻辑代数的标准范式最大项 (1 点：$B$ 类和 $D$ 类) 和最小项 (0 点：$A$ 类和 $C$ 类)，传统逻辑析取及合取范式函数是通过选择最大项 (1 点) 或者最小项 (0 点) 集合来决定的 [3,8−10,30]，四类变值基元模式以更为丰富的表达形式构成函数方程。

从向量逻辑表示的角度，当前的输入状态和输出状态是相互关联的。输入输出的对应关系是变值基元在变值函数空间中的内蕴特性。

在四类变值表示中，$B$ 类和 $C$ 类为变值群集；而 $A$ 类和 $D$ 类为不变值群集。

## 1.2 $n$ 元向量变量状态空间和配置函数空间

$N$ 长 0-1 序列在环转连接下，利用给定位置 $k$ 的 $n$ 元向量变量模式进行操作。

### 1.2.1 $n$ 元向量变量和基元状态

令 $N$ 长 0-1 序列为环状结构，已忽略序列边界效应，对任意的整数 $n, k; 0 \leqslant k < n, 0 < n \leqslant N$，$n$ 为变量数目，$k$ 为关联点距离最右位的偏移量。随着关联点位置的变动，$n$ 元向量变量在环上对应移动。

输入输出向量变量的关联状态：

$$f : x^j = [X_{j+n-k-1} \cdots X_j \cdots X_{j-k}] \to Y_j; x^j \in B_2^n, X_j, Y_j \in B_2, j \bmod N$$

$n$ 个输入向量变量形成一个状态, 每个变量取值为 0-1, 共有 $2^n$ 个状态形成向量状态空间。

例如, 当 $k=0$ 时, 状态: $[X_{j+n-1} \cdots X_j] \to Y_j$, 关联位置在最右边。

对这类 $n$ 变元序列, 令状态向量 $I = I_{n-1} \cdots I_i \cdots I_0, I \in B_2^n$ 为一个 $n$ 长向量。称为一个 $n$ 变元基元向量。对任意状态 $I$, 通过列表的方式, 对每个基元向量编号 $I, 0 \leqslant I < 2^n$ 利用 $I_i \in B_2$ 确定出第 $i$ 个变元。可区分的状态空间, 参阅表 1.1。

表 1.1　状态空间

| 基元<br>向量<br>$I$ | $n$ 元变量状态<br>$I = I_{n-1} \cdots I_i \cdots I_0$<br>$i \in [0, n), I \in B_2^n$ | 状态编号 $I$<br>$I = I_{n-1}2^{n-1} + \cdots + I_i 2^i + \cdots + I_0 2^0$<br>$i \in [0, n), 0 \leqslant I < 2^n$ |
|---|---|---|
| 0 | $00\ldots00$ | 0 |
| 1 | $00\ldots01$ | 1 |
| $\vdots$ | $\vdots$ | $\vdots$ |
| $I$ | $I_{n-1} \cdots I_i \cdots I_0$ | $I$ |
| $\vdots$ | $\vdots$ | $\vdots$ |
| $2^n - 2$ | $11\ldots10$ | $2^n - 2$ |
| $2^n - 1$ | $11\ldots11$ | $2^n - 1$ |

$n$ 变元独立取值, 共有 $2^n$ 可区分状态, 每个状态编号 $I$ 数值的 0-1 取值对应着一个给定的 $n$ 元状态向量。第 $I$ 个基元向量, 在系统中 $2^n$ 基元向量形成基元向量空间。

**函数空间及表示向量**

记 $J = J_{2^n-1} \cdots J_j \cdots J_0, 0 \leqslant j < 2^n, J_j \in B_2$, 为长度为 $2^n$ 位的函数向量, 每个函数向量 $J$ 确定一个逻辑函数, 共有 $2^{2^n}$ 向量构成函数空间, 参阅表 1.2。

表 1.2　函数空间

| 函数向量<br>$J$ | $2^n$ 长向量表示<br>$J = J_{2^n-1} \cdots J_j \cdots J_0$<br>$0 \leqslant j < 2^n, J_j \in B_2, J \in B_2^{2^n}$ | 给定函数<br>SL $(J)$<br>$0 \leqslant J < 2^{2^n}$ | 函数编号 $J$<br>$J_{2^n-1}2^{n-1} + \cdots + J_j 2^j + \cdots + J_0 2^0$<br>$0 \leqslant j < 2^n, 0 \leqslant k < 2^{2^n}$ |
|---|---|---|---|
| 0 | $0\cdots0\cdots00$ | SL $(0)$ | 0 |
| $J_1$ | $0\cdots0\cdots01$ | SL $(1)$ | 1 |
| $\vdots$ | $\vdots$ | $\vdots$ | $\vdots$ |
| $J_j$ | $J = J_{2^n-1} \cdots J_j \cdots J_0$ | SL $(J)$ | $J$ |
| $\vdots$ | $\vdots$ | $\vdots$ | $\vdots$ |
| $2^{2^n} - 2$ | $1\cdots1\cdots10$ | SL $\left(2^{2^n} - 2\right)$ | $2^{2^n} - 2$ |
| $2^{2^n} - 1$ | $1\cdots1\cdots11$ | SL $\left(2^{2^n} - 1\right)$ | $2^{2^n} - 1$ |

### 1.2.2　顺序编码: 邵雍–莱布尼茨编码

从表达易经自然序的角度, 在 11 世纪, 邵雍首先提出按二叉树形成的顺序排列黑白图像表示方法 [42-46]。从二进制计数角度, 在 17 世纪, 德国数学家莱布尼茨 (Leibniz) 使用 0-1

序列将树状黑白图像模式用二进制算术表示 [15]。

**定义 1.1** 邵雍–莱布尼茨编码 (SL 码) 是在函数表中按二进制编号顺序排列的序列 $\{\mathrm{SL}(J)\}_{0 \leqslant J < 2^{2^n}}$。

**定理 1.1** SL 编码序列 $\{\mathrm{SL}(J)\}_{0 \leqslant J < 2^{2^n}}$ 与 $n$ 元向量变量的逻辑函数空间同构。按编号次序包含 $2^{2^n}$ 函数, 每个函数有唯一顺序编号序数与函数对应。

**证明** 按照二进制计数的模式, 在每个编号中 1 值对应最大项, 0 值对应最小项。所选择的编号值集合和函数形成 1-1 对应关系。∎

### 1.2.3 一维编码——广义编码和配置函数空间

记 $\Omega^m$ 为 $m$ 元向量状态对称置换群结构。

令 $P$ 为置换算符, $P(J) = P(J_{2^n-1} \cdots J_j \cdots J_0) = P(J_{2^n-1}) \cdots P(J_j) \cdots P(J_0), 0 \leqslant j < 2^n, J_j \in B_2, J \in B_2^{2^n}, P \in \Omega^{2^n}, P(J)$ 为一个 $2^n$ 长选定函数向量。

**定理 1.2** 在置换算符 $P$ 的作用下, 所有的可区分的 $2^n!$ 置换函数向量组成一个逻辑函数向量置换群空间。

**证明** 置换算符作用在特征向量上, 向量共有 $2^n$ 不同位置, 第 0 个位置有 $2^n$ 种选择, $\cdots$, 第 $j$ 位置有 $2^n - j$ 种选择, $\cdots$, 第 $2^n - 2$ 位置有两种选择, 第 $2^n - 1$ 位置仅有一种选择。可能的总数目为各个位置选择数目的乘积。∎

对每个基元向量的变量可以选择原来的值, 或者为相反的值。定义互补运算 $Q$, 在向量的模式下, 令 $Q$ 为一个 $2^n$ 长 0-1 向量,

$$P(J)^Q = P(J_{2^n-1})^{Q_{2^n-1}} \cdots P(J_j)^{Q_j} \cdots P(J_0)^{Q_0}$$

$$\begin{cases} x^0 = \bar{x} \\ x^1 = x \end{cases}$$

$$Q_j \in B_2, 0 \leqslant j < 2^n;$$

$$J' = P(J)^Q = \sum_{0 \leqslant j < 2^n} P(J_j)^{Q_j} \cdot 2^j, 0 \leqslant J, J' < 2^{2^n}$$

令在 $P$ 和 $Q$ 两类算符作用下形成的空间为配置函数空间, 一个选定的 $P$ 和 $Q$ 算符确定一个配置函数, 每个配置函数包含按广义编码排列的 $2^{2^n}$ 函数。

**定义 1.2** 广义编码 (G 码) 是由 $P$ 和 $Q$ 算符对 $2^n$ 位长向量 $J$ 作用后, 形成的配置编码模式。

**定理 1.3** 在 $P$ 和 $Q$ 两类算符作用下, 广义编码 $P(J)^Q$ 所包含可区分配置函数的数目为 $2^{2^n} \times 2^n!$。

**证明** 每个互补运算 $j, Q_j$ 有两种选择, $Q$ 的选择总数为 $2^{2^n}$; 对置换算符基元向量在 $P$ 算符的作用下形成 $2^n!$ 置换群, 所以配置函数的总数为二者的乘积。∎

从量化表示的角度, 广义编码配置函数的数目为 $n$ 元逻辑互补空间的算符数目与 $2^n$ 个基元置换对称群算符数目的乘积。

### 1.2.4 二维编码

广义编码，在 $P,Q$ 变换下形成的编号是 $2^{2^n}$ 向量的一个置换，在配置函数变换空间中存在置换，将其重排为与 SL 编码对应的顺序编号模式。

为方便描述二维结构，令 $J = J_{2^n-1}\cdots J_j\cdots J_0, 0 \leqslant j < 2^n, J_j \in B_2, J \in B_2^{2^n}$ 分为两个部分，记为 $\langle J^1|J^0\rangle$：

$$J^1 = J_{2^n-1}\cdots J_{j_1}\cdots J_{2^{n-1}}, 2^{n-1} \leqslant j_1 < 2^n, J_{j_1} \in B_2, J^1 \in B_2^{2^{n-1}}$$

$$J^0 = J_{2^{n-1}-1}\cdots J_{j_0}\cdots J_0, 0 \leqslant j_0 < 2^{n-1}, J_{j_0} \in B_2, J^0 \in B_2^{2^{n-1}}$$

令 $P(J)^Q = P\langle J^1|J^0\rangle^Q$ 形成二维编码。

从传统易经变换的角度，公元前 13 世纪，周文王 (姬昌) 首先引入了非对称排列模式建立了文王八卦，将八卦图示表示为两个置换群集 [42−46]。本书采用命名这类形成二维表示的编码结构为文王码。

**定义 1.3** 文王码 (W 码) 是在满足 $P(J)^Q = P\langle J^1|J^0\rangle^Q$ 条件下形成的二维通用编码。

**定理 1.4** 文王编码等价于广义编码，文王编码提供一个二维平面框架显示选定的配置函数中各个函数的相对位置。

**证明** 每个广义编码的编号能写为 $\langle J^1|J^0\rangle$ 文王编码的标准形式，每个逻辑函数在配置函数表示空间中有一个确定的位置，参阅表 1.3。

**表 1.3 文王编码/广义编码**

| $\langle J^1\|J^0\rangle$ | 0 | 1 | $\cdots$ | $J^0$ | $\cdots$ | $2^{2^{n-1}}-1$ | $\|J^0\rangle$ |
|---|---|---|---|---|---|---|---|
| 0 | $\langle 0\|0\rangle$ | $\langle 0\|1\rangle$ | $\cdots$ | $\langle 0\|J^0\rangle$ | | $\langle 0\|2^{2^{n-1}}-1\rangle$ | |
| 1 | $\langle 1\|0\rangle$ | $\langle 1\|1\rangle$ | $\cdots$ | $\langle 1\|J^0\rangle$ | $\cdots$ | $\langle 1\|2^{2^{n-1}}-1\rangle$ | |
| $\vdots$ | $\vdots$ | $\vdots$ | | $\vdots$ | | $\vdots$ | |
| $J^1$ | $\langle J^1\|0\rangle$ | $\langle J^1\|1\rangle$ | $\cdots$ | $\langle J^1\|J^0\rangle$ | | $\langle J^1\|2^{2^{n-1}}-1\rangle$ | |
| $\vdots$ | $\vdots$ | $\vdots$ | | $\vdots$ | | $\vdots$ | |
| $2^{2^{n-1}}-1$ | $\langle 2^{2^{n-1}}-1\|0\rangle$ | $\langle 2^{2^{n-1}}-1\|1\rangle$ | $\cdots$ | $\langle 2^{2^{n-1}}-1\|J^0\rangle$ | $\cdots$ | $\langle 2^{2^{n-1}}-1\|2^{2^{n-1}}-1\rangle$ | |
| $\langle J^1\|$ | | | | | | | |

注: 每个广义编码的配置函数包含 $2^{2^n}$ 函数，每个函数在平面上占据一个位置

通过文王码的两个子编号，将函数集展示在二维平面上。∎

对最简单的情形 $n = 1, 2^{2^n} \times 2^n! = 8$，在表 1.4 中列出所有 8 种不同排列的广义编码和关联二维文王编码。表 1.5 为二维广义编码排列。表 1.6 为 8 个二维表示不同函数排列。

**表 1.4 广义编码/文王编码例子**

| 序3 | $1^1$ | $0^1$ | W 码 | 序2 | $1^1$ | $0^0$ | W 码 | 序1 | $1^0$ | $0^1$ | W 码 | 序0 | $1^0$ | $0^0$ | W 码 |
|---|---|---|---|---|---|---|---|---|---|---|---|---|---|---|---|
| 0 | 0 | 0 | $\langle 0\|0\rangle$ | 1 | 0 | 1 | $\langle 0\|1\rangle$ | 2 | 1 | 0 | $\langle 1\|0\rangle$ | 3 | 1 | 1 | $\langle 1\|1\rangle$ |
| 1 | 0 | 1 | $\langle 0\|1\rangle$ | 0 | 0 | 0 | $\langle 0\|0\rangle$ | 3 | 1 | 1 | $\langle 1\|1\rangle$ | 2 | 1 | 0 | $\langle 1\|0\rangle$ |
| 2 | 1 | 0 | $\langle 1\|0\rangle$ | 3 | 1 | 1 | $\langle 1\|1\rangle$ | 0 | 0 | 0 | $\langle 0\|0\rangle$ | 1 | 0 | 1 | $\langle 0\|1\rangle$ |
| 3 | 1 | 1 | $\langle 1\|1\rangle$ | 2 | 1 | 0 | $\langle 1\|0\rangle$ | 1 | 0 | 1 | $\langle 0\|1\rangle$ | 0 | 0 | 0 | $\langle 0\|0\rangle$ |

续表

| 序7 | $0^1$ | $1^1$ | W 码 | 序6 | $0^1$ | $1^0$ | W 码 | 序5 | $0^0$ | $1^1$ | W 码 | 序4 | $0^0$ | $1^0$ | W 码 |
|---|---|---|---|---|---|---|---|---|---|---|---|---|---|---|---|
| 0 | 0 | 0 | ⟨0\|0⟩ | 1 | 0 | 1 | ⟨0\|1⟩ | 2 | 1 | 0 | ⟨1\|0⟩ | 3 | 1 | 1 | ⟨1\|1⟩ |
| 2 | 1 | 0 | ⟨1\|0⟩ | 3 | 1 | 1 | ⟨1\|1⟩ | 0 | 0 | 0 | ⟨0\|0⟩ | 1 | 0 | 1 | ⟨0\|1⟩ |
| 1 | 0 | 1 | ⟨0\|1⟩ | 1 | 0 | 1 | ⟨0\|0⟩ | 3 | 1 | 1 | ⟨1\|1⟩ | 2 | 1 | 0 | ⟨1\|0⟩ |
| 3 | 1 | 1 | ⟨1\|1⟩ | 2 | 1 | 0 | ⟨1\|0⟩ | 1 | 0 | 1 | ⟨0\|1⟩ | 0 | 0 | 0 | ⟨0\|0⟩ |

表 1.5　二维广义编码排列

| 序3 | 0 | 1 | 序2 | 1 | 0 | 序1 | 2 | 3 | 序0 | 3 | 2 |
|---|---|---|---|---|---|---|---|---|---|---|---|
| | 2 | 3 | | 3 | 2 | | 0 | 1 | | 1 | 0 |
| 序7 | 0 | 2 | 序6 | 2 | 0 | 序5 | 1 | 3 | 序4 | 3 | 1 |
| | 1 | 3 | | 3 | 1 | | 0 | 2 | | 2 | 0 |

表 1.6　8 个二维表不同函数排列

| 序3 | 0 | $\bar{x}$ | 序2 | $\bar{x}$ | 0 | 序1 | $x$ | 1 | 序0 | 1 | $x$ |
|---|---|---|---|---|---|---|---|---|---|---|---|
| | $x$ | 1 | | 1 | $x$ | | 0 | $\bar{x}$ | | $\bar{x}$ | 0 |
| 序7 | 0 | $x$ | 序6 | $x$ | 0 | 序5 | $\bar{x}$ | 1 | 序4 | 1 | $\bar{x}$ |
| | $\bar{x}$ | 1 | | 1 | $\bar{x}$ | | 0 | $x$ | | $x$ | 0 |

两类向量扩展算符 (置换和互补运算) 都不改变函数本身，所引入的运算变换将不同的配置函数排列成可区分的结构。对应的空间排列不变特性为后续整体分析提供满足条件对称特性的系列比较图式。

### 1.2.5　伏羲编码和共轭编码

从易经对称结构表示的角度，旧石器时代中晚期，传说中的中华民族人文始祖伏羲排列出以对称模式编排的八卦表示[42-46]，采用伏羲的名字命名这类配对的对称编码。

**定义 1.4**　对二维文王编码，如果 $\forall j_1 - 2^{n-1} = j_0, 0 \leqslant j_0 < 2^{n-1}, 2^{n-1} \leqslant j_1 < 2^n$ 同时 $I_{j_1} = \bar{I}_{j_0}$，即两个相差 $2^{n-1}$ 的基元按照配对的模式排列互为互补向量表示，则该类编码为**伏羲编码（F 码）**，也称为**广义共轭编码 (GC 码)**。

如果在基元配对中加入更强的约束，则形成另一类编码。

**定义 1.5**　在伏羲编码系列中，如果对 $\forall I_{j_0} \in I_{J^0}$，对基元特定的位置 $i, \forall I_i \in I_{j_0} \& I_i = 0$，(或者 $\forall I_i = 1$)，$0 \leqslant i < 2^{n-1}$，则该类编码为**共轭编码 (C 码)**。

在配对编码的条件下，两种编码结构满足如下定理。

**定理 1.5**　对 $n$ 元变量结构，F 码的数目是 $2^{2^n} 2^{2^{n-1}} \left(2^{n-1}\right)! = 2^{2^n\left(1+\frac{1}{2}\right)} \left(2^{n-1}\right)!$。

**证明**　由于基元向量互补 $Q$ 算符共有 $2^{2^n}$ 种可能性。置换算符 $P$，由于选前一半基元向量对后一半基元向量有配对要求，共有 $2^n(2^n-2)(2^n-4)\ldots2 = 2^{2^{n-1}} \left(2^{n-1}\right)!$ 组合。因为两类算符之间的作用无关，所涉及的编码总数为两类可能数目的乘积。■

**定理 1.6**　对 $n$ 元变量结构，C 码的数目是 $8 \times (2^{n-1})!$。

**证明**　基元向量互补算符 $Q$ 共有四种可能性。置换算符 $P$ 前一半的基元同后一半的基元有配对要求，对基元特定的位置 $i, \forall I_i \in I_{j_0} \& I_i = 0,$(或者 $\forall I_i = 1$)$0 \leqslant i < n$，可选择的

数目为 $2 \times 2^{n-1}(2^{n-1}-1)(2^{n-1}-2)\ldots 1 = 2 \times (2^{n-1})!$ 种组合。两类算符相互独立，编码总数为两者数目的乘积。∎

### 1.2.6 几种编码方案比较

为方便地比较不同的编码系列，在表 1.7 中列出主要编码和计算公式，展示四类编码的整体特性。

**表 1.7 主要编码的计算数目比较**

| 变元 | 状态 | 函数 | 幂阶乘 | SL 码 | G-W 码 | F-GC 码 | C 码 |
|---|---|---|---|---|---|---|---|
| $n$ | $2^n$ | $2^{2^n}$ | $(2^n)!$ | 1 | $2^{2^n}(2^n)!$ | $2^{2^n(1+\frac{1}{2})}(2^{n-1})!$ | $8(2^{n-1})!$ |
| 1 | 2 | 4 | 2 | 1 | 8 | 8 | 8 |
| 2 | 4 | 16 | 24 | 1 | 384 | 128 | 16 |
| 3 | 8 | 256 | 40320 | 1 | 10321920 | 98304 | 384 |
| 4 | 16 | $2^{16}$ | 16! | 1 | $2^{16}(16)!$ | $2^{24}(8)!$ | $8(8)!$ |
| 5 | 32 | $2^{32}$ | 32! | 1 | $2^{32}(32)!$ | $2^{48}(16)!$ | $8(16)!$ |

在单个变元的条件下，八个 G-W 码序列也是 F-GC 码和 C 码序列。

随着涉及的变元数目超几何级数增长，详细研究仅能针对个例，不具备进行穷举性遍历的可能性。

在后续的章节中，研究单变量和双变量的配置函数空间展示分布情况。

# 1.3　单变量和双变量的表示结构

### 1.3.1 基本模式

对单变量函数，

$$Y = f(X) = f(X_{N-1})\ldots f(X_j)\ldots f(X_0) = Y_{N-1}\ldots Y_j\ldots Y_0, X_j, Y_j \in \{0,1\}, 0 \leqslant j < N$$

$$Y_j = f(X_j), Y_j \in \{0,1\}$$

单元函数为 1-1 对应的变换关系，按照公式

$$f: X_j \to Y_j, \quad X_j, Y_j \in \{0,1\}, \quad 0 \leqslant j < N$$

对输入变量在输入向量上求值，得到函数的输出序列。

对双变量函数，将首尾衔接成环状，由于变换的非对称性有以下两种变换模式。

类型 A：

$$f: X_{j+1}X_j \to Y_j; X_{j+1}, X_j, Y_j \in \{0,1\}, 0 \leqslant j < N, \quad j \bmod N$$

或者类型 A 的一般表示为

$$f: zx \to y, x, y, z \in \{0,1\}$$

类型 B：

$$f: X_j X_{j-1} \to Y_j; X_j, X_{j-1}, Y_j \in \{0,1\}, \quad 0 \leqslant j < N, \quad j \bmod N$$

或者类型 B 的一般表示为

$$f: xz \to y, x, y, z \in \{0,1\}$$

**定义 1.6**　令 $y = f(x_{n-1} \ldots x_i \ldots x_0), 0 \leqslant i < n; y' = f(\bar{x}_{n-1} \ldots \bar{x}_i \ldots \bar{x}_0), 0 \leqslant i < n$，则称 $y$ 为补函数。该函数是将变量求补而运算和常量保持不变的函数。

**定义 1.7**　令 $y = f(x_{n-1} \ldots x_i \ldots x_0), 0 \leqslant i < n$ 是 $n$ 不变量组成的由 $\{\cdot, +, ^-\}$(与，或，非) 运算组成的函数，将 $\cdot \to +, + \to \cdot, 0 \to 1, 1 \to 0$，则变换函数 $y \to \tilde{y}$，称 $\tilde{y}$ 为共轭函数 $\tilde{y} = \tilde{f}(x_{n-1} \ldots x_i \ldots x_0), 0 \leqslant i < n$。该函数是一类将二元算符和常量对换的特殊对称函数。

### 1.3.2　单变量配置函数空间

从 0-1 逻辑代数的角度，单变量函数是最基本的函数。函数空间表示如表 1.8 所示：令 $x$ 为逻辑变量，$x \in \{0,1\}$。

表 1.8　单变量函数空间

| $y = f(x)$ | $x$ | $\bar{x}$ | 布尔函数 | 编号 |
|---|---|---|---|---|
| $f_0(x) = f_{00}(x)$ | 0 | 0 | 0 | 0 |
| $f_1(x) = f_{01}(x)$ | 0 | 1 | $\bar{x}$ | 1 |
| $f_2(x) = f_{10}(x)$ | 1 | 0 | x | 2 |
| $f_3(x) = f_{11}(x)$ | 1 | 1 | 1 | 3 |

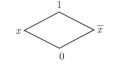

在一元逻辑函数空间中有四个函数，编号为 0~3。在单变量下，各类编码都是相同的，考察 SL 码和 C 码的编号排列。

### 1.3.3　单变量函数的 SL 编码和 C 编码表示

对单变量函数，用如下的规则构造其表示空间：

(1) 将状态空间分为两个集合：0，1；

(2) 按照选择及不选择，在函数空间中建立关系；

(3) 在状态集合 1，0 上，互补 $1^0$，$0^1$ 集合在 $\langle J^1 | J^0 \rangle$ 模式中标记为编号；

(4) 记 $f(\langle J^1 | J^0 \rangle | x)$ 的基本结构 $\langle J^1 | J^0 \rangle$ 为选择的变值函数表示在表 1.9 中示意。

表 1.9　编号和函数的对应关系

| $y = f(x)$ | $x$ | $\bar{x}$ | $1^0$ | $0^1$ | $\langle J^1 | J^0 \rangle$ | C 码编号 | 等价函数 | SL 码编号 |
|---|---|---|---|---|---|---|---|---|
| $f_0(x) = f_{00}(x)$ | 0 | 0 | 1 | 0 | $\langle 1|0 \rangle$ | 2 | 0 | 0 |
| $f_1(x) = f_{01}(x)$ | 0 | 1 | 1 | 1 | $\langle 1|1 \rangle$ | 3 | $\bar{x}$ | 1 |
| $f_2(x) = f_{10}(x)$ | 1 | 0 | 0 | 0 | $\langle 0|0 \rangle$ | 0 | $x$ | 2 |
| $f_3(x) = f_{11}(x)$ | 1 | 1 | 0 | 1 | $\langle 0|1 \rangle$ | 1 | 1 | 3 |

在 $f: x \to y, x, y \in \{0,1\}$ 的条件下，函数 $f_0(x)$ 不像传统意义下那么简单。尽管两个表中的向量取值不同，但函数运算的结果等价。对于函数 $f_2(x)$，集合条件 $\langle 0|0 \rangle$ 表明，状态取值不变，输入值等于输出值。

其他函数的等价特性关系，亦能通过选择集合验证。

#### 1.3.4 共轭表示的定理和推论

通过 1.3.3 节的描述可以看到，利用最大项或者最小项群集组合构成的函数，与通过变值基元构成的函数相互等价。两个配置函数空间具有同样的大小，不同的编号和函数可以相互比较。

从基元变换群的角度，基元状态形成变值基元的描述特征，有利于克服经典系统适合表达静态组合特性，而缺乏动态描述功能的局限性。

利用对应关系，得到等价性定理。

**定理 1.7** 单变量逻辑函数空间和单变量变值函数空间的可区分函数总数为 $2^{2^1} = 4$。在两个结构中的四个函数 1-1 对应。

**证明** 利用四个函数的对应关系，等价性成立。■

在结构中形成的四个顶点有明确的意义。

**推论 1.1** 在变值逻辑表示中，四个基元函数有如下的变换意义：

(1) $f(\langle 0|1 \rangle |x)$ 保持 $\{1\}$ 点状态不变，转化 $\{0\}$ 点为 1。对应逻辑代数的 1 函数；

(2) $f(\langle 0|0 \rangle |x)$ 保持原有的值不变。对应原函数 $x$；

(3) $f(\langle 1|1 \rangle |x)$ 将 $\{0\}$ 点转化为 1 值，同时将 $\{1\}$ 点转化为 0 值。对应逻辑代数的非函数 $\bar{x}$；

(4) $f(\langle 1|0 \rangle |x)$ 保持 $\{0\}$ 点状态不变，转化 $\{1\}$ 点为 0 值。对应 0 值函数。

**证明** 对一元逻辑函数，只有上述四种情况。■

**推论 1.2** 一元逻辑函数的函数空间同变值逻辑函数空间同构。

**证明** 在两个结构中任意函数明确的 1-1 对应。■

对给定的 0-1 序列 $X = 01101110$, 8 位长的二进制序列，一元共轭函数空间生成如下四种输出序列：

(1) $f(\langle 0|1 \rangle |X) = 11111111$ 全 1 序列；

(2) $f(\langle 0|0 \rangle |X) = 01101110$ 原序列；

(3) $f(\langle 1|1 \rangle |X) = 10010001$ 反序列；

(4) $f(\langle 1|0 \rangle |X) = 00000000$ 全 0 序列。

## 1.4 双变量的表示结构

对任意 $n$ 变量，状态空间数目为 $2^n$，函数空间数目为 $2^{2^n}$。在 $n = 2$ 的双变量函数空间中，共有 16 个函数。

**A 型双变量表示**

对 A 型模式，序列 $X$，下列关系成立：

$$Y = f(X) = f(X_0 X_{N-1}) \cdots f(X_{j+1} X_j) \cdots f(X_1 X_0) = Y_{N-1} \cdots Y_j \cdots Y_0,$$

$$X_j, Y_j \in \{0,1\}, \quad 0 \leqslant j < N, \quad j \bmod N$$

$$Y_j = f(X_{j+1} X_j), \quad Y_j \in \{0,1\}, \quad 0 \leqslant j < N, \quad j \bmod N$$

简化函数为 $f: zx \to y, x, y, z \in \{0,1\}$。二元函数的卡诺图表示为

| $f$ | | $x$ | |
| --- | --- | --- | --- |
| | | 0 | 1 |
| $z$ | 0 | | |
| | 1 | | |

双变量 $x, z$ 一共有四种状态组合：$\{zx, z\bar{x}, \bar{z}x, \bar{z}\bar{x}\} \overset{符号}{\underset{基元}{\longleftrightarrow}} \{11, 10, 01, 00\} = \{3, 2, 1, 0\}$
16 个函数在表 1.10 中示意。二维展示如表 1.11 所示。

对双变量函数，用如下的规则表示：

(1) 将 $zx$ 的状态空间根据 $x$ 点取值为 0 或者 1 分为两个集合：$\{0,2\}, \{3,1\}$；

(2) 状态集：$\{0:3\}, \{1:2\}$ 是共轭对；

(3) 由 $1(0)$ 点状态决定 $J^1(J^0)$ 的集合；

(4) 选择状态为 1，不选择为 0，建立对应关系；

(5) $\langle J^1|J^0 \rangle$ 为变值表示：$f(\langle J^1|J^0 \rangle | zx)$。

### 表 1.10　一维排列 SL C(类型 A)，F，G，W 各类表示

| | SL 码 (邵雍–莱布尼茨) $P=(3210), Q=(1111)$ | | | | | C 码 (共轭) 类型 A $P=(3102), Q=(0011)$ | | | | | | |
| --- | --- | --- | --- | --- | --- | --- | --- | --- | --- | --- | --- | --- |
| 序号 | 11 $3^1$ | 10 $2^1$ | 01 $1^1$ | 00 $0^1$ | $\langle J^1|J^0\rangle$ | 序号 | 11 $3^0$ | 01 $1^0$ | 00 $1^0$ | 10 $2^1$ | $\langle J^1|J^0\rangle$ | 函数 |
| 0 | 0 | 0 | 0 | 0 | $\langle 0|0\rangle$ | 12 | 1 | 1 | 0 | 0 | $\langle 3|0\rangle$ | 0 |
| 1 | 0 | 0 | 0 | 1 | $\langle 0|1\rangle$ | 14 | 1 | 1 | 1 | 0 | $\langle 3|2\rangle$ | $\bar{z}\bar{x}$ |
| 2 | 0 | 0 | 1 | 0 | $\langle 0|2\rangle$ | 8 | 1 | 0 | 0 | 0 | $\langle 2|0\rangle$ | $\bar{z}x$ |
| 3 | 0 | 0 | 1 | 1 | $\langle 0|3\rangle$ | 10 | 1 | 0 | 1 | 0 | $\langle 2|2\rangle$ | $\bar{z}$ |
| 4 | 0 | 1 | 0 | 0 | $\langle 1|0\rangle$ | 13 | 1 | 1 | 0 | 1 | $\langle 3|1\rangle$ | $z\bar{x}$ |
| 5 | 0 | 1 | 0 | 1 | $\langle 1|1\rangle$ | 15 | 1 | 1 | 1 | 1 | $\langle 3|3\rangle$ | $\bar{x}$ |
| 6 | 0 | 1 | 1 | 0 | $\langle 1|2\rangle$ | 9 | 1 | 0 | 0 | 1 | $\langle 2|1\rangle$ | $\bar{z}x + z\bar{x}$ |
| 7 | 0 | 1 | 1 | 1 | $\langle 1|3\rangle$ | 11 | 1 | 0 | 1 | 1 | $\langle 2|3\rangle$ | $\bar{z}+\bar{x}$ |
| 8 | 1 | 0 | 0 | 0 | $\langle 2|0\rangle$ | 4 | 0 | 1 | 0 | 0 | $\langle 1|0\rangle$ | $zx$ |
| 9 | 1 | 0 | 0 | 1 | $\langle 2|1\rangle$ | 6 | 0 | 1 | 1 | 0 | $\langle 1|2\rangle$ | $zx+\bar{z}\bar{x}$ |
| 10 | 1 | 0 | 1 | 0 | $\langle 2|2\rangle$ | 0 | 0 | 0 | 0 | 0 | $\langle 0|0\rangle$ | $x$ |
| 11 | 1 | 0 | 1 | 1 | $\langle 2|3\rangle$ | 2 | 0 | 0 | 1 | 0 | $\langle 0|2\rangle$ | $\bar{z}+x$ |
| 12 | 1 | 1 | 0 | 0 | $\langle 3|0\rangle$ | 5 | 0 | 1 | 0 | 1 | $\langle 1|1\rangle$ | $z$ |
| 13 | 1 | 1 | 0 | 1 | $\langle 3|1\rangle$ | 7 | 0 | 1 | 1 | 1 | $\langle 1|3\rangle$ | $z+\bar{x}$ |
| 14 | 1 | 1 | 1 | 0 | $\langle 3|2\rangle$ | 1 | 0 | 0 | 0 | 1 | $\langle 0|1\rangle$ | $z+x$ |
| 15 | 1 | 1 | 1 | 1 | $\langle 3|3\rangle$ | 3 | 0 | 0 | 1 | 1 | $\langle 0|3\rangle$ | 1 |

| F 码/ GC 码 $P=(0132),Q=(1001)$ | | | | | | G 码 (W 码) $P=(3120),Q=(0011)$ | | | | | | |
| --- | --- | --- | --- | --- | --- | --- | --- | --- | --- | --- | --- | --- |
| 序号 | 00 $0^1$ | 01 $1^0$ | 11 $3^0$ | 10 $2^1$ | $\langle J^1\mid J^0\rangle$ | 序号 | 11 $3^0$ | 01 $1^0$ | 10 $2^1$ | 00 $0^1$ | $\langle J^1\mid J^0\rangle$ | 函数 |
| 6 | 0 | 1 | 1 | 0 | $\langle 1\mid 2\rangle$ | 12 | 1 | 1 | 0 | 0 | $\langle 3\mid 0\rangle$ | 0 |
| 14 | 1 | 1 | 1 | 0 | $\langle 3\mid 2\rangle$ | 13 | 1 | 1 | 0 | 1 | $\langle 3\mid 1\rangle$ | $\bar{z}\bar{x}$ |
| 2 | 0 | 0 | 1 | 0 | $\langle 0\mid 2\rangle$ | 8 | 1 | 0 | 0 | 0 | $\langle 2\mid 0\rangle$ | $\bar{z}x$ |
| 10 | 1 | 0 | 1 | 0 | $\langle 2\mid 2\rangle$ | 9 | 1 | 0 | 0 | 1 | $\langle 2\mid 1\rangle$ | $\bar{z}$ |
| 7 | 0 | 1 | 1 | 1 | $\langle 1\mid 3\rangle$ | 14 | 1 | 1 | 1 | 0 | $\langle 3\mid 2\rangle$ | $z\bar{x}$ |
| 15 | 1 | 1 | 1 | 1 | $\langle 3\mid 3\rangle$ | 15 | 1 | 1 | 1 | 1 | $\langle 3\mid 3\rangle$ | $\bar{x}$ |
| 3 | 0 | 0 | 1 | 1 | $\langle 0\mid 3\rangle$ | 10 | 1 | 0 | 1 | 0 | $\langle 2\mid 2\rangle$ | $\bar{z}x+z\bar{x}$ |
| 11 | 1 | 0 | 1 | 1 | $\langle 2\mid 3\rangle$ | 11 | 1 | 0 | 1 | 1 | $\langle 2\mid 3\rangle$ | $\bar{z}+\bar{x}$ |
| 4 | 0 | 1 | 0 | 0 | $\langle 1\mid 0\rangle$ | 4 | 0 | 1 | 0 | 0 | $\langle 1\mid 0\rangle$ | $zx$ |
| 12 | 1 | 1 | 0 | 0 | $\langle 3\mid 0\rangle$ | 5 | 0 | 1 | 0 | 1 | $\langle 1\mid 1\rangle$ | $zx+\bar{z}\bar{x}$ |
| 0 | 0 | 0 | 0 | 0 | $\langle 0\mid 0\rangle$ | 0 | 0 | 0 | 0 | 0 | $\langle 0\mid 0\rangle$ | $x$ |
| 8 | 1 | 0 | 0 | 0 | $\langle 2\mid 0\rangle$ | 1 | 0 | 0 | 0 | 1 | $\langle 0\mid 1\rangle$ | $\bar{z}+x$ |
| 5 | 0 | 1 | 0 | 1 | $\langle 1\mid 1\rangle$ | 6 | 0 | 1 | 1 | 0 | $\langle 1\mid 2\rangle$ | $z$ |
| 13 | 1 | 1 | 0 | 1 | $\langle 3\mid 1\rangle$ | 7 | 0 | 1 | 1 | 1 | $\langle 1\mid 3\rangle$ | $z+\bar{x}$ |
| 1 | 0 | 0 | 0 | 1 | $\langle 0\mid 1\rangle$ | 2 | 0 | 0 | 1 | 0 | $\langle 0\mid 2\rangle$ | $z+x$ |
| 9 | 1 | 0 | 0 | 1 | $\langle 2\mid 1\rangle$ | 3 | 0 | 0 | 1 | 1 | $\langle 0\mid 3\rangle$ | 1 |

表 1.11 二维展示

| SL 码顺序排列 | | | | SL 码函数分布 | | | |
| --- | --- | --- | --- | --- | --- | --- | --- |
| 0 | 1 | 2 | 3 | 0 | $\bar{z}\bar{x}$ | $\bar{z}x$ | $\bar{z}$ |
| 4 | 5 | 6 | 7 | $z\bar{x}$ | $\bar{x}$ | $\bar{z}x+z\bar{x}$ | $\bar{z}+\bar{x}$ |
| 8 | 9 | 10 | 11 | $zx$ | $zx+\bar{z}\bar{x}$ | $x$ | $\bar{z}+x$ |
| 12 | 13 | 14 | 15 | $z$ | $z+\bar{x}$ | $z+x$ | 1 |
| 二维码排列 | | | | F 码函数分布 | | | |
| $<0,0>$ | $<0,1>$ | $<0,2>$ | $<0,3>$ | $x$ | $z+x$ | $\bar{z}x$ | $\bar{z}x+z\bar{x}$ |
| $<1,0>$ | $<1,1>$ | $<1,2>$ | $<1,3>$ | $zx$ | $z$ | 0 | $z\bar{x}$ |
| $<2,0>$ | $<2,1>$ | $<2,2>$ | $<2,3>$ | $\bar{z}+x$ | 1 | $\bar{z}$ | $\bar{z}+\bar{x}$ |
| $<3,0>$ | $<3,1>$ | $<3,2>$ | $<3,3>$ | $zx+\bar{z}\bar{x}$ | $z+\bar{x}$ | $\bar{z}\bar{x}$ | $\bar{x}$ |
| W 码函数分布 | | | | C 码函数分布 | | | |
| $x$ | $\bar{z}+x$ | $z+x$ | 1 | $x$ | $z+x$ | $\bar{z}+x$ | 1 |
| $zx$ | $zx+\bar{z}\bar{x}$ | $z$ | $z+\bar{x}$ | $zx$ | $z$ | $zx+\bar{z}\bar{x}$ | $z+\bar{x}$ |
| $\bar{z}x$ | $\bar{z}$ | $\bar{z}x+z\bar{x}$ | $\bar{z}+\bar{x}$ | $\bar{z}x$ | $\bar{z}x+z\bar{x}$ | $\bar{z}$ | $\bar{z}+\bar{x}$ |
| 0 | $\bar{z}\bar{x}$ | $z\bar{x}$ | $\bar{x}$ | 0 | $z\bar{x}$ | $\bar{z}\bar{x}$ | $\bar{x}$ |

将表 1.10 中观察得到的结果，总结为以下定理。

**定理 1.8** 在多元变量等价变值函数集中，SL 编码不同于 C 编码的排列模式。

**证明** 观察 SL 码的基元向量，当变元数目大于 1 时，顺序排列的前一半和后一半向量不满足广义共轭条件。■

**定理 1.9**　对任意的 F 编码, 按主对角线划分, 对应编号的函数为成对共轭函数。

**证明**　在 F 编码条件下, 任意选择的编号 $\langle J^1|J^0 \rangle$ 其在对角线另一侧的编号是 $\langle J^0|J^1 \rangle$。该编号是原向量集的共轭变量集合。■

在上面例子中, F 码和 C 码的函数分布满足成对共轭关系。

**定理 1.10**　对任意的 C 编码, 除了主对角线的共轭对称性, 四个顶点为 $\{0, x, \bar{x}, 1\}$。

**证明**　在上述四种情况中, $x$ 什么都不变自然保持输入变元原状态直接输出; 1 函数将点变为 1, 输出 1 向量; 0 函数转化 1 点为 0, 输出 0 向量; $\bar{x}$ 把 0 点变为 1, 同时 1 点变为 0, 输出为原值求反。■

四顶点不变性是 C 类编码特有的空间结构特征。

**定理 1.11**　在文王编码中若基元向量集无成对匹配模式, 则对应函数分布一般不出现共轭对称效应。

**证明**　由于编码规则的约束, 非成对匹配形成非对称排列。但可能在一些团体组合模式下局部显现出共轭对称性, 定理的结论对大部分情况成立。■

观察前面 G 码的例子, 尽管大多数函数对满足非共轭对称, 但是两个顶点函数 (0 和 1) 仍保持共轭对称。

# 1.5　结　　论

在 0-1 向量多变量条件下建立起变值逻辑变换体系。利用变值基元向量, 建立整体编码模型和系列化编码展示结构。

定理 1.8~ 定理 1.11 总结本章的主要结果。在变值编码系列中, 文王编码具有通用二维结构。伏羲编码在配置函数空间中形成共轭函数对。而共轭编码, 特有的四元极值顶点将其他的编号模式排斥在外。

由于文王编码系列具有超几何级数增长的趋势, 可以操作的研究模式将集中在对较少量变元 ($n = 2 \sim 4$) 变换结构, 进行模拟处理和穷举型计算。同时应用该变值逻辑体系处理数学/物理的基础悖论和前沿测量问题, 为应用现代东方逻辑体系开辟道路。

**致谢**　感谢已故的恩师高庆狮院士, 高先生在 1980 年指导作者在对称置换群上构造并行算法。感谢陈涛先生在 1996 年用分层结构化模型建立的现代中医辅助诊断系统应用传统理论形成现代基础理论应用成果, 激励作者重返基础逻辑研究前沿。感谢云南省科技厅重大科技专项 (2018ZI002), 国家自然科学基金 (61362014) 和云南省海外高层次人才项目经费支持。

## 参 考 文 献

[1] 杨炳儒. 布尔代数及其泛化结构. 北京: 科学出版社, 2008

[2] Muroga S. Logic Design and Switching Theory. New Jersey: Wiley-Interscience Publication, 1979

[3] Kandel A, Lee S C. Fuzzy Switching and Automata: Theory and Applications. New York: Crane Russak and Company Inc., 1979

[4] Lee S C. Modern Switching Theory and Digital Design. New Jersey: Prentice-Hall, 1978

[5]　Vingron S P. Switching Theory: Insight Through Predicate Logic. Berlin: Springer, 2004

[6]　秦军南. 开关理论与逻辑设计. 北京: 人民教育出版社, 1980

[7]　金岳霖. 形式逻辑. 北京: 人民出版社, 1979

[8]　Edwards F H. The Principles of Switching Circuits. Cambridge, Massachusetts: The MIT Press, 1973

[9]　霍书全. 多值逻辑的方法和理论. 北京: 科学出版社, 2009

[10]　石纯一, 等. 数理逻辑与集合论. 2 版. 北京: 清华大学出版社, 2000

[11]　胡世华, 陆钟万. 数理逻辑基础. 北京: 科学出版社, 1981

[12]　佚名. 数理逻辑论文选 (第一集). 北京: 外文出版社, 1958

[13]　Rosser A B, Turquette A R. Many-valued Logics. Amsterdam: North-Holland Publishing Company, 1952

[14]　阎莉. 整体论视域中的科学模型观. 北京: 科学出版社, 2008

[15]　桑靖宇. 莱布尼兹与现象学. 北京: 中国社会科学出版社, 2009

[16]　雷功炎. 数学模型八讲. 北京: 北京大学出版社, 2008

[17]　宣慧玉, 张发. 复杂系统仿真及其应用. 北京: 清华大学出版社, 2008

[18]　李士勇. 非线性科学与复杂性科哈尔滨学. 哈尔滨: 哈尔滨工业大学出版社, 2006

[19]　涂序彦, 尹怡欣. 人工生命及应用. 北京: 北京邮电大学出版社, 2004

[20]　Grifieath D, Moor C. New Constructions in Cellular Automata. Santa Fe Institute Studies in the Sciences of Complexity, 2003

[21]　Ilachinski A. Cellular Automata-A Discrete Universe. Singapore: World Scientiflc, 2001

[22]　江志松. 122 号初等元胞自动机的复杂性分析. 科学通报, 2000, 45(18): 2007-2012

[23]　Umeo H, Morishita S, Nishinari K. Cellular Automata. Berlin: Springer, 2008

[24]　Wolfram S. A New Kind of Science. New York: Wolfram Media Inc., 2002

[25]　Wolfram S. Cellular Automata and Complexity. New Jersey: Addison-Wesley, 1994

[26]　Wolfram S. Theory and Applications of Cellular Automata. Singapore: World Scientiflc, 1986

[27]　李元香, 等. 格子气体自动机. 北京: 清华大学出版社, 广西科学技术出版社, 1994

[28]　金日光. 模糊群子论. 哈尔滨: 黑龙江科学技术出版社, 1985

[29]　Marek W, et al. Elements of Logic and Foundations of Mathematics in Problems. New York: PWN-Polish Scientific Publishers, 1982

[30]　Thayse A. Boolean Calculus of Diﬁerences. Berlin: Springer-Verlag, 1981

[31]　Fogarty J. Invariant Theory. New York: W.A. Benjamin, 1969

[32]　Benacerraf P, Putnam H. Philosophy of Mathematics. New Jersey: Prentice-Hall, 1964

[33]　Zheng Z J. Conjugate Visualisation of Global Complex Behaviour. Complexity International, 1996(3) http://www.complexity.org.au/ci/vo103/zheng/

[34]　Zheng Z J, Leung C H C. Visualising Global Behaviour of 1D Cellular Automata Image Sequences in 2D Maps. Physica A , 1996 (233): 785-800

[35]　Zheng Z J. Conjugate Transformation of Regular Plan Lattices for Binary Images. Melbourne: Monash University, 1994

[36]　Zheng Z J, Maeder A J. The Elementary Equation of the Conjugate Transformation for Hexagonal Grid. Modeling in Computer Graphics. Berlin: Springer-Verlag, 1993: 21-42

[37]　Zheng Z J, Maeder A J. The Conjugate Classiflcation of the Kernel Form of the Hexagonal Grid. Modern Geometric Computing for Visualization. Berlin: Springer-Verlag, 1992: 73-89

[38]　Zheng J, Zheng C, Kunii T L. A Framework of Variant-Logic Construction for Cellular Automata, Cellular Automata-Innovative Modelling for Science and Engineering. Vienna, Austria: InTech Press, 2011: 325-352.

[39]　Zheng J, Zheng C. A framework to express variant and invariant functional spaces for binary logic, Frontiers of Electrical and Electronic Engineering in China. Berlin：Higher Education Press and Springer, 2010, 5(2):163-172

[40]　Zheng J. Variant Construction from Theoretical Foundation to Applications. Berlin：Springer Nature Press, 2019

[41]　郑智捷. 变值配置函数空间整体编码族的 2 维对称性. 成都信息工程学院学报, 2011 (6): 1-11

[42]　互子. 易道中互易经体系. 广州：花城出版社, 2009

[43]　徐芹庭. 易图源流. 北京：中国书店出版社, 2008

[44]　黄宗羲. 易学象数论. 北京：九州出版社, 2007

[45]　张一方. 中华历代易学家传. 北京：北京艺术与科学电子出版社, 2007

[46]　施维. 周易八卦图解. 成都：巴蜀书店出版社, 2005

# 第2章  变值表示等价多元逻辑函数

郑智捷*

**摘要**: 传统的 0-1 逻辑函数以 AND-OR 和 OR-AND 两种逻辑函数标准范式表示为代表。本章利用变值逻辑体系描述等价变值表示，将传统的 0-1 多元逻辑表达式转化成为变值等价表示形式。书中选择二元 0-1 函数集合列表，用真值和变值表示作为典型示例，并给出两种等价函数表示结果。

**关键词**: 逻辑函数，变值表示，等价逻辑表示。

## 2.1  经典逻辑总表

经典的逻辑体系通常利用两种标准范式表示方法[1,2] 处理各类函数。以表格展现的角度，可以把 $n$ 元逻辑函数集合全体按函数编号，顺序以行按位展开，形成一个具有 $2^n$ 列和 $2^{2^n}$ 行 0-1 真值表，构成完整的真值表示结构。从标准范式的角度，可以选择 1 项群集形成 AND-OR 范式，或者选择 0 项群集形成 OR-AND 范式。从等价逻辑表示的角度，如果选择其他的扩展算符，则不同的对应关系需要通过真值表，建立起对应的表示结构。

## 2.2  变值逻辑表格

变值逻辑体系是基于经典 0-1 逻辑理论结构[3–7]，通过向量 0-1 逻辑的 $\{\neg, \cap, \cup\}$ 运算形成的扩展表示体系。在已有三种基本向量逻辑运算基础上，再增加两种扩展向量算符运算，分别为置换 $P$ 和互补 $\Delta$。在这样的向量算符扩展模式下，变值逻辑体系包含五个基本算符 $\{\neg, \cap, \cup, P, \Delta\}$。

从基础等价变值表示的角度，置换算符不会改变函数值。从表格表示的角度，本章不考虑置换算符 $P$ 的影响，令 $P = (2^n - 1 \cdots I \cdots 0)$，$2^n$ 状态按编号顺序排列，举例描述 $\Delta$ 算符的变化模式: $\Delta = (\Delta_{2^n-1} \cdots \Delta_I \cdots \Delta_0)$, $\Delta_I \in B_2 = \{0,1\}, \Delta \in B_2^{2^n}$, $\Delta_I$ 作用在第 $I$ 列向量位值上，当 $\Delta_I = 0$ 时，第 $I$ 列向量位值将反转，各个位值分别从 $(0 \to 1)$ 或者 $(1 \to 0)$；而当 $\Delta_I = 1$ 时，整个列向量位值则保持不变。

## 2.3  状 态 空 间

对 $n$ 元向量变量 $x = x_{n-1} \cdots x_i \cdots x_0, 0 \leqslant i < n, x_i \in \{0,1\} = B_2$。令在 $n$ 元向量

* 云南省软件工程重点实验室，云南省量子信息重点实验室，云南大学。e-mail: conjugatelogic@yahoo.com。

本项目由国家自然科学基金 (62041213)，云南省科技厅量子信息重大专项 (2018ZI002)，国家自然科学基金 (61362014) 和云南省海外高层次人才项目联合经费支持。

变量中的第 $j$ 位为选定特征位,$0 \leqslant j < n, x_j \in B_2$ 为选择变量, 对输出变量 $y, n$ 元函数 $f, y = f(x), y \in B_2, x \in B_2^n$。对所有 $x$ 的 $2^n$ 状态, 令 $S(n)$ 为状态集, 根据选定特征的位取值, 将状态集划分为两个集合: $S_0^j(n)$ 和 $S_1^j(n)$,

$$S_0^j(n) = \{x | x_j = 0, \forall x \in B_2^n\} \tag{2.1}$$

$$S_1^j(n) = \{x | x_j = 1, \forall x \in B_2^n\} \tag{2.2}$$

$$S(n) = \{S_0^j(n), S_1^j(n)\} \tag{2.3}$$

## 2.4　基元逻辑函数

对给定函数 $f$, 通过选择特征的位和输入/输出序对的取值关系, 确定四组基元逻辑函数 $\{f_\perp, f_+, f_-, f_\top\}$

$$f_\perp(x) = \{f(x) | x \in S_0^j(n), y = 0\} \tag{2.4}$$

$$f_+(x) = \{f(x) | x \in S_0^j(n), y = 1\} \tag{2.5}$$

$$f_-(x) = \{f(x) | x \in S_1^j(n), y = 0\} \tag{2.6}$$

$$f_\top(x) = \{f(x) | x \in S_1^j(n), y = 1\} \tag{2.7}$$

在传统的两类标准逻辑范式表示中, AND-OR 范式通过选择基元函数集合 $\{f_+(x), f_\top(x)\}$ 作为 $y = 1$ 项集合, 以真值逻辑表达式的形式来实现; 而 OR-AND 范式则是通过选择基元函数集合 $\{f_-(x), f_\perp(x)\}$ 作为 $y = 0$ 项集合, 作为假值逻辑表达式的形式来实现。

在基元函数集合 $\{f_\top(x), f_\perp(x)\}$ 之中, 输入和输出特征的取值 $x_j = y$ 是等同的, 因此从输入/输出序对取值的角度, 数值保持不变。当选择基元函数集合 $\{f_+(x), f_-(x)\}$ 时, $x_j \neq y$ 形成基础变值逻辑表示。

令 $f(x) = \langle f_+ | x | f_- \rangle$ 为变值逻辑函数表示, 在 $\langle f_+ | x | f_- \rangle$ 表示结构中, $f_+$ 部分从 $S_0^j(n)$ 中选择 1 项集合为 AND-OR 表达式形式, 而 $f_-$ 部分从 $S_1^j(n)$ 中选择 0 项集合为 OR-AND 表达式形式。在变值表示中, 两个投影函数与基元函数之间的关系是

$$f(x) = \langle f_+ | x | f_- \rangle \tag{2.8}$$

$$f_+(x) = \langle f_+ | x | \varnothing \rangle \tag{2.9}$$

$$f_-(x) = \langle \varnothing | x | f_- \rangle \tag{2.10}$$

## 2.5　两变量函数展现

为方便理解在四基元模式下的变值表示, 利用两变量的逻辑函数全体, 将其 16 个函数的标准真值集合表达式和等价的变值集合表达式在表 2.1 中示意, 并排 1-1 对应列出。在表 2.1 中, $n = 2, j = 0, S(2) = \{11, 10, 01, 00\} = \{3, 2, 1, 0\}$ 分别为二进制和整数集合表示, 对应的两个子集合为 $S_0^0(2) = \{10, 00\} = \{2, 0\}, S_1^0(2) = \{11, 01\} = \{3, 1\}$。

特征向量 $z$ 的互补运算 $\delta$ 定义为: 对 $\delta \in B_2$,

$$z^\delta = \begin{cases} z, & \delta = 1 \\ \neg z, & \delta = 0 \end{cases} \tag{2.11}$$

将特征向量的互补运算作用在基元状态对应的整个列上, 整列的 0-1 数值都会受到算符的影响。在对应的表示下, 两组变值函数表达式在表 2.1 中给出。

**表 2.1　二元变量逻辑函数和两组变值逻辑表示**

$\Delta = (0101)$ :

| $f$ NO. | $f \in$ $S(2)$ | 3 11 | 2 10 | 1 01 | 0 00 | $f_+ \in$ $S_0^0(2)$ | $3^0$ $(11)^0$ | $2^1$ $(10)^1$ | $1^0$ $(01)^0$ | $0^1$ $(00)^1$ | $f_- \in$ $S_1^0(2)$ |
|---|---|---|---|---|---|---|---|---|---|---|---|
| 0 | $\{\varnothing\}$ | 0 | 0 | 0 | 0 | $\langle\varnothing\|$ | 1 | 0 | 1 | 0 | $\|3^0,1^0\rangle$ |
| 1 | $\{0\}$ | 0 | 0 | 0 | 1 | $\langle 0^1\|$ | 1 | 0 | 1 | 1 | $\|3^0,1^0\rangle$ |
| 2 | $\{1\}$ | 0 | 0 | 1 | 0 | $\langle\varnothing\|$ | 1 | 0 | 0 | 0 | $\|3^0\rangle$ |
| 3 | $\{1,0\}$ | 0 | 0 | 1 | 1 | $\langle 0^1\|$ | 1 | 0 | 0 | 1 | $\|3^0\rangle$ |
| 4 | $\{2\}$ | 0 | 1 | 0 | 0 | $\langle 2^1\|$ | 1 | 1 | 1 | 0 | $\|3^0,1^0\rangle$ |
| 5 | $\{2,0\}$ | 0 | 1 | 0 | 1 | $\langle 2^1,0^1\|$ | 1 | 1 | 1 | 1 | $\|3^0,1^0\rangle$ |
| 6 | $\{2,1\}$ | 0 | 1 | 1 | 0 | $\langle 2^1\|$ | 1 | 1 | 0 | 0 | $\|3^0\rangle$ |
| 7 | $\{2,1,0\}$ | 0 | 1 | 1 | 1 | $\langle 2^1,0^1\|$ | 1 | 1 | 0 | 1 | $\|3^0\rangle$ |
| 8 | $\{3\}$ | 1 | 0 | 0 | 0 | $\langle\varnothing\|$ | 0 | 0 | 1 | 0 | $\|1^0\rangle$ |
| 9 | $\{3,0\}$ | 1 | 0 | 0 | 1 | $\langle 0^1\|$ | 0 | 0 | 1 | 1 | $\|1^0\rangle$ |
| 10 | $\{3,1\}$ | 1 | 0 | 1 | 0 | $\langle\varnothing\|$ | 0 | 0 | 0 | 0 | $\|\varnothing\rangle$ |
| 11 | $\{3,1,0\}$ | 1 | 0 | 1 | 1 | $\langle 0^1\|$ | 0 | 0 | 0 | 1 | $\|\varnothing\rangle$ |
| 12 | $\{3,2\}$ | 1 | 1 | 0 | 0 | $\langle 2^1\|$ | 0 | 1 | 1 | 0 | $\|1^0\rangle$ |
| 13 | $\{3,2,0\}$ | 1 | 1 | 0 | 1 | $\langle 2^1,0^1\|$ | 0 | 1 | 1 | 1 | $\|1^0\rangle$ |
| 14 | $\{3,2,1\}$ | 1 | 1 | 1 | 0 | $\langle 2^1\|$ | 0 | 1 | 0 | 0 | $\|\varnothing\rangle$ |
| 15 | $\{3,2,1,0\}$ | 1 | 1 | 1 | 1 | $\langle 2^1,0^1\|$ | 0 | 1 | 0 | 1 | $\|\varnothing\rangle$ |

$\Delta = (1001)$ :

| $f$ NO. | $f \in$ $S(2)$ | 3 11 | 2 10 | 1 01 | 0 00 | $f_+ \in$ $S_0^0(2)$ | $3^1$ $(11)^1$ | $2^0$ $(10)^0$ | $1^0$ $(01)^0$ | $0^1$ $(00)^1$ | $f_- \in$ $S_1^0(2)$ |
|---|---|---|---|---|---|---|---|---|---|---|---|
| 0 | $\{\varnothing\}$ | 0 | 0 | 0 | 0 | $\langle 2^0\|$ | 0 | 1 | 1 | 0 | $\|1^0\rangle$ |
| 1 | $\{0\}$ | 0 | 0 | 0 | 1 | $\langle 2^0,0^1\|$ | 0 | 1 | 1 | 1 | $\|1^0\rangle$ |
| 2 | $\{1\}$ | 0 | 0 | 1 | 0 | $\langle 2^0\|$ | 0 | 1 | 0 | 0 | $\|\varnothing\rangle$ |
| 3 | $\{1,0\}$ | 0 | 0 | 1 | 1 | $\langle 2^0,0^1\|$ | 0 | 1 | 0 | 1 | $\|\varnothing\rangle$ |
| 4 | $\{2\}$ | 0 | 1 | 0 | 0 | $\langle\varnothing\|$ | 0 | 0 | 1 | 0 | $\|1^0\rangle$ |
| 5 | $\{2,0\}$ | 0 | 1 | 0 | 1 | $\langle 0^1\|$ | 0 | 0 | 1 | 1 | $\|1\rangle$ |
| 6 | $\{2,1\}$ | 0 | 1 | 1 | 0 | $\langle\varnothing\|$ | 0 | 0 | 0 | 0 | $\|\varnothing\rangle$ |
| 7 | $\{2,1,0\}$ | 0 | 1 | 1 | 1 | $\langle 0^1\|$ | 0 | 0 | 0 | 1 | $\|\varnothing\rangle$ |
| 8 | $\{3\}$ | 1 | 0 | 0 | 0 | $\langle 2^0\|$ | 1 | 1 | 1 | 0 | $\|3^1,1^0\rangle$ |
| 9 | $\{3,0\}$ | 1 | 0 | 0 | 1 | $\langle 2^0,0^1\|$ | 1 | 1 | 1 | 1 | $\|3^1,1^0\rangle$ |
| 10 | $\{3,1\}$ | 1 | 0 | 1 | 0 | $\langle 2^0\|$ | 1 | 1 | 0 | 0 | $\|3^1\rangle$ |
| 11 | $\{3,1,0\}$ | 1 | 0 | 1 | 1 | $\langle 2^0,0^1\|$ | 1 | 1 | 0 | 1 | $\|3^1\rangle$ |
| 12 | $\{3,2\}$ | 1 | 1 | 0 | 0 | $\langle\varnothing\|$ | 1 | 0 | 1 | 0 | $\|3^1,1^0\rangle$ |
| 13 | $\{3,2,0\}$ | 1 | 1 | 0 | 1 | $\langle 0^1\|$ | 1 | 0 | 1 | 1 | $\|3^1,1^0\rangle$ |
| 14 | $\{3,2,1\}$ | 1 | 1 | 1 | 0 | $\langle\varnothing\|$ | 1 | 0 | 0 | 0 | $\|3^1\rangle$ |
| 15 | $\{3,2,1,0\}$ | 1 | 1 | 1 | 1 | $\langle 0^1\|$ | 1 | 0 | 0 | 1 | $\|3^1\rangle$ |

注: $n = 2, j = 0, P = (3,2,1,0), \Delta = \{(0101), (1001)\}$

# 2.6　分 解 例 子

从表 2.1 中，分别检查 $f = 3$ 和 $f = 6$ 两个函数及其对应的基础变值等价表示：

$$\Delta = (0101) : \begin{cases} \{f = 3 := \langle 0^1 | 3^0 \rangle, f_+ = 11 := \langle 0^1 | \varnothing \rangle, f_- = 2^0 := \langle \varnothing | 3^0 \rangle\} \\ \{f = 6 := \langle 2^1 | 3^0 \rangle, f_+ = 14 := \langle 2^1 | \varnothing \rangle, f_- = 2^0 := \langle \varnothing | 3^0 \rangle\} \end{cases}$$

$$\Delta = (1001) : \begin{cases} \{f = 3 := \langle 2^0, 0^1 | \varnothing \rangle, f_+ = 3 := \langle 2^0, 0^1 | \varnothing \rangle, f_- = 6 := \langle \varnothing | \varnothing \rangle\} \\ \{f = 6 := \langle \varnothing | \varnothing \rangle, f_+ = 6 := \langle \varnothing | \varnothing \rangle, f_- = 6 := \langle \varnothing | \varnothing \rangle\} \end{cases}$$

由于 $f_+$ 和 $f_-$ 两个投影函数也同样包含在相同的表中，所以标准函数表示能从对应的等价函数表示中唯一地找到。从逻辑函数表示的角度，通过相关条件查阅变值总表，任意逻辑函数都能确定在变值条件下形成唯一的等价表示形式。在确定 $\Delta$ 作用状态的条件下，互补运算将会引起变值函数表示变化。在互补运算之后，状态排列，无论后续再加上什么样的置换算符，两组变值分解函数都将保持不变。

观察变值逻辑体系表示的基础对应关系，任意的逻辑函数，根据不同的选择，形成不同的等价变值表示对应形式。这类转换模式形成在泛逻辑函数分析中与广义函数描述特征相对应的附加群集特性，将从对称描述的角度，为利用等价变值表示方法，解决复杂大系统逻辑优化量子力学悖论方面的问题提供新的工具 [8-10]。

整个变值体系包含众多的精巧作用原理和方法，除了选择 $f_+$ 和 $f_-$ 的表达形式，其他的不同组合等价表示模式和优化应用方法将在本书后续的研究与在不同前沿变值测量图示应用中 [7] 逐步展开。

## 参 考 文 献

[1]　Lee S C. Modern Switching Theory and Digital Design. New Jersey：Prentice-Hall, 1978

[2]　杨炳儒. 布尔代数及其泛化结构. 北京：科学出版社, 2008

[3]　Zheng J, Zheng C. A framework to express variant and invariant functional spaces for binary logic. Frontiers of Electrical and Electronic Engineering in China. Berlin：Higher Education Press and Springer, 2010, 5(2):163-172.

[4]　Li Q, Zheng J. 11th Australian Information Warfare Conference, 2010

[5]　Zheng J, Zheng C, Kunii T L. A Framework of Variant-Logic Construction for Cellular Automata, Cellular Automata-Innovative Modelling for Science and Engineering. Vienna, Austria：InTech Press, 2011: 325-352.

[6]　Zheng J, Zheng C. Variant Measures and Visualized Statistical Distributions. Acta Photonica Sinica, 2011.

[7]　Zheng J. Variant Construction from Theoretical Foundation to Applications. Berlin：Springer Nature, 2019

[8]　Feynman R. The Character of Physical Law . Cambridge, Massachusetts：The MIT Press, 1965

[9]　Hawking S, Mlodinow L. The Grand Design. New York：Bantam Books, 2010

[10]　Penrose R. The Road to Reality. London：Vintage Books, 2004

# 第3章　变值逻辑体系与群组悖论

郑智捷*

**摘要**: 本章介绍健全性规则判定逻辑系统中是否包含悖论, 基于泛逻辑体系的扩展结构, 利用健全性规则判定概率逻辑、模糊逻辑等扩展逻辑系统不能全部满足健全性规则。然而, 基于 0-1 向量逻辑扩展的变值逻辑与经典逻辑、开关代数等逻辑体系一致, 能全部满足健全性规则。书中给出了变值逻辑的扩展例子以及多种图示描述。为了显示向量逻辑结构中可能出现的悖论结构, 以二元向量为例, 展现可能形成的悖论群集, 以典型例子的模式描述群组悖论。

**关键词**: 健全性, 逻辑悖论, 经典逻辑, 概率逻辑, 变值逻辑, 群组悖论。

## 3.1　概　　述

怎样利用简单的规则判定悖论?

在文献 [1] 中作者提炼出健全性满足如下六条规则: L1-L6。

| | | |
|---|---|---|
| L1: | $P \cup P = P$ | 吸收律。 |
| L2: | $P \cap P = P$ | 幂等律。 |
| L3: | $\neg P \cap P = 0$ | 矛盾律。 |
| L4: | $\neg P \cup P = 1$ | 排中律。 |
| L5: | $\neg \neg P = P$ | 对合律。 |
| L6: | $P,(P \to Q) \vdash Q$ | MP 规则。 |

利用健全性, 快速地考察给定逻辑系统的完备性和相容性, 判别可能悖论出现的条件。

### 3.1.1　统一的泛逻辑体系

从形式化判别的角度, 满足或者不满足健全性, 可能构成在统一的泛逻辑体系中判定标准逻辑和非标准逻辑的一类有用的判据, 参阅图 3.1。

在图 3.1 中泛逻辑体系以三个层面进行扩展: { 二值, 多值, 连续值 }, { 一维, 整数维, 实数维 }, { 演绎, 归纳, 演化 }。值得关注的是标准的逻辑体系能够全部满足健全性的六条规则: L1-L6。然而, 一系列非标准逻辑体系不能全部满足这些规则。

---

\* 云南省软件工程重点实验室, 云南省量子信息重点实验室, 云南大学。e-mail: conjugatelogic@yahoo.com。

本项目由国家自然科学基金 (62041213)、云南省科技厅重大科技专项 (2018ZI002)、国家自然科学基金 (61362014) 和云南省海外高层次人才项目联合经费支持。

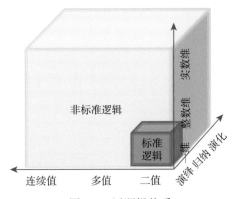

图 3.1　泛逻辑体系

### 3.1.2　满足及不满足健全性的逻辑系统

从逻辑系统的角度，满足健全性的逻辑系统为：标准逻辑、经典逻辑、布尔逻辑、开关代数等。

不完全满足健全性的扩展逻辑系统为：多值逻辑 (不满足 L1、L2)、模糊逻辑 (不满足 L3、L4)、概率逻辑 (不满足 L1、L2、L3、L4) 等。

对应的扩展条件为：多值逻辑 (二值扩展为多值)、模糊逻辑 (二值扩展为分段连续)、概率逻辑 (离散扩展为连续) 等。

从这些扩展体系中可以看到，当各类逻辑体系取值从二值域扩展到其他值域时，包含健全性的逻辑规则会出现问题，不满足健全性规则的逻辑体系将会导出悖论。针对标准逻辑体系，需要询问如下问题。

除了标准逻辑体系，是否存在满足健全性的扩展逻辑体系？

为了探讨这个问题，需要检查本章焦点: 一类基于 0-1 向量的逻辑扩展结构 - 变值逻辑体系。

## 3.2　变值逻辑体系

不同于多值、模糊和概率逻辑体系，变值逻辑是一类基于 0-1 向量的扩展结构。本质上是将输入和输出及其逻辑处理，集成为一体的扩展逻辑体系，是一类相对于真值逻辑体系的变化逻辑描述体系 [2-4]。

在 $n$ 元逻辑变量的经典逻辑中，从变量到函数具有三个层次: ① $n$ 元逻辑变量 $V$; ② $2^n$ 状态空间 $S$; ③ $2^{2^n}$ 函数空间 $F$。

然而，在 $n$ 元逻辑变量的变值逻辑中，从变量到变值配置函数空间具有六个层次: ① $n$ 元逻辑变量 $V$; ② $2^n$ 状态空间 $S$; ③ $2^{2^n}$ 函数空间 $F$; ④ $2^n!$ 置换空间 $P$; ⑤ $2^{2^n}$ 互补空间 $\Delta$; ⑥ $2^{2^n} \times 2^n!$ 变值配置函数空间 $\Omega$。

不同于经典逻辑的三个层次，变值逻辑是通过引入两种向量运算 (置换 $P$ 和互补 $\Delta$) 及其合成运算构成变值配置函数空间。基本的转换规则可以通过分段的模式进行处理。

### 3.2.1 变值逻辑基础

以一维序列为例，$X, Y$ 为 $N$ 长 0-1 序列,

$X = X_{N-1} \cdots X_I \cdots X_0, X_I \in \{0,1\}, 0 \leqslant I < N$

$Y = Y_{N-1} \cdots Y_I \cdots Y_0, Y_I \in \{0,1\}, 0 \leqslant I < N$

选定 $n$ 元逻辑函数 $f: X \to Y$

$X_I^t = Y_I = f([\cdots X_I^{t-1} \cdots]) = f(x_{n-1} \cdots x_i \cdots x_0)$

$f: [\cdots X_I^{t-1} \cdots] \to X_I^t$

考察 $X_I^{t-1} \to X_I^t$ 的可能状态, 观察前一时刻 $t-1$ 与后一时刻 $t$, 在关联位置 $I$ 上取值的变化关系。

### 3.2.2 在变值体系中的四种变换类型

四种变换模式可以通过向量的对应位置及其输入输出值在表 3.1 中示意。两组输入向量形成输出向量分别对应真值、变值、不变值、假值四组向量表示。

**表 3.1 四种变换类型**

| $X_I^{t-1}$ | $X_I^t$ | 真值 | 变值 | 不变值 | 假值 |
|---|---|---|---|---|---|
| 0 | 0 | 0 | 0 | 1 | 1 |
| 0 | 1 | 1 | 1 | 0 | 0 |
| 1 | 0 | 0 | 1 | 0 | 1 |
| 1 | 1 | 1 | 0 | 1 | 0 |

### 3.2.3 两类扩展向量运算: $P, \Delta$

1. 置换算符 $P$

$P: (2^n - 1, \cdots, I, \cdots, 1, 0) \to (P(2^n - 1), \cdots, P(I), \cdots, P(1), P(0));$

$I, P(I) \in \{0, 1, \cdots, I, \cdots, 2^n - 1\}$。

$\Omega(P) = 2^n!, 2^n$ 个基元状态的对称群。

2. 互补算符 $\Delta$

$y = x^\delta = x^0 = \neg x, \delta = 0;$

$y = x^\delta = x^1 = x, \delta = 1;$

$\delta = (\delta(2n-1), \cdots, \delta(I), \cdots, \delta(1), \delta(0)), \delta(I) \in \{0, 1\}, I \in \{0, 1, \cdots, I, \cdots, 2^n - 1\};$

$\Omega(\Delta) = 2^{2^n}, 2^n$ 个基元状态的互补群。

两类运算可以独立操作, 可能形成的组合为两个状态群集之积。因此, 合成的配置函数空间的数目为: $\Omega(P \times \Delta) = 2^{2^n} \times 2^n!$。

## 3.3 变换例子

### 3.3.1 真值表类型转换

为方便地示意置换和互补向量运算操作, 给出一组分步处理的例子。

二元函数例子 $P = (1203)$, $\Delta = (0110)$。

| 原始排列 | | | | $P = (1203)$ | 置换排列 | | | | $\Delta = (0110)$ |
|---|---|---|---|---|---|---|---|---|---|

| No | 11 | 10 | 01 | 00 |
|---|---|---|---|---|
| | 3 | 2 | 1 | 0 |
| 0 | 0 | 0 | 0 | 0 |
| 1 | 0 | 0 | 0 | 1 |
| 2 | 0 | 0 | 1 | 0 |
| 3 | 0 | 0 | 1 | 1 |
| 4 | 0 | 1 | 0 | 0 |
| 5 | 0 | 1 | 0 | 1 |
| 6 | 0 | 1 | 1 | 0 |
| 7 | 0 | 1 | 1 | 1 |
| 8 | 1 | 0 | 0 | 0 |
| 9 | 1 | 0 | 0 | 1 |
| 10 | 1 | 0 | 1 | 0 |
| 11 | 1 | 0 | 1 | 1 |
| 12 | 1 | 1 | 0 | 0 |
| 13 | 1 | 1 | 0 | 1 |
| 14 | 1 | 1 | 1 | 0 |
| 15 | 1 | 1 | 1 | 1 |

$\rightarrow$

| No | 01 | 10 | 00 | 11 |
|---|---|---|---|---|
| | 1 | 2 | 0 | 3 |
| 0 | 0 | 0 | 0 | 0 |
| 2 | 0 | 0 | 1 | 0 |
| 8 | 1 | 0 | 0 | 0 |
| 10 | 1 | 0 | 1 | 0 |
| 4 | 0 | 1 | 0 | 0 |
| 6 | 0 | 1 | 1 | 0 |
| 12 | 1 | 1 | 0 | 0 |
| 14 | 1 | 1 | 1 | 0 |
| 1 | 0 | 0 | 0 | 1 |
| 3 | 0 | 0 | 1 | 1 |
| 9 | 1 | 0 | 0 | 1 |
| 11 | 1 | 0 | 1 | 1 |
| 5 | 0 | 1 | 0 | 1 |
| 7 | 0 | 1 | 1 | 1 |
| 13 | 1 | 1 | 0 | 1 |
| 15 | 1 | 1 | 1 | 1 |

$\rightarrow$

互补置换排列

| No | $(01)^0$ | $(10)^1$ | $(00)^1$ | $(11)^0$ |
|---|---|---|---|---|
| | $1^0$ | $2^1$ | $0^1$ | $3^0$ |
| 9 | 1 | 0 | 0 | 1 |
| 11 | 1 | 0 | 1 | 1 |
| 1 | 0 | 0 | 0 | 1 |
| 3 | 0 | 0 | 1 | 1 |
| 13 | 1 | 1 | 0 | 1 |
| 15 | 1 | 1 | 1 | 1 |
| 5 | 0 | 1 | 0 | 1 |
| 7 | 0 | 1 | 1 | 1 |
| 8 | 1 | 0 | 0 | 0 |
| 10 | 1 | 0 | 1 | 0 |
| 0 | 0 | 0 | 0 | 0 |
| 2 | 0 | 0 | 1 | 0 |
| 12 | 1 | 1 | 0 | 0 |
| 14 | 1 | 1 | 1 | 0 |
| 4 | 0 | 1 | 0 | 0 |
| 6 | 0 | 1 | 1 | 0 |

### 3.3.2 配置函数空间: 可视化例子

给出三组可视化结果: W 编码序列–文王码序列在图 3.2($a_1$)~($c_1$) 中示意; F 编码序列–伏羲编码序列在图 3.2($a_2$)~($c_2$) 中示意; C 编码序列–共轭编码序列在图 3.2($a_3$)~($c_3$) 中示意。

观察图 3.2 展现的三组结果, 图 3.2($a_1$)~($c_1$) 文王编码给出 16 种逻辑函数在三种投影状态下的分布图示。从图 3.2($b_1$) 和 ($c_1$) 相空间投影中观察不到对称特性。

然而, 在图 3.2($a_2$)~($c_2$) 伏羲编码序列中从图 3.2($b_2$) 和 ($c_2$) 相空间投影中观察得到对应于副对角线分布的反射对称特性。

最强的对称分布特性可以从图 3.2($a_3$)~($c_3$) 共轭编码序列中观察到, 不同于前两组图示, 从图 3.2($b_3$) 和 ($c_3$) 相空间投影中观察得到对应于两条对角线分布之间的反射对称特性。

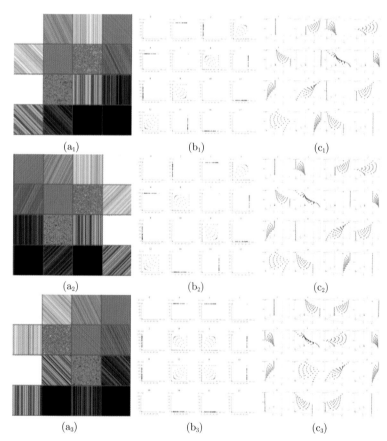

图 3.2 W 编码序列–文王码序列 ($a_1$)~($c_1$); F 编码序列–伏羲编码序列 ($a_2$)~($c_2$); C 编码序列–共轭编码序列 ($a_3$)~($c_3$); ($a_?$) 图像序列; ($b_?$) 2D 相空间投影; ($c_?$) 3D 相空间投影

## 3.4 在泛逻辑体系之上的变值逻辑体系

从健全性规则的角度, 向量逻辑代数能满足所有的六条规则:L1-L6, 从这个角度, 所有标准逻辑能全部满足的条件，在变值逻辑环境中亦能全部满足。而那些扩展逻辑体系即非标准逻辑不能全部满足。

由图 3.3 可知，变值逻辑体系大于经典逻辑体系，远小于非标准逻辑体系可能扩展的范围。变值逻辑体系已将向量状态置换和互补群集包含在内，整体系统从配置空间的角度，远远大于经典组合逻辑所能覆盖的范围。3.3 节通过整体逻辑函数及其相对位置变化而形成的不同编码系列，仅表现这类扩展之后表现出的可视化对称分布特性。进一步深入基础探索及其前沿应用联系是需要的。

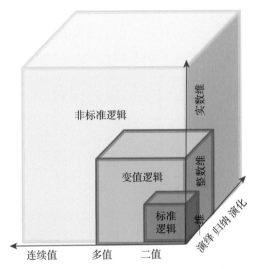

图 3.3　泛逻辑体系 + 变值逻辑体系

从扩展逻辑的角度，变值逻辑体系扩展程度小于概率逻辑、模糊逻辑等非经典逻辑体系。整个变值逻辑体系基础能从逻辑变量出发，利用向量化逻辑算符进行表示。正是由于这样的特性，所以健全性规则在变值逻辑中才能够全部满足。

向量 0-1 逻辑结构从形式表示和取值域的角度除了维度扩展，与经典逻辑体系没有差别。然而，利用置换和互补算符所进行的扩展，已经使变值逻辑体系提供海量的附加对称性群聚模式。由于置换算符提供的扩展变化空间远远大于经典组合逻辑函数体系，所以研究这样的体系扩展会给经典逻辑体系带来什么附加价值，值得系统逻辑体系研究者进行深入探索。

## 3.5　在 0-1 向量状态群集中的群组悖论

在置换和互补算符作用下，向量逻辑体系形成海量不同的群聚，从这个角度，在该类系统中可能出现不同类型的悖论，下面讨论一类蕴涵在东方传统经典《易经》体系和经典逻辑结构中可能出现的悖论结构。

从向量状态表示的角度，多个状态形成的群组在一定的条件下会形成悖论。这里以最简单的二元向量为例，展现悖论出现的条件。以保证通过系统恰当构造，不会形成对逻辑系统产生具有颠覆性效应的潜在逻辑难题。

### 3.5.1 简单例子

以二元向量为例，表示的四种状态，分别施加非算符和互补算符，四个状态的各单元全部展开不含悖论！

|  | $X_0X_1$ | | $\sim X_0 \sim X_1$ | | $X_0X_1$ | | $\neg X_0\neg X_1$ |
|---|---|---|---|---|---|---|---|
|  | 00 | | 11 | | 00 | | 11 |
| 互补算符 $\sim$: | 01 | $\rightarrow$ | 10 | 非算符 $\neg$: | 01 | $\rightarrow$ | 10 |
|  | 10 | | 01 | | 10 | | 01 |
|  | 11 | | 00 | | 11 | | 00 |

当向量状态按其中包含 0 或者 1 的数目分组时，中间的两个状态形成一个群组记为 $A = \{01, 10\}$，观察 $A$ 在非算符 $\neg$ 和互补算符 $\sim$ 作用之后，该群组内容仍然保持不变：$A = \sim A$ 或者 $A = \neg A$。

|  |  | $X_0X_1$ | | | $\sim X_0 \sim X_1$ |
|---|---|---|---|---|---|
|  |  | 00 | | | 11 |
| 互补算符 $\sim$: | $A =$ | $\{01, 10\}$ | $\rightarrow$ | $\sim A =$ | $\{10, 01\}$ |
|  |  | 11 | | | 00 |

|  |  | $X_0X_1$ | | | $\neg X_0\neg X_1$ |
|---|---|---|---|---|---|
|  |  | 00 | | | 11 |
| 非算符 $\neg$: | $A =$ | $\{01, 10\}$ | $\rightarrow$ | $\neg A =$ | $\{10, 01\}$ |
|  |  | 11 | | | 00 |

在这样的构造下，特定的群组会形成悖论结构，将这类结构称为群组悖论！

### 3.5.2 推广情况

一般情况下，在非运算或者互补运算下成对出现的状态包含在一个群集中，例如，$A = \{01, 10\}$, $B = \{00, 11\}$ 两个群集整体分别在非运算和互补运算下保持不变，在这两个群集上也能观察到群组悖论。

|  |  | $X_0X_1$ | | | $\sim X_0 \sim X_1$ |
|---|---|---|---|---|---|
| 互补算符 $\sim$: | $A =$ | $\{01, 10\}$ | $\rightarrow$ | $\sim A =$ | $\{10, 01\}$ |
|  | $B =$ | $\{00, 11\}$ | | $\sim B =$ | $\{11, 00\}$ |

|  |  | $X_0X_1$ | | | $\neg X_0\neg X_1$ |
|---|---|---|---|---|---|
| 非算符 $\neg$: | $A =$ | $\{01, 10\}$ | $\rightarrow$ | $\neg A =$ | $\{10, 01\}$ |
|  | $B =$ | $\{00, 11\}$ | | $\neg B =$ | $\{11, 00\}$ |

### 3.5.3 推广到复矩阵

在超越逻辑算符扩展算符到复矩阵之后，相关的群组悖论在矩阵转置和复共轭运算条件下，转化为新型向量对称描述形式：厄米矩阵复共轭转置对称不变性。

由于群组悖论的存在，所以在经典易经表示体系中，很容易将非操作或者互补运算成对向量状态进行组合，形成中间群集，通常难以避免形成群组悖论。

　　形成群组悖论需要特定的环境和条件, 为避免任意组合群集形成悖论结构, 在状态分类及其函数构造时, 需要从特征群集分类出发进行状态群集的合理分划, 从群聚的源头避免后续不同任意状态组合形成群组悖论结构。

　　利用合理的分层结构化组织, 这类悖论结构在扩展的数学结构中可能利用新型不变测量特性有效地消除悖论的负面效应, 形成高度异化的对称特性 (参阅本书第 4 章)(如共轭变换、量子纠缠态等)。利用矩阵特征值及其变值测量不变量 (参阅本书第 20 章), 这些复杂模式的不变特性将从更为深入的角度, 以量化测量分析的模式, 观察这类特殊的量化不变对称特征。

## 3.6　结　　论

　　借助检查健全性, 快速判定扩展逻辑系统的完备性和相容性是一件好事。对照所列举的几类扩展非标准逻辑系统都不能全部满足健全性规则。

　　然而, 除了经典逻辑, 0-1 向量逻辑扩展–变值逻辑体系能够满足全部健全性规则。变值逻辑体系利用四基元结构, 通过向量化置换和互补算符扩展形成宏大的 $2^{2^n} \times 2^n!$ 变值配置函数空间。

　　提供同输入/输出逻辑值相关的相对性逻辑条件优化群集, 利用置换和互补算符形成的高维对称分布特性和海量配置函数, 在经典逻辑和非经典逻辑之间建立起有意义的中间结构。

　　研究新逻辑体系同其他扩展逻辑体系之间的关系, 充分地利用新型逻辑优化工具开掘实际应用是本书的目标。从置换和互补算符的角度, 尽管没有健全性的约束, 但利用置换和互补运算所形成的成对向量状态组合能够形成群组悖论。

　　值得欣慰的是这类变化条件下不变的等式, 在超越逻辑体系的代数结构中可能以特殊整体不变量对称特性, 提供解析和分离逻辑悖论的量化测量基础。

## 参 考 文 献

[1]　何华灿, 马盈仓. 信息、智能与逻辑. 西安: 西北工业大学出版社, 2008

[2]　Zheng J, Zheng C, Kunii T L. A Framework of Variant-Logic Construction for Cellular Automata, Cellular Automata-Innovative Modelling for Science and Engineering. Vienna, Austria: InTech Press, 2011: 325-352.

[3]　Zheng J, Zheng C. A framework to express variant and invariant functional spaces for binary logic. Frontiers of Electrical and Electronic Engineering in China. Berlin: Higher Education Press and Springer, 2010, 5(2):163-172

[4]　Zheng J. Variant Construction from Theoretical Foundation to Applications. Berlin: Springer Nature, 2019: 3-25

# 第4章 在共轭向量变换和复变测量系统中的测量算符——从局部逻辑计算到整体哈密顿动力学

郑智捷[*]

**摘要**：量子力学理论是 20 世纪构建的最重要科学理论体系之一。然而现存的理论和模型还没有严格地从微观结构到宏观测量对量子力学提供明晰与一致的逻辑及概念支撑。伴随着众说纷纭的系列悖论，对量子基础的解释仍然是谜。

本章提出利用共轭变换和测量体系从微观结构到宏观测量形成恰当分层结构化的连接结构。基于给定微观可控配置模式，共轭向量逻辑基于特征向量与概率向量关联表示提供能够模拟复数算符的测量特性。在共轭向量逻辑变换基础下，利用多类特殊算符，从共轭基本变换方程出发，通过变值基本测量方程利用复数算符体系，与哈密顿动力学测量算符之间建立 1-1 对应的关系。

新的算符对应模式为共轭变换结构在满足哈密顿测量算符的基础上，从微观体系出发基于严格规范的逻辑体系，利用动力学方程与经典动力学和离散动力学建立联系。选择的例子是利用陈省身先生对杨振宁-米尔斯方程的研究成果，显示共轭变换测量方程与杨振宁-米尔斯方程，从共轭、对称和反对称等算符表示的角度，为同态表示结构。共轭向量测量体系，这类满足哈密顿算符的统一离散动力学体系，值得进一步深入探索。

**关键词**：共轭逻辑，变值体系，离散动力学，微观结构，宏观测量，相空间，哈密顿测量。

## 4.1 概　　述

现代构建复杂系统的理论体系从离散逻辑理论到宏观连续理论，已有一系列的理论和方法：经典动力学、量子力学、复杂性理论、企业系统、社会系统、复变量动力学、格理论、希尔伯特空间、冯·诺依曼代数、群理论、主方程、复共轭、共轭逻辑、变值体系和哈密顿动力学等。

问题：什么样的逻辑体系和模型能够提供适当的支持框架，满足哈密顿测量算符，支持从微观到宏观的动态特性？

离散动力学的相空间及其测量受到哈密顿算符的约束。本章提供的模型在离散量子结构和变换规则 (数字逻辑及其变换) 之间对应于复变量动力学系统 (复杂性科学、非线性动力学、哈密顿动力学和量子力学) 建立起基础与分层结构化变换模式的整体变化特性。

---

　* 云南省量子信息重点实验室，云南省软件工程重点实验室，云南大学。e-mail: conjugatelogic@yahoo.com。

　本项目由国家自然科学基金 (62041213)，云南省科技厅量子信息重大专项 (2018ZI002)，国家自然科学基金 (61362014)，云南省海外高层次人才项目联合经费支持。

## 4.2　变　换　结　构

共轭逻辑体系由分层结构化的体系构成, 新近的进展是以逻辑向量为基础提出变值体系, 本章讨论的问题在变值体系中同样成立。本节从定义核结构出发利用 $m+1$ 元逻辑变量形成一类几何–逻辑向量基本型, 依次对向量状态群集施加多种不变量, 分划构造出对应的多层相空间。利用前景和背景平衡的特征群聚表示结构, 共轭分类在多元不变量的辅助下利用分类运算, 形成 $2n$ 特征类以分划该相空间。对给定的配置, 定义特征类, 以分划配置作为 $2n$ 特征类代表。在变换中 $2n$ 特征类代表起着重要的作用。利用这些特征表示, 建立共轭变换结构的基本方程。

### 4.2.1　核结构

令 $K$ 表示一个核结构, 具有几何–逻辑形态和 $m+1$ 元向量逻辑变量: $K = \{x_0, x_1, \cdots, x_k, \cdots, x_m\}, x_k \in \{0,1\}, 0 \leqslant k \leqslant m$。令 $x$ 为核 $K$ 中的对应位置, $x$ 为 $m+1$ 元变量向量, $x = (x, x_1, \cdots, x_k, \cdots, x_m)$, $K(x)$ 为 $m+1$ 元变量的核结构。在多元变量的场合, 核结构具有特定几何约束, 对应于特殊的几何构型结构。可在核结构中定义多种几何与拓扑不变量, 如旋转、反射等。

### 4.2.2　相空间和共轭相空间

令一个给定核结构 $K(x)$ 的相空间为 $\Omega$。对给定的 $K(x)$, 可以区分 $m+1$ 元逻辑变量。对给定的 $x$, 该位具有两个不同值, 参考其他的 $m$ 元逻辑变量, 形成两个相互共轭的成对向量状态集合: $S(x)$ 和共轭态 $\tilde{S}(x)$, $x_k \in \{0,1\}, 1 \leqslant k \leqslant m$。

$$S(x) = K(x = 1, x_1, \cdots, x_k, \cdots, x_m) \tag{4.1}$$

$$\tilde{S}(x) = K(x = 0, x_1, \cdots, x_k, \cdots, x_m) \tag{4.2}$$

为方便表示, 令 $\Theta$ 和 $\tilde{\Theta}$ 表示成对共轭的相空间, 伴随的集合运算为: $\{\wedge, \vee\}$,

$$\Theta = \{S(x) | x = 1, x_k \in \{0,1\}, 1 \leqslant k \leqslant m\} \tag{4.3}$$

$$\tilde{\Theta} = \{S(x) | x = 0, x_k \in \{0,1\}, 1 \leqslant k \leqslant m\} \tag{4.4}$$

$$\Omega = \Theta \vee \tilde{\Theta} \tag{4.5}$$

$$\varnothing = \Theta \wedge \tilde{\Theta} \tag{4.6}$$

令 $|R|$ 表示在状态集合 $R$ 中状态的数目。

**引理 4.1**　对给定的 $K(x)$ 及其相空间 $\Omega$, $|\Theta| = |\tilde{\Theta}| = 2^m$, $|\Omega| = |\Theta| + |\tilde{\Theta}| = 2^{m+1}$。

两个共轭相空间对相空间形成平衡分划, 将给定核结构的所有可能状态组织为两个相互共轭的群集。

### 4.2.3　共轭分类 ($2n$ 个特征类)

$\Theta$ 和 $\tilde{\Theta}$ 为成对的向量状态集合, 每个集合包含 $2^m$ 个状态。利用几何运算, 针对每个几何构型可以定义特殊的相关共轭群集为 $n$ 类群, 称该类分类模式为共轭分类。通常任意共轭分类形成具有平衡结构的两个成对群聚, 分类展示如下。

令 $\Gamma_j(\tilde{\Gamma}_j)$ 为 $\Theta(\tilde{\Theta})$ 的第 $j$- 类, 对任意状态 $S(x) \in \Gamma_j$, 当且仅当, 存在一个对应状态 $\tilde{S}(x) \in \tilde{\Gamma}_j, y = \neg x = 0, y_k = \neg x_k; x_k, y_k \in \{0, 1\}, 0 < k \leqslant m$, 反之亦然。

利用 1-1 对应的共轭成对机制, 等式 $|\Gamma_j| = |\tilde{\Gamma}_j| \geqslant 1$ 成立, 建立下列方程。

$$\Theta = \bigvee_{j=1}^{n} \Gamma_j \tag{4.7}$$

$$\tilde{\Theta} = \bigvee_{j=1}^{n} \tilde{\Gamma}_j \tag{4.8}$$

$$\varnothing = \Gamma_k \wedge \Gamma_j = \tilde{\Gamma}_k \wedge \Gamma_j = \Gamma_k \wedge \tilde{\Gamma}_j = \tilde{\Gamma}_k \wedge \tilde{\Gamma}_j, 1 \leqslant j \neq k \leqslant n \tag{4.9}$$

**定理 4.1**　对给定共轭分类模式, $2n$ 个特征类 $\{\{\Gamma_j\}_{j=1}^{n}, \{\tilde{\Gamma}_j\}_{j=1}^{n}\}$ 成对分划相空间。

## 4.3　配　　置

令一个测量样本集合具有的 $N$ 元素为一个配置, 样本的各个元素为一个状态。该样本矩阵可以表示为一个向量, 记为 $X$。

$$X = (X_1, \cdots, X_l, \cdots, X_N), X_l \in \Omega, 1 \leqslant l \leqslant N \tag{4.10}$$

$$X_l = \begin{cases} S(x^l), & X_l \in \Theta \\ \tilde{S}(x^l), & X_l \in \tilde{\Theta} \end{cases} \tag{4.11}$$

$$x^l = (x^l, x_1^l, \cdots, x_k^l, \cdots, x_m^l), x^l, x_k^l \in \{0, 1\}, 1 \leqslant k \leqslant m \tag{4.12}$$

### 4.3.1　两个特征向量集合

为方便分析, 假设两个状态能被区分, 当且仅当它们落入两个不同特征类之中。在这样的条件下, 配置向量能够映射成为 $2n$ 组特征向量, 形成后续的映射模式。

利用定义的 $2n$ 特征类, 对应的特征值为

$$\Gamma_j(X_l) = \begin{cases} 1, & X_l \in \Theta \\ 0, & X_l \notin \Theta \end{cases} \tag{4.13}$$

$$\tilde{\Gamma}_j(X_l) = \begin{cases} 0, & X_l \in \tilde{\Theta} \\ 1, & X_l \notin \tilde{\Theta} \end{cases} \tag{4.14}$$

利用这个规则映射到每个 $X_l, 1 \leqslant l \leqslant N$ 构造出 $2n$ 组特征向量。

$$\Gamma_j(X) = (\Gamma_j(X_1), \cdots, \Gamma_j(X_l), \cdots, \Gamma_j(X_N)), \quad 1 \leqslant l \leqslant N, 1 \leqslant j \leqslant n \tag{4.15}$$

$$\tilde{\Gamma}_j(X) = (\tilde{\Gamma}_j(X_1), \cdots, \tilde{\Gamma}_j(X_l), \cdots, \tilde{\Gamma}_j(X_N)), \quad 1 \leqslant l \leqslant N, 1 \leqslant j \leqslant n \tag{4.16}$$

针对这些向量, $X_l (1 \leqslant l \leqslant N)$ 还需要具备两个常数算符。

$$\Gamma_0(X_e) = 0, \quad 1 \leqslant l \leqslant N \tag{4.17}$$

$$\tilde{\Gamma}_0(X_e) = 1, \quad 1 \leqslant l \leqslant N \tag{4.18}$$

两个常数向量记为 0 和 1:

$$0 = \Gamma_0(X) = (\Gamma_0(X_1) \cdots \Gamma_0(X_l) \cdots \Gamma_0(X_N)) = (0 \cdots 0 \cdots 0), 1 \leqslant l \leqslant N \tag{4.19}$$

$$1 = \tilde{\Gamma}_0(X) = (\tilde{\Gamma}_0(X_1) \cdots \tilde{\Gamma}_0(X_l) \cdots \tilde{\Gamma}_0(X_N)) = (1 \cdots 1 \cdots 1), 1 \leqslant l \leqslant N \tag{4.20}$$

常数向量在配置中选择空的特征类群。

利用两种逻辑算符 $\{\cap, \cup\}$, 组合全体的向量, 形成规范表示的两组特征向量:

$$\Gamma(X) = \bigcup_{j=0}^{n} \Gamma_j(X) \tag{4.21}$$

$$\tilde{\Gamma}(X) = \bigcap_{j=0}^{n} \tilde{\Gamma}_j(X) \tag{4.22}$$

**定理 4.2**　对给定的配置 $X$, 两组特征向量满足 $\Gamma(X) = \tilde{\Gamma}(X)$。

**证明**　对原特征向量的分量, 进入特定标号位置的分量取值为 1 否则为 0; 而其共轭部分取值相反。原向量以或运算方式对向量分量进行合成, 而共轭向量以与运算方式对所有分量进行合成, 所以最后形成的两个特征向量相等。

利用三种逻辑运算 $\{\neg, \cap, \cup\}$, 结合共轭算符 ~ 进行操作。

**定理 4.3**　对两组特征向量 $\Gamma_j(X), \tilde{\Gamma}_j(X)$, 共轭算符 ~ 逆转特征向量和原始配置。

$$\tilde{\Gamma}_j(X) = \neg\Gamma_j(\tilde{X}) \tag{4.23}$$

$$\neg\tilde{\Gamma}_j(\tilde{X}) = \Gamma_j(\tilde{X}) \tag{4.24}$$

$$\Gamma_j(X) = \neg\tilde{\Gamma}_j(\tilde{X}) = \tilde{\tilde{\Gamma}}_j(X) \tag{4.25}$$

$$\neg\Gamma_j(X) = \tilde{\Gamma}_j(\tilde{X}) \tag{4.26}$$

**证明**　对式 (4.23), 由于 $\tilde{\Gamma}_j(X)$ 的第 $l$ 个 0 元素描述 $X_l = \tilde{S}(y^l) \in \tilde{\Theta}$ 的第 $j$ 个类, 所以共轭运算 $\tilde{X}_l = \tilde{\tilde{S}}(y^l) = (1, x_1^l, \cdots, x_k^l, \cdots, x_m^l) = S(y^l), x_k^l = \neg y_k^l, \tilde{S}(y^l) \in \tilde{\Theta} \to \tilde{X}_l \in \Theta$。每个 $\Gamma_j(\tilde{X})$ 的 1 元素对应描述 $\tilde{\Gamma}_j(X)$ 的 0 元素, 附加的 $\neg$ 算符实施运算。其他的等式可以按照同样的模式证明。

### 4.3.2　不可约表达式

当涉及两个向量的逻辑表达式时, 如果表达式不能被简化为常数向量, 或者简化为单个向量的表达形式, 则该表达式为不可约表达式; 否则为可约表达式。

**定理 4.4**　对两个可区分的特征向量, 在 $\{\neg, \cap, \cup, \tilde{}\}$ 算符作用下, 仅有如下六组不可约表达式。

$$\neg\Gamma_j(X) \cap \neg\Gamma_k(X) = \tilde{\Gamma}_j(\tilde{X}) \cap \tilde{\Gamma}_k(\tilde{X}) \tag{4.27}$$

$$\Gamma_j(X) \cup \Gamma_k(X) = \neg\tilde{\Gamma}_j(\tilde{X}) \cup \neg\tilde{\Gamma}_k(\tilde{X}) \tag{4.28}$$

$$\neg\tilde{\Gamma}_j(X) \cup \neg\tilde{\Gamma}_k(X) = \Gamma_j(\tilde{X}) \cup \Gamma_k(\tilde{X}) \tag{4.29}$$

$$\tilde{\Gamma}_j(X) \cap \tilde{\Gamma}_k(X) = \neg \Gamma_j(\tilde{X}) \cap \neg \Gamma_k(\tilde{X}) \tag{4.30}$$

$$\neg \Gamma_j(X) \cap \tilde{\Gamma}_k(X) = \neg \Gamma_j(X) \cap \neg \Gamma_k(\tilde{X}) \tag{4.31}$$

$$\Gamma_j(X) \cup \neg \tilde{\Gamma}_k(X) = \Gamma_j(X) \cup \Gamma_k(\tilde{X}) \tag{4.32}$$

## 4.4 变 换 方 程

为后续表述方便, 对给定的配置, 从共轭变换角度形成基本变换方程.

令 $I = \{1, \cdots, n\}$ 为特征向量的索引集合, $A, B \subseteq I$ 为索引集合的两个子集. 令

$$\langle A, B \rangle = \{\{\Gamma_j\}_{j \in A}, \{\tilde{\Gamma}_k\}_{k \in B}\}$$

$\langle A, B \rangle$ 的第一个参数为 $\Theta$ 相空间特征向量的索引集合; 第二个参数为 $\tilde{\Theta}$ 共轭相空间特征向量的索引集合. 例如, 如果 $A = \{2, 4\}, B = \{3, 4\}$, 则 $\langle A, B \rangle = \{\Gamma_2, \Gamma_4, \tilde{\Gamma}_3, \tilde{\Gamma}_4\}$.

对任意配置 $X, \langle A, B \rangle X$ 表示一个特征向量集合

$$\langle A, B \rangle X = \{\{\Gamma_j(X)\}_{j \in A}, \{\tilde{\Gamma}_k(X)\}_{k \in B}\} \tag{4.33}$$

为操控两组选择的特征向量, 令 $\Gamma_A(X)$ 为索引集 $A$ 特征向量的并集, 而 $\tilde{\Gamma}_B(X)$ 为索引集 $B$ 特征向量的交集.

$$\Gamma_A(X) = \bigcup_{j \in A} \Gamma_j(X) \tag{4.34}$$

$$\tilde{\Gamma}_B(X) = \bigcap_{k \in B} \tilde{\Gamma}_k(X) \tag{4.35}$$

当 $A = B = \varnothing$ 时, 令 $\Gamma_\varnothing(X) = \Gamma_0(X) = 0$ 和 $\tilde{\Gamma}_\varnothing(X) = \tilde{\Gamma}_0(X) = 1$, 对应两个常数向量.

### 4.4.1 特征向量的基本方程

令逆反运算 $\natural$ 为一类新算符, 该类算符反转在配置中的选择部分, 满足如下关系.

令 $F(\langle A, B \rangle X)$ 为共轭变换结构 (参阅 4.5 节) 的基本方程.

$$F(\langle A, B \rangle X) = \Gamma(X) \natural \langle A, B \rangle X \tag{4.36}$$

$$= (\Gamma(X) \cap (\neg \Gamma_A(X))) \cup (\neg \tilde{\Gamma}_B(X)) \tag{4.37}$$

$\natural$ 算符的意义为: 从配置 $X$, 选择分量 $\langle A, B \rangle X$, 算符改变所选择的特征向量集合, 使其他未选择的特征向量集合保持不变.

### 4.4.2 变换特性

**定理 4.5** 基本方程是一类向量逻辑方程, 对选择的特征向量集合 $\langle A, B \rangle X$ 进行逆反, 而在配置中的其他特征向量集合保持不变.

**定理 4.6** 基本方程为自共轭态方程, 在 $\neg$ 算符的作用下, 既交换特征索引集合, 又反转配置向量.

$$\neg F(\langle A, B \rangle X) = F(\langle B, A \rangle \tilde{X}) \tag{4.38}$$

**证明**
$$\neg F(\langle A, B\rangle X) = \neg((\Gamma(X) \cap (\neg\Gamma_A(X))) \cup (\neg\tilde{\Gamma}_B(X)))$$

德摩根规则
$$= \neg(\Gamma(X) \cap (\neg\Gamma_A(X))) \cap \tilde{\Gamma}_B(X)$$

分配律
$$= (\neg\Gamma(X) \cup \Gamma_A(X)) \cap \tilde{\Gamma}_B(X)$$

$$\because \Gamma_A(X) \cap \tilde{\Gamma}_B(X) = \Gamma_A(X)$$

$$= (\neg\Gamma(X) \cap \tilde{\Gamma}_B(X)) \cup (\Gamma_A(X) \cap \tilde{\Gamma}_B(X))$$

$$\because \tilde{\Gamma}_B(X) = \neg\Gamma_B(\tilde{X}), \Gamma_A(X) = \tilde{\Gamma}_A(\tilde{X})$$

$$= (\neg\Gamma(X) \cap \tilde{\Gamma}_B(X)) \cup \Gamma_A(X)$$

$$\because \neg\Gamma(X) = \tilde{\Gamma}(\tilde{X}) = \Gamma(\tilde{X})$$

$$= (\Gamma(\tilde{X}) \cap \neg\Gamma_B(\tilde{X})) \cup \neg\tilde{\Gamma}_A(\tilde{X})$$

$$= F(\langle B, A\rangle\tilde{X})$$

**定理 4.7**　给定 $\langle A, B\rangle$, 如果 $A = \varnothing$ 或者 $B = \varnothing$, 则 $F(\langle A, B\rangle X)$ 是一类扩展或者收缩方程。

**证明**
$$F(\langle\varnothing, B\rangle X) = (\Gamma(X) \cap (\neg\Gamma_0(X))) \cup (\neg\tilde{\Gamma}_B(X))$$

$$= \Gamma(X) \cup (\neg\tilde{\Gamma}_B(X)) \text{ 扩展}$$

$$F(\langle A, \varnothing\rangle X) = (\Gamma(X) \cap (\neg\Gamma_A(X))) \cup (\neg\tilde{\Gamma}_0(X))$$

$$= \Gamma(X) \cap (\neg\Gamma_A(X)) \text{ 收缩}$$

**定理 4.8**　共轭变换基本方程形成四组极值向量 $\{\Gamma(X), 0, 1, \neg\Gamma(X)\}$; 这些极值向量分别对应于 $\langle A, B\rangle = \{\langle\varnothing, \varnothing\rangle, \langle\varnothing, I\rangle, \langle I, \varnothing\rangle, \langle I, I\rangle\}$ 的取值。

**证明**
$$F(\langle\varnothing, \varnothing\rangle X) = (\Gamma(X) \cap (\neg\Gamma_0(X))) \cup (\neg\tilde{\Gamma}_0(X))$$

$$= \Gamma(X) \rightarrow \text{ 不变向量}$$

$$F(\langle\varnothing, I\rangle X) = (\Gamma(X) \cap (\neg\Gamma_0(X))) \cup (\neg\tilde{\Gamma}_I(X))$$

$$= \Gamma(X) \cup \neg\tilde{\Gamma}_I(X)$$

$$= \Gamma(X) \cup \neg\tilde{\Gamma}(X)$$

$$= \Gamma(X) \cup \neg\Gamma(X)$$

$$= 1 \rightarrow \text{ 常数 1 向量}$$

$$F(\langle I, \varnothing\rangle X) = (\Gamma(X) \cap (\neg\Gamma_I(X))) \cup (\neg\tilde{\Gamma}_0(X))$$

$$= \Gamma(X) \cap (\neg\Gamma_I(X))$$

$$= \Gamma(X) \cap (\neg \Gamma(X))$$

$$= 0 \rightarrow \ \text{常数 } 0 \text{ 向量}$$

$$F(\langle I, I \rangle X) = (\Gamma(X) \cap (\neg \Gamma_I(X))) \cup (\neg \tilde{\Gamma}_I(X))$$

$$= (\Gamma(X) \cap (\neg \Gamma(X))) \cup (\neg \tilde{\Gamma}(X))$$

$$= \neg \tilde{\Gamma}(X)$$

$$= \neg \Gamma(X) \rightarrow \ \text{反变向量}$$

**定理 4.9** 对配置 $X$ 及其两组特征向量集合 $\{\Gamma_j(X)\}_{j=0}^{n}, \{\tilde{\Gamma}_k(X)\}_{k=0}^{n}$，共轭变换基本方程生成 $2^{2n}$ 向量函数。

**证明** 每个 $\langle A, B \rangle$ 的选择确定一个向量逻辑函数。两个集合为 $A, B \subseteq I = \{1, \cdots, n\}$，每个集合有 $2^n$ 种选择，所以可以构造出 $2^{2n}$ 向量函数。

## 4.5 共轭变换结构

特征向量是逻辑向量。利用定义的 $2 \times (n+1)$ 逻辑向量构造一类新的变换结构。令 $\Pi$ 为特征向量集合。

$$\Pi(X) = \{\Gamma(X), \tilde{\Gamma}(X), \{\Gamma_j(X)\}_{j=0}^{n}, \{\tilde{\Gamma}_k(X)\}_{k=0}^{n}\} \tag{4.39}$$

令共轭变换结构 (conjugate transformation structure, CTS) 为

$$\text{CTS}(X) = \{\Pi(X), \neg, \cap, \cup, \sim\} \tag{4.40}$$

各个特征向量为一个向量逻辑变量，两个相互共轭的特征向量集合使得每个 $\text{CTS}(X)$ 为一类向量逻辑代数，即共轭向量代数。为探讨这个结构的整体特性，在向量逻辑代数中计算所包含函数的数目对理解变换系统有帮助。

### 4.5.1 布尔向量代数

令 $\{Y_k\}_{k=1}^{2n}$ 为 $2n$ 布尔向量，利用这些布尔向量和三种逻辑算符，可以构造布尔向量代数 (Boolean vector algebra, BVA)。

$$\text{BVA}(X) = \{\{Y_k\}_{k=1}^{2n}, \neg, \cap, \cup\} \tag{4.41}$$

BVA 的布尔表达式可以写成析取范式 (disjunctive normal form, DNF) 及其合取范式 (conjunctive normal form, CNF)，具有如下形式。

$$\bigcup_{J \in \Lambda} \left( \bigcap_{i=1}^{2n} Y_i^{J_i} \right) \ (\text{DNF}) \tag{4.42}$$

$$\bigcap_{J \notin \Lambda} \left( \bigcup_{i=1}^{2n} Y_i^{\neg J_i} \right) \ (\text{CNF}) \tag{4.43}$$

其中, $\Lambda$ 表示 $\{0,1,2,\cdots,2^{2n}-1\}$ 的一个子集。

$$J = \sum_{i=1}^{2n} J_i \times 2^{i-1}, J_i \in \{0,1\} \tag{4.44}$$

$$Y_i^{J_i} = \begin{cases} Y_i, & J_i = 1 \\ \neg Y_i, & J_i = 0 \end{cases} \tag{4.45}$$

**引理 4.2**　对 BVA$(X)$ 具有 $2n$ 可区分布尔向量, 在 DNF 或者 CNF 中包含 $2^{2n}$ 构型和 $2^{2^{2n}}$ 函数。

**证明**　对 DNF, 每个 $\bigcap_{i=1}^{2n} Y_i^{J_i}$ 为一个构型, $2n$ 组向量包括 $2^{2n}$ 构型。在 $2^{2n}$ 构型中每个子集 $\Lambda$ 对应一个向量布尔函数, 共有 $2^{2^{2n}}$ 向量函数。对 CNF, 亦包含同样的数目。

### 4.5.2　共轭向量代数

**定理 4.10**　对 CTS$(X)$, 仅有 $2^{2n}$ 可区分函数。

**证明**　以 DNF 形式表述,

$$\left( \bigcap_{i=1}^{n} \Gamma_i(X)^{J_i} \right) \cap \left( \bigcup_{k=1}^{n} \tilde{\Gamma}_k(X)^{J_k} \right)$$

在第一部分中各项简化为

| 类型 | 简化为 | 满足条件 |
|------|--------|----------|
| 1 | $\neg\Gamma(X)$ | $\forall i, J_i = 0$ |
| 2 | $\Gamma_1(X),\cdots,\Gamma_n(X)$ 之一 | $\exists! i, J_i = 0$ |
| 3 | $\vec{0}$ | $\exists i \neq k, J_i = J_k = 0$ |

同样在第二部分中各项简化为

| 类型 | 简化为 | 满足条件 |
|------|--------|----------|
| 1 | $\neg\tilde{\Gamma}(X)$ | $\forall k, J_k = 0$ |
| 2 | $\neg\tilde{\Gamma}_1(X),\cdots,\neg\tilde{\Gamma}_n(X)$ 之一 | $\exists! k, J_k = 1$ |
| 3 | $\vec{0}$ | $\exists k \neq i, J_k = J_i = 1$ |

因为 $\neg\Gamma(X) \cap \neg\tilde{\Gamma}_j(X) = \neg\tilde{\Gamma}_j(X)$, $\neg\Gamma_i(X) \cap \neg\tilde{\Gamma}_k(X) = 0$。

所以在 DNF 中可能的项为

$$\{\Gamma_i(X)\}_{i=1}^{n}, \{\neg\tilde{\Gamma}_k(X)\}_{k=1}^{n}$$

利用这个特征向量集合, 仅存在 $2^{2n}$ 种可能的组合。

对于 CNF 的情况, 可以用相似的方法确定。

值得注意的是 BVA 使用 $2n$ 向量变量, 包含宏大的函数空间, 然而 CTS 使用 $2n$ 特征向量, 将 BVA 的函数空间从 $2^{2^{2n}}$ 变为 CTS 的 $2^{2n}$, 表示的复杂性仅等同于在 BVA 中的范型数目。

### 4.5.3 运算特性

令 $\{',\vee,\wedge\}$ 为索引集合的互补、交和并算符。对索引集 $I$, $A \subset I$ 和 $A' \subset I$ 表示索引集与它的补集，满足下列方程

$$A \wedge A' = I \tag{4.46}$$

$$A \vee A' = \varnothing \tag{4.47}$$

$$\varnothing' = I \tag{4.48}$$

$$I' = \varnothing \tag{4.49}$$

利用集合算符区分对象，规范向量 $\Gamma(X)$ 或者 $\tilde{\Gamma}(X)$ 可以分为如下两个部分：

$$\Gamma(X) = \bigcup_{j=0}^{n} \Gamma_j(X) = \bigcup_{j=1}^{n} \Gamma_j(X) = \Gamma_A(X) \cup \Gamma_{A'}(X) \tag{4.50}$$

$$\tilde{\Gamma}(X) = \bigcap_{k=0}^{n} \tilde{\Gamma}_k(X) = \bigcap_{k=1}^{n} \tilde{\Gamma}_k(X) = \tilde{\Gamma}_B(X) \cap \tilde{\Gamma}_{B'}(X) \tag{4.51}$$

**定理 4.11** $CTS(X)$ 的任意 $\langle A, B \rangle X$，基本方程具有如下四种等价表示：

$$F(\langle A, B \rangle X) = (\Gamma(X) \cap \neg \Gamma_A(X)) \cup \neg \tilde{\Gamma}_B(X) \tag{4.52}$$

$$= \Gamma_{A'}(X)) \cup \neg \tilde{\Gamma}_B(X) \tag{4.53}$$

$$= \neg \Gamma_A(X)) \cap \tilde{\Gamma}_{B'}(X) \tag{4.54}$$

$$= (\Gamma(X) \cup \neg \tilde{\Gamma}_B(X)) \cap \neg \Gamma_A(X) \tag{4.55}$$

**证明** 针对第二种表示，有

$$F(\langle A, B \rangle X) = (\Gamma(X) \cap \neg \Gamma_A(X)) \cup \neg \tilde{\Gamma}_B(X)$$

$$= ((\Gamma_A(X) \cup \Gamma_{A'}(X)) \cap \neg \Gamma_A(X)) \cup \neg \tilde{\Gamma}_B(X)$$

$$= (\Gamma_A(X) \cap \neg \Gamma_A(X)) \cup (\Gamma_{A'}(X) \cap \neg \Gamma_A(X)) \cup \neg \tilde{\Gamma}_B(X)$$

$$= \vec{0} \cup (\Gamma_{A'}(X) \cap \neg \Gamma_A(X)) \cup \neg \tilde{\Gamma}_B(X)$$

$$= (\Gamma_{A'}(X) \cap \neg \Gamma_A(X)) \cup \neg \tilde{\Gamma}_B(X)$$

$$= \Gamma_{A'}(X) \cup \neg \tilde{\Gamma}_B(X)$$

其他的等式用相似的方法证明。

从基本方程的四组等价表示，可以观察到蕴涵于公式中的对称性。

**定理 4.12** 基本方程的函数，其 $\neg$ 表示为

$$\neg F(\langle A, B \rangle X) = F(\langle A', B' \rangle X) = F(\langle B, A \rangle \tilde{X}) \tag{4.56}$$

**证明** 检查等式的中间部分，有

$$\neg F(\langle A, B \rangle X) = \neg((\Gamma(X) \cap \neg \Gamma_A(X)) \cup \neg \tilde{\Gamma}_B(X))$$

$$= \neg(\Gamma(X) \cap \neg \Gamma_A(X)) \cap \tilde{\Gamma}_B(X)$$

$$= \neg(\tilde{\Gamma}(X) \cap \neg \Gamma_A(X)) \cap \tilde{\Gamma}_B(X)$$

$$= \neg(\tilde{\Gamma}_B(X) \cap \tilde{\Gamma}_{B'}(X) \cap \neg \Gamma_A(X)) \cap \tilde{\Gamma}_B(X)$$

$$= (\neg \tilde{\Gamma}_B(X) \cup \neg \tilde{\Gamma}_{B'}(X) \cup \Gamma_A(X)) \cap \tilde{\Gamma}_B(X)$$

$$= \neg \tilde{\Gamma}_B(X) \cap \tilde{\Gamma}_B \cup \neg \tilde{\Gamma}_{B'}(X) \cap \tilde{\Gamma}_B \cup \Gamma_A(X) \cap \tilde{\Gamma}_B$$

$$= \vec{0} \cup \neg \tilde{\Gamma}_{B'}(X) \cup \Gamma_A(X)$$

$$= \neg \tilde{\Gamma}_{B'}(X) \cup \Gamma_A(X)$$

$$= \Gamma_A(X) \cup \neg \tilde{\Gamma}_{B'}(X)$$

$$= \Gamma_{(A')'}(X) \cup \neg \tilde{\Gamma}_{B'}(X)$$

$$= F(\langle A', B' \rangle X)$$

为方便处理在 CTS 中的复杂运算，令 $Y_1 = F(\langle A_1, B_1 \rangle X)$ 和 $Y_2 = F(\langle A_2, B_2 \rangle X)$ 为 CTS$(X)$ 的两个向量。

**定理 4.13**　对任意 $Y_1, Y_2 \in$ CTS$(X)$，在逻辑算符 $\{\cap, \cup\}$ 作用下，合成的向量包含在 CTS$(X)$ 中。

$$Y_1 \cap Y_2 = F(\langle A_1 \vee A_2, B_1 \wedge B_2 \rangle X) \tag{4.57}$$

$$Y_1 \cup Y_2 = F(\langle A_1 \wedge A_2, B_1 \vee B_2 \rangle X) \tag{4.58}$$

**证明**

$$Y_1 \cap Y_2 = ((\Gamma(X) \cap \neg \Gamma_{A_1}(X)) \cup \neg \tilde{\Gamma}_{B_1}(X)) \cap ((\Gamma(X) \cap \neg \Gamma_{A_2}(X)) \cup \neg \tilde{\Gamma}_{B_2}(X))$$

$$= (\Gamma(X) \cap \neg \Gamma_{A_1}(X) \cap \neg \Gamma_{A_2}(X)) \cup (\neg \tilde{\Gamma}_{B_1}(X) \cap \neg \tilde{\Gamma}_{B_2}(X))$$

$$= \Gamma(X) \cap \neg (\Gamma_{A_1}(X) \cup \Gamma_{A_2}(X)) \cup \neg (\tilde{\Gamma}_{B_1}(X) \cup \tilde{\Gamma}_{B_2}(X))$$

$$= \Gamma(X) \cap \neg (\Gamma_{A_1 \vee A_2}(X)) \cup \neg (\tilde{\Gamma}_{B_1 \wedge B_2}(X))$$

$$= F(\langle A_1 \vee A_2, B_1 \wedge B_2 \rangle X)$$

$$Y_1 \cup Y_2 = ((\Gamma(X) \cap \neg \Gamma_{A_1}(X)) \cup \neg \tilde{\Gamma}_{B_1}(X)) \cup ((\Gamma(X) \cap \neg \Gamma_{A_2}(X)) \cup \neg \tilde{\Gamma}_{B_2}(X))$$

$$= \Gamma(X) \cap (\neg \Gamma_{A_1}(X) \cup \neg \Gamma_{A_2}(X)) \cup (\neg \tilde{\Gamma}_{B_1}(X) \cup \neg \tilde{\Gamma}_{B_2}(X))$$

$$= \Gamma(X) \cap \neg (\Gamma_{A_1}(X) \cap \Gamma_{A_2}(X)) \cup \neg (\tilde{\Gamma}_{B_1}(X) \cap \tilde{\Gamma}_{B_2}(X))$$

$$= \Gamma(X) \cap \neg (\Gamma_{A_1 \wedge A_2}(X)) \cup \neg (\tilde{\Gamma}_{B_1 \vee B_2}(X))$$

$$= F(\langle A_1 \wedge A_2, B_1 \vee B_2 \rangle X)$$

对任意特征向量表示，共轭算符成对交换在特征向量和二元逻辑算符中。

$$\sim: \begin{cases} \Gamma_j(X) \leftrightarrow \tilde{\Gamma}_j(X) \\ \cap \leftrightarrow \cup \end{cases} \tag{4.59}$$

**定理 4.14**　对任意基本方程函数，共轭算符交换两个特征向量索引集合。

$$\tilde{F}(\langle A, B \rangle X) = F(\langle B, A \rangle X) \tag{4.60}$$

**证明**

$$\tilde{F}(\langle A,B \rangle X) = \sim ((\Gamma(X) \cap \neg \Gamma_A(X)) \cup \neg \tilde{\Gamma}_B(X))$$

$$= (\tilde{\Gamma}(X) \cup \neg \tilde{\Gamma}_A(X)) \cap \neg \Gamma_B(X)$$

$$= (\Gamma(X) \cap \neg \Gamma_B(X)) \cup \neg \tilde{\Gamma}_A(X)$$

$$= F(\langle B,A \rangle X)$$

**引理 4.3** 对任意 $n > 1$ 的基本方程函数，在共轭算符和非算符的作用下形成不相同的结果，即

$$\tilde{F}(\langle A,B \rangle X) \neq \neg F(\langle A,B \rangle X) \tag{4.61}$$

### 4.5.4 扩展算符

令 $\zeta$ 为扭曲共轭算符，有

$$\zeta \langle A,B \rangle = \langle B', A \rangle \tag{4.62}$$

$$\zeta : \langle A,B \rangle \Rightarrow \{\langle A,B \rangle, \langle B',A \rangle, \langle A',B' \rangle, \langle B,A' \rangle\} \tag{4.63}$$

$$\zeta(F(\langle A,B \rangle X)) = F(\zeta \langle A,B \rangle X) = F(\langle B',A \rangle X) \tag{4.64}$$

$$= (\Gamma(X) \cap \neg \Gamma_{B'}(X)) \cup \neg \tilde{\Gamma}_A(X) \tag{4.65}$$

**定理 4.15** 对任意基本方程函数，非算符通过施加两次扭曲共轭运算形成。

$$\zeta^2 F(\langle A,B \rangle X) = F(\zeta^2 \langle A,B \rangle X) = F(\langle A',B' \rangle X) = \neg F(\langle A,B \rangle X) \tag{4.66}$$

**证明**

$$\zeta^2 F(\langle A,B \rangle X) = \zeta(\zeta(F(\langle A,B \rangle X)))$$

$$= \zeta(F(\zeta \langle A,B \rangle X))$$

$$= \zeta F(\langle B',A \rangle X)$$

$$= F(\zeta \langle B',A \rangle X)$$

$$= F(\langle A',B' \rangle X)$$

$$= \neg F(\langle A,B \rangle X)$$

令幂等算符为 $E, E = E^2$。

**推论 4.1** 对任意基本方程函数，施加四次扭曲算符之后回复原函数本身 $(\zeta^4 = E)$。

$$\zeta^4 F(\langle A,B \rangle X) = F(\langle A,B \rangle X) = E(F(\langle A,B \rangle X)) \tag{4.67}$$

**推论 4.2** 利用 $\{\sim, \zeta\}$ 算符，任意基本方程函数具有八种表示。

$$\{\sim, \zeta\} : \langle A,B \rangle \Rightarrow \left\{ \begin{array}{l} \langle A,B \rangle, \langle B',A \rangle, \langle A',B' \rangle, \langle B,A' \rangle \\ \langle B,A \rangle, \langle A,B' \rangle, \langle B',A' \rangle, \langle A',B \rangle \end{array} \right\} \tag{4.68}$$

除了幂等算符 $E$，对 $\{\sim, \zeta\}$ 算符所做的推论意味着，从变换算符的角度，共轭算符和扭曲共轭算符在变值逻辑变换系统中比非算符更为基础。从扩展逻辑变换的角度，扭曲共轭是一类新的算符，在传统的逻辑体系中没有对应的算符。

从变换的角度，这八种表示 $\{E, \zeta, \zeta^2, \zeta^3, \sim, \zeta^2, \zeta^2 \sim, \zeta^3 \sim\}$ 都能保持原向量 $X$ 的不变性表示，从而提供单独探讨各个表示的灵活性。

## 4.6 测 量 结 构

令 $a_j$ 为特征向量 $\Gamma_j(X)$ 中包含 1 元素数目，$b_j$ 为特征向量 $\tilde{\Gamma}_j(x)$ 中包含 0 元素数目。索引集 $A$ 关联的测量参数为 $a_A$，与 $B$ 关联的测量参数为 $b_B$。进而满足下列公式。

对任意给定的 $\langle A, B \rangle X$，令 $H$ 为测量算符，按复数测量模式，有

$$H(\langle A, B \rangle X) = (a_A, b_B) = (a_A + \mathrm{i} \cdot b_B) \tag{4.69}$$

$$= \begin{pmatrix} \delta_1^A \cdot a_1, \delta_1^B \cdot b_1 \\ \vdots \\ \delta_j^A \cdot a_j, \delta_j^B \cdot b_j \\ \vdots \\ \delta_n^A \cdot a_n, \delta_n^B \cdot b_n \end{pmatrix} = \begin{pmatrix} \delta_1^A \cdot a_1 + \mathrm{i} \cdot \delta_1^B \cdot b_1 \\ \vdots \\ \delta_j^A \cdot a_j + \mathrm{i} \cdot \delta_j^B \cdot b_j \\ \vdots \\ \delta_n^A \cdot a_n + \mathrm{i} \cdot \delta_n^B \cdot b_n \end{pmatrix}$$

式中，$\delta_j^A = \begin{cases} 1, & j \in A; \\ 0, & j \notin A; \end{cases}$ $\delta_j^B = \begin{cases} 1, & j \in B; \\ 0, & j \notin B; \end{cases}$ $a_j, b_j \in \mathcal{R}, j \in \{1, \cdots, n\}, \mathrm{i} = \sqrt{-1}$ 为虚数，$\mathcal{R}$ 为实数域。

利用 $H(\langle A, B \rangle X)$ 表示，获得四组特殊测量如下：

$$H(\langle \varnothing, \varnothing \rangle X) = (a_0, b_0) = (a_0 + \mathrm{i} \cdot b_0)$$
$$H(\langle I, \varnothing \rangle X) = (a_I, b_0) = (a_I + \mathrm{i} \cdot b_0)$$
$$H(\langle \varnothing, I \rangle X) = (a_0, b_I) = (a_0 + \mathrm{i} \cdot b_I)$$
$$H(\langle I, I \rangle X) = (a_I, b_I) = (a_I + \mathrm{i} \cdot b_I)$$

从测量的角度，选择测量及其互补测量取值相反。

$$H(\langle \varnothing, \varnothing \rangle X) + H(\langle I, I \rangle X) = H(\langle I, \varnothing \rangle X) + H(\langle \varnothing, I \rangle X) = 0$$
$$\Rightarrow a_0 = -a_I, b_0 = -b_0$$

对任意

$$H(\langle A, B \rangle X), H(\langle A, B \rangle X) + H(\langle A', B' \rangle X) = 0$$
$$\Rightarrow a_A = -a_{A'}, b_B = -b_{B'}$$

利用这样的对应关系，可以建立起表示结构。

### 4.6.1 复数表示

利用复算符 $\{\mathrm{i}, *, (r \leftrightarrow \mathrm{i})\}$(虚数、复共轭和虚实互换) 和变值算符 $\{\zeta, \sim\}$(扭曲和共轭)，建立下列八组方程。所对应的八种算符关系在表 4.1 中展示，相关的变换群在表 4.2 中示意。八种复数算符和对应共轭算符之间的比较如表 4.3 所示。

$$H(\langle A, B\rangle X) = a_A + \mathrm{i}\cdot b_B = \mathrm{i}^4 \cdot (a_A + \mathrm{i}\cdot b_B) = \mathrm{i}^4 \cdot H(\langle A, B\rangle X) = H(\zeta^4\langle A, B\rangle X)$$

$$H(\langle B', A\rangle X) = b_{B'} + \mathrm{i}\cdot a_A = -b_B + \mathrm{i}\cdot a_A$$

$$= \mathrm{i}\cdot (a_A + \mathrm{i}\cdot b_B) = \mathrm{i}\cdot H(\langle A, B\rangle X) = H(\zeta\langle A, B\rangle X)$$

$$H(\langle A', B'\rangle X) = a_{A'} + \mathrm{i}\cdot b_{B'} = -a_A - \mathrm{i}\cdot b_B = \mathrm{i}^2 \cdot (a_A + \mathrm{i}\cdot b_B) = \mathrm{i}^2 \cdot H(\langle A, B\rangle X)$$

$$= H(\zeta^2\langle A, B\rangle X)$$

$$H(\langle B, A'\rangle X) = b_B + \mathrm{i}\cdot a_{A'} = b_B - \mathrm{i}\cdot a_A = \mathrm{i}^3 \cdot (a_A + \mathrm{i}\cdot b_B) = \mathrm{i}^3 \cdot H(\langle A, B\rangle X)$$

$$= H(\zeta^3\langle A, B\rangle X)$$

$$H(\langle B, A\rangle X) = b_B + \mathrm{i}\cdot a_A = (\mathrm{i}^3 \cdot H(\langle A, B\rangle X))^* = H(\sim \langle A, B\rangle X)$$

$$H(\langle A', B\rangle X) = a_{A'} + \mathrm{i}\cdot b_B = -a_A + \mathrm{i}\cdot b_B = \mathrm{i}\cdot H(\langle B, A\rangle X) = H(\zeta\langle B, A\rangle X)$$

$$H(\langle B', A'\rangle X) = b_{B'} + \mathrm{i}\cdot a_{A'} = -b_B - \mathrm{i}\cdot a_A = \mathrm{i}^2 \cdot (b_B + \mathrm{i}\cdot a_A) = \mathrm{i}^2 \cdot H(\langle B, A\rangle X)$$

$$= H(\zeta^2\langle B, A\rangle X)$$

$$H(\langle A, B'\rangle X) = a_A + \mathrm{i}\cdot b_{B'} = a_A - \mathrm{i}\cdot b_B = \mathrm{i}^3 \cdot H(\langle B, A\rangle X) = H(\zeta^3\langle B, A\rangle X)$$

表 4.1　八种基础复数算符和对应的共轭矩阵算符

| 复算符 | 复数表示 | 复公式 | 变值算符 | 矩阵表示 | 变值公式 |
|---|---|---|---|---|---|
| $1$ | $1 \cdot H(.)$ | $H(\langle A, B\rangle X)$ | $E$ | $e_0 = \begin{pmatrix} 1 & 0 \\ 0 & 1 \end{pmatrix}$ | $H(\langle A, B\rangle X)$ |
| $\mathrm{i}$ | $\mathrm{i} \cdot H(.)$ | $\mathrm{i} \cdot H(\langle A, B\rangle X)$ | $\zeta$ | $e_1 = \begin{pmatrix} 0 & 1 \\ -1 & 0 \end{pmatrix}$ | $H(\langle B', A\rangle X)$ |
| $\mathrm{i}^2$ | $\mathrm{i}^2 \cdot H(.)$ | $\mathrm{i}^2 \cdot H(\langle A, B\rangle X)$ | $\zeta^2$ | $e_2 = \begin{pmatrix} -1 & 0 \\ 0 & -1 \end{pmatrix}$ | $H(\langle A', B'\rangle X)$ |
| $\mathrm{i}^3$ | $\mathrm{i}^3 \cdot H(.)$ | $\mathrm{i}^3 \cdot H(\langle A, B\rangle X)$ | $\zeta^3$ | $e_3 = \begin{pmatrix} 0 & -1 \\ 1 & 0 \end{pmatrix}$ | $H(\langle B, A'\rangle X)$ |
| $(\leftrightarrow)$ | $(\mathrm{i}^3 \cdot H(.))^*$ | $(\mathrm{i}^3 \cdot H(\langle A, B\rangle X))^*$ | $\sim$ | $e_4 = \begin{pmatrix} 0 & 1 \\ 1 & 0 \end{pmatrix}$ | $H(\langle B, A\rangle X)$ |
| $\mathrm{i} \cdot (\leftrightarrow)$ | $\mathrm{i} \cdot (\mathrm{i}^3 \cdot H(.))^*$ | $\mathrm{i} \cdot (\mathrm{i}^3 \cdot H(\langle A, B\rangle X))^*$ | $\zeta \sim$ | $e_5 = \begin{pmatrix} -1 & 0 \\ 0 & 1 \end{pmatrix} \cdot$ | $H(\langle A', B\rangle X)$ |
| $\mathrm{i}^2 \cdot (\leftrightarrow)$ | $\mathrm{i}^2 \cdot (\mathrm{i}^3 \cdot H(.))^*$ | $\mathrm{i}^2 \cdot (\mathrm{i}^3 \cdot H(\langle A, B\rangle X))^*$ | $\zeta^2 \sim$ | $e_6 = \begin{pmatrix} 0 & -1 \\ -1 & 0 \end{pmatrix}$ | $H(\langle B', A'\rangle X)$ |
| $\mathrm{i}^3 \cdot (\leftrightarrow)$ | $\mathrm{i}^3 \cdot (\mathrm{i}^3 \cdot H(.))^*$ | $\mathrm{i}^3 \cdot (\mathrm{i}^3 \cdot H(\langle A, B\rangle X))^*$ | $\zeta^3 \sim$ | $e_7 = \begin{pmatrix} 1 & 0 \\ 0 & -1 \end{pmatrix}$ | $H(\langle A, B'\rangle X)$ |

表 4.2　八元变换群的两种表示

(a) 八元基模式

| $e_i e_j$ | | $e_0$ | $e_1$ | $e_2$ | $e_3$ | $e_4$ | $e_5$ | $e_6$ | $e_7$ | |
|---|---|---|---|---|---|---|---|---|---|---|
| | | | | | $e_j$ | | | | | |
| | $e_0$ | $e_0$ | $e_1$ | $e_2$ | $e_3$ | $e_4$ | $e_5$ | $e_6$ | $e_7$ | |
| | $e_1$ | $e_1$ | $e_2$ | $e_3$ | $e_0$ | $e_7$ | $e_4$ | $e_5$ | $e_6$ | |
| | $e_2$ | $e_2$ | $e_3$ | $e_0$ | $e_1$ | $e_6$ | $e_7$ | $e_4$ | $e_5$ | $\Rightarrow$ |
| $e_i$ | $e_3$ | $e_3$ | $e_0$ | $e_1$ | $e_2$ | $e_5$ | $e_6$ | $e_7$ | $e_4$ | |
| | $e_4$ | $e_4$ | $e_5$ | $e_6$ | $e_7$ | $e_0$ | $e_1$ | $e_2$ | $e_3$ | |
| | $e_5$ | $e_5$ | $e_6$ | $e_7$ | $e_4$ | $e_3$ | $e_0$ | $e_1$ | $e_2$ | |
| | $e_6$ | $e_6$ | $e_7$ | $e_4$ | $e_5$ | $e_2$ | $e_3$ | $e_0$ | $e_1$ | |
| | $e_7$ | $e_7$ | $e_4$ | $e_5$ | $e_6$ | $e_1$ | $e_2$ | $e_3$ | $e_0$ | |

(b) 正负四元基模式

| $e_i e_j$ | | $e_0$ | $e_1$ | $-e_0$ | $-e_1$ | $e_4$ | $e_5$ | $-e_4$ | $-e_5$ |
|---|---|---|---|---|---|---|---|---|---|
| | | | | | $e_j$ | | | | |
| | $e_0$ | $e_0$ | $e_1$ | $-e_0$ | $-e_1$ | $e_4$ | $e_5$ | $-e_4$ | $-e_5$ |
| | $e_1$ | $e_1$ | $-e_0$ | $-e_1$ | $e_0$ | $-e_5$ | $e_4$ | $e_5$ | $-e_4$ |
| | $-e_0$ | $-e_0$ | $-e_1$ | $e_0$ | $e_1$ | $-e_4$ | $-e_5$ | $e_4$ | $e_5$ |
| $e_i$ | $-e_1$ | $-e_1$ | $e_0$ | $e_1$ | $-e_0$ | $e_5$ | $-e_4$ | $-e_5$ | $e_4$ |
| | $e_4$ | $e_4$ | $e_5$ | $-e_4$ | $-e_5$ | $e_0$ | $e_1$ | $-e_0$ | $-e_1$ |
| | $e_5$ | $e_5$ | $-e_4$ | $-e_5$ | $e_4$ | $-e_1$ | $e_0$ | $e_1$ | $-e_0$ |
| | $-e_4$ | $-e_4$ | $-e_5$ | $e_4$ | $e_5$ | $-e_0$ | $-e_1$ | $e_0$ | $e_1$ |
| | $-e_5$ | $-e_5$ | $e_4$ | $e_5$ | $-e_4$ | $e_1$ | $-e_0$ | $-e_1$ | $e_0$ |

表 4.3　八种基础复运算与对应共轭算符比较

| 算符 | 基础表示 | 复运算 | 变值算符 | 变值表示 | 变值运算 | 算符解释 |
|---|---|---|---|---|---|---|
| $1$ | $H(\langle A,B \rangle X)$ | $H(\langle A,B \rangle X)$ | $E$ | $H(\langle A,B \rangle X)$ | $H(\langle A,B \rangle X)$ | 幂等 |
| $\mathrm{i}$ | $H^{\mathrm{i}}(\langle A,B \rangle X)$ | $\mathrm{i} \cdot H(\langle A,B \rangle X)$ | $\zeta$ | $H(\langle B',A \rangle X)$ | $H(\zeta \langle A,B \rangle X)$ | 扭曲 |
| $\mathrm{i}^2$ | $H^{\mathrm{i}^2}(\langle A,B \rangle X)$ | $\mathrm{i}^2 \cdot H(\langle A,B \rangle X)$ | $\zeta^2$ | $H(\langle A',B' \rangle X)$ | $H(\zeta^2 \langle A,B \rangle X)$ | 负 |
| $\mathrm{i}^3$ | $H^{\mathrm{i}^3}(\langle A,B \rangle X)$ | $\mathrm{i}^3 \cdot H(\langle A,B \rangle X)$ | $\zeta^3$ | $H(\langle B,A' \rangle X)$ | $H(\zeta^3 \langle A,B \rangle X)$ | 负扭曲 |
| $\leftrightarrow$ | $H^{\leftrightarrow}(\langle A,B \rangle X)$ | $(\mathrm{i}^3 \cdot H(\langle A,B \rangle X))^*$ | $\sim$ | $H(\langle B,A \rangle X)$ | $\tilde{H}(\langle A,B \rangle X)$ | 共轭 |
| $r$ | $H^{r}(\langle A,B \rangle X)$ | $\mathrm{i} \cdot (\mathrm{i}^3 \cdot H(\langle A,B \rangle X))^*$ | $\sim \zeta$ | $H(\langle A',B \rangle X)$ | $\tilde{H}(\zeta \langle A,B \rangle X)$ | 实共轭 |
| $\mathrm{i}^2 \leftrightarrow$ | $H^{\mathrm{i}^2 \leftrightarrow}(\langle A,B \rangle X)$ | $(\mathrm{i} \cdot H(\langle A,B \rangle X))^*$ | $\sim \zeta^2$ | $H(\langle B',A' \rangle X)$ | $\tilde{H}(\zeta^2 \langle A,B \rangle X)$ | 负共轭 |
| $*$ | $H^{*}(\langle A,B \rangle X)$ | $\mathrm{i} \cdot (\mathrm{i} \cdot H(\langle A,B \rangle X))^*$ | $\sim \zeta^3$ | $H(\langle A,B' \rangle X)$ | $\tilde{H}(\zeta^3 \langle A,B \rangle X)$ | 复共轭 |

### 4.6.2　动力学测量算符

在对应的结构下，满足复数基本运算特征的系列测量算符族描述如下，利用这些具有 1-1 对应的共轭算符系列，可以推导基本方程的测量关系。观察基本方程的测量算符，$\Delta$ 为共轭差算符，$S$ 为共轭和算符。

$$\Delta(H(\langle A,B \rangle)) = H(\langle A,B \rangle) - \tilde{H}(\langle A,B \rangle) = (a_A - b_B, -a_A + b_B) \tag{4.70}$$

$$\Delta(\tilde{H}) = \tilde{H} - H = -\Delta(H) \tag{4.71}$$

$$S(H) = H + \tilde{H}$$

$$= (a_A + b_B, a_A + b_B) \tag{4.72}$$

$$= S(\tilde{H})$$

则

$$H(((\langle A, B \rangle)) = \frac{1}{2}(H(\langle A, B \rangle) + \tilde{H}(\langle A, B \rangle) + H(\langle A, B \rangle) - \tilde{H}(\langle A, B \rangle)) \tag{4.73}$$

$$= \frac{1}{2}(S(H(\langle A, B \rangle)) + \Delta(H(\langle A, B \rangle))) \tag{4.74}$$

**定理 4.16** 从量化测量算符的角度，基本测量方程 $Z(\langle A, B \rangle)$ 对选择的特征群集，满足哈密顿原理的共轭规则动态方程。

**证明** 将 $H$ 改写为 $H = \frac{1}{2}((H + \tilde{H}) + (H - \tilde{H})) = \frac{1}{2}(S(H) + \Delta(H))$, 对 $S(H)$ 和 $\Delta(H)$ 分别进行处理，$0 \leqslant i \leqslant n$ 具有如下等式：

$$\begin{cases} \dfrac{\partial S(H)}{\partial \alpha_i} = \dfrac{\partial S(H)}{\partial \beta_i} = a_i + b_i \\[3mm] \dfrac{\partial \Delta(H)}{\partial \alpha_i} = -\dfrac{\partial \Delta(H)}{\partial \beta_i} = a_i - b_i \end{cases}$$

令 $Z$ 为基本方程的测量算符, 则

$$Z(\langle A, B \rangle) = H(F(\langle A, B \rangle)) = H(\langle I, I \rangle) - \Delta H(\langle A, B \rangle) \tag{4.75}$$

**推论 4.3** 从量化测量算符的角度, 基本测量方程 $Z(\langle A, B \rangle)$ 对选择的特征群集，为满足哈密顿原理的共轭规则动态方程。

**证明** 将 $Z$ 代入系数, 写为

$$Z(\langle A, B \rangle) = H(\langle I, I \rangle) - \Delta H(\langle A, B \rangle)$$
$$= (a_I, b_I) - (a_A - b_B, -a_A + b_B)$$
$$= (a_I - a_A + b_B, b_I + a_A - b_B)$$

从选择的 $\langle A, B \rangle$ 特征出发，原态测量值为 $a_I$ 减去 $\dfrac{\partial \Delta(H)}{\partial \alpha_i}$ 部分，而共轭态测量值为 $b_I$ 减去 $\dfrac{\partial \Delta(H)}{\partial \beta_i}$ 部分。所以基本测量方程是一类满足哈密顿动力学方程核心结构的方程。

### 4.6.3 示例

利用陈省身先生针对杨振宁–米尔斯方程 $q = 1$ 所作的推导，比较本章定理 4.16 的对称/反对称分解条件，可以得到相关基础算符之间的对应关系，依次在表 4.4 中进行比较和展现。

表 4.4 陈氏算符公式与变值算符公式比较

| 陈氏算符 | 陈氏公式 | 变值算符 | 变值公式 | 解释 |
|---|---|---|---|---|
| $*$ | $*^2 = 1$ | $\sim$ | $\sim^2 = 1$ | 两次共轭 |
| $\Omega$ | $\Omega = \Omega^+ + \Omega^-$ | $H$ | $H = \dfrac{1}{2}(S(H) + \Delta(H))$ | 对称 + 反对称 |
| $\Omega^+$ | $*\Omega^+ = \Omega^+$ | $S(H)$ | $\tilde{S}(H) = S(H)$ | $\sim$ 对称 = 对称 |
| $\Omega^-$ | $*\Omega^- = -\Omega^-$ | $\Delta(H)$ | $\tilde{\Delta}(H) = -\Delta(H)$ | $\sim$ 反对称 = - 反对称 |

利用 CTS($X$) 特有的对应结构, 可以计算特定的数值测量。配置的测量表达为具有变化和不变特性的动态方程。共轭正交和共轭叠加特性需要进一步深入探索。进一步的扩展结果参阅本书第 2 册。

# 第二部分

# 理论基础——变值测量

上帝创造了整数，其他一切都是人造的。

——Leopold Kronecker

道生一，一生二，二生三，三生万物。万物负阴而抱阳，冲气以为和。

—— 老子《道德经·第 42 章》

在实域中两个真理之间的最短路径是通过复域。

—— Jacques Hadamard

从文献溯源的角度，有多篇研究论文涉及变值测量的内容。2012 年 InTech 出版社的开源专著：Advanced Topics in Measurements, 337-370, 371-400 第 17 和第 18 两个章节值得参考。

Springer 出版的变值体系专著：Variant Construction from Theoretical Foundation to Applications 第二部分包含三个章节描述变值测量。

本书的第二部分，相关的内容分为五章，简要描述如下。

第 5 章变值测量的基础方程从 $N$ 长 0-1 向量出发，将 $2^N$ 个向量状态，分为两组：{A, B}类模式进行分划。分别对应 A 类包含六组 16 个群集，而 B 类包含六组 12 个群集。利用二项式系数形式，把指定分组条件下对应的群组数目用公式表示。从统计物理量化测量的角度，A 类模式对应玻色–爱因斯坦分布，而 B 类模式对应费米–狄拉克分布。从向量特征分析的角度，更为细致的分布特性值得探讨。

第 6 章变值三角形的对称性除了第 5 章两大类，利用多元不变量，例如，参数序对 $p$ 和 $q$ 亦能在 $N$ 长 0-1 向量、$2^N$ 组向量状态群集中，形成特殊的变值三角形分布结构。综合利用二项式系数形成三项式结构，在特殊的 $\{N, p, q\}$ 分划条件下形成状态群集及其量化特征。利用不同的投影条件，展现其综合的对称分布条件和系数排列特征。

第 7 章变值三角形表示及其序列生成方法综合利用算法复杂性比较的模式，针对多组参数群集系统地展现不同条件下变值三角形的量化分布特性。如何以变值三角数值序列为基础，投影形成二项式系数以及循环字分划系数。利用小数量 $N \leqslant 28$ 的算法实现，图示利用穷举算法和变值三角形代数计算公式实现后，两类程序各自运行时，可以观察到超指数加速特性。

第 8 章成对位向量的分组变换–整体量化特性从 0-1 向量变换模式出发，本章将密码替代–置换网络 (substitution-permutaion network, SPN) 体系、整体向量、变值逻辑体系和对称函数体系，四类变换体系进行比较，综合比对结果以分组变换配置函数量化特征而体现。从相空间群聚和对称性的角度，刻划四类 0-1 变换体系之间的区别和联系。

第 9 章成对位向量的分组变换–分层群集描述位向量状态数量以指数/超指数复杂性增长，难以利用自底向上模式处理大规模向量群集。本章展示如何通过分层结构化的分析模式将宏大的位向量群集转化为等价位向量子群集。书中展示的方法可将 $2^n \times 2^n$ 穷举序列转化为 $(n+1)^2$ 组合参数表示，所展现的测量结果由六个经典测量算符示意。

# 第5章 变值测量的基本方程

郑智捷*

**摘要**: 从 $m$ 元 0-1 向量出发, 利用 $2^m$ 个状态可以形成不同的测量聚类。本章利用 $m$ 元向量形成四基元变值测度, 利用二项式系数系统化地探索多项式表示模式和不变的表示结构。本章建立了五个层次的等价基本方程体系。对选定的参数综合利用置换和结合两类算符, 从整体不变性的角度展现 192 种可区分的配置, 根据测量参数及其合并特征, 建立起两类测量系统: {A,B}, 其中 A 型系统包含 15 种非平凡模式, 而 B 型系统包含 11 种可区分模式。针对 B 型系统, 展现两种表示模式及其特定的数值分布特性。从统计物理量化测量的角度, A 类模式对应玻色-爱因斯坦分布, 而 B 类模式对应费米-狄拉克分布。从向量特征分析的角度, 更为细致的分布特性值得探讨。

**关键词**: 变值测量, $m$ 元向量, 多项式系数, 置换和结合运算, 可区分模式, 整体不变性。

## 5.1 概　述

$n$ 元变量提供宏大的 $2^n! \times 2^{2^n}$ 变值逻辑的配置空间, 超指数增长的复杂特性对于具体的测量和分析目标形成了难以逾越的障碍。从测量分析的角度, 如何高效地对伴随的状态空间和可能的群聚分布进行精确的度量, 是每一类能够实施基于 0-1 变量测量体系需要面对的核心论题。

本章从 $m$ 元 0-1 向量状态描述出发, 利用二项式系数公式, 针对变值测量形成的四基元测度, 综合利用置换和结合两类运算的任意组合所形成的多项式表示空间进行研究, 以探索相关的多项式描述体系的不变特征。从选择合适参数的角度, 探索该类复杂群聚体系在不同的参数作用下的参数分布变化特性。

## 5.2 基 本 方 程

令 $x$ 为 $m$ 元 0-1 向量, $x = x_0 x_1 \cdots x_i \cdots x_{m-1}, x_i \in \{0,1\}, 0 \leqslant i < m, x \in B_2^m$。每个 $x$ 为一个 $m$ 元状态, 检查状态中的每一对 $(x_i, x_{i+1})$ 元素, 形成四种可区分基元测度: $\{m_\perp, m_+, m_-, m_\top\}$。结合不同的边界条件, 可以形成 {A,B} 两类测量模式。

* 云南省量子信息重点实验室, 云南省软件工程重点实验室, 云南大学。e-mail: conjugatelogic@yahoo.com。

本项目由国家自然科学基金 (62041213), 云南省科技厅重大科技专项 (2018ZI002), 国家自然科学基金 (61362014) 和云南省海外高层次人才项目联合经费支持。

### 5.2.1　A 型测量

测度通过检测线性状态获得，最后一位待定，四种基元测度由如下公式确定。

$$m_\perp(x) = \sum_{i=0}^{m-2} [(x_i, x_{i+1}) == (0,0)] \tag{5.1}$$

$$m_+(x) = \sum_{i=0}^{m-2} [(x_i, x_{i+1}) == (0,1)] \tag{5.2}$$

$$m_-(x) = \sum_{i=0}^{m-2} [(x_i, x_{i+1}) == (1,0)] \tag{5.3}$$

$$m_\top(x) = \sum_{i=0}^{m-2} [(x_i, x_{i+1}) == (1,1)] \tag{5.4}$$

$$m = m_\perp(x) + m_+(x) + m_-(x) + m_\top(x) + 1 \tag{5.5}$$

从状态群聚的角度，状态 $x$ 最后的位值 $x_{m-1}$ 可用于区分相关的组合数目。当 $x_{m-1} ==$ 1 时，对应的组合数目为 $\binom{m-1}{m_+ + m_\top + 1}$；而当 $x_{m-1} == 0$ 时，对应的组合数目为 $\binom{m-1}{m_+ + m_\top}$。令 $p$ 为状态中 1 的数目，两个组合数之和为

$$\binom{m}{p} = \binom{m-1}{p} + \binom{m-1}{p-1}, \tag{5.6}$$
$$p(x) = m_+(x) + m_\top(x) + 1, \quad 0 \leqslant p \leqslant m, x \in B_2^m$$

### 5.2.2　B 型测量

测度通过检测环形状态获得，四种基元测度由如下公式确定。

$$m_\perp(x) = \sum_{i=0}^{m-1} [(x_i, x_{i+1(\mathrm{mod}\ m)}) == (0,0)] \tag{5.7}$$

$$m_+(x) = \sum_{i=0}^{m-1} [(x_i, x_{i+1(\mathrm{mod}\ m)}) == (0,1)] \tag{5.8}$$

$$m_-(x) = \sum_{i=0}^{m-1} [(x_i, x_{i+1(\mathrm{mod}\ m)}) == (1,0)] \tag{5.9}$$

$$m_\top(x) = \sum_{i=0}^{m-1} [(x_i, x_{i+1(\mathrm{mod}\ m)}) == (1,1)] \tag{5.10}$$

$$m = m_\perp(x) + m_+(x) + m_-(x) + m_\top(x) \tag{5.11}$$

令 $p$ 为状态中 1 的数目，$p(x) = m_+(x) + m_\top(x)$，组合数为

$$\binom{m}{p}, \quad 0 \leqslant p \leqslant m \tag{5.12}$$

### 5.2.3 分划结构

无论 A 型或者 B 型测量结构，内部的参数都与四基元测度密切相关。为简要进行分析，从 B 型测量模式出发，利用组合多项式结构为基础探讨分解二项式系数的模式。

利用段长 $m$、1 值 $p$ 和分段数 $q$ 量化替代四基元测度表示，具体的数量与群集状态有关，不依赖具体的状态，在表示公式中可以忽略状态变量 $x$，形成有意义的等价数值表示结构。对应的关系为

$$m = m_\perp + m_+ + m_- + m_\top \tag{5.13}$$

$$p = m_+ + m_\top \tag{5.14}$$

$$m - p - q = m_\perp \tag{5.15}$$

$$q = m_+ = m_- \tag{5.16}$$

$$p - q = m_\top \tag{5.17}$$

基于等价的数量关系，变值测量四基元测度具有 1-1 对应特征：

$$\{m_\perp, m_+, m_-, m_\top\} \leftrightarrow \{m - p - q, q, q, p - q\}$$

从二项式表示出发分解为多项式表示条件，涉及的变换包含多个层次，第一层和第四层为

$$\binom{m_\perp + m_+ + m_- + m_\top}{p}_{0 \leqslant p \leqslant m} \rightarrow \binom{m_\perp}{i}\binom{m_+}{j}\binom{m_-}{k}\binom{m_\top}{l}_{0 \leqslant i,j,k,l \leqslant m} \tag{5.18}$$

恰当地形成和确定等价不变型表示体系是本章的核心内容。

## 5.3 变换空间

令 $\{a, b, c, d\}$ 为四元测度集合。测度表示为四元序对 $(a, b, c, d)$，定义两类运算：置换，结合。

例如，$(a, b, c, d) \rightarrow (b, d, a, c)$ 为一个置换变换；而 $\{a, b\}\{c\}\{d\}$ 为一个特定次序的结合变换：$\{a, b\}$ 两测度结合，而 $\{c\}$ 和 $\{d\}$ 各自独立。

简言之，置换运算改变相邻元素之间的顺序，而结合运算改变分量合成的次序。在加法运算条件下，这些运算不会改变分量的总和数目。从代数运算的角度，置换和结合两类运算相互之间是无关的。

**引理 5.1** 对任意四元有序测度，在置换和结合两类运算的作用下，可区分的配置状态总数为 192。

**证明** 对四元有序测度，可区分排列的总数为 $4! = 24$；而对每个有序四元组可以区分的结合模式为八种：$\{\{a, b, c, d\}; \{a\}\{b, c, d\}; \{a, b\}\{c, d\}; \{a, b, c\}\{d\}; \{a\}\{b\}\{c, d\}; \{a\}\{b, c\}\{d\}; \{a, b\}\{c\}\{d\}; \{a\}\{b\}\{c\}\{d\}\}$。两类运算独立，整个结构包含 $24 \times 8 = 192$ 种配置。

## 5.4　不变的组合结构

利用置换和结合双重运算，四元测度形成变换空间，由于组合的聚集效应，可以区分的组合不变结构可以按照如下的模式确定。

### 5.4.1　A 型测量

利用不同可能包含的项数目，相关的配置能分为如下六类共 16 组。

| 项数 | 集合 | 组数 |
|------|------|------|
| 0 | { } | 1 |
| 1 | $\{a,b,c,d\}$ | 1 |
| 2 | $\{a\}\{b,c,d\}$; $\{b\}\{a,c,d\}$; $\{c\}\{a,b,d\}$; $\{d\}\{a,b,c\}$; | 4 |
| 2' | $\{a,b\}\{c,d\}$; $\{a,c\}\{b,d\}$; $\{a,d\}\{b,c\}$ | 3 |
| 3 | $\{a,b\}\{c\}\{d\}$; $\{a,c\}\{b\}\{d\}$; $\{a,d\}\{b\}\{c\}$; $\{b,c\}\{a\}\{d\}$; $\{b,d\}\{a\}\{c\}$; $\{c,d\}\{b\}\{a\}$ | 6 |
| 4 | $\{a\}\{b\}\{c\}\{d\}$ | 1 |

**命题 5.1**　A 型测量结构一共包含 16 组可区分的组合，其中 0 项 1 组，1 项 1 组，2 项 4 组，2' 项 3 组，3 项 6 组和 4 项 1 组。

**证明**　检查 A 型各组情况，所列结果穷举所有可能。

### 5.4.2　B 型测量

对于 B 型测量，令 $b=c$，可能包含的项数目，相关的配置分为如下六类共 12 组。

| 项数 | 集合 | 组数 |
|------|------|------|
| 0 | { } | 1 |
| 1 | $\{a,b,b,d\}$ | 1 |
| 2 | $\{a\}\{b,b,d\}$; $\{b\}\{a,b,d\}$; $\{b\}\{a,b,d\}$; $\{d\}\{a,b,b\}$; | |
| → | $\{a\}\{b,b,d\}$; $\{b\}\{a,b,d\}$; $\{d\}\{a,b,b\}$; | 3 |
| 2' | $\{a,b\}\{b,d\}$; $\{a,b\}\{b,d\}$; $\{a,d\}\{b,b\}$ | |
| → | $\{a,b\}\{b,d\}$; $\{a,d\}\{b,b\}$ | 2 |
| 3 | $\{a,b\}\{b\}\{d\}$; $\{a,b\}\{b\}\{d\}$; $\{a,d\}\{b\}\{b\}$; $\{b,b\}\{a\}\{d\}$; $\{b,d\}\{a\}\{b\}$; $\{b,d\}\{b\}\{a\}$ | |
| → | $\{a,b\}\{b\}\{d\}$; $\{a,d\}\{b\}\{b\}$; $\{b,b\}\{a\}\{d\}$; $\{b,d\}\{a\}\{b\}$ | 4 |
| 4 | $\{a\}\{b\}\{b\}\{d\}$ | 1 |

**命题 5.2**　B 型测量结构一共包含 12 组可区分的组合，其中 0 项 1 组，1 项 1 组，2 项 3 组，2' 项 2 组，3 项 4 组和 4 项 1 组。

**证明**　检查 B 型各组情况，所列结果穷举所有可能。

## 5.5　B 型组合公式

将 $m_\perp = m-p-q, m_+ = m_-, m_\top = p-q$ 代入 $\{a,b,c,d\}$，形成 11 组有效公式。

| 项数 | 集合 | 组数 |
|------|------|------|
| 1 | $\{m\}$ | 1 |
| 2 | $\{m-p-q\}\{p+q\}$; $\{q\}\{m-q\}$; $\{p-q\}\{m-p+q\}$ | 3 |
| 2' | $\{m-p\}\{p\}$; $\{m-2q\}\{2q\}$ | 2 |
| 3 | $\{m-p\}\{q\}\{p-q\}$; $\{m-2q\}\{q\}\{q\}$; $\{2q\}\{m-p-q\}\{p-q\}$; $\{p\}\{m-p-q\}\{q\}$ | 4 |
| 4 | $\{m-p-q\}\{q\}\{q\}\{p-q\}$ | 1 |

**推论 5.1** B 型测度包含 11 组非平凡表达式。

# 5.6 两组变换公式及其量化分布

从组合分析的角度，单项公式等同于二项式公式 $\binom{m}{p}, 0 \leqslant p \leqslant m$，通过不同的取值体现分解效应。所构造出的多项式组合公式，在第二项包含的五组公式中选择其中的两组作为典型例子进行展示：$\{m-p\}\{p\}$ 和 $\{2q\}\{m-2q\}$。

## 5.6.1 例子 I

利用二项式分解模式，$\{m-p\}\{p\}$ 型模式对应如下公式。

$$\binom{m}{p} = \sum_{k=0}^{p} \binom{m-p}{k}\binom{p}{p-k} \tag{5.19}$$
$$= \sum_{k=0}^{p} \binom{m-p}{k}\binom{p}{k}, \quad 0 \leqslant p \leqslant m$$

每项二项式系数 $\binom{m}{p}$，由 $p+1$ 组成对二项式系数乘积之和构成。

**定理 5.1** 对所有 B 型 $\{m-p\}\{p\}(0 \leqslant p \leqslant m)$ 分解系数全体求和等于 $2^m$。

**证明** 因为

$$\forall m > 0, \sum_{i=0}^{m} \binom{m}{p} = 2^m, \sum_{k=0}^{p} \binom{m-p}{k}\binom{p}{k} = \binom{m}{p}$$

所以

$$\sum_{p=0}^{m} \sum_{k=0}^{p} \binom{m-p}{k}\binom{p}{k} = 2^m$$

根据定理 5.1，$\left\{\binom{m-p}{k}\binom{p}{k}\right\}$ 参数分布在 $(m+1) \times (m+1)$ 平面上。例如，当 $m = 10$ 时其系数分布在 $11 \times 11$ 区域，非平凡值构成一个三角形排列，$p$ 取值具有反射对称性。

$$m > 0, 0 \leqslant k, p \leqslant m, \left\{f(m,p,k) = \binom{m-p}{k}\binom{p}{k}\right\}$$

| $f(10,p,k)$ | 0 | 1 | 2 | 3 | 4 | 5 | 6 | 7 | 8 | 9 | 10 | $p$ |
|---|---|---|---|---|---|---|---|---|---|---|---|---|
| 10 | | | | | | | | | | | | |
| 9 | | | | | | | | | | | | |
| 8 | | | | | | | | | | | | |
| 7 | | | | | | | | | | | | |
| 6 | | | | | | | | | | | | |
| 5 | | | | | | 1 | | | | | | |
| 4 | | | | 15 | 25 | 15 | | | | | | |
| 3 | | | 35 | 80 | 100 | 80 | 35 | | | | | |
| 2 | | 28 | 63 | 90 | 100 | 90 | 63 | 28 | | | | |
| 1 | 9 | 16 | 21 | 24 | 25 | 24 | 21 | 16 | 9 | | | |
| 0 | 1 | 1 | 1 | 1 | 1 | 1 | 1 | 1 | 1 | 1 | 1 | |
| $k$ | | | | | | | | | | | | |

### 5.6.2　例子 II

利用二项式分解模式, $\{2q\}\{m-2q\}$ 型模式对应如下公式。

$$\binom{m}{p} = \sum_{k=0}^{p} \binom{2q}{k}\binom{m-2q}{p-k}, 0 \leqslant p \leqslant m, 0 \leqslant q \leqslant \lfloor m/2 \rfloor \tag{5.20}$$

式中, 选定一个值, 分解式均成立, 对应的系数 $\left\{\binom{2q}{k}\binom{m-2q}{p-k}\right\}$, 形成 $\lfloor m/2 \rfloor + 1$ 个二维参数分布阵列。

**定理 5.2**　所有 B 型 $\{2q\}\{m-2q\}(0 \leqslant p \leqslant m, 0 \leqslant q \leqslant \lfloor m/2 \rfloor)$ 具有特殊的分解结构, 选择特定 $q$ 值, 系数分布在 $\lfloor m/2 \rfloor + 1$ 个二维面上, 每个面全体系数之和等于 $2^m$。

**证明**　因为

$$\forall m > 0, 0 \leqslant q \leqslant \lfloor m/2 \rfloor, \binom{m}{p} = \sum_{k=0}^{\lfloor m/2 \rfloor} \binom{2q}{k}\binom{m-2q}{p-k}, \sum_{i=0}^{m}\binom{m}{p} = 2^m$$

所以

$$\sum_{p=0}^{m}\sum_{k=0}^{\lfloor m/2 \rfloor} \binom{2q}{k}\binom{m-2q}{p-k} = 2^m$$

根据定理 5.2, $\left\{\binom{2q}{k}\binom{m-2q}{p-k}\right\}$ 参数分布在 $\lfloor m/2 \rfloor + 1$ 个 $(m+1) \times (m+1)$ 平面上。例如, 当 $m = 10$ 时其系数分布在 6 层 $11 \times 11$ 区域, 非平凡值构成多种型态排列, 具有多种对称特性。

$$m > 0, \left\{f(m,q,p,k) = \binom{2q}{k}\binom{m-2q}{p-k}\right\}, 0 \leqslant k, p \leqslant m, 0 \leqslant q \leqslant \lfloor m/2 \rfloor$$

$m = 10, q = 0:$

| $f(10,0,p,k)$ | 0 | 1 | 2 | 3 | 4 | 5 | 6 | 7 | 8 | 9 | 10 | $p$ |
|---|---|---|---|---|---|---|---|---|---|---|---|---|
| 10 | | | | | | | | | | | 1 | |
| 9 | | | | | | | | | | 10 | | |
| 8 | | | | | | | | | 45 | | | |
| 7 | | | | | | | | 120 | | | | |
| 6 | | | | | | | 210 | | | | | |
| 5 | | | | | | 252 | | | | | | |
| 4 | | | | | 210 | | | | | | | |
| 3 | | | | 120 | | | | | | | | |
| 2 | | | 45 | | | | | | | | | |
| 1 | | 10 | | | | | | | | | | |
| 0 | 1 | | | | | | | | | | | |
| $k$ | | | | | | | | | | | | |

$\vdots$

$m = 10, q = 3:$

| $f(10,3,p,k)$ | 0 | 1 | 2 | 3 | 4 | 5 | 6 | 7 | 8 | 9 | 10 | $p$ |
|---|---|---|---|---|---|---|---|---|---|---|---|---|
| 10 | | | | | | | | | | | | |
| 9 | | | | | | | | | | | | |
| 8 | | | | | | | | | | | | |
| 7 | | | | | | | | | | | | |
| 6 | | | | | | | | | | | | |
| 5 | | | | | | | | | | | | |
| 4 | | | | 1 | 6 | 15 | 20 | 15 | 6 | 1 | | |
| 3 | | | 4 | 24 | 60 | 80 | 60 | 24 | 4 | | | |
| 2 | | | 6 | 36 | 90 | 120 | 90 | 36 | 6 | | | |
| 1 | | 4 | 24 | 60 | 80 | 60 | 24 | 4 | | | | |
| 0 | 1 | 6 | 15 | 20 | 15 | 6 | 1 | | | | | |
| $k$ | | | | | | | | | | | | |

$\vdots$

$m = 10, q = 5:$

| $f(10,5,p,k)$ | 0 | 1 | 2 | 3 | 4 | 5 | 6 | 7 | 8 | 9 | 10 | $p$ |
|---|---|---|---|---|---|---|---|---|---|---|---|---|
| 10 | | | | | | | | | | | | |
| 9 | | | | | | | | | | | | |
| 8 | | | | | | | | | | | | |
| 7 | | | | | | | | | | | | |
| 6 | | | | | | | | | | | | |
| 5 | | | | | | | | | | | | |
| 4 | | | | | | | | | | | | |
| 3 | | | | | | | | | | | | |
| 2 | | | | | | | | | | | | |
| 1 | | | | | | | | | | | | |
| 0 | 1 | 10 | 45 | 120 | 210 | 252 | 210 | 120 | 45 | 10 | 1 | |
| $k$ | | | | | | | | | | | | |

### 5.6.3 结果分析

从选定的两组公式获得的系列分布可以看到, 两个公式具有完全不同的特性。在例子 I

中，给定段长 $m$，相关的系数展现分布在一个 $(m+1)^2$ 的二维矩阵特定三角区域之中，包含多种对称特性。

然而，在例子 II 中相关的公式并不被约束在二维区域，对应于不同的 $q$ 值确定关联的二维区域。观察列出的三组条件，$q=0$ 和 $q=5$ 都是线性结构，$q=0$ 时分布在对角线上，$q=5$ 时分布在 $k=0$ 和 $p=\{0,1,\cdots,10\}$ 水平区域之中。而当 $0<q<5$ 时，整个分布为平行四边形，每行都显现出特殊的对称性。可以观察到，伴随着取值的变化，水平方向的投影将保持不变，然而整个分布向垂直方向的投影，将从 $q=0$ 的二项式分布，到 $q=\lfloor m/2 \rfloor$ 时展现出的单脉冲分布。针对前沿量子调控、量子遥感、量子图像等应用论题，大幅度可控范围值得深入探索。

## 5.7　结　　论

基于二项式系数按多项式模式 [1] 对复杂 0-1 序列进行测量和分析是一类新型的探索模式。利用本章描述的模型和方法，可以高效地模拟和分析相关的典型论题。利用四元变值测度，在置换和结合双重运算下具有 192 种组合配置，形成变化空间。结合整体组合不变性和两类可区分的测量型态，在不同分划的作用层次中可区分的模式分别为 A 型 (6 层 16 种) 和 B 型 (6 层 12 种)。

根据经典统计力学和热动力学 [2,3] 的系列结果，从表 5.1 列出的三种概率统计分布，对比 5.2 节中的式 (5.6) 和式 (5.12)，可以看到所描述的 A 类模式对应玻色-爱因斯坦分布，而 B 类模式对应费米-狄拉克分布。如何进一步深入探索不同分化模式和潜在的应用期待于后续的理论和应用综合研究。

**表 5.1　三种不同的概率统计分布** [2,3] $\left( N = \sum\limits_{i=1}^{n} N_i,\; C(n,N) = \dbinom{n}{N} \right)$

| 统计分布 | 玻色-爱因斯坦 (BE) | 麦克斯韦-玻尔兹曼 (MB) | 费米-狄拉克 (FD) |
|---|---|---|---|
| 概率 | $P_{\mathrm{BE}}$ | $P_{\mathrm{MB}}$ | $P_{\mathrm{FD}}$ |
| | | | $N_i \in \{0,1\}$ |
| 概率公式 | $\dfrac{1}{C(n+N-1,N)}$ | $\dfrac{1}{n^N}\dfrac{N!}{N_1!\cdots N_n!}$ | $\dfrac{1}{C(n,N)}$ |
| 多项式表示 | $\dfrac{1}{\dbinom{n+N-1}{N}}$ | $\dfrac{1}{n^N}\dbinom{N}{N_1,\cdots,N_n}$ | $\dfrac{1}{\dbinom{n}{N}}$ |
| 对应编号 | $\left\{ \dbinom{m-1}{p}, \dbinom{m-1}{p-1} \right\}$ | $\cdots$ | $\dbinom{m}{p}$ |
| 公式 | (5.6) | | (5.12) |

### 参 考 文 献

[1]　Zheng J. Variant Construction from Theoretical Foundation to Applications. Berlin: Springer Nature, 2019

[2]　Norman D. Statistical Mechanics. New York: McGraw-Hill Book Company, 1962

[3]　Aston J, Fritz J. Thermodynamics and Statistical Theomodynamics. New Jersey: John Wiley and Sons, 1959

# 第6章 变值三角形的对称性

郑智捷*

**摘要:** 对一维二值序列提取三个变量进行组织, 其相空间形成二维结构, 这个结构把 $N$ 长 0-1 向量的状态群集分布在一个三角形的区域中。这类三角形包括一系列的有趣分划特性, 与帕斯卡三角形和循环二元字问题相关。本章描述和介绍这类三角形, 称为变值三角形, 描述基本的参数、基本方程、对称特性及其投影序列模式。其分布模式及其序列数据库检索结果, 国际在线整数序列词典 (OEIS) 数据库没有记录到该类序列。

**关键词:** 三元不变量, 变值三角形, 对称特性, 基础方程, 多层分划。

## 6.1 概　述

### 6.1.1 相关的工作

本项研究与组合学、堆垒数论、数论三角形关联 [1,2], 利用简单输入和重复性的处理模式, 形成涌现特性。在概率统计学中, 生成模型是一类有效机制可能从随机产生可观察数据推导出某些隐藏的参数。生成科学是一类系统化探索包含多种学科, 探索与生成过程相关的自然世界及其复杂特性。生成探索能用于模拟各类复杂特性, 如分形、元胞自动机、复杂非线性系统等。

从离散几何的角度, 已经有系列与三角形关联的研究。例如, 组合三角 (OEIS: A102639), 微分三角 (OEIS: A194005) [3], 堆垒三角 (OEIS: A035312), 三项式三角 (OEIS: A027907), 循环二元字 (OEIS: A119462) 及其帕斯卡三角 [4-7] 等。

在组合领域中, 最简单的一类构造是二项式系数 [8]。从数学历史的角度 [4,5], 二项式系数是已经深入挖掘了很多年的论题。一类有趣的推广是多项式系数 [4,5,9]。一个多项式系数能表达为多个二项式系数的乘积。

$$\binom{k_1 + k_2 + \cdots + k_m}{k_1, k_2, \cdots, k_m} = \binom{k_1 + k_2}{k_1} \binom{k_1 + k_2 + k_3}{k_1 + k_2} \cdots \binom{k_1 + k_2 + \cdots + k_m}{k_1 + k_2 + \cdots + k_{m-1}} \tag{6.1}$$

从这个方向扩展, 最简单的形式是三项式系数 [6,7,10,11]:

$$\binom{r}{k, m-k, r-m} = \binom{r}{m}\binom{m}{k} \tag{6.2}$$

---

\* 云南省量子信息重点实验室, 云南省软件工程重点实验室, 云南大学。e-mail: conjugatelogic@yahoo.com。

本项目由国家自然科学基金 (62041213), 云南省科技厅重大科技专项 (2018ZI002), 国家自然科学基金 (61362014) 和云南省海外高层次人才项目联合经费支持。

### 6.1.2 先前的工作

目前的问题来源于针对 $N$ 长 0-1 序列向量利用三组参数在变值测量和分类条件下形成离散相空间。当前的处理模式利用三项式公式从基础算法层面改进，替代在文献 [12] 和文献 [13] 中穷举算法。利用穷举算法 $n$ 元变量 $N$ 长向量需要 $O(N \times 2^N \times 2^{2^n})$ 运算时间，在 $N = 23, n = 2$ 条件下 Mac 计算机 (2.4GHz 2 CPUs, 4GB SDRAM) 耗时两天半才完成计算。

20 世纪 90 年代，共轭分类体系利用三个参数 $\{q, p, N\}$ [14,15] 对二维 0-1 图像在 $N = \{4, 5, 7, 9\}$ 条件下完成分类。

针对当前的应用，三个参数 $\{q, p, N\}$ 用于三维 0-1 向量，其中 $N \geqslant 1$ 为向量长度，$p$ 为 1 的数目，$q$ 为 01 或者 10 的循环模式数目具有非平凡三角数结构。

这类基本方程通过递归调用产生出三维几何分布。利用分层结构化三维体系，能够观察到丰富的整数序列。其中向 $p$ 方向的投影模式满足范德蒙德恒等式，与标准的二项式公式关联。由于三项式系数能通过代数方程的模式实现，新的实现模式远比传统的穷举算法计算复杂性小在 $N = \{23, \cdots, 28\}$ 条件下观察到 $O(10^5) \sim O(10^6)$ 加速比。这个方面的进一步讨论参阅第 7 章，本章集中讨论基本方程的构造，主要的结论通过引理、定理和推论体现。同时展现选择的样本并作相关的解释。

### 6.1.3 结果

本章描述一种二值序列分类方法，展现其蕴含的组合特性。利用三元参数形成三角形态的分布结构。值得注意的是，该类整数序列目前没有列入国际整数序列在线词典 (the On-line Encyclopedia of Integer Sequences，OEIS 数据库)，相关序列特性值得深入探索。

## 6.2 基本定义和样本

**定义 6.1** 令 $X$ 为 0-1 向量，$X = x_{N-1} \cdots x_i \cdots x_0$ 具有 $N$ 个元素作为一个状态，$x_i \in \{0, 1\}, 0 \leqslant i < N$。

**定义 6.2** 令 $\Omega(N)$ 为向量空间，包含所有 $N$ 长 0-1 向量，$\Omega(N) = \{\forall X \mid 0 \leqslant X < 2^N\}$ 作为初始数据集合。

**定义 6.3** 令 $\binom{n}{k}$ 为二项式系数，满足

$$\binom{n}{k} = \begin{cases} 1, & \text{若 } n = k \\ 0, & \text{若 } n \neq k, k > n \text{ 或 } k < 0 \\ \dfrac{n!}{k! \times (n-k)!}, & \text{否则} \end{cases} \tag{6.3}$$

在这样的条件下 $|\Omega(N)| = 2^N$ 形成一个 $N$ 长向量空间。

**定义 6.4** 对任意向量 $X \in \Omega(N)$，计算 $p(X)$ 数量为

$$p(X) = \sum_{i=0}^{N-1} x_i, x_i \in \{0, 1\} \tag{6.4}$$

**引理 6.1**　对向量空间 $\Omega(N)$, 系列 $p$ 参数对空间形成分划为子群，各个子群的状态数目满足二项式系数。

**证明**　对给定 $p, 0 \leqslant p \leqslant N$, 汇集满足该组合特征的状态，总数为 $\binom{N}{p} = \dfrac{N!}{p! \times (N-p)!}$ 状态，分划状态空间 $\Omega(N)$。

**定义 6.5**　对循环向量 $X \in \Omega(N)$, 参数 $q(X)$ 由下式决定：

$$q(X) = \sum_{0 \leqslant i < N} (x_i \equiv 0) \& (x_{i+1} \equiv 1), x_i, x_{i+1} \in 0, 1, (i+1) \bmod N \tag{6.5}$$

例如, $N = 10, X = 1110011001, p(X) = 6(i = \{0, 3, 4, 7, 8, 9\}); q(X) = 2(i = \{2, 6\})$。

**推论 6.1**　参数 $q(X)$ 能通过如下方程确定。

$$q(X) = \sum_{0 \leqslant i < N} (x_i \equiv 0) \& (x_{i+1} \equiv 1); x_i, x_{i+1} \in 0, 1, (i+1) \bmod N$$

$$= \sum_{0 \leqslant i < N} (x_i \equiv 0) \& (x_{i-1} \equiv 1); x_i, x_{i-1} \in 0, 1, (i-1) \bmod N \tag{6.6}$$

$$= \sum_{0 \leqslant i < N} (x_i \equiv 1) \& (x_{i+1} \equiv 0); x_i, x_{i+1} \in 0, 1, (i+1) \bmod N \tag{6.7}$$

$$= \sum_{0 \leqslant i < N} (x_i \equiv 1) \& (x_{i-1} \equiv 0); x_i, x_{i-1} \in 0, 1, (i-1) \bmod N \tag{6.8}$$

**证明**　四种情况已经穷举了 0-1 模式在 $\{i-1, i, i+1\}$ 从 01 到 10 对应情形。在环转的条件下，其值相等。

在给定 $X$ 上，使用三参数 $\{q, p, N\}$ 是一类累加过程，下面利用例子说明。

例如, $N = 4$, 在向量空间中包含的所有 16 个状态能够分为 6 个子群，按照成对的 $(q, p)$ 参数在表 6.1 中示意。

**表 6.1　对 $N = 4$ 向量空间, 参数 $(q, p)$ 分划出的 6 个子群**

| $q \backslash p$ | 0 | 1 | 2 | 3 | 4 |
|---|---|---|---|---|---|
| 0 | (0,0) | | | | (0,4) |
| 1 | | (1,1) | (1,2) | (1,3) | |
| 2 | | | (2,2) | | |

在表 6.2 中列出 6 个子群包含的状态向量。

**表 6.2　6 个子群包含的状态向量**

| $(q, p)$ | $\{X\}, N = 4$ | # |
|---|---|---|
| (0,0) | {0000} | 1 |
| (0,4) | {1111} | 1 |
| (1,1) | {0001, 0010, 0100, 1000} | 4 |
| (1,2) | {0011, 0110, 1100, 1001} | 4 |
| (1,3) | {0111, 1110, 1101, 1011} | 4 |
| (2,2) | {0101, 1010} | 2 |

在表 6.3 中显示对应子群的计数。

**表 6.3    $N = 4, (q,p)$ 子群数目**

| $q \backslash p$ | 0 | 1 | 2 | 3 | 4 |
|---|---|---|---|---|---|
| 0 | 1 | | | | 1 |
| 1 | | 4 | 4 | 4 | |
| 2 | | | 2 | | |

从表 6.3，容易验证所有 6 个子群状态数目之和为 16，每个子群数目与关联的二项式系数相等。对 $N = 1 \sim 6$，递归生成 6 层二项式系数形成三维结构在表 6.4 中显示。

**表 6.4    二项式系数 6 个集合及其 $\{q, p, N\}$ 三角群组**

| $N$ | $\{p, N\}$ 线性群 $\{p, N\}$ | 三角群 $\{q, p, N\}$ |
|---|---|---|
| 1 | 1　　1 | 1　　1 |
| 2 | 1　　2　　1 | 1　　　　1<br>　　2 |
| 3 | 1　　3　　3　　1 | 1　　　　　　1<br>　　3　　3 |
| 4 | 1　　4　　6　　4　　1 | 1　　　　　　　　1<br>　　4　　4　　4<br>　　　　2 |
| 5 | 1　　5　　10　　10　　5　　1 | 1　　　　　　　　　　1<br>　　5　　5　　5　　5<br>　　　　5　　5 |
| 6 | 1　　6　　15　　20　　15　　6　　1 | 1　　　　　　　　　　　　1<br>　　6　　6　　6　　6　　6<br>　　　　9　　12　　9<br>　　　　　　2 |

是否能把这类生成关系从 $N = 1 - 6$ 扩展到任意 $N$ 值？6.3 节描述变值三角的构造机制。

## 6.3    三项式恒等式

**定义 6.6**    令 $f(q, p, N)$ 为变值三角数计数函数，$0 \leqslant p \leqslant N, 0 \leqslant q \leqslant \lfloor N/2 \rfloor$，两个起始和结束群集 $p = \{0, N\}, q = 0$，函数值为 $f(0, 0, N) = f(0, N, N) = 1$。

其他群组，$0 < p < N, 0 < q \leqslant \lfloor N/2 \rfloor$，满足如下三项式作为变值三角基本方程。

$$f(q, p, N) = \frac{N}{N-p} \binom{N-p}{q} \binom{p-1}{q-1} \tag{6.9}$$

应用基本方程，可以验证不同参数条件下的系数值。例如，$f(1, 1, 5) = \frac{5}{4} \binom{4}{1} \binom{0}{0} = 5$; $f(2, 3, 5) = \frac{5}{2} \binom{2}{2} \binom{2}{1} = 5; \cdots; f(2, 4, 5) = \frac{5}{1} \binom{1}{2} \binom{3}{1} = 0$。在表 6.5 中列出所有 $\{f(q, p, 5)\}$ 计算值。

表 6.5　$N = 5, f(q, p, 5)$ 子群数目

| $q\backslash p$ | 0 | 1 | 2 | 3 | 4 | 5 |
|---|---|---|---|---|---|---|
| 0 | 1 | | | | | 1 |
| 1 | | 5 | 5 | 5 | 5 | |
| 2 | | | 5 | 5 | | |

**推论 6.2**　基本方程的三项式公式具有下列恒等式 (6.9)~ 式 (6.14)。

$$f(q, p, N) = \frac{N}{N-p}\binom{N-p}{q}\binom{p-1}{q-1}$$

$$= \frac{N}{q}\binom{N-p-1}{q-1}\binom{p-1}{q-1} \tag{6.10}$$

$$= \frac{N}{q}\binom{p-1}{q-1}\binom{N-p-1}{q-1} \tag{6.11}$$

$$= \frac{N}{q}\binom{N-(N-p)-1}{q-1}\binom{(N-p)-1}{q-1} \tag{6.12}$$

$$= \frac{N}{p}\binom{p}{q}\binom{N-p-1}{q-1} \tag{6.13}$$

$$= \frac{N}{N-(N-p)}\binom{N-(N-p)}{q}\binom{(N-p)-1}{q-1} \tag{6.14}$$

$$= f(q, N-p, N)$$

**证明**　利用基本方程，逐步进行推导。

$$f(q, p, N) = \frac{N}{N-p}\binom{N-p}{q}\binom{p-1}{q-1}：式 (6.9)$$

$$= \frac{N}{(N-p)}\frac{(N-p)!}{(N-p-q)!q!}\binom{p-1}{q-1}$$

$$= \frac{N}{q}\frac{(N-p-1)!}{(N-p-q)!(q-1)!}\binom{p-1}{q-1}$$

$$= \frac{N}{q}\binom{N-p-1}{q-1}\binom{p-1}{q-1}：式 (6.10)$$

$$= \frac{N}{q}\binom{N-(N-p)-1}{q-1}\binom{(N-p)-1}{q-1}：式 (6.11)$$

$$= \frac{N}{q}\binom{p-1}{q-1}\binom{N-p-1}{q-1}：式 (6.12)$$

$$= \frac{N}{p}\binom{p}{q}\binom{N-p-1}{q-1}：式 (6.13)$$

$$= \frac{N}{N-(N-p)}\binom{N-(N-p)}{q}\binom{(N-p)-1}{q-1}：式 (6.14)$$

$$= f(q, N-p, N)$$

利用这些三项式恒等式，可以对更复杂的计数进行处理。利用参数 $p$，更容易将三角形向垂直方向展现。在表 6.6 中显示 $N = 5$ 例子。变值三角的更复杂情形在图 6.1 中示意。

**表 6.6** $N = 5, f(q, p, 5)$ 垂直方向子群数

| $p \backslash q$ | 0 | 1 | 2 |
|---|---|---|---|
| 0 | 1 | | |
| 1 | | 5 | |
| 2 | | 5 | 5 |
| 3 | | 5 | 5 |
| 4 | | 5 | |
| 5 | 1 | | |

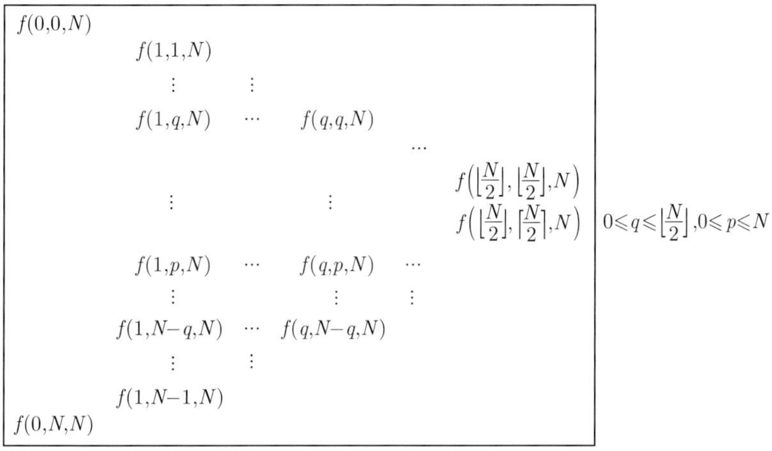

图 6.1 变值三角数 $N > 1$

# 6.4 非平凡和平凡区域

三项式恒等式提供可行的计算公式, 从代数的角度, 需要区分具有非平凡和平凡特性的区域特征。

## 6.4.1 非平凡区域

**推论 6.3 (成对对称性)** 在 $0 < q \leqslant p \leqslant N - q$ 或者 $q = 0, p = \{0, N\}$ 条件下, 成对的非平凡三项式系数满足

$$f(q, p, N) = f(q, N - p, N) \tag{6.15}$$

**证明** 利用三项式恒等式, 需要处理两种情况。① $q > 0$, 式 (6.9)~ 式 (6.14) 提供对应的恒等式。② $q = 0$, 由定义 6.6, $f(0, 0, N) = f(0, N, N) = 1$。

## 6.4.2 平凡区域

**推论 6.4 (平凡值汇集的五个区域)** ① $q > 0, 0 < p < q$; ② $N - q < p < N$; ③ $q = 0, 0 < p < N$; ④ $q > 0, p = 0$; ⑤ $q > 0, p = N$; 则

$$f(q, p, N) = 0 \tag{6.16}$$

**证明**　情形①、②、③ 满足

$$f(q,p,N) = \frac{N}{N-p}\binom{N-p}{q}\binom{p-1}{q-1}$$

$$= \frac{N}{N-p}\binom{N-p}{q}\left[\binom{p-1}{q-1} = 0\right], 0 < p < q：情形 ①$$

$$= \frac{N}{N-p}\left[\binom{N-p}{q} = 0\right]\binom{p-1}{q-1}, N-q < p < N：情形 ②$$

$$= \frac{N}{N-p}\binom{N-p}{0}\left[\binom{p-1}{-1} = 0\right], q = 0, 0 < p < N：情形 ③$$

$$= 0$$

情形④ 和⑤满足

$$f(q,p,N) = \frac{N}{q}\binom{N-p-1}{q-1}\binom{p-1}{q-1}$$

$$= \frac{N}{q}\binom{N-1}{q-1}\left[\binom{-1}{q-1} = 0\right], q > 0, p = 0：情形 ④$$

$$= \frac{N}{q}\left[\binom{-1}{q-1} = 0\right]\binom{N-1}{q-1}, q > 0, p = N：情形 ⑤$$

$$= 0$$

**定理 6.1**　对任意 $0 \leqslant p \leqslant N, 0 \leqslant q \leqslant \left\lfloor \dfrac{N}{2} \right\rfloor$ 区域，能确定所有 $f(q,p,N)$ 位置关联的变值三角数。

**证明**　检查已经确立的推论 6.3 和推论 6.4，所有的位置都已定义。

### 6.4.3　非平凡边界值的对称特性

**推论 6.5 (在边界上成对的对称性)**　若 $p = \{q, N-q\}$，非平凡三项式系数蜕化为特殊二项式系数。

$$f(q,q,N) = \frac{N}{N-q}\binom{N-q}{q} \tag{6.17}$$

$$= \frac{N}{q}\binom{N-q-1}{q-1} \tag{6.18}$$

$$= f(q, N-q, N)$$

**证明**　在 $q > 0$ 条件下，推论 6.3 $f(q,q,N) = f(q, N-q, N)$ 从左到右推导满足下列组合恒等式。

$$f(q,q,N) = \frac{N}{N-q}\binom{N-q}{q}\binom{q-1}{q-1}$$

$$= \frac{N}{N-q}\binom{N-q}{q}：式 (6.17)$$

$$= \frac{N}{q}\binom{N-q-1}{q-1}：式 (6.18)$$

$$
\begin{aligned}
&= \frac{N}{q}\binom{N-q-1}{q-1}\binom{q}{q} \\
&= \frac{N}{N-(N-q)}\binom{(N-q)-1}{q-1}\binom{N-(N-q)}{q} \\
&= f(q, N-q, N)
\end{aligned}
$$

**推论 6.6 (第一组分支群系数)** 若 $q=1, 1 \leqslant p \leqslant N-q$, 则 $N-1$ 函数具有相同的值。

$$
f(1,1,N) = \cdots = f(1,p,N) = \cdots = f(1, N-1, N) = N \tag{6.19}
$$

**证明** 在此条件下满足下列公式:

$$
\begin{aligned}
f(1,p,N) &= \frac{N}{N-p}\binom{N-p}{1}\binom{p-1}{1-1} \\
&= \frac{N}{N-p}\binom{N-p}{1} \\
&= N
\end{aligned}
$$

**推论 6.7 (最后的分支群系数)** 对 $q = \left\lfloor \dfrac{N}{2} \right\rfloor$, 需要区分两种情况。① $N \equiv 0 \mod 2$, 仅含一个系数等于 2。

$$
f\left(\frac{N}{2}, \frac{N}{2}, N\right) = 2 \tag{6.20}
$$

② $N \equiv 1 \mod 2$, $\left\lfloor \dfrac{N}{2} \right\rfloor \neq \left\lceil \dfrac{N}{2} \right\rceil$, 包含成对系数等于 $N$。

$$
f\left(\left\lfloor \frac{N}{2} \right\rfloor, \left\lfloor \frac{N}{2} \right\rfloor, N\right) = f\left(\left\lfloor \frac{N}{2} \right\rfloor, \left\lceil \frac{N}{2} \right\rceil, N\right) = N \tag{6.21}
$$

**证明** 对情形①

$$
\begin{aligned}
f\left(\frac{N}{2}, \frac{N}{2}, N\right) &= \frac{N}{N-\frac{N}{2}}\binom{N-\frac{N}{2}}{\frac{N}{2}}\binom{\frac{N}{2}-1}{\frac{N}{2}-1} \\
&= \frac{N}{\frac{N}{2}}\binom{\frac{N}{2}}{\frac{N}{2}}\binom{\frac{N}{2}-1}{\frac{N}{2}-1} \\
&= 2
\end{aligned}
$$

对情形②, $N = \left\lceil \dfrac{N}{2} \right\rceil + \left\lfloor \dfrac{N}{2} \right\rfloor$, $\left\lceil \dfrac{N}{2} \right\rceil = \left\lfloor \dfrac{N}{2} \right\rfloor + 1$

$$
f\left(\left\lfloor \frac{N}{2} \right\rfloor, \left\lfloor \frac{N}{2} \right\rfloor, N\right) = \frac{N}{N-\left\lfloor \frac{N}{2} \right\rfloor}\binom{N-\left\lfloor \frac{N}{2} \right\rfloor}{\left\lfloor \frac{N}{2} \right\rfloor}\binom{\left\lfloor \frac{N}{2} \right\rfloor-1}{\left\lfloor \frac{N}{2} \right\rfloor-1}
$$

$$= \frac{N}{\left\lfloor \frac{N}{2} \right\rfloor + 1} \binom{\left\lfloor \frac{N}{2} \right\rfloor + 1}{\left\lfloor \frac{N}{2} \right\rfloor} \binom{\left\lfloor \frac{N}{2} \right\rfloor - 1}{\left\lfloor \frac{N}{2} \right\rfloor - 1}$$

$$= \frac{N}{\left\lfloor \frac{N}{2} \right\rfloor + 1} \binom{\left\lfloor \frac{N}{2} \right\rfloor + 1}{1}$$

$$= N$$

$$= \frac{N}{\left\lfloor \frac{N}{2} \right\rfloor} \binom{\left\lfloor \frac{N}{2} \right\rfloor}{1}$$

$$= \frac{N}{\left\lfloor \frac{N}{2} \right\rfloor} \binom{\left\lfloor \frac{N}{2} \right\rfloor}{\left\lfloor \frac{N}{2} \right\rfloor} \binom{\left\lfloor \frac{N}{2} \right\rfloor}{\left\lfloor \frac{N}{2} \right\rfloor - 1}$$

$$= \frac{N}{N - \left\lceil \frac{N}{2} \right\rceil} \binom{N - \left\lceil \frac{N}{2} \right\rceil}{\left\lfloor \frac{N}{2} \right\rfloor} \binom{\left\lceil \frac{N}{2} \right\rceil - 1}{\left\lceil \frac{N}{2} \right\rceil - 1}$$

$$= f\left( \left\lfloor \frac{N}{2} \right\rfloor, \left\lceil \frac{N}{2} \right\rceil, N \right)$$

**推论 6.8**  若 $p = \{q, N - q\}$，变值三角数成对函数满足

$$f(q, q, N) = f(q, N - q, N) \tag{6.22}$$

**证明**  使用基本方程，考虑两种情形。① $q > 0$，推导过程如下：

$$f(q, q, N) = \frac{N}{N - q} \binom{N - q}{q} \binom{q - 1}{q - 1}$$

$$= \frac{N}{N - q} \binom{N - q}{q}$$

$$= \frac{N}{N - q} \frac{(N - q)!}{(N - 2q)! q!}$$

$$= \frac{N}{q} \frac{(N - q - 1)!}{(N - 2q)!(q - 1)!}$$

$$= \frac{N}{q} \frac{q}{q} \frac{(N - q)!}{(N - 2q)! q!}$$

$$= \frac{N}{N - (N - q)} \binom{N - (N - q)}{q} \binom{(N - q) - 1}{q - 1}$$

$$= f(q, N - q, N)$$

② 若 $q = 0$，由定义 6.6，$f(0, 0, N) = f(0, N, N) = 1$。

**推论 6.9** 若 $q = 1, 1 \leqslant p \leqslant N - q$, 则 $N - 1$ 函数和为

$$\sum_{p=1}^{N-1} f(1, p, N) = 2\binom{N}{2} \tag{6.23}$$

**证明** 在此条件下, 满足下列公式。

$$\sum_{p=1}^{N-1} f(1, p, N) = N(N-1)$$
$$= 2\frac{N(N-1)}{2}$$
$$= 2\binom{N}{2}$$

## 6.5 投 影 特 性

### 6.5.1 两个投影

本节研究两个投影的代数特征。

**定义 6.7** 令 $L(p, N)$ 为线性投影计数函数, 汇集所有满足 $p(0 \leqslant p \leqslant N)$ 的数值。

**定义 6.8** 令 $E(q, N)$ 为偶投影计数函数, 汇集所有满足 $q\left(0 \leqslant q \leqslant \left\lfloor \dfrac{N}{2} \right\rfloor\right)$ 的数值。

对 $N = 5$, $f(q, p, 5)$ 子群数目和两组投影数值在表 6.7 中示意。

**表 6.7 $N = 5, f(q, p, 5)$ 子群数目和两组投影数值**

| $p \backslash q$ | 0 | 1 | 2 | $L(p, 5) = \sum_{\forall q} f(q, p, 5)$ |
|---|---|---|---|---|
| 0 | 1 | | | 1 |
| 1 | | 5 | | 5 |
| 2 | | 5 | 5 | 10 |
| 3 | | 5 | 5 | 10 |
| 4 | | 5 | | 5 |
| 5 | 1 | | | 1 |
| $E(q, 5) = \sum_{\forall p} f(q, p, 5)$ | 2 | 20 | 10 | $\lvert \Omega(5) \rvert = \sum_{\forall q} \sum_{\forall p} f(q, p, 5) = 32$ |

建立下列定理和推论。

**定理 6.2** 若 $L(p, N) = \sum_{q=1}^{p} f(q, p, N), 0 < p < N$ 则投影函数 $L(p, N)$ 为二项式系数。

$$L(p, N) = \binom{N}{p} \tag{6.24}$$

**证明** 对固定的 $p, 0 < p < N$, $\{f(q, p, N)\}$ 汇集的数目满足下列公式。

$$L(p, N) = \sum_{q=1}^{p} f(q, p, N)$$

$$= \sum_{q=1}^{p} \frac{N}{N-p} \binom{N-p}{q} \binom{p-1}{q-1}$$

$$= \frac{N}{N-p} \sum_{q=1}^{p} \binom{N-p}{q} \binom{p-1}{q-1}$$

$$= \frac{N}{N-p} \sum_{q=1}^{p} \binom{N-p}{q} \binom{p-1}{p-q}, \quad \binom{n}{k} = \binom{n}{n-k}$$

$$= \frac{N}{N-p} \binom{N-1}{p}, \quad \binom{x+y}{n} = \sum_{k=0}^{n} \binom{x}{k} \binom{y}{n-k}$$

$$= \frac{N}{(N-p)} \frac{(N-1)!}{(N-p-1)!p!}$$

$$= \frac{N!}{(N-p)!p!}$$

$$= \binom{N}{p}$$

对完整的二项式系数序列，还需要包含初始和结束子群，满足如下推论。

**推论 6.10**　对给定 $N > 0$, $\{L(p,N)\}, 0 \leqslant p \leqslant N$ 由相同的二项式系数组成。

$$L(p,N) = \binom{N}{p} \tag{6.25}$$

**证明**　定理 6.10 描述 $0 < p < N$ 条件，定义 6.6 给出两组端点：$p = \{0, N\}$, $\binom{N}{0} = \binom{N}{N} = 1$。

**推论 6.11**　所有 $\{L(p,N)\}_{p=0}^{N}$ 之和为

$$\sum_{p=0}^{N} L(p,N) = 2^N \tag{6.26}$$

**推论 6.12**　对 $0 \leqslant p \leqslant N$，满足成对的公式。

$$L(p,N) = L(N-p,N) \tag{6.27}$$

**证明**　参阅引理 6.1。

**定理 6.3**　若 $E(q,N) = \sum_{p=q}^{N-q} f(q,p,N), 1 \leqslant q \leqslant \left\lfloor \frac{N}{2} \right\rfloor$，计数函数 $E(q,N)$ 满足 2 倍二项式系数。

$$E(q,N) = 2\binom{N}{2q} \tag{6.28}$$

**证明**　对给定 $q$，汇集所有 $\{f(q,p,N)\}_{p=q}^{N-q}$ 形成下列公式。

$$E(q,N) = \sum_{p=q}^{N-q} f(q,p,N)$$

$$= \sum_{p=q}^{N-p} \frac{N}{N-p} \binom{N-p}{q} \binom{p-1}{q-1}$$

$$= \sum_{p=q}^{N-p} \frac{N}{q} \binom{N-p-1}{q-1} \binom{p-1}{q-1}, \quad \frac{N}{q} \binom{N-p-1}{q-1} = \frac{N}{N-p} \binom{N-p}{q}$$

$$= \frac{N}{q} \sum_{p=q}^{N-p} \binom{N-p-1}{q-1} \binom{p-1}{q-1}$$

$$= \frac{N}{q} \binom{N-1}{2q-1}, \quad \binom{n+1}{r+s+1} = \sum_{k=r}^{n-s} \binom{k}{r} \binom{n-k}{s}$$

$$= 2 \frac{N}{2q} \frac{(N-1)!}{(N-2q)!(2q-1)!}$$

$$= 2 \frac{N!}{(2q)!(N-2q)!}$$

$$= 2 \binom{N}{2q}$$

**推论 6.13** 对给定 $N > 0$，投影函数 $\{E(q, N)\}_{0 \leqslant q \leqslant \lfloor \frac{N}{2} \rfloor}$ 为二项式系数的子序列。

**证明** 对 $1 \leqslant q \leqslant \lfloor \frac{N}{2} \rfloor$，由定理 6.3 确定，初始子群 $q = 0, E(0, N) = \binom{N}{0} + \binom{N}{N} = 2 \binom{N}{0}$，由定义 6.6 支撑。

**推论 6.14** 对 $N \equiv 0 \mod 2, 0 \leqslant q \leqslant \frac{N}{2}$，具有成对的对称函数。

$$E(q, N) = E\left(\frac{N}{2} - q, N\right) \tag{6.29}$$

**证明** 满足 $N \equiv 0 \mod 2$。

$$E(q, N) = 2 \binom{N}{2q}$$

$$= 2 \binom{N}{N - 2q}$$

$$= 2 \binom{N}{2\left(\frac{N}{2} - q\right)}$$

$$= E\left(\frac{N}{2} - q, N\right)$$

**推论 6.15** 投影函数 $\{E(q, N)\}_{0 \leqslant q \leqslant \lfloor \frac{N}{2} \rfloor}$ 之和等于 $2^N$。

$$\sum_{q=0}^{\lfloor \frac{N}{2} \rfloor} E(q, N) = 2^N \tag{6.30}$$

**证明** 汇集所有数目，满足下列等式

$$\sum_{q=0}^{\lfloor \frac{N}{2} \rfloor} E(q, N) = \sum_{q=0}^{\lfloor \frac{N}{2} \rfloor} 2 \binom{N}{2q}$$

$$= 2 \sum_{q=0}^{\lfloor \frac{N}{2} \rfloor} \binom{N}{2q}, \quad \sum_{k \geqslant 0} \binom{n}{2k} = \sum_{k \geqslant 0} \binom{n}{2k+1} = 2^{n-1}$$

$$= 2 \times 2^{N-1}$$

$$= 2^N$$

**定理 6.4**　对任意 $N > 0$, $\{f(q, p, N)\}_{\forall p, \forall q}$ 或者 $\{E(q, N)\}_{0 \leqslant q \leqslant \lfloor \frac{N}{2} \rfloor}$ 或者 $\{L(p, N)\}_{p=0}^{N}$ 等于 $2^N$。

$$\sum_{\forall p} \sum_{\forall q} f(q, p, N) \quad = \quad \sum_{q=0}^{\lfloor \frac{N}{2} \rfloor} E(q, N) = \sum_{p=0}^{N} L(p, N) = 2^N \tag{6.31}$$

### 6.5.2　变值三角序列

**定义 6.9**　任意给定 $N \geqslant 1$, 令 $T(N)$ 表示包含所有非平凡三角数的二维结构。

$$T(N) \quad = \quad \{f(q, p, N) | f(q, p, N) > 0, 0 \leqslant q \leqslant \lfloor N/2 \rfloor, 0 \leqslant p \leqslant N\} \tag{6.32}$$

**推论 6.16**　对给定 $N$, 若 $|T(N)|$ 为非平凡三角数的可区分数目, 则 $|T(N)|$ 满足

$$|T(N)| = \begin{cases} N^2/4 + 2, & N \equiv 0 \bmod 2 \\ (N^2 - 1)/4 + 2, & N \equiv 1 \bmod 2 \end{cases} \tag{6.33}$$

**证明**　变值三角具有两个非平凡部分: $q > 0$ 三角区域和两个 $q = 0$ 的点。三角区域有 $(N - 1)$ 宽和 $\lfloor N/2 \rfloor$ 高。当 $N \equiv 0 \bmod 2$, 在区域中包含 $N^2/4$ 个点, 总数为 $N^2/4 + 2$。对奇数 $N$, 附加上 $\lfloor N/2 \rfloor$, 总数为 $\lfloor N/2 \rfloor^2 + \lfloor N/2 \rfloor + 2 = (N^2 - 1)/4 + 2$。

**定义 6.10**　对给定 $N \geqslant 1$, 令 $\mathrm{TS}_p(N)$ 为沿 $p$ 方向的整数序列, 包含 $|T(N)|$ 非平凡三角数。

$$\mathrm{TS}_p(N) := [f(0, 0, N), f(0, N, N), \cdots, \tag{6.34}$$

$$\cdots, f(q, q, N), \cdots, f(q, p, N), \cdots, f(q, N - q, N), \cdots,$$

$$\cdots, f(\lfloor N/2 \rfloor, \lfloor N/2 \rfloor, N), f(\lfloor N/2 \rfloor, \lceil N/2 \rceil, N)],$$

$$1 \leqslant q \leqslant \lfloor N/2 \rfloor, q \leqslant p \leqslant N - q$$

**定义 6.11**　对给定 $N \geqslant 1$, 令 $\mathrm{TS}_q(N)$ 为沿 $q$ 方向的整数序列, 包含 $|T(N)|$ 非平凡三角数。

$$\mathrm{TS}_q(N) := [f(0, 0, N), \cdots, \tag{6.35}$$

$$\cdots, f(1, p, N), \cdots, f(q, p, N), \cdots, f(q', p, N), \cdots,$$

$$\cdots, f(0, N, N)], 0 < p < N, q' = \begin{cases} p, & 1 \leqslant p \leqslant \lfloor N/2 \rfloor \\ N - p, & \lfloor N/2 \rfloor \leqslant p < N \end{cases}$$

### 6.5.3 线性序列

**定义 6.12** 对给定 $N \geqslant 1$，令 $L(N)$ 为具有相关线性数的一维结构。

$$L(N) = \{L(p, N) | 0 \leqslant p \leqslant N\} \tag{6.36}$$

**推论 6.17** 对给定 $N$，若 $|L(N)|$ 为可区分线性数，则 $|L(N)|$ 满足式 (6.37)。

$$|L(N)| = N + 1 \tag{6.37}$$

**定义 6.13** 对给定 $N \geqslant 1$，令 $\mathrm{LS}(N)$ 为包含 $|L(N)|$ 元素的整数序列。

$$\mathrm{LS}(N) := [L(0, N), \cdots, L(p, N), \cdots, L(N, N)], \ 0 \leqslant p \leqslant N \tag{6.38}$$

### 6.5.4 偶序列

**定义 6.14** 对给定 $N \geqslant 1$，令 $E(N)$ 为相关偶数的一维结构。

$$E(N) = \{E(q, N) | 0 \leqslant q \leqslant \lfloor N/2 \rfloor\} \tag{6.39}$$

**推论 6.18** 对给定 $N$，若 $|E(N)|$ 包含所有可区分偶数的总数，则 $|E(N)|$ 满足

$$|E(N)| = \lfloor N/2 \rfloor + 1 \tag{6.40}$$

**定义 6.15** 对给定 $N \geqslant 1$，令 $\mathrm{ES}(N)$ 为包含 $|E(N)|$ 元素的整数序列。

$$\mathrm{ES}(N) := [E(0, N), \cdots, E(q, N), \cdots, E(\lfloor N/2 \rfloor, N)], \ 0 \leqslant q \leqslant \lfloor N/2 \rfloor \tag{6.41}$$

三组变值三角数 $N = \{4, 5, 6\}$ 在表 6.8 中示意。可以识别出 9 组结构 $\{T(4), T(5), T(6)\}$，$\{L(4), L(5), L(6)\}$ 和 $\{E(4), E(5), E(6)\}$。对应的四组整数序列如下列出。

$$\mathrm{TS}_p(4), \mathrm{TS}_p(5), \mathrm{TS}_p(6) := [1, 1, 4, 4, 4, 2, 1, 1, 5, 5, 5, 5, 5, 5, 1, 1, 6, 6, 6, 6, 6, 9, 12, 9, 2]$$

$$\mathrm{TS}_q(4), \mathrm{TS}_q(5), \mathrm{TS}_q(6) := [1, 4, 4, 2, 4, 1, 1, 5, 5, 5, 5, 5, 5, 1, 1, 6, 6, 9, 6, 12, 2, 6, 9, 6, 1]$$

$$\mathrm{LS}(4), \mathrm{LS}(5), \mathrm{LS}(6) := [1, 4, 6, 4, 1, 1, 5, 10, 10, 5, 1, 1, 6, 15, 20, 15, 6, 1]$$

$$\mathrm{ES}(4), \mathrm{ES}(5), \mathrm{ES}(6) := [2, 12, 2, 2, 20, 10, 2, 30, 30, 2]$$

$$|\mathrm{TS}_p(4), \mathrm{TS}_p(5), \mathrm{TS}_p(6)| = |\mathrm{TS}_q(4), \mathrm{TS}_q(5), \mathrm{TS}_q(6)| = 6 + 8 + 11 = 25$$

$$|\mathrm{LS}(4), \mathrm{LS}(5), \mathrm{LS}(6)| = 5 + 6 + 7 = 18$$

$$|\mathrm{ES}(4), \mathrm{ES}(5), \mathrm{ES}(6)| = 3 + 3 + 4 = 10$$

**表 6.8   $N = \{4,5,6\}$ 三角数及其投影**

| $N$ | $L(p,N)$ | 变值三角数 $N=\{4,5,6\}$ | | | | |
|---|---|---|---|---|---|---|
| 4 | 1 | 1 | | | | |
| | 4 | | 4 | | | |
| | $\|L(4)\|=5,\ L(4):=$   6 | | 4 | 2 | | $:= T(4),\ \|T(4)\|=6$ |
| | 4 | | 4 | | | |
| | 1 | 1 | | | | |
| $\sum$ | $\|\Omega(4)\|=16$ | 2 | 12 | 2 | | $:= E(4),\ \|E(4)\|=3$ |
| 5 | 1 | 1 | | | | |
| | 5 | | 5 | | | |
| | $\|L(5)\|=6,\ L(5):=$   10 | | 5 | 5 | | |
| | 10 | | 5 | 5 | | $:= T(5),\ \|T(5)\|=8$ |
| | 5 | | 5 | | | |
| | 1 | 1 | | | | |
| $\sum$ | $\|\Omega(5)\|=32$ | 2 | 20 | 10 | | $:= E(5),\ \|E(5)\|=3$ |
| 6 | 1 | 1 | | | | |
| | 6 | | 6 | | | |
| | 15 | | 6 | 9 | | |
| | $\|L(6)\|=7,\ L(6):=$   20 | | 6 | 12 | 2 | $:= T(6),\ \|T(6)\|=11$ |
| | 15 | | 6 | 9 | | |
| | 6 | | 6 | | | |
| | 1 | 1 | | | | |
| $\sum$ | $\|\Omega(6)\|=64$ | 2 | 30 | 30 | 2 | $:= E(6),\ \|E(6)\|=4$ |

## 6.6   样 本 展 现

在表 6.9 中，选择 $N = \{15,16\}$ 展现变值三角数。四组序列 $\{\mathrm{TS}_p(15),\ \mathrm{TS}_p(16)\}$，$\{\mathrm{TS}_q(15),\ \mathrm{TS}_q(16)\}$，$\{\mathrm{LS}(15),\ \mathrm{LS}(16)\}$ 和 $\{\mathrm{ES}(15),\ \mathrm{ES}(16)\}$ 在图 6.2 中示意。四组序列内容完全不同。两组变值三角序列包含 124 整数，线性序列为 33，而偶数序列为 17。四组整数序列表示，针对相同状态集合 $98304 = 2^{15} + 2^{16}$，不同的分划结果。

**表 6.9   $N = \{15,16\}$ 变值三角数**

| $N$ | $L(N)$ | $T(N),\ N=15$ | |
|---|---|---|---|
| | 1 | 1 | |
| | 15 | 15 | |
| | 105 | 15, 90 | |
| | 455 | 15, 165, 275 | |
| | 1365 | 15, 225, 675, 450 | |
| | 3003 | 15, 270, 1080, 1260, 378 | |
| | 5005 | 15, 300, 1400, 2100, 1050, 140 | |
| 15 | $L(15):=$ 6435 | 15, 315, 1575, 2625, 1575, 315, 15 | $:= T(15)$ |
| | 6435 | 15, 315, 1575, 2625, 1575, 315, 15 | |
| | 5005 | 15, 300, 1400, 2100, 1050, 140 | |
| | 3003 | 15, 270, 1080, 1260, 378 | |
| | 1365 | 15, 225, 675, 450 | |
| | 455 | 15, 165, 275 | |
| | 105 | 15, 90 | |
| | 15 | 15 | |
| | 1 | 1 | |

| $\sum$ | | 32768 | $[2, 210, 2730, 10010, 12870, 6006, 910, 30]$ $\quad := E(15)$ |
| --- | --- | --- | --- |
| | | $\|L(15)\| = 16$ | $\|E(15)\| = 8, \|T(15)\| = 58, \|\Omega(15)\| = 32768 = 2^{15}$ |
| $N$ | | $L(N)$ | $T(N), N = 16$ |
| 16 | $L(16) :=$ | 1 | 1 |
| | | 16 | 16 |
| | | 120 | 16, 104 |
| | | 560 | 16, 192, 352 |
| | | 1820 | 16, 264, 880, 660 |
| | | 4368 | 16, 320, 1440, 1920, 672 |
| | | 8008 | 16, 360, 1920, 3360, 2016, 336 |
| | | 11440 | 16, 384, 2240, 4480, 3360, 896, 64 |
| | | 12870 | 16, 392, 2352, 4900, 3920, 1176, 112, 2 $\quad := T(16)$ |
| | | 11440 | 16, 384, 2240, 4480, 3360, 896, 64 |
| | | 8008 | 16, 360, 1920, 3360, 2016, 336 |
| | | 4368 | 16, 320, 1440, 1920, 672 |
| | | 1820 | 16, 264, 880, 660 |
| | | 560 | 16, 192, 352 |
| | | 120 | 16, 104 |
| | | 16 | 16 |
| | | 1 | 1 |
| $\sum$ | | 65536 | $[2, 240, 3640, 16016, 25740, 16016, 3640, 240, 2]$ $\quad := E(16)$ |
| | | $\|L(16)\| = 17$ | $\|E(16)\| = 9, \|T(16)\| = 66, \|\Omega(16)\| = 65536 = 2^{16}$ |
| $\sum$ | | $\|L(15), L(16)\| = 33$ | $\|T(15), T(16)\| = \|T(15)\| + \|T(16)\| = 124,$ |
| | | $\|E(15), E(16)\| = 17$ | $\|\Omega(15), \Omega(16)\| = 98304 = 2^{15} + 2^{16}$ |

## 6.7 查 询 结 果

利用国际在线整数序列词典 (**OEIS**) 进行查询, 序列 (1,4,6,4,1,1,5,10,10,5,1) 匹配二项式系数 (http://oeis.org/A007318 帕斯卡三角), 利用序列 (2,12,2,2,20,10), 返回结果为循环 2 值字 (OEIS: A119462)。在 $N = \{4, 5, 6\}$, $[\text{TS}_p(4), \text{TS}_p(5), \text{TS}_p(6)] :=$[1,1,4,4,4,2,1,1,5,5,5,5,5,5,5,1,1,6,6,6,6,6,9,12,9,2], $[\text{TS}_q(4), \text{TS}_q(5), \text{TS}_q(6)]:=$[1,4,4, 2,4,1,1,5,5,5,5,5,5,5,1,1,6,6,9,6,12,2,6,9,6,1], $[\text{LS}(4), \text{LS}(5), \text{LS}(6)] := [1,4,6,4,1,1,5,10, 10,5,1,1,6, 15,20,15,6,1]$ 和 $[\text{ES}(4), \text{ES}(5), \text{ES}(6)] :=$[2,12,2,2,20, 10, 2,30,30,2]。利用这四个整数序列, 不同的子序列可以选择检索 OEIS 数据库。

在表 6.10 中列出检索结果。所有的 LS 子序列匹配多组结果连接到 2 项式系数 (OEIS: A007318), 所有 ES 子序列匹配 (OEIS: A119462)。然而, 所有与 $\{\text{TS}_p, \text{TS}_q\}$ 关联的子序列要么返回很少的无关结果, 要么回复没有匹配到任何结果。从国际知名的整数序列数据库中查询到否定的结果, 意味着所描述的变值三角系数为一类新的整数序列构造。

$$\text{TS}_p(15), \text{TS}_p(16) := \quad [1,1,\ 15,\ 15,15,15,15,15,15,15,15,15,15,15,15,15,90,165,225,270,$$
$$300,\ 315,\ 315,\ 300,\ 270,\ 225,\ 165,\ 90,\ 275,\ 675,\ 1080,\ 1400,\ 1575,$$
$$1575,\ 1400,\ 1080,675,\ 275,\ 450,\ 1260,\ 2100,\ 2625,\ 2625,\ 2100,\ 1260,$$
$$450,\ 378,\ 1050,\ 1575,\ 1575,\ 1050,\ 378,\ 140,\ 315,\ 315,\ 140,\ 15,\ 15,$$
$$1,1,16,16,16,16,16,16,16,16,16,16,16,16,16,16,104,192,264,320,$$
$$360,384,392,384,360,320,264,192,104,352,880,1440,1920,2240,2352,$$
$$2240,\ 1920,1440,880,352,660,1920,3360,4480,4900,4480,3360,1920,$$
$$660,\ 672,2016,3360,3920,3360,2016,672,336,896,1176,896,336,64,$$
$$112,\ 64,2];$$

$$\text{TS}_q(15), \text{TS}_q(16) := \quad [1,\ 15,15,\ 90,\ 15,\ 165,\ 275,\ 15,\ 225,\ 675,\ 450,\ 15,\ 270,\ 1080,\ 1260,\ 378,$$
$$15,\ 300,\ 1400,\ 2100,\ 1050,\ 140,15,\ 315,\ 1575,\ 2625,\ 1575,\ 315,\ 15,$$
$$15,\ 315,\ 1575,\ 2625,\ 1575,\ 315,\ 15,\ 15,\ 300,\ 1400,\ 2100,\ 1050,\ 140,$$
$$15,\ 270,\ 1080,\ 1260,\ 378,15,\ 225,\ 675,\ 450,15,\ 165,\ 275,15,\ 90,15,\ 1,$$
$$1,16,16,104,16,\ 192,\ 352,16,\ 264,\ 880,\ 660,16,\ 320,\ 1440,\ 1920,\ 672,$$
$$16,\ 360,\ 1920,\ 3360,\ 2016,\ 336,\ 16,\ 384,\ 2240,\ 4480,\ 3360,\ 896,\ 64,$$
$$16,\ 392,\ 2352,\ 4900,\ 3920,\ 1176,\ 112,\ 2,\ 16,\ 384,\ 2240,\ 4480,\ 3360,$$
$$896,\ 64,16,\ 360,\ 1920,\ 3360,\ 2016,\ 336,\ 16,\ 320,\ 1440,\ 1920,\ 672,$$
$$16,\ 264,\ 880,\ 660,16,\ 192,\ 352,16,\ 104,\ 16,\ 1];$$

$$|\text{TS}_p(15), \text{TS}_p(16)| = \quad |\text{TS}_q(15), \text{TS}_q(16)| = |T(15)| + |T(16)| = 124:\ \text{总长}$$
三角数

$$\text{LS}(15), \text{LS}(16) := \quad [1,\ 15,\ 105,\ 455,\ 1365,\ 3003,\ 5005,\ 6435,\ 6435,\ 5005,\ 3003,\ 1365,\ 455,\ 105,$$
$$15,\ 1,\ 1,16,120,\ 560,1820,\ 4368,8008,11440,12870,11440,8008,4368,1820,$$
$$560,120,16,1];$$

$$|\text{LS}(15), \text{LS}(16)| = \quad |L(15)| + |L(16)| = 33:\ \text{总长}$$
线性序列二项式系数

$$\text{ES}(15), \text{ES}(16) := \quad [\ 2,\ 210,\ 2730,\ 10010,\ 12870,\ 6006,\ 910,\ 30,$$
$$2,\ 240,\ 3640,\ 16016,\ 25740,\ 16016,\ 3640,\ 240,\ 2];$$

$$|\text{ES}(15), \text{ES}(16)| = \quad |E(15)| + |E(16)| = 17:\ \text{总长}$$
偶数序列二项式系数

图 6.2　$\text{TS}(15), \text{TS}(16)$ 和 $\text{LS}(15), \text{LS}(16)$ 整数序列

**表 6.10　对 $\{\text{TS}(4), \text{TS}(5), \text{TS}(6)\}$ 和 $\{\text{LS}(4), \text{LS}(5), \text{LS}(6)\}$ 检索 OEIS 数据库结果**

| 结果类型 | 检索序列 | OEIS 结果 | 来源 |
|---|---|---|---|
| 几个结果 | 1,1,4,4,4,2 | 5 项 | $\text{TS}_p(4)$ |
| & 无关 | 1,1,5,5,5,5,5,5 | 5 项 | $\text{TS}_p(5)$ |
| | 1,4,4,2,4,1 | 7 项 | $\text{TS}_q(4)$ |
| | 1,5,5,5,5,5,5,1 | 5 项 | $\text{TS}_q(5)$ |
| 无结果 | 1,1,6,6,6,6,6,9,12,9,2 | **0 项** | $\text{TS}_p(6)$ |
| 无结果 | 1,1,4,4,4,2,1,1,5,5,5,5,5,5 | | $\text{TS}_p(4), \text{TS}_p(5)$ |
| | 1,6,6,9,6,12,2,6,9,6,1 | | $\text{TS}_q(6)$ |
| | 1,4,4,2,4,1,1,5,5,5,5,5,5,1 | | $\text{TS}_q(4), \text{TS}_q(5)$ |
| 很多结果 | 1,4,6,4,1 | 172 项 | $\text{LS}(4)$ |
| | 1,5,10,10,5,1 | 92 项 | $\text{LS}(5)$ |
| (OEIS: A007318) | 1,6,15,20,15,6,1 | 66 项 | $\text{LS}(6)$ |
| 如同第一项 | 1,4,6,4,1,1,5,10,10,5,1 | 28 项 | $\text{LS}(4), \text{LS}(5)$ |
| | 2,12,2,2,20,10 | 1 项 | $\text{ES}(4), \text{ES}(5)$ |
| (OEIS: A119462) | 2,12,2,2,20,10,2,30,30,2 | 1 项 | $\text{ES}(4), \text{ES}(5), \text{ES}(6)$ |

# 6.8 结　　论

否定的检索结构意味着变值三角数序列没有包括在 OEIS 数据库中。

从书中分析和描述，变值三角具有二维结构的严格对称性，与二项式系数在一维的结构关联。两组投影算符分别将二维 $T(N)$ 矩阵展现为 $L(N)$ 和 $E(N)$ 序列。能够生成四组序列 $\{\mathrm{TS}_p(N), \mathrm{TS}_q(N)\}$，$\mathrm{LS}(N)$ 和 $\mathrm{ES}(N)$。

从组合几何角度，变值三角数对离散数学基础提供连接二项式系数和二项式系数表示的关键构造。鉴于三项式系数表示是二项式系数表示的最简单扩展。期待后续的研究在深入挖掘细化的二维分布的结构特性的基础上，将相关的模型和方法用于各类非线性动态表示领域。

## 参 考 文 献

[1] Bishop C M, Lasserre J. Generative or Discriminative? Getting the Best of Both Worlds. In Bayesian Statistics 8. Bernardo J M, et al. Eds. Oxford: Oxford University Press, 2007: 3-23

[2] Cameron P J. Combinatorics: Topics, Techniques, Algorithms. Cambridge: Cambridge University Press, 1994

[3] Chen J R. Combinatorial Mathematics. Harbin: Harbin Institute of Technology Press, 2012

[4] Hua L K. Selected Work of Hua Loo-Keng on Popular Sciences. Shanghai: Shanghai Education Press, 1984

[5] Knuth D E. The Art of Computer Programming. 3rd edition. New Jersey: Addison-Wesley, 1998

[6] Tu G Z. Combinatorial Enumeration Methods and Applications. Beijing: Science Press, 1981

[7] Wang L X. An Elementary Treatise on Combinations. Harbin: Harbin Institute of Technology Press, 2012

[8] Gould H W. Combinatorial Identities. Morganton: Bateman, 1972.

[9] Gould H W. Some generalizations of vandermonde's convolution. The American Mathematical Monthly, 1956, 63(2): 84-91.

[10] Polya G, Tarjan R, Woods D. Notes on Introductory Combinatorics. Boston: Birkhauser, 1983

[11] van Lint J H, Wilson R M. A Course in Combinatorics. 2nd edition. Cambridge: Cambridge University Press, 2001

[12] Jefirey Z J, Zheng C, Zheng H H. A framework to express variant and invariant functional spaces for binary logic. Frontiers of Electrical and Electronic Engineering in China, 2010, 5(2): 163-172

[13] Jefirey Z J, Zheng C, Zheng H H, et al. A Framework of Variant Logic Construction for Cellular Automata, Cellular Automata - Innovative Modeling for Science and Engineering. Vienna, Austria: InTech Press, 2011

[14] Zheng Z J, Maeder A. The The conjugate classiflcation of the kernel form of the hexagonal grid. Modern Geometric Computing for Visualization. Berlin: Springer-Verlag, 1992: 73-89.

[15] Zheng Z J. Conjugate Transformation of Regular Plan Lattices for Binary images. Melbourne: Monash University, 1994

# 第7章 变值三角形表示及其序列生成方法

杨忠昊[1]    郑智捷[2]

**摘要:** 组合计算是逻辑算法的核心部分，对任意长度 0-1 序列的分析及描述构成现代计算机相关算法的核心。从运算复杂性的角度，利用穷举的模式处理 $n$ 元 0-1 向量，运算复杂性是以 $O(2^n) \sim O(2^{2^n})$ 数量增长的。对处理这类超越指数的表示复杂性是计算操作的噩梦。本章在探索变值逻辑向量相空间表示的研究中，针对任意 $N$ 长 0-1 向量的分类进行各类探索，不用遍历穷举的模式，而是采用三项式组合系数公式的模式，对任意给定的 $N$，产生变值三角结构表示。利用该类代数公式，对比穷举运算模式，对具体例子的计算操作已观察到 $O(10^1) \sim O(10^6)$ 运算时间加速率。

**关键词:** 0-1 向量，变值逻辑，变值三角，组合计算，状态群聚。

## 7.1 概　　述

### 7.1.1 研究背景

随着前沿信息科学和技术的发展，组合数学成为一门基础学科，广泛应用于不同的领域。作为一种处理离散对象的模型和方法，组合数学已经成为前沿计算理论基础之一 [1]。利用组合原理，高性能计算机技术和人工智能技术得到深入的发展。对涉及的简单组合问题能在计算机的辅助下，利用穷举的方式求解，例如，求解幻方的 5 阶解的个数 [2]。在穷举模式下组合问题的运算量为指数增长模式，如 $e^n$ 或 $n^n$，更进一步求解可能涉及 NPC 完全性问题。

在已经发表的系列论文 [3-6] 中，变值逻辑体系形成了变值逻辑、变值测量、变值图示等探讨模式。在这些研究中核心的部分是如何恰当地表达在置换和互补算符作用下规模宏大的扩展变值向量相空间。

在前期的探索进程中，利用元胞自动机模式 [4] 对 0-1 向量空间进行状态穷举，并计算 0-1 向量的相关特征以进行后续计算。在穷举计算的过程中反复地观察到表 7.1 中列出的 0-1 向量状态群聚项数的量化特征。

在表 7.1 中状态群聚项数中的内容，每一列表示含有 $k$ 个 1 的状态群聚项数。利用 0-1 向量状态群聚的几何排列量化信息，在求值后可以得到杨辉三角的一行组合系数。利用不同维度的 0-1 向量组合状态群聚项数的计数，可以计算出完整的杨辉三角。

---

1. 云南省农村信用社科技结算中心。e-mail: hotitan@outlook.com。
2. 云南省量子信息重点实验室，云南省软件工程重点实验室，云南大学。e-mail: conjugatelogic@yahoo.com。
本项目由国家自然科学基金 (62041213)，云南省科技厅重大科技专项 (2018ZI002)，国家自然科学基金 (61362014) 和云南省海外高层次人才项目联合经费支持。

使用穷举方法进行计算时，当向量维度较小时能够在较短的时间得到计算结果。当向量维度增大时随着运行时间的快速增长穷举方法就失效了。该类运算模式利用穷举的方法在普通个人计算机上运行，数据维度为 18 时计算时间需要 3 小时，而维度为 20 时需要花费的时间超过 20 小时。由于穷举方法的状态空间数目为 $2^n$，运算时间复杂度为指数时间复杂度，在更高维度上的计算需要新的算法来处理。

表 7.1　　$n=10$ 的状态群聚项数与杨辉三角关系

| 杨辉三角 | 1 | 10 | 45 | 120 | 210 | 252 | 210 | 120 | 45 | 10 | 1 |
|---|---|---|---|---|---|---|---|---|---|---|---|
| | [1] | | | | | | | | | | [1] |
| | | [10] | [10] | [10] | [10] | [10] | [10] | [10] | [10] | [10] | |
| 状态群聚项数 | | | [35] | [60] | [75] | [80] | [75] | [60] | [35] | | |
| | | | | [50] | [100] | [120] | [100] | [50] | | | |
| | | | | | [25] | [40] | [25] | | | | |
| | | | | | | [2] | | | | | |
| $k$ | 0 | 1 | 2 | 3 | 4 | 5 | 6 | 7 | 8 | 9 | 10 |

利用本书获得的结果从 0-1 向量状态群聚特征，形成变值三角形公式，可将计算状态群聚项数的时间复杂度提升至多项式时间 (表 7.2)。

表 7.2　　普通个人计算机下算法执行效率对比 —— Python 实现

| $n$ | 本书方法 | 穷举法 | 加速比 |
|---|---|---|---|
| 18 | 0.000197883 | 1.121838129 | $5.67 \times 10^3$ |
| 19 | 0.000229085 | 2.275082612 | $9.93 \times 10^3$ |
| 20 | 0.00026316 | 5.033695147 | $1.91 \times 10^4$ |
| 23 | 0.000387145 | 44.67254117 | $1.15 \times 10^5$ |
| 99 | 0.030896866 | 无法计算 | 约为 $3.89 \times 10^{11}$ |

注: 系统主要参数 —— CPU: i7-4710MQ; 内存: DDR3 1600 8GB; Python 2.7.8.

### 7.1.2　主要工作

本章的主要工作是实现状态群聚数目的生成算法。基于变值三角形公式形成群聚，利用 Python 语言编程实现模型。生成测量序列分为两类：一类是集合排列序列，将所生成的三角形组合序列按几何模式排列；另一类是标准线性序列，将所展现的集合形成顺序排列模式，可以依次逐一输出结果。最后通过运行时间测量比较，展现新算法同原有算法在计算效率的差异。

### 7.1.3　本章结构

本章分为 7 个小节，7.1 节对研究背景、本章所做的工作和本章结构进行描述。7.2 节介绍在研究过程中应用的理论知识和技术基础，包括组合数学和元胞自动机，重点阐述变值三角序列的生成模型和工作流程。7.3 节描述变值三角值函数、变值三角值序列的生成方法及其实现。7.4 节描述几种不同的排序策略。7.5 节对生成结果进行分析。7.6 节为未来的工作进行展望，包括数学分析、结果的应用等方面。7.7 节为本章总结。

# 7.2　相关理论及技术

## 7.2.1　组合数学

组合数学是一门研究有限可数离散量的数学分支,包括计算给定结构类型和大小 (点数的组合) 等。对特定组合问题,找到最大、最小或者最佳对象 (极值组合和组合优化)。在代数表示条件下将先进的代数技术应用于解决组合问题。

随着计算机技术的发展,组合数学发展为综合性的分析学科。组合数学研究的对象是一些离散事物之间存在的数学关系,包括存在性、计数性、构造性以及最优化问题等。内容包括排列组合、生成函数和递推关系、容斥原理、鸽巢原理、伯恩赛德定理、线性规划等。在组合数学中的杨辉三角,又称帕斯卡三角形,其二项式系数形成三角形几何结构排列。在杨辉三角的几何排列中包含着系列数列模式。

在组合数学中反复出现两种通用问题 [7]:排列的存在性、排列的列举或分类。

当特定问题的排列数量较小时,可以用穷举列出这些排列;当排列数较大时,由于指数形式的复杂性增长,任何计算机器都无法进行穷举操作。为了避免穷举,尽量利用代数方法是行之有效的模式以解决两类组合问题 [8]:研究已知的排列模式、构造最优的排列分布。

## 7.2.2　元胞自动机

元胞自动机 (cellular automata,CA) 是一种离散动力学模型,通过模型构造的规则构成,不是由确定的物理学方程定义。其特点为时间、空间、状态都是离散的。每个变量取有限多个状态,状态改变的规则在时间和空间上是局部的。

元胞自动机由冯·诺依曼在 20 世纪 50 年代为模拟生物细胞的自我复制功能而建立。在 70 年代,《生命游戏》提出之后广泛地吸引了研究者的注意。在 80 年代,Wolfram 针对三元初等元胞自动机 256 种规则产生的模型进行深入研究,利用信息熵来描述其动态演化特征。用元胞自动机构建具有生命特征的机器成为科学界的一个研究新方向,对元胞自动机理论本身的研究开始逐步展开,并逐渐应用到各行各业。

## 7.2.3　变值三角形及状态群聚

二进制状态群聚是这样的一系列二进制串:状态内的二进制串通过循环移位成为彼此的循环移位结果。如 01 循环右移得到 10,那么二者位于一个状态群聚,同样,101,011 和 110 在循环移位下位于同一个状态群聚。在文献 [3] 中的变值体系下,对状态群聚中的项进行了穷举,并记录了状态群聚中项的数目。这些状态项的总数与杨辉三角,即二项式系数存在内在关联性。

在图 7.1 中,杨辉三角第五层的系数值为 [1,5,10,10,5,1]。长度为 5 的二进制状态群聚参阅图 7.2。二进制状态群聚之和构成杨辉三角的第五层。而长度为 6 的二进制状态群聚之和构成杨辉三角的第六层,构成方式为 [1,6,[6,9],[6,12,2],[6,9],6,1],参阅图 7.3。

$$[1]$$
$$[1, 1]$$
$$[1, 2, 1]$$
$$[1, 3, 3, 1]$$
$$[1, 4, 6, 4, 1]$$
$$[1, 5, 10, 10, 5, 1]$$
$$[1, 6, 15, 20, 15, 6, 1]$$

图 7.1 杨辉三角

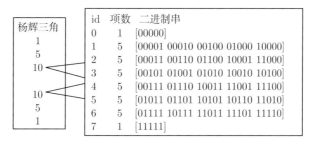

| 杨辉三角 | id | 项数 | 二进制串 |
|---|---|---|---|
| 1 | 0 | 1 | [00000] |
| 5 | 1 | 5 | [00001 00010 00100 01000 10000] |
| 10 | 2 | 5 | [00011 00110 01100 10001 11000] |
| | 3 | 5 | [00101 01001 01010 10010 10100] |
| 10 | 4 | 5 | [00111 01110 10011 11001 11100] |
| 5 | 5 | 5 | [01011 01101 10101 10110 11010] |
| 1 | 6 | 5 | [01111 10111 11011 11101 11110] |
| | 7 | 1 | [11111] |

图 7.2 长度为 5 的二进制状态群聚

| id | 项数 | 二进制串 |
|---|---|---|
| 0 | 1 | [000000] |
| 1 | 6 | [000001 000010 000100 001000 010000 100000] |
| 2 | 6 | [000011 000110 001100 011000 100001 110000] |
| 3 | 9 | [000101 001001 001010 010001 010010 010100 100010 100100 101000] |
| 4 | 6 | [000111 001110 011100 100011 110001 111000] |
| 5 | 12 | [001011 001101 010011 010110 011001 011010 100101 100110 101001 101100 110010 110100] |
| 6 | 6 | [001111 011110 100111 110011 111001 111100] |
| 7 | 2 | [010101 101010] |
| 8 | 9 | [010111 011011 011101 101011 101101 101110 110101 110110 111010] |
| 9 | 6 | [011111 101111 110111 111011 111101 111110] |
| 10 | 1 | [111111] |

图 7.3 长度为 6 的二进制状态群聚

称二进制状态群聚项数值为变值三角数。其整体的几何排列称为变值三角。对于特定的变值三角,每一行形成一组变值三角数单元,参阅图 7.4。

$$[1]$$
$$[6]$$
$$[6, 9]$$
$$[6, 12, 2]$$
$$[6, 9]$$
$$[6]$$
$$[1]$$

图 7.4 变值三角

## 7.3　模型和算法

### 7.3.1　计算模型描述

利用状态群聚的产生方式和变值三角数计算公式, 建立如下计算模型 (图 7.5)。

输入的参数 $n$、$k$, 分别代表组合数 $C_n^k$ 中的 $n$ 和 $k$, 表示杨辉三角的第 $n$ 行 $k$ 列或长度为 $n$ 的二进制串有 $k$ 位 1, 其中 $n \geqslant 1$, $n \geqslant k \geqslant 0$。利用参数 $n$、$k$ 计算状态群聚的个数序列 (图 7.6), 称这一组序列为 $\{C\}$, 对于 CRange 序列 $\{C\}$ 中的每一个项 $c$, 将其余 $n$、$k$ 传给变值三角数计算模块, 计算得到一组三角数值, 输出数值为变值三角数单元。

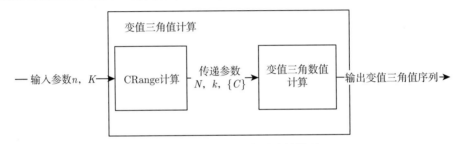

图 7.5　变值三角值序列计算模型

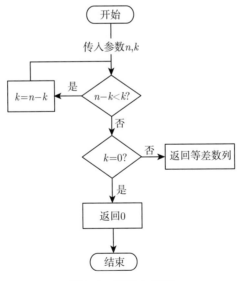

图 7.6　算法 1 流程

### 7.3.2　算法描述

变值三角数值产生的核心算法为式 (7.1) 的具体实现。算法的输入参数为 $n$、$k$、$c$, 所代表的含义与算法 1 相同。核心公式 (7.1) 为

$$f(n, c, k) = C_{n-k}^c \times C_{k-1}^{c-1} \times \left( 1 + \frac{k}{n-k} \right) \tag{7.1}$$

当 $n-k<k$ 时转化为相反的情况, 利用算法 2(图 7.7)。按递归模式将式 (7.1) 进行修正, 保证结果的正确性。

根据计算模型的计算需求, 算法主要分为两个部分。算法 1 用于计算 CRange, 算法 2 则利用 $n$、$k$ 和算法 1 所产生的 $c$ 计算变值三角数。

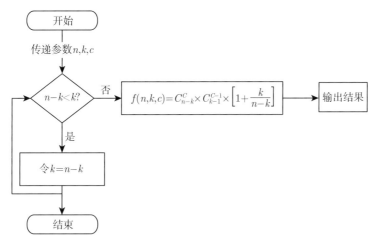

图 7.7 算法 2 流程

描述: 该算法用于产生计算状态群聚项数的一个参数序列, 两个输入参数 $n$ 和 $k$。其中 $n$ 表示一个 $n$ 比特的串, $k$ 表示这个 $n$ 比特中有 $k$ 个 1。循环群聚数表示该部分最多有多少状态群聚项, 一个状态是通过循环移位能够彼此相等的串。在算法 2 中 $c$ 是一个递增数列。采用递归方式定义参数 $n$、$k$, 如果 $n-k<k$ 为真, 则向下递归, 令 $k=n-k$。终止条件为 $k=0$ 或 $n-k>k$。如果 $k=0$ 则返回, 否则返回 $1\sim k$(递归结束时的值) 的差为 1 的递增序列。

为方便比较, 算法 3 (图 7.8 和图 7.9) 为相同的状态群聚模式的穷举算法流程, 对应的方法可以用于后续运算时间测量比较。

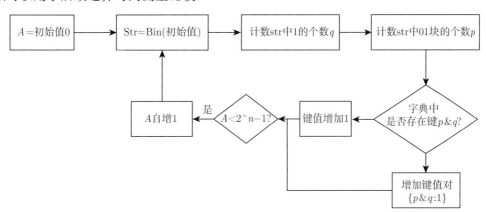

图 7.8 算法 3 流程图 1

描述: 算法 3 为穷举算法, 计算结果与算法 1、算法 2 相同。用于进行计算状态群聚的效率对比。该算法首先产生长度为 $n$、$0\sim(2^n-1)$ 的向量状态。然后计数每个状态含有 1 的

个数 $q$、含有 01 块的个数 $p$，利用 $p, q$ 将 0-1 向量进行聚类。用线性扫描计算 1 的数目。计算 01 块的个数，但是第 $n-1$ 比特和第 0 比特环接在一起。

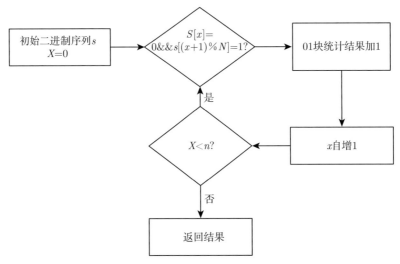

图 7.9　算法 3 流程图 2

# 7.4　三角数据生成及结构化

### 7.4.1　体系结构

变值三角生成系统分为四个部分：变值三角值生成模块、数据校验模块、变值三角值序列结构化模块以及用户界面。变值三角数值生成模块：构成结构化模块的数据源和输出序列的数据来源。数据校验模块：校验产生的数据是否正确，将杨辉三角的值作为校验和。变值三角值序列结构化模块：将变值三角值模块生成的序列进行几何结构化或序列转置处理，以直观的角度查看变值三角值的特征。用户界面：给使用者提供一个良好的使用体验。变值三角生成系统体系结构由图 7.10 示意。

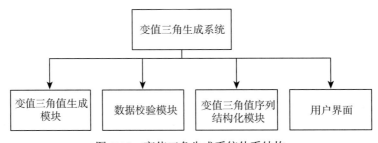

图 7.10　变值三角生成系统体系结构

### 7.4.2　工作流程

变值三角生成系统工作流程在图 7.11 中示意。

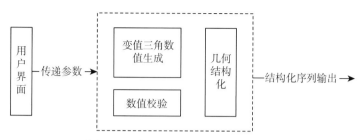

图 7.11 变值三角生成系统工作流程

从用户界面获取需要生成的特征参数。包括变值三角数序列的大小、结构化类型。传递参数至相关计算模块，由变值三角数值生成模块生成序列；序列通过数值校验模块，对生成的数值进行求和比对校验；校验完成后，把序列提交几何结构化模块，对原有序列进行拆分、分段、几何排列；最后将结构化内容输出到文本文件。

### 7.4.3 变值三角值生成

变值三角数值生成的实现目标是计算 0-1 向量状态群聚项数。

变值三角数值序列是由多个变值数值单元组成的，每个单元 $(n, k)$ 的累加和对应于杨辉三角的 $(n, k)$ 的值。变值数值单元计算模块分为两个部分，一个是 CRange 计算模块，一个是变值数值计算模块，如图 7.12 所示。

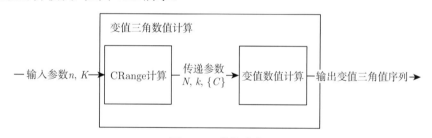

图 7.12 模块流程

输入参数：$n$、$k$。

计算模块：根据参数 $n$、$k$ 计算得到 $(n, k)$ 变值数值单元的参数序列 $\{C\}$，对于所有第 $n$ 行的所有 $n$、$k$ 元组，参数 $c$ 具有反射对称性。

变值三角数值计算模块：根据参数 $n$、$c$、$k$ 计算变值三角数值单元的一组数值序列。

#### 1. 构建 CRange 概述

CRange 序列 $\{C\}$ 为一组特定序列 (表 7.3)，$\{C\}$ 对应一组状态群聚，每个 $(n, k)$ 变值数单元，记 $(n, k)$ 参数元组产生的每一组 $\{C\}$ 中的元素为 $c$，$\{C\}$ 的数值总满足 $\left\{ c \leqslant \left\lfloor \dfrac{n}{2} \right\rfloor \text{ 且 } c \in N \right\}$。可以看到对于每一行的 $n$、$k$ 组合序列 $\{C\}$ 具有反射对称性。

以 $n = 8$ 和 $n = 9$ 的 CRange 为例，将其垂直或水平排列，则明显具有对称性。当 $n = 8$，CRange 有奇数个序列，其对称轴位于其中的一个序列之上。当 $n$ 固定不变时，$k$ 位于区间 [0,8] 对应的 $c$ 结果如图 7.13 和图 7.14 所示。

表 7.3  CRange 示例

| $n$ \ $k$ | 0 | 1 | 2 | 3 | 4 | 5 | 6 | 7 | 8 |
|---|---|---|---|---|---|---|---|---|---|
| 1 | {0} | {0} | | | | | | | |
| 2 | {0} | {1} | {0} | | | | | | |
| 3 | {0} | {1} | {1} | {0} | | | | | |
| 4 | {0} | {1} | {1,2} | {1} | {0} | | | | |
| 5 | {0} | {1} | {1, 2} | {1, 2} | {1} | {0} | | | |
| 6 | {0} | {1} | {1, 2} | {1,2,3} | {1, 2} | {1} | {0} | | |
| 7 | {0} | {1} | {1, 2} | {1,2,3} | {1,2,3} | {1, 2} | {1} | {0} | |
| 8 | {0} | {1} | {1, 2} | {1,2,3} | {1,2,3,4} | {1,2,3} | {1, 2} | {1} | {0} |

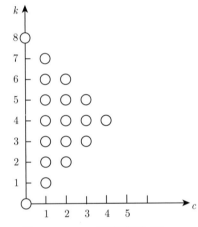

图 7.13  $n=8$ 垂直排列 CRange

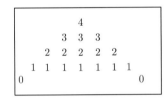

图 7.14  $n=8$ 水平排列 CRange

当 $n=9$ 时，CRange 为偶数序列 (图 7.15 和图 7.16)，对称轴位于两个最长序列的中间。$c$ 满足 $\{c \leqslant \lfloor \frac{n}{2} \rfloor$ 且 $c \in N\}$，而 $n=9$ 和 $n=8$ 的最大 $c$ 值相等。

CRange 的集合排列具有如下的特点。

(1) $c$ 满足 $\{c \leqslant \lfloor \frac{n}{2} \rfloor$ 且 $c \in N\}$，$c$ 是一个等差数列。

(2) 当 $k=0$ 或 $k=n$ 时，$c=0$。

(3) 当 $n$ 不变时，$k \in \left[0, \lfloor \frac{n}{2} \rfloor\right]$ 所得到的 $c$ 的序列的最大值也呈现出 $0 \sim \lfloor \frac{n}{2} \rfloor$ 的递增关系。

(4) 当 $k \neq 0$ 且 $k \neq n$ 时，$c$ 的初始值为 1。

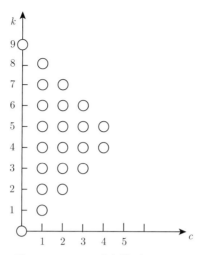

图 7.15 $n = 9$ 垂直排列 CRange

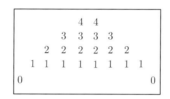

图 7.16 $n=9$ 水平排列 CRange

### 2. CRange 生成

根据 $c$ 的特点，CRange 利用条件判断构造分段函数，CRange 生成流程如图 7.17 所示。当 $n-k < k$ 时向下递归并令 $k = n-k$；如果判断通过则返回以 1 为第一个项，1 为公差，$k$ 为最大值的等差数列；当 $k = 0$ 时返回 0。

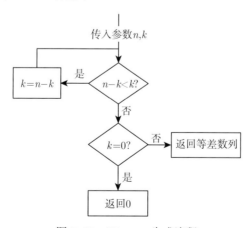

图 7.17 CRange 生成流程

#### 7.4.4　变值数值及序列构建

变值数值的核心计算根据如下公式计算得出

$$f(n,k,c) = C_{n-k}^c \times C_{k-1}^{c-1} \times \left[1 + \frac{k}{n-k}\right] \tag{7.1}$$

利用算法 2 实现变值三角数值的计算。$c$ 由 CRange 计算模块计算得出的序列中取出，$f(n,k,c)$ 计算得到一个数值，一个 CRange 得到一组数值。该组数值的累加和等于 $C_{n-k}^c$。变值数值的计算由计算模块产生一个 CRange 序列，然后变值数值计算模块从 CRange 序列（$\{C_i\}$）中依次取出一个项，与原有参数 $n$、$k$ 组合成一个三元变量组合，调用 $f(n,k,c)$ 计算模块得到一个数值，循环遍历完整 CRange 序列之后，得到 $(n, k)$ 变值数值单元。计算 CRange 流程如图 7.18 所示。计算变值三角形数值如图 7.19 所示。

图 7.18　计算 CRange 流程

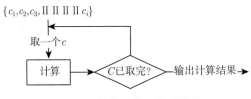

图 7.19　计算变值三角形数值

在算法 2 中，计算组合数 $C_n^k$，$C_n^k = \dfrac{n!}{(n-k)! \times k!}$，组合数的计算利用阶乘计算来实现。因为阶乘计算涉及分数的计算，为了保证计算过程为整数，不出现分数导致最终计算结果的错误，所以在实现组合数计算时先对 $\dfrac{n!}{k!}$ 求值，然后除以 $(n-k)!$。

#### 7.4.5　数值校验

根据算法 2，一个变值三角对应杨辉三角的一层。为了验证数值正确性，采用杨辉三角计算方式，用求和的模式计算值。与算法 2 中产生的值进行比对，验证生成结果的正确性。

对杨辉三角，各个项之值等于左上角和右上角数之和，如果左上角或者右上角没有数字，按计算。第 $N$ 层项数比 $N-1$ 层多一个，计算第 $N$ 层的杨辉三角，需知 $N-1$ 层的数字，将相邻两项的数字相加，得到下一层除了最边上两个 1 的所有数字。数值校验流程如图 7.20 所示。

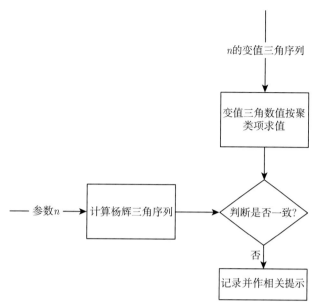

图 7.20　数值校验流程

### 7.4.6　用户界面

用户界面 (图 7.21) 部分利用 PySide 实现，PySide 提供了 Qt 库的 Python 接口。依托于 QT 界面库的便捷性，实现用户界面。

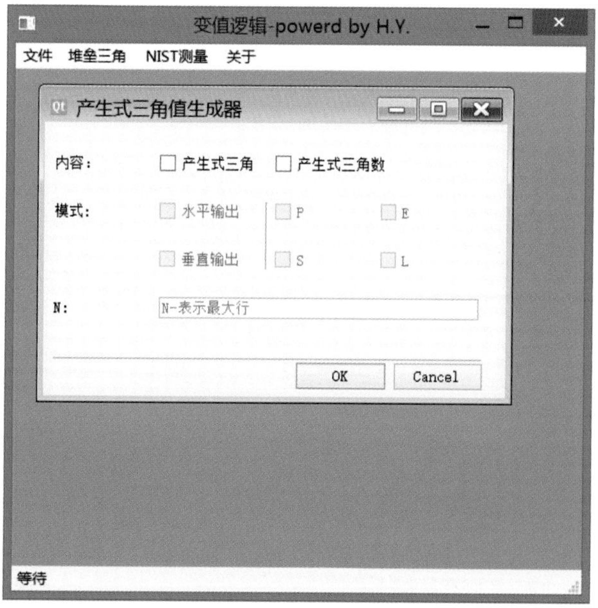

图 7.21　用户界面

# 7.5　数据结构化

## 7.5.1　总体说明

让变值三角数序列的特性直观地显示 (图 7.22)，将原有序列进行拆分变换，将结果输出显示。

结构化输出方式分为两类：几何结构化、投影序列化。

几何结构化：将原有的序列按照垂直优先、水平优先的方式进行排列。

投影序列化：在几何结构化的基础上将数值进行序列化输出，包含水平优先、垂直优先、水平投影、垂直投影等。

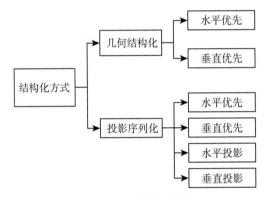

图 7.22　结构化方式

## 7.5.2　几何结构化

### 1. 水平优先

对变值三角数值单元，将序列按照水平优先的方式进行排列。水平优先是将每个 CRange 的计算结果逐行排列，进行对齐。

对序列的水平优先排列，$n$ 的序列中的数值项的数目 $L$，将变值数值序列进行分段。然后将序列的分段结果逐行排列出来，输出到文件。水平优先处理流程如图 7.23 所示。

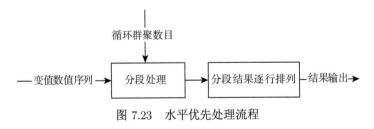

图 7.23　水平优先处理流程

### 2. 垂直优先

对变值三角数值单元，序列按照水平方式排列。将每个 CRange 的计算结果按行进行 90° 旋转，然后逐列地排列出来，并进行对齐。

根据变值数值序列结果对序列的垂直优先排列，$n$ 的序列中的数值项的数目 $L$，将变值数值序列进行分段。进行 $90°$ 旋转，把旋转结果输出到文件。垂直优先处理流程如图 7.24 所示。

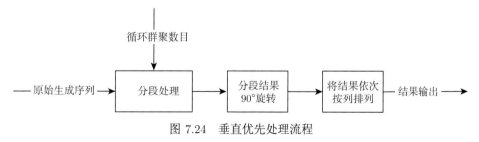

图 7.24 垂直优先处理流程

### 7.5.3 投影序列化

**1. 水平优先**

在水平优先几何排列的基础上逐行逐列地进行取值并输出，所得到的序列就是水平优先序列。水平优先处理部分如图 7.25 所示。

图 7.25 水平优先处理部分

**2. 垂直优先**

在水平优先几何排列的基础上逐行逐列地进行取值并输出，输出为垂直优先序列。垂直优先取值方式如图 7.26 所示。

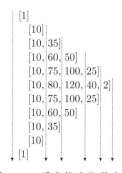

图 7.26 垂直优先取值方式

首先获得原始序列，将原始序列进行几何排列之后再进行取值。垂直优先取值处理流程如图 7.27 所示。

图 7.27 垂直优先取值处理流程

### 3. 垂直投影

序列的垂直投影为在水平优先几何排列的基础上对列求值，依次地将求值结果输出，得到垂直投影序列。垂直投影取值方式如图 7.28 所示。

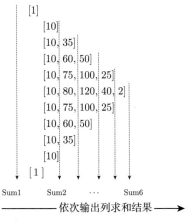

图 7.28 垂直投影取值方式

获得原始序列，原始序列几何排列之后按列方向求和，输出求和结果，得到序列化结果。垂直投影处理流程如图 7.29 所示。

图 7.29 垂直投影处理流程

### 4. 水平投影

序列的水平投影是指在水平优先几何排列的基础上再一次对列进行求值，然后依次地将求值结果输出，输出所得到的序列就是水平投影序列。水平投影取值方式如图 7.30 所示。

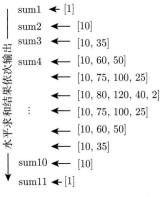

图 7.30 水平投影取值方式

获得原始序列，进行几何排列之后按行求和，依次输出求和结果。水平投影处理流程如图 7.31 所示。

图 7.31 水平投影处理流程

# 7.6 结果示例及分析

### 7.6.1 几何结构化结果

利用变值三角数值生成模型生成相关结果。$n$ 为 10、11、18、22、23、37 时水平优先几何排列，以及 $n$ 为 10、11 时垂直优先几何排列，结果如表 7.4～ 表 7.11 所示。

**表 7.4    $n=10$ 水平优先几何排列**

| 行号 | 投影 | 变值三角数几何排列 |
|---|---|---|
| 0 | 1 | [1] |
| 1 | 10 | [10] |
| 2 | 45 | [10, 35] |
| 3 | 120 | [10, 60, 50] |
| 4 | 210 | [10, 75, 100, 25] |
| 5 | 252 | [10, 80, 120, 40, 2] |
| 6 | 210 | [10, 75, 100, 25] |
| 7 | 120 | [10, 60, 50] |
| 8 | 45 | [10, 35] |
| 9 | 10 | [10] |
| 10 | 1 | [1] |
| | | [2, 90, 420, 420, 90, 2] |

**表 7.5    $n=11$ 水平优先几何排列**

| 行号 | 投影 | 变值三角数几何排列 |
|---|---|---|
| 0 | 1 | [1] |
| 1 | 11 | [11] |
| 2 | 55 | [11, 44] |
| 3 | 165 | [11, 77, 77] |
| 4 | 330 | [11, 99, 165, 55] |
| 5 | 462 | [11, 110, 220, 110, 11] |
| 6 | 462 | [11, 110, 220, 110, 11] |
| 7 | 330 | [11, 99, 165, 55] |
| 8 | 165 | [11, 77, 77] |
| 9 | 55 | [11, 44] |
| 10 | 11 | [11] |
| 11 | 1 | [1] |
| | | [2, 110, 660, 924, 330, 22] |

**表 7.6　　$n=18$ 水平优先几何排列**

| 行号 | 投影 | 变值三角数几何排列 |
|---|---|---|
| 0 | 1 | [1] |
| 1 | 18 | [18] |
| 2 | 153 | [18, 135] |
| 3 | 816 | [18, 252, 546] |
| 4 | 3060 | [18, 351, 1404, 1287] |
| 5 | 8568 | [18, 432, 2376, 3960, 1782] |
| 6 | 18564 | [18, 495, 3300, 7425, 5940, 1386] |
| 7 | 31824 | [18, 540, 4050, 10800, 11340, 4536, 540] |
| 8 | 43758 | [18, 567, 4536, 13230, 15876, 7938, 1512, 81] |
| 9 | 48620 | [18, 576, 4704, 14112, 17640, 9408, 2016, 144, 2] |
| 10 | 43758 | [18, 567, 4536, 13230, 15876, 7938, 1512, 81] |
| 11 | 31824 | [18, 540, 4050, 10800, 11340, 4536, 540] |
| 12 | 18564 | [18, 495, 3300, 7425, 5940, 1386] |
| 13 | 8568 | [18, 432, 2376, 3960, 1782] |
| 14 | 3060 | [18, 351, 1404, 1287] |
| 15 | 816 | [18, 252, 546] |
| 16 | 153 | [18, 135] |
| 17 | 18 | [18] |
| 18 | 1 | [1] |
| | | [2,306, 6120, 37128, 87516, 87516, 37128, 6120, 306, 2] |

**表 7.7　　$n=22$ 水平优先几何排列**

| 行号 | 投影 | 变值三角数几何排列 |
|---|---|---|
| 0 | 1 | [1] |
| 1 | 22 | [22] |
| 2 | 231 | [22, 209] |
| 3 | 1540 | [22, 396, 1122] |
| 4 | 7315 | [22, 561, 2992, 3740] |
| 5 | 26334 | [22, 704, 5280, 12320, 8008] |
| 6 | 74613 | [22, 825, 7700, 25025, 30030, 11011] |
| 7 | 170544 | [22, 924, 10010, 40040, 66066, 44044, 9438] |
| 8 | 319770 | [22, 1001, 12012, 55055, 110110, 99099, 37752, 4719] |
| 9 | 497420 | [22, 1056, 13552, 67760, 152460, 162624, 81312, 17424, 1210] |
| 10 | 646646 | [22, 1089, 14520, 76230, 182952, 213444, 121968, 32670, 3630, 121] |
| 11 | 705432 | [22, 1100, 14850, 79200, 194040, 232848, 138600, 39600, 4950, 220, 2] |
| 12 | 646646 | [22, 1089, 14520, 76230, 182952, 213444, 121968, 32670, 3630, 121] |
| 13 | 497420 | [22, 1056, 13552, 67760, 152460, 162624, 81312, 17424, 1210] |
| 14 | 319770 | [22, 1001, 12012, 55055, 110110, 99099, 37752, 4719] |
| 15 | 170544 | [22, 924, 10010, 40040, 66066, 44044, 9438] |
| 16 | 74613 | [22, 825, 7700, 25025, 30030, 11011] |
| 17 | 26334 | [22, 704, 5280, 12320, 8008] |
| 18 | 7315 | [22, 561, 2992, 3740] |
| 19 | 1540 | [22, 396, 1122] |
| 20 | 231 | [22, 209] |
| 21 | 22 | [22] |
| 22 | 1 | [1] |
| | | [2, 462, 14630, 149226, 639540, 1293292, 1293292, 639540, 149226, 14630, 462, 2] |

**表 7.8　 $n=23$ 水平优先几何排列**

| 行号 | 投影 | 变值三角数几何排列 |
|---|---|---|
| 0 | 1 | [1] |
| 1 | 23 | [23] |
| 2 | 253 | [23, 230] |
| 3 | 1771 | [23, 437, 1311] |
| 4 | 8855 | [23, 621, 3519, 4692] |
| 5 | 33649 | [23, 782, 6256, 15640, 10948] |
| 6 | 100947 | [23, 920, 9200, 32200, 41860, 16744] |
| 7 | 245157 | [23, 1035, 12075, 52325, 94185, 69069, 16445] |
| 8 | 490314 | [23, 1127, 14651, 73255, 161161, 161161, 69069, 9867] |
| 9 | 817190 | [23, 1196, 16744, 92092, 230230, 276276, 157872, 39468, 3289] |
| 10 | 1144066 | [23, 1242, 18216, 106260, 286902, 382536, 255024, 81972, 11385, 506] |
| 11 | 1352078 | [23, 1265, 18975, 113850, 318780, 446292, 318780, 113850, 18975, 1265, 23] |
| 12 | 1352078 | [23, 1265, 18975, 113850, 318780, 446292, 318780, 113850, 18975, 1265, 23] |
| 13 | 1144066 | [23, 1242, 18216, 106260, 286902, 382536, 255024, 81972, 11385, 506] |
| 14 | 817190 | [23, 1196, 16744, 92092, 230230, 276276, 157872, 39468, 3289] |
| 15 | 490314 | [23, 1127, 14651, 73255, 161161, 161161, 69069, 9867] |
| 16 | 245157 | [23, 1035, 12075, 52325, 94185, 69069, 16445] |
| 17 | 100947 | [23, 920, 9200, 32200, 41860, 16744] |
| 18 | 33649 | [23, 782, 6256, 15640, 10948] |
| 19 | 8855 | [23, 621, 3519, 4692] |
| 20 | 1771 | [23, 437, 1311] |
| 21 | 253 | [23, 230] |
| 22 | 23 | [23] |
| 23 | 1 | [1] |
| | | [2, 506, 17710, 201894, 980628, 2288132, 2704156, 1634380, 490314, 67298, 3542, 46] |

观察输出结果, 变值三角形在 $n>20$ 时同样等于杨辉三角。在几何排列中可以看出, 变值三角数的最外层两个数为 1, 内层的第一个数等于 $n$, 并且该层数值绝大部分为 $n$ 的整数倍, 例外情况为 $n$ 为偶数, 几何排列的最中间一行/列的最后一项为 2。

观察 $n=10$、11 的输出结果。

(1) 对于 $n=10$ 的输出结果 (表 7.12 和表 7.13)。在其水平优先几何排列中可以看出, 第一列是两个 1, 第二列全部为 $n$。结果的第 1、3、7、9 行中的结果为 $n$ 的整倍数。其中第 5 行中的最后一项为 2, 其余各项为 $n=10$ 的整倍数。

输出结果的第 2、4、6、8 行, 每一行结果是 5 的整数倍, 5 也是行数值的最大公约数。

(2) 对 $n=11$ 输出结果 (表 7.14)。在其水平有限集合排列中可以看出除了 0 和 11 行的所有行的数值都是 $n=11$ 的整数倍。例如, 行 3, 值项分别为 11、77、77, 分别为 11 的 1、7、7 倍。行 5 的值项分别为 11、110、220、110、11, 分别为 11 的 1、10、20、10、1 倍。

在 $n=18$ 的结果中, 非 0, $n$ 的偶数行为 18 的整数倍 (第 10 行最后一项为 2), 奇数行是 18 最大质因数 3 的整数倍。$n=22$ 的结果中, 非 0, $n$ 的奇数行是 22 最大质因数 11 的整数倍, 偶数行为 22 的整数倍 (第 12 行的最后一项为 2)。当 $n=23$ 时, 非 0, 23 的任意行为 23 的整数倍。将 $n$ 扩大到 99、100 时此种特征仍然是存在的。

**表 7-9　n=37 水平优先几何间排列**

| 行号 | 投影 | 行号 | 行号数据 |
|---|---|---|---|
| 0 | 1 | 0 | [1] |
| 1 | 37 | 1 | [37, 629] |
| 2 | 666 | 2 | [37, 1221, 6512] |
| 3 | 7770 | 3 | [37, 1776, 18352, 45880] |
| 4 | 66045 | 4 | [37, 2294, 34410, 166315, 232841] |
| 5 | 435897 | 5 | [37, 2775, 53650, 375550, 1013985, 878787] |
| 6 | 2324784 | 6 | [37, 3219, 75110, 675990, 2636361, 4393935, 2510820] |
| 7 | 10295472 | 7 | [37, 3626, 97902, 1060605, 5303025, 12727260, 13939380, 5476185] |
| 8 | 38608020 | 8 | [37, 3996, 121212, 1515150, 9090900, 27878760, 43809480, 32857110, 9126975] |
| 9 | 124403620 | 9 | [37, 4329, 144300, 2020200, 13939380, 51111060, 102222120, 109523700, 57804175, 11560835] |
| 10 | 348330136 | 10 | [37, 4625, 166500, 2553000, 19658100, 82564020, 196581000, 266788500, 200091375, 75590075, 10994920] |
| 11 | 854992152 | 11 | [37, 4884, 187220, 3089130, 25948692, 121039896, 328683432, 528241230, 498894495, 260077064, 72566472, 7696444] |
| 12 | 1852482996 | 12 | [37, 5106, 205942, 3603985, 32435865, 164341716, 493025148, 890010091, 997788990, 665192660, 253982652, 50026886, 3848222] |
| 13 | 3562467300 | 13 | [37, 5291, 222222, 4074070, 38703665, 208999791, 676761228, 1353522456, 1691903070, 1315924610, 622073452, 169656396, 29259902, 1314610] |
| 14 | 6107086800 | 14 | [37, 5439, 235690, 4478110, 44333289, 251221971, 861332472, 1845712440, 2512219710, 2172257082, 1187594772, 395864924, 76127870, 7529130, 286824] |
| 15 | 9364199760 | 15 | [37, 5550, 246050, 4797975, 48839345, 287110824, 1025395800, 2307140550, 3332536350, 3110367260, 1866220356, 706901650, 163131150, 21511800, 1434120, 35853] |
| 16 | 12875774670 | 16 | [37, 5624, 253080, 5019420, 52201968, 313211808, 1148443296, 2666029080, 3990043620, 3910175984, 2488293808, 1017938376, 261009840, 40155360, 3441888, 143412, 2109] |
| 17 | 15905368710 | 17 | [37, 5661, 256632, 5132640, 53892720, 326949168, 1214382624, 2862473328, 4373223140, 4373223140, 2862473328, 1214382624, 326949168, 53892720, 5132640, 256632, 5661, 37] |
| 18 | 17672631900 | 18 | [37, 5661, 256632, 5132640, 53892720, 326949168, 1214382624, 2862473328, 4373223140, 4373223140, 2862473328, 1214382624, 326949168, 53892720, 5132640, 256632, 5661, 37] |
| 19 | 17672631900 | 19 | [37, 5661, 256632, 5132640, 53892720, 326949168, 1214382624, 2862473328, 4373223140, 4373223140, 2862473328, 1214382624, 326949168, 53892720, 5132640, 256632, 5661, 37] |
| 20 | 15905368710 | 20 | [37, 5661, 256632, 5132640, 53892720, 326949168, 1214382624, 2862473328, 4373223140, 4373223140, 2862473328, 1214382624, 326949168, 53892720, 5132640, 256632, 5661, 37] |
| 21 | 12875774670 | 21 | [37, 5624, 253080, 5019420, 52201968, 313211808, 1148443296, 2666029080, 3990043620, 3910175984, 2488293808, 1017938376, 261009840, 40155360, 3441888, 143412, 2109] |
| 22 | 9364199760 | 22 | [37, 5550, 246050, 4797975, 48839345, 287110824, 1025395800, 2307140550, 3332536350, 3110367260, 1866220356, 706901650, 163131150, 21511800, 1434120, 35853] |
| 23 | 6107086800 | 23 | [37, 5439, 235690, 4478110, 44333289, 251221971, 861332472, 1845712440, 2512219710, 2172257082, 1187594772, 395864924, 76127870, 7529130, 286824] |
| 24 | 3562467300 | 24 | [37, 5291, 222222, 4074070, 38703665, 208999791, 676761228, 1353522456, 1691903070, 1315924610, 622073452, 169656396, 29259902, 1314610] |
| 25 | 1852482996 | 25 | [37, 5106, 205942, 3603985, 32435865, 164341716, 493025148, 890010091, 997788990, 665192660, 253982652, 50026886, 3848222] |
| 26 | 854992152 | 26 | [37, 4884, 187220, 3089130, 25948692, 121039896, 328683432, 528241230, 498894495, 260077064, 72566472, 7696444] |
| 27 | 348330136 | 27 | [37, 4625, 166500, 2553000, 19658100, 82564020, 196581000, 266788500, 200091375, 75590075, 10994920] |
| 28 | 124403620 | 28 | [37, 4329, 144300, 2020200, 13939380, 51111060, 102222120, 109523700, 57804175, 11560835] |
| 29 | 38608020 | 29 | [37, 3996, 121212, 1515150, 9090900, 27878760, 43809480, 32857110, 9126975] |
| 30 | 10295472 | 30 | [37, 3626, 97902, 1060605, 5303025, 12727260, 13939380, 5476185] |
| 31 | 2324784 | 31 | [37, 3219, 75110, 675990, 2636361, 4393935, 2510820] |
| 32 | 435897 | 32 | [37, 2775, 53650, 375550, 1013985, 878787] |
| 33 | 66045 | 33 | [37, 2294, 34410, 166315, 232841] |
| 34 | 7770 | 34 | [37, 1776, 18352, 45880] |
| 35 | 666 | 35 | [37, 1221, 6512] |
| 36 | 37 | 36 | [37, 629] |
| 37 | 1 | 37 | [1] |

#### 表 7.10 $n=10$ 垂直优先几何排列

| [1] | | [1] |
|---|---|---|
| | [10], [10], [10], [10], [10], [10], [10], [10], [10] | |
| | [35], [60], [75], [80], [75], [60], [35] | |
| | [50], [100], [120], [100], [50] | |
| | [25], [40], [25] | |
| | [2] | |

#### 表 7.11 $n=11$ 垂直优先几何排列

| [1] | | [1] |
|---|---|---|
| | [11], [11], [11], [11], [11], [11], [11], [11], [11], [11] | |
| | [44], [77], [99], [110], [110], [99], [77], [44] | |
| | [77], [165], [220], [220], [165], [77] | |
| | [55], [110], [110], [55] | |
| | [11], [11] | |

#### 表 7.12 $n=10$ 奇数行水平系列

| 行号 | 生成三角数值 |
|---|---|
| 1 | [10] |
| 3 | [10, 60, 50] |
| 5 | [10, 80, 120, 40, 2] |
| 7 | [10, 60, 50] |
| 9 | [10] |

#### 表 7.13 $n=10$ 偶数行水平系列

| 行号 | 生成三角数值 |
|---|---|
| 2 | [10, 35] |
| 4 | [10, 75, 100, 25] |
| 6 | [10, 75, 100, 25] |
| 8 | [10, 35] |

#### 表 7.14 $n=11$, 1~10 行水平系列

| 行号 | 生成三角数值 |
|---|---|
| 1 | [11] |
| 2 | [11, 44] |
| 3 | [11, 77, 77] |
| 4 | [11, 99, 165, 55] |
| 5 | [11, 110, 220, 110, 11] |
| 6 | [11, 110, 220, 110, 11] |
| 7 | [11, 99, 165, 55] |
| 8 | [11, 77, 77] |
| 9 | [11, 44] |
| 10 | [11] |

### 7.6.2　序列化结果

利用变值三角数值生成系统生成相关结果。当 $n \in [1,10]$ 时水平优先序列、垂直优先序列、水平投影序列和垂直投影序列的结果如下所示。

$n=10$ 水平优先序列 => {1, 1, 1, 2, 1, 1, 3, 3, 1, 1, 4, 4, 2, 4, 1, 1, 5, 5, 5, 5, 5, 5, 1, 1, 6, 6, 9, 6, 12, 2, 6, 9, 6, 1, 1, 7, 7, 14, 7, 21, 7, 7, 21, 7, 7, 14, 7, 1, 1, 8, 8, 20, 8, 32, 16, 8, 36, 24, 2, 8, 32, 16, 8, 20, 8, 1, 1, 9, 9, 27, 9, 45, 30, 9, 54, 54, 9, 9, 54, 54, 9, 9, 45, 30, 9, 27, 9, 1,}。

$n=10$ 垂直优先序列 => {1 , 1 , 1 , 1 , 2, 1 , 1 , 3, 3, 1 , 1 , 4, 4, 4, 2, 1 , 1 , 5, 5, 5, 5, 5, 5, 1 , 1 , 6, 6, 6, 6, 9, 12, 9, 2, 1 , 1 , 7, 7, 7, 7, 7, 7, 14, 21, 21, 14, 7, 7, 1 , 1 , 8, 8, 8, 8, 8, 8, 8, 20, 32, 36, 32, 20, 16, 24, 16, 2, 1 , 1 , 9, 9, 9, 9, 9, 9, 9, 27, 45, 54, 54, 45, 27, 30, 54, 54, 30, 9, 9, }。

$n=15$ 水平投影序列 => {1, 1, 1, 2, 1, 1, 3, 3, 1, 1, 4, 6, 4, 1, 1, 5, 10, 10, 5, 1, 1, 6, 15, 20, 15, 6, 1, 1, 7, 21, 35, 35, 21, 7, 1, 1, 8, 28, 56, 70, 56, 28, 8, 1, 1, 9, 36, 84, 126, 126, 84, 36, 9, 1, 1, 10, 45, 120, 210, 252, 210, 120, 45, 10, 1, 1, 11, 55, 165, 330, 462, 462, 330, 165, 55, 11, 1, 1, 12, 66, 220, 495, 792, 924, 792, 495, 220, 66, 12, 1, 1, 13, 78, 286, 715, 1287, 1716, 1716, 1287, 715, 286, 78, 13, 1, 1, 14, 91, 364, 1001, 2002, 3003, 3432, 3003, 2002, 1001, 364, 91, 14, 1,}。

$n=15$ 垂直投影序列 => {2, 2, 2, 2, 6, 2, 12, 2, 2, 20, 10, 2, 30, 30, 2, 2, 42, 70, 14, 2, 56, 140, 56, 2, 2, 72, 252, 168, 18, 2, 90, 420, 420, 90, 2, 2, 110, 660, 924, 330, 22, 2, 132, 990, 1848, 990, 132, 2, 2, 156, 1430, 3432, 2574, 572, 26, 2, 182, 2002, 6006, 6006, 2002, 182, 2}。

从上面的结果可以看到，垂直投影序列特征比较明显，在序列中数值为偶数。$n$ 值相同的情况下投影序列的长度较短，垂直投影长度比水平投影短。对于垂直优先序列，一些连续数值，对应变值三角的 $n$ 值。

### 7.6.3　运算效率

利用算法 1 和算法 2 能将处理变值三角数值的速度显著提高。穷举算法的空间复杂性为 $0(n \times 2^n)$。表 7.15 为测试环境，表 7.16 为两种实现方式的速率测试对比结果，$n$ 表示数据维度，计算结果为该维度下的 0-1 向量状态群聚项。

#### 表 7.15　测试环境表

| | |
|---|---|
| 操作系统 | Windows 8.1 64bit |
| 硬件配置 | CPU: i7-4710MQ 2.5GHz |
| | RAM: 8GB ddr3 1600 |
| Python 环境 | 2.7.8 64bit |
| 计时方法 | Python Timer 模块 |

台式计算机难以穷举出 $2^{64}$ 以上数据，表 7.17 给出变值三角数算法，长度大于等于 64 的 0-1 向量的状态群聚项数，以及其所消耗的时间。

相关的增长图示分别展现在图 7.32～ 图 7.37 的系列图中，分别对穷举法时间增长、变值法时间增长进行对比，对加速比增长曲线、对数耗时对比、对数加速比进行图示。

表 7.16 耗时对比 单位：秒

| $n$ | 变值公式 | 穷举法 | 加速比 |
|---|---|---|---|
| 2 | $1.81\times10^{-5}$ | $5.67\times10^{-5}$ | 3.14 |
| 3 | $1.56\times10^{-5}$ | $1.76\times10^{-4}$ | $1.13\times10^1$ |
| 4 | $1.77\times10^{-5}$ | $1.38\times10^{-4}$ | 7.79 |
| 5 | $2.22\times10^{-5}$ | $3.05\times10^{-4}$ | $1.38\times10^1$ |
| 6 | $2.75\times10^{-5}$ | 0.000823145 | $2.99\times10^1$ |
| 7 | $3.24\times10^{-5}$ | 0.002348323 | $7.24\times10^1$ |
| 8 | $4.02\times10^{-5}$ | 0.002703856 | $6.72\times10^1$ |
| 9 | $4.80\times10^{-5}$ | 0.005975086 | $1.24\times10^2$ |
| 10 | $5.79\times10^{-5}$ | 0.012553674 | $2.17\times10^2$ |
| 11 | $6.77\times10^{-5}$ | 0.018237682 | $2.69\times10^2$ |
| 12 | $7.96\times10^{-5}$ | 0.030896045 | $3.88\times10^2$ |
| 13 | $9.52\times10^{-5}$ | 0.032624444 | $3.43\times10^2$ |
| 14 | 0.0001129 | 0.057432914 | $5.09\times10^2$ |
| 15 | 0.000130554 | 0.121171813 | $9.28\times10^2$ |
| 16 | 0.000148618 | 0.262606532 | $1.77\times10^3$ |
| 17 | 0.000171198 | 0.636601156 | $3.72\times10^3$ |
| 18 | 0.000197883 | 1.121838129 | $5.67\times10^3$ |
| 19 | 0.000229085 | 2.275082612 | $9.93\times10^3$ |
| 20 | 0.00026316 | 5.033695147 | $1.91\times10^4$ |
| 21 | 0.00030093 | 10.24601021 | $3.40\times10^4$ |
| 22 | 0.000341574 | 21.09830564 | $6.18\times10^4$ |
| 23 | 0.000387145 | 44.67254117 | $1.15\times10^5$ |
| 24 | 0.000444211 | 89.92283789 | $2.02\times10^5$ |
| 25 | 0.000497582 | 189.5364899 | $3.81\times10^5$ |
| 26 | 0.000576817 | 391.6250866 | $6.79\times10^5$ |
| 27 | 0.000628546 | 814.1478167 | $1.30\times10^6$ |
| 28 | 0.000667137 | 1663.045548 | $2.49\times10^6$ |

表 7.17 大长度计算耗时 单位：秒

| $n$ | 64 | 128 | 256 | 512 | 1024 |
|---|---|---|---|---|---|
| 耗时 | 0.0081649376524 | 0.072558657777 | 0.73622916017 | 7.574006858 | 92.8 |

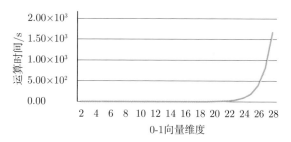

图 7.32 穷举法时间增长曲线

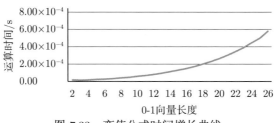

图 7.33　变值公式时间增长曲线

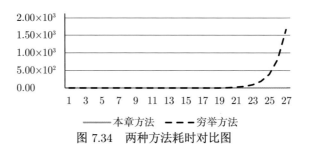

图 7.34　两种方法耗时对比图

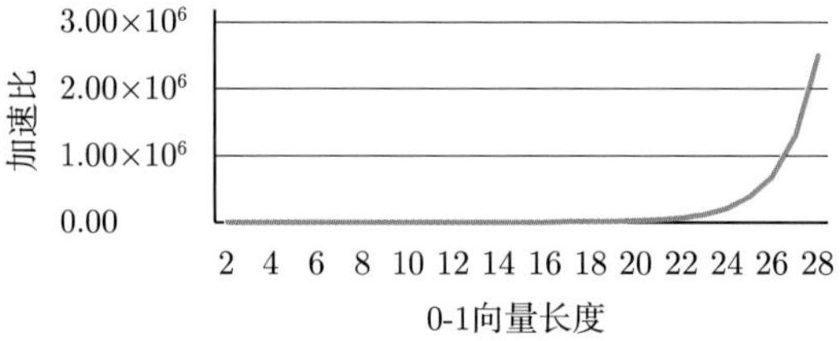

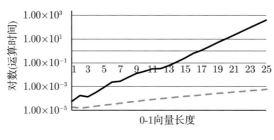

图 7.35　本章方法加速比增长曲线图

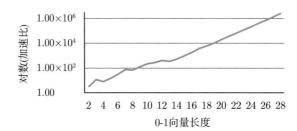

图 7.36　对数耗时对比

图 7.37　对数加速比增长曲线

在系列分析图示中能够看出本章使用的算法效率明显提高，长度增加时穷举算法时间增长曲线陡峭，满足复杂性为 $O(n \times 2^n)$。当 $n$ 很大时无法计算出结果。利用对数方式转化之后增长曲线为线性增长模式。本章展示的模型和算法，加速比最高达到 $10^6$。随着 0-1 向量长度的增长，加速比会更高。这类算法计算效率的提升，对应用变值逻辑到具体问题有潜在的重要意义。

## 7.7 结 论

为了克服组合计算的复杂性，本章利用变值公式模型和算法，提升了计算 0-1 向量的状态群聚项数灵活性和处理速度。同超越指数增长复杂性的穷举法进行对比，本章方法的计算时间增长率增长较为平缓。计算 1024 长度向量状态群聚项数，时间约为 93 秒。变值三角数值和状态群聚项数之间的关系，能够辅助变值体 [6] 的研究方法快速处理在更高的维度空间中的困难问题。

### 参 考 文 献

[1] 王理, 李文娟. 计算机科学中的组合数学. 河南水利与南水北调, 2007(10): 65-66

[2] Trump W. Hous many magic sguares are there? http://www.trump.de/magic-sguares/howmany.html

[3] Zheng J, Zheng C, Kunii T. A framework of variant logic construction for cellular automata. Cellular Automata-Innovative Modelling for Science and Engineering. Edited Dr. Salcido, In Tech Press, 2011: 325-352.
Harbin: Harbin Institute of Technology Press, 2006.

[4] Zheng J, Zheng C, Kunii T. Interactive Maps on Variant Phase Spaces-From Measurements - Micro Ensembles to Ensemble Matrices on Statistical Mechanics of Particle Models. Emerging Applications of Cellular Automata, 2013: 113-196

[5] Zheng J, Zheng C, Kunii T L. From Conditional Probability Mesurements to Global Matrix Representations on Variant Construction. Advanced Topicsin Measurements, 2012

[6] Zheng J. Variant Construction from Theoretical Foundation to Applications. Berlin: Springer Nature, 2019

[7] Brualdi R A. Introductory Combinatorics. 5 版. 北京: 机械工业出版社, 2009

# 第 8 章 成对位向量的分组变换——整体量化特性

郑智捷*

**摘要:** 利用 $n$ 元位向量表示, 对分组变换模型和方法进行状态分析与结构描述是构造分组密码体系及核心处理方法的重要步骤。本章利用成对位向量表示及其置换和替换的变与不变特性, 从整体变换的角度, 形成成对位向量分组变换 (PVT) 的基础描述框架和整体变换规则。利用所建议的 PVT 模式分析三类典型的分组向量状态变换模式: SPN 体系、变值逻辑和对称函数变换在整体映射条件下的组合模式。建立在成对位向量变换模式下, 典型分组向量整体变换的量化特性。

**关键词:** 分组变换, 成对位向量, 变与不变, 置换, 替换, 整体量化特性。

## 8.1 研 究 背 景

伴随着万维网技术的普及和发展, 网络空间安全在现代社会的各个层面中起到极为重要的作用。除了高强度高性能系列密码技术特别提供政府和军队专用, 为了配合全球化无线网络通信、智能手机普及应用以及内容宽泛的电子商务应用需求的迅猛增长, 各类轻量级密码、商用密码和普通密码随着现代网络安全应用的海量需求, 以极为丰富的形态涌现在内容广阔的前沿应用密码领域。在不同的网络通信应用层中提供网络空间安全内容保障服务。

### 1. 分组密码体系

分组密码是对称密码体系的核心部分 [1-4], 在对称密码体系中占据着特殊重要的位置。以 DES [4]、AES [5]、IDEA 等分组密码算法为基础, 广泛应用在网络空间安全前沿应用之中 [6,7]。由于分组密码构造本身特有的多样性和复杂性, 以及防范各类密码分析模型、技术和方法的严酷性, 如何针对选定的密码变换机制进行特定的分析和设计至关重要 [7], 直接与该类模式的设计需求、性能分析、适配优化和扩展应用等方面的问题相关。常见的对称密码算法的输入和输出均为多元位向量模式, 在核心模块设计中广泛采用高性能向量化 (模、移位、组合、逻辑) 函数、时序控制函数、多元变量布尔函数 [8]、专用硬件芯片进行设计和实现 [2], 如 ARX 变换、FPGA 专用模块等。在这些高性能位向量变换作用模式下, 如何对分组密码核心多元位向量处理机制进行适当的分划和分析, 是一类值得关注的研究论题。

### 2. SPN 体系结构

伴随 20 世纪 70 年代 DES 体系的技术形成和发展, 建立起以多次迭代分组运算为特征的 Feistel 体系密码算法族 [4]。基于结构化分析表示模型, 恰当地将输入/密钥/输出向量和

---

* 云南省量子信息重点实验室, 云南省软件工程重点实验室, 云南大学。e-mail: conjugatelogic@yahoo.com。
本项目由国家自然科学基金 (62041213), 云南省科技厅重大科技专项 (2018ZI002), 国家自然科学基金 (61362014) 和云南省海外高层次人才项目联合经费支持。

两类核心运算模块, 形式化地表述为多层替换和置换网络— SPN 架构 [9]。从后继的分组密码算法的变换体系 (如 IDEA 和 AES[5] 等) 能看到明显的 SPN 网络架构体系的影响。

### 3. 变值逻辑体系

2010 年针对 $n$ 元位向量体系, 利用置换和互补双重向量运算, 建立起变值逻辑体系。目前变值测量结构已经成功地应用于随机序列生成和分析领域, 典型应用包括随机序列的三维可视化、变值伪随机序列发生器、量子交互计算模拟以及非编码基因序列分析。

### 4. 对称函数体系

利用 $n$ 元位向量中包含 1 的位数, 可以获得该向量的汉明权重作为区分不同等价向量的测度。利用该类测度作为向量内蕴的测量不变量, 可以形成 $n+1$ 类可区分向量状态群聚。第 $i(0 \leqslant i \leqslant n)$ 对称群聚包含 $\begin{pmatrix} n \\ i \end{pmatrix}$ 个可区分向量。

### 5. 本章的内容组织

为了适配在网络空间安全环境中超高速度和超大容量安全应用的广泛需求, 本章利用成对输入 / 输出 $n$ 元位向量表示为基础, 以包含 $2^{2n}$ 个位向量的状态变换集合为核心, 建立起成对从输入到输出向量 1-1 映射的变换体系。在 8.2 节中定义和描述整体变换模型; 在 8.3 节中选择三类典型的位向量整体变换体系: 替换＋置换 (SPN)、置换＋互补 (变值逻辑)、对称置换＋互补 (对称函数) 作为特例进行组合量化分析。给出相关的配置函数量化空间以及最大数量的整体变换运算。

## 8.2 多元位向量状态表示

### 1. 多元位向量和索引

令 $X$ 为 $n$ 元输入位向量, $X = (X_{n-1}, \cdots, X_i, \cdots, X_0), 0 \leqslant i < n, X_i \in \{0,1\} = B_2, X \in \{0,1\}^n = B_2^n$。

令 $Y$ 为 $n$ 元输出位向量, $Y = (Y_{n-1}, \cdots, Y_i, \cdots, Y_0), 0 \leqslant i < n, Y_i \in B_2, Y \in \{0,1\}^n = B_2^n$。

令 $I(X)$ 或 $I$ 为向量 $X$ 的索引, $I = I(X) = \sum_{i=0}^{n-1} X_i 2^i, 0 \leqslant I < 2^n, X \in B_2^n$。

令 $J(Y)$ 或 $J$ 为向量 $Y$ 的索引, $J = J(Y) = \sum_{i=0}^{n-1} Y_i 2^i, 0 \leqslant J < 2^n, Y \in B_2^n$。

令 $\Omega(n)$ 为 $n$ 元位向量的状态集合, $\Omega(n) = \{\forall X, Y \leqslant I, J < 2^n\}, X, Y \in B_2^n$。

**引理 8.1** 在 $\Omega(n)$ 状态集合中一共包含 $2^n$ 个可区分位向量状态, $|\Omega(n)| = 2^n$。

### 2. 变换位向量结构

令 $Z$ 为 $2n$ 元变换位向量, $Z = (Z_{2n-1}, \cdots, Z_k, \cdots, Z_0), 0 \leqslant k < 2n, Z_i \in \{0,1\} = B_2, Z \in \{0,1\}^{2n} = B_2^{2n}$。

令 $K(Z)$ 或 $K$ 为向量 $Z$ 的索引，$K = K(Z) = \sum_{k=0}^{2n-1} Z_k 2^k, 0 \leqslant K < 2^{2n}, Z \in B_2^{2n} = B_2^n \times B_2^n$。

令 $\|$ 为并置算符，对任意的成对 $n$ 元位向量 $(X, Y)$，$Z = (X, Y) = Y \| X = YX$，即 $K = J \times 2^n + I$。

令 $\Pi(n)$ 为 $2n$ 元位向量的变换状态集合，$\Pi(n) = \{\forall (X, Y) | Z = (X, Y), 0 \leqslant K < 2^{2n}\} = \Omega(n) \times \Omega(n), Z \in \Pi(n)$。

**引理 8.2** 在 $\Pi(n)$ 状态集合中一共包含 $2^{2n}$ 个可区分位向量状态，$|\Pi(n)| = 2^{2n}$。

### 3. 成对位向量变换

利用该位向量状态集合作为内部表示，成对位向量变换结构定义如下。

令成对位向量状态变换为 $\text{PVT}(n) ::= \{X, Y, \Pi(n), \text{GT}\}, (X, Y) \in \Pi(n), \text{GT} : \Omega(n) \to \Omega(n), \text{PVT} : X \to Y$。其中 $(X, Y)$ 为在 $\Pi(n)$ 中成对的输入/输出位向量；GT 为向量状态变换函数对 $\Omega(n)$ 中的位向量通过整体编码进行 1-1 映射；通过 PBT 的映射，完成从输入到输出位向量的 $n$ 元位向量变换处理。

### 4. 整体变换配置函数

在分组变换条件下 GT 需要满足 1-1 对应的整体变换条件，最大配置函数的数量满足引理 8.3。

**引理 8.3** 在 1-1 对应的整体变换条件下，GT 变换能构成的最大可区分配置函数的总数为 $2^n!$。

**证明** 该类配置函数将决定在 $(X, Y) \in \Omega(n) \times \Omega(n)$ 中的 $2^n$ 个输入状态到相同数目的输出状态 1-1 映射关系，能够形成 $2^n \times (2^n - 1) \times \cdots \times 2 \times 1$ 可区分的配置函数。

从区分整体变换模式的角度，GT 特有的变换还能根据状态集合取值和位置的变与不变的差别，分解为两类整体变换模式：置换 (位置改变，取值不变)、替换 (位置不变，取值改变)。

令 $\text{GT}\{\text{PT}, \text{ST}\}, \text{PT} : \Omega(n) \to \Omega(n), \text{ST} : \Omega(n) \to \Omega(n)$，其中 PT 为置换算符，ST 为替换算符。

从变换实施的角度，两类变换可以利用不同的功能块分别实现，单独实现和组合实现所形成的配置函数空间的数量可能完全不同。

**引理 8.4** 在 1-1 对应的整体变换条件下，PT 置换操作能构成的最大可区分配置函数的总数为 $2^n!$。

**证明** 每一个置换配置函数决定 $2^n$ 长整数向量 $P = (2^n - 1, \cdots, I, \cdots, 0), 0 \leqslant I < 2^n$ 的一个置换，共形成 $2^n \times (2^n - 1) \times \cdots \times 2 \times 1$ 个置换型配置函数。

**引理 8.5** 在 1-1 对应的整体变换条件下，ST 替换操作能构成的最大可区分配置函数的总数为 $2^n!$。

**证明** 每一个替换配置函数决定 $2^n$ 长整数向量 $S = (2^n - 1, \cdots, I, \cdots, 0), 0 \leqslant I < 2^n$ 的一个替换，共形成 $2^n \times (2^n - 1) \times \cdots \times 2 \times 1$ 个替换型配置函数。

**推论 8.1** 在 GT {PT, ST} 的整体变换条件下，GT 中可能包含的配置函数总数为 $(2^n!)^2$。

**证明** 根据引理 8.4 和引理 8.5，两类置换和替换运算可以分别进行，所涉及的操作完全无关，因此对应的配置函数总数为两类配置函数的乘积。

尽管分组变换体系的可能性空间包含固定的配置函数总量。但比较引理 8.3 和推论 8.1 给出的数量结果，其可能的配置空间的数目与实际涉及的具体处理模型和方法密切关联。

# 8.3 三类整体变换分析

基于 PVT 向量状态模型应用相关的特性，利用该类模型依次研究三种典型的向量状态映射体系模式：SPN 变换、变值逻辑变换、对称函数向量变换。

## 1. SPN 变换

在分组密码算法中置换和替换操作通常是分开进行的，交换操作次序不影响向量状态空间 [9]。由于 1-1 映射的限制，推论 8.1 给出的结论适配 SPN 模型具备的最大总配置函数空间数目。在实际的算法设计和实现中无论是置换还是替换操作都需要通过多轮处理以最大限度地增加运行的效率和特异的转换方式进行变换，以抵抗现代密码分析技术的攻击。如何细致地估计特定分组算法的配置空间，是一类同具体的基础操作直接关联的论题，需要具体问题具体分析。

## 2. 变值逻辑变换

置换和互补算符在向量状态中形成的变值逻辑体系是一类新近建立的四元逻辑体系。该类体系具有的配置空间总数为 $2^n! \times 2^{2^n}$。利用向量状态模型 (该类模型的置换配置函数总数为 $2^n!$) 达到能够提供的最大数量，而互补算符为反转 $2^n$ 个向量状态为二值的映射模式，一共能提供 $2^{2^n}$ 种替换配置。考虑到反转算符实现时可以利用基本向量化非运算操作，该类基本逻辑操作能超高速实现。从一维数据向量变换的角度，该类模型适合于处理复杂类基因序列数据，为分析模型本身提供了良好的互补对称和成对分段相关数据互补等形态特征。尽管从分组设计和实现的角度，攻击该类替换模型分析面对的配置空间复杂性不高于现代分组密码模型分析所具有的配置空间数目。但对这类变换模式的高速实施有助于将前沿的分组变换技术应用于实用的基因序列分析、测量和检测处理等更为广泛的应用领域之中。

## 3. 对称函数向量状态变换

对于 $n$ 元 0-1 对称向量函数 [1,8]，需要对每个向量状态包含的 1 的数目 $p(0 \leqslant p \leqslant n)$ 进行类聚，以此划分出 $n+1$ 组群集，每个群集分别包含 $\binom{n}{p}$ 个向量状态。从置换变换的角度，每个聚类包含的向量在保持聚类不变的条件下相互进行转换。可区分的置换型配置函数总数为 $\sum_{p=0}^{n} \binom{n}{p}!$，当向量长度增大时，置换配置函数总数约为 $O\left(\binom{n}{n/2}!\right)$。

　　替换函数可能灵活转换给定的向量状态从一个类聚到另一个类聚，最大的可区分替换配置数目亦为 $2^n!$，当限制替换操作为互补运算时，替换配置函数总数为 $2^{2^n}$ 种。

　　从伪随机序列生成的角度 [10−12]，满足特定 0-1 比例的位向量状态模板对利用分组变换机制形成高质量的伪随机序列生成起到极为关键的作用。考虑到满足对称函数群聚条件类聚中的向量状态，综合利用置换和替换操作模式是一类非常有意义的变换机制，值得深入探讨。

## 8.4　整体变换特性比较

　　为方便展示，在表 8.1 中列出本章涉及的四种分组变换之间的运算和配置函数量化指标。

**表 8.1　典型分组变换配置函数参数**

| 分组变换模式 | PVT | SPN | 变值逻辑 | 对称函数 | 备注 |
|---|---|---|---|---|---|
| 输入/输出 | $n$ | $n$ | $n$ | $n$ | 位向量长度 |
| 置换 | $2^n!$ | $2^n!$ | $2^n!$ | $O\left(\binom{n}{n/2}!\right)$ | 最大置换配置 |
| 替换 | $2^n!$ | $2^n!$ | — | — | 最大替换配置 |
| 互补 | — | — | $2^{2^n}$ | $2^{2^n}$ | 互补操作配置 |
| 总配置函数 | $(2^n!)^2$ | $(2^n!)^2$ | $2^n! \times 2^{2^n}$ | $O\left(\binom{n}{n/2}! \times 2^{2^n}\right)$ | 集成配置函数 |

## 8.5　结　　论

　　从分组变换的角度，由于输入和输出都是相同长度的 0-1 向量，如何形成适合的分析、设计及转化机制是一类需要探索的论题。尽管多元布尔函数提供了非常丰富的逻辑函数空间，以及多种分析设计方法，但其转化模式仅适合将输入多变元 0-1 变量经过给定函数处理后输出单变元 0-1 变量 [1,8]。完全不同于多元向量变换操作需要的成对映射相同长度的 0-1 向量之间的分组变换模式。本章从 1-1 映射的角度，将输入输出变换可能的模式按照位置和取值的变与不变约束关系，总结为两类作用机制可以区分的置换和替换配置函数模式。从选择的三类分组变换模式中，利用分层结构化的分析模式，可以看到不同条件的转换模型和方法对应不同的配置函数群集数量。给出的例子描述了在互补和对称函数的对应条件下可能的置换与替换配置函数空间群集数目的差别。

### 参 考 文 献

[1] Cusick T W, Stanica P. Cryptographic Boolean functions and applications. Academic Press, 2009

[2] Chakraborty D, Rodriguez-Henriquez F. Block Cipher Modes of Operation from aHardware Implementation Perspective. Cryptographic Engineering. Berlin: Springer, 2008

[3] Dworkin M. Recommendation for Block Cipher Modes of Operation:Methods and Techniques. Special Publication 800-38A, National Institute of Standards and Technology (NIST), 2001

[4]   FIPS PUB 46-3 Data Encryption Standard (DES). http://csrc.nist.gov/publications/flps/flps46-3/flps46-3.pdf

[5]   Nechvatal J, Barker E, Bassham L, et al. Report on the Development of the Advanced Encryption Standard (AES). National Institute of Standards and Technology (NIST), 2000

[6]   ISO/IEC 10118-2:2010 Information technology | Security techniques | Hash-functions | Part2: Hash-functions using an n-bit block cipher, http://www.iso.org/iso/iso catalogue/cataloguetc/catalogue detail.htm?csnumber=44737

[7]   Junod P, Canteaut A. Advanced Linear Cryptanalysis of Block and Stream Ciphers. Amsterdam: IOS Press, 2011

[8]   Lee S C. Modern Switching Theory and Digital Design. New Jersey: Prentice-Hall, 1978.

[9]   Keliher L, et al. Modeling Linear Characteristics of Substitution-Permutation Networks. Berlin: Springer, 2000

[10]  NIST Special Publication 800-90A Recommendation for Random Number Generation Using Deterministic Random Bit Generators, http://csrc.nist.gov/publications/nistpubs/800-90A/SP800-90A.pdf

[11]  Zheng J, Zheng C. A framework to express variant and invariant functional spaces for binary logic. Frontiers of Electrical and Electronic Engineering in China, 2010, 5(2): 163-172.

[12]  Zheng J. Novel Pseudo-Random Number Generation Using Variant Logic Framework. 2nd International Cyber Resilience Conference, 2011: 100-104

# 第9章 成对位向量的分组变换——分层群集

郑智捷*

**摘要**: 对密码算法的输入输出序列进行状态分析和描述, 是密码分析的重要步骤。利用向量状态群集进行分析的策略, 分为两类: 自底向上和自顶向下。由于在状态群集中包含的向量数目以指数/超指数模式增长, 基于自底向上策略的分析方法, 运算复杂性与 NP 问题关联。从减少运算复杂性的角度, 自顶向下策略是一类值得关注的方向。本章介绍基本不变量算符群集及其测度 (4 个基元测度＋6 个经典测度), 从分层结构化状态分划的角度, 给出成对向量变换的分层描述框架和组合变换规则。定理 9.1 ～ 定理 9.4 总结本章的主要结论。通过选定的变换例子, 展现向量状态群集的分划和群集特性。利用 AES 算法生成的随机序列, 展现了两类统计图模式的分布特征。在成对向量变换模式下, 展现分组变换分层结构化的量化特征。

**关键词**: 分组变换, 成对位向量, 自底向上, 自顶向下, 基本测量算符, 变换测度, 变换基, 群集索引, 分层群集特征。

## 9.1 研 究 背 景

伴随着万维网技术的普及和发展，全球化无线网络通信、智能手机、社交网、大数据、物联网、云计算和电子商务等前沿网络应用迅猛的需求增长, 轻量级密码、商用密码和普通密码，涌现在网络安全前沿应用领域 [1,2]，在网络通信应用层中提供安全保障服务。针对分组密码的特性分析已经成为现代密码的重要部分，与分析策略、测量模型和攻击方法等论题关联，下面简述相关的论题背景。

### 9.1.1 密码序列分析策略

利用输入/输出位向量对分组密码进行状态分析和结构描述是密码分析的重要步骤。针对向量状态群集进行系统分析的策略，通常分为两类: 自底向上和自顶向下 [3,4]。由于向量群集中所包含向量的数目按指数/超指数模式增长，基于自底向上策略的分析模型和方法，所需要的运算复杂性与 NP 问题密切关联。从减少运算复杂性的角度，探索自顶向下策略 [5] 是一类值得关注的方向。在向量状态群集中建立起多元不变量测量结构，利用该类测量参数形成有意义的分划: 按特定的次序以多层结构模式放置多元不变量，将单个巨大的状态群集分划为多个子群集，使在选定子群集中包含的状态具有等价性，上层群集由多个下层子类群集汇合而成。

---

* 云南省量子信息重点实验室, 云南省软件工程重点实验室, 云南大学。e-mail: conjugatelogic@yahoo.com。

本项目由国家自然科学基金 (62041213)，云南省科技厅重大科技专项 (2018ZI002)，国家自然科学基金 (61362014) 和云南省海外高层次人才项目联合经费支持。

### 9.1.2 基于位向量的测量模型

在密码分析中,已有多种针对位向量的重要测量参数 [6] 在实际分析中公认有效。

**汉明权重**:对任意位向量 $A$,汉明权重为向量 $A$ 中包含 1 的位数之和。

**汉明距离**:对两位向量 $A$、$B$,汉明距离为 $A \oplus B$ 的汉明权重,$\oplus$ 为异或算符。

**成对变换信息**:在分组密码变换中按照原文输入和密文输出形式构成的位向量序对群集,以形成针对特定分组密码变换的成对数据样品。

### 9.1.3 典型攻击方法

密码攻击模型和方法 [7−11] 在现代密码分析中占据核心位置。

**差分攻击**:是一类选择性明文攻击,通过汇集特定的原文序列群集以推断相关的密文序列 [1,2,7,9]。利用明文、密文和一个固定常数形成的序对进行分析,通常采用异或算符运算形成位差分向量。

**线性攻击**:起源于利用线性方程组对 DES 算法所进行的异或攻击模式。该方法由两个部分构成 [8],首先利用明文、密文和密钥构造线性方程,其次利用已知的明文/密文序对推导出密钥位值。

**碰撞攻击**:不同于利用异或算符的常规差分攻击,2004 年王小云教授基于差分路径 (NOT 算符) 方案 [12],配合散列函数的碰撞特性,成功地对 MD4、SHA-1 等系列算法实施碰撞攻击。

**扩展攻击**:为了保证分组密码的安全性,已经选出多类攻击模型和方法 [1,2,7,8,10,11,13−17],包括高阶差分、截断差分、不可能差分、多线性近似、非线性表示、分划攻击等。任何新设计的分组密码方案,都需要提供新的分组密码方案,能够抵抗差分攻击和线性攻击的证据。

### 9.1.4 变值逻辑体系

基于自顶向下策略的分析模式,已成功地应用于图像分析和处理领域 [18]。该类模式利用多元不变量测度参数将一个包含 $2^n$ 状态群集的状态空间,经过多个层次的选择不变量参数分划,使状态空间经过相应的层次逐渐地划分为 $2^n$ 单个独立状态。

2010 年针对 $n$ 元位向量群集,利用置换和互补双重向量运算,建立起变值逻辑体系 [19]。目前变值测量结构已经应用于随机序列生成和分析领域,典型应用包括随机序列的三维可视化 [20]、变值伪随机序列发生器 [21,22]、量子交互计算模拟 [23,24] 以及非编码基因序列分析 [25]。

### 9.1.5 本章的内容组织

基于向量状态群集,在 9.2 节中进行多元位向量描述结构的表述,建立 10 种基本不变量算符群集 (4 个基元测度 + 6 个经典测度);在 9.3 节中给出分层结构化描述框架和支撑多元不变量算符的变换测度;在 9.4 节中描述从算符和变换测度,形成变换基及其群集索引;在 9.5 节中提出四个定理描述本章的主要结果;在 9.6 节中利用选择的例子,在对称约束条件下展现分划、重组和量化特性;在 9.7 节中利用 AES 算法生成伪随机序列可视化比较;在 9.8 节总结本章结果。

# 9.2　多元位向量状态表示

### 9.2.1　多元位向量和索引

令 $X$ 为 $n$ 元输入位向量，$X = (X_{n-1}, \cdots, X_i, \cdots, X_0), 0 \leqslant i < n, X_i \in \{0, 1\} = B_2, X \in \{0, 1\}^n = B_2^n$。

令 $Y$ 为 $n$ 元输出位向量，$Y = (Y_{n-1}, \cdots, Y_i, \cdots, Y_0), 0 \leqslant i < n, Y_i \in B_2, Y \in B_2^n$。

例如，$X = 0010110, Y = 1011010, n = 7$。

令 $I(X)$ or $I$ 为向量 $X$ 的索引，$I = I(X) = \sum\limits_{i=0}^{n-1} X_i 2^i, 0 \leqslant I < 2^n, X \in B_2^n$。

令 $J(Y)$ or $J$ 为向量 $Y$ 的索引，$J = J(Y) = \sum\limits_{i=0}^{n-1} Y_i 2^i, 0 \leqslant J < 2^n, Y \in B_2^n$。

例如，$X = 0010110, I(X) = 2^4 + 2^2 + 2^1 = 22; Y = 1011010, J(Y) = 2^6 + 2^4 + 2^3 + 2^1 = 90; n = 7$。

令 $\Omega(n)$ 为 $n$ 元位向量的状态集合，$\Omega(n) = \{\forall X, Y \leqslant I, J < 2^n\}, X, Y \in B_2^n$。

**引理 9.1**　在 $\Omega(n)$ 状态集合中一共包含 $2^n$ 个可区分位向量状态，$|\Omega(n)| = 2^n$。

### 9.2.2　变换位向量结构

令 $Z$ 为 $2n$ 元变换位向量，$Z = (Z_{2n-1}, \cdots, Z_k, \cdots, Z_0), 0 \leqslant k < 2n, Z_i \in B_2, Z \in \{0, 1\}^{2n} = B_2^{2n}$。

令 $K(Z)$ or $K$ 为向量 $Z$ 的索引，$K = K(Z) = \sum\limits_{k=0}^{2n-1} Z_k 2^k, 0 \leqslant K < 2^{2n}, Z \in B_2^{2n} = B_2^n \times B_2^n$。

令 $\|$ 为串接算符，对任意的成对 $n$ 元位向量 $(X, Y)$，$Z = (X, Y) = Y \| X = YX$，即 $K = J \times 2^n + I$。

例如，$X = 0010110; Y = 1011010; Z = 10110100010110; 2n = 14; (I = 22, J = 90) \to K = 90 \times 2^7 + 22 = 11542$。

三个位向量 $\{I, J, K\}$ 数值索引，能够被方便地描述为二维整数表格结构。例如，在 $n = 2$ 条件下，

| $K$ $I$ | 0 | 1 | 2 | 3 |
|---|---|---|---|---|
| $J$ | | | | |
| **0** | 0 | 1 | 2 | 3 |
| **1** | 4 | 5 | 6 | 7 |
| **2** | 8 | 9 | 10 | 11 |
| **3** | 12 | 13 | 14 | 15 |

令 $\Pi(n)$ 为 $2n$ 元位向量的变换状态集合，$\Pi(n) = \{\forall (X, Y) \mid Z = (X, Y), 0 \leqslant K < 2^{2n}\} = \Omega(n) \times \Omega(n), Z \in \Pi(n)$。

**引理 9.2**　在 $\Pi(n)$ 状态集合中一共包含 $2^{2n}$ 个可区分位向量状态，$|\Pi(n)| = 2^{2n}$。

### 9.2.3　变换索引的置换算符

在置换算符的作用下，变换索引在整数表格中可能形成多种可区分配置。

令 $S(N)$ 为包含 $N$ 个元素的整数向量所对应的置换群，$E = (0, 1, \cdots, I, \cdots, N-1) \, (0 \leqslant I < N)$ 为初始向量。令 $P$ 为置换算符作用在初始向量上，$P(E) = (P(0), P(1), \cdots, P(I), \cdots, P(N-1)), P(I) \in \{0, 1, \cdots, N-1\}$。

令 $f_S(N)$ 为在置换群 $S(N)$ 的可区分向量数目。

当 $K = (I, J)$ 为成对索引 $(I, J)$ 形成的变换索引，在置换算符 $P$ 的作用下，索引之间的相互位置会改变，但对应的序对索引值将保持不变，即 $K = (P(I), P(J))$。

例如，在 $n = 2$ 条件下，$P = (0, 3, 1, 2)$ 初态状态和置换算符作用后的状态表格分别为

| $K$ $\quad$ $I$ | 0 | 1 | 2 | 3 |
|---|---|---|---|---|
| $J$ | | | | |
| **0** | 0 | 1 | 2 | 3 |
| **1** | 4 | 5 | 6 | 7 |
| **2** | 8 | 9 | 10 | 11 |
| **3** | 12 | 13 | 14 | 15 |

| $K$ $\quad$ $P(I)$ | 0 | 3 | 1 | 2 |
|---|---|---|---|---|
| $P(J)$ | | | | |
| **0** | 0 | 3 | 1 | 2 |
| **3** | 12 | 15 | 13 | 14 |
| **1** | 4 | 7 | 5 | 6 |
| **2** | 8 | 11 | 9 | 10 |

**引理 9.3**  在变换索引群集上 $\forall P, \{(P(I), P(J))\}$，共有 $2^n!$ 可区分置换。

**证明**  由于 $(I, J)$ 在相同的置换算符下作用，整个状态表格的群集为一个包含 $2^n$ 个元素的置换群。

### 9.2.4  四基元测量算符及其测度

令任意 $n$ 长位向量对 $(X, Y)$，$K = (I, J) \in \Pi(n)$，四基元测量算符记为 $\{n_\perp, n_+, n_-, n_\top\}$，关联的基元测度记为 $\{n_\perp(K), n_+(K), n_-(K), n_\top(K)\}$，相关测量值由下列公式计算。

$$n_\perp(K) = \sum_{i=0}^{n-1} [(X_i, Y_i) == (0, 0)]$$

$$n_+(K) = \sum_{i=0}^{n-1} [(X_i, Y_i) == (0, 1)]$$

$$n_-(K) = \sum_{i=0}^{n-1} [(X_i, Y_i) == (1, 0)]$$

$$n_\top(K) = \sum_{i=0}^{n-1} [(X_i, Y_i) == (1, 1)]$$

$$n = n_\perp(K) + n_+(K) + n_-(K) + n_\top(K)$$

例如，$X = 0010110; Y = 1011010; Z = 10110100010110; n = 7; n_\perp(K) = 2, n_+(K) = 2, n_-(K) = 1, n_\top(K) = 2$。

对相关测度的进一步解释，参见表 9.1。

**表 9.1  四基元测量算符及其意义**

| 测度 | 解释 | 意义 |
|---|---|---|
| $\boldsymbol{n_\perp(K)}$ | 在变换位向量 $Z$ 中 $(0, 0)$ 变化的位数之和 | 变换向量保持 0 值不变的位数 |
| $\boldsymbol{n_+(K)}$ | 在变换位向量 $Z$ 中 $(0, 1)$ 变化的位数之和 | 变换向量从 0 到 1 变值的位数 |
| $\boldsymbol{n_-(K)}$ | 在变换位向量 $Z$ 中 $(1, 0)$ 变化的位数之和 | 变换向量从 1 到 0 变值的位数 |
| $\boldsymbol{n_\top(K)}$ | 在变换位向量 $Z$ 中 $(1, 1)$ 变化的位数之和 | 变换向量保持 1 值不变的位数 |

### 9.2.5　六对测量算符及其测度

利用四基元测量算符，构成不同模式的组合形态。任意选择两个基元为一对，可以生成六对测量算符，同差分测度等经典测量参量相对应。

令任意 $n$ 长位向量对 $(X, Y)$，$K = (I, J) \in \Pi(n)$，记六对测量算符为 $\{p, \bar{p}, n_1, n_0, n_\oplus, n_\odot\}$，记关联测度为 $\{p(K), \bar{p}(K), n_1(K), n_0(K), n_\oplus(K), n_\odot(K)\}$，测量值满足下列计算公式。

$$p(K) = n_-(K) + n_\top(K)$$
$$\bar{p}(K) = n - p(K) = n_+(K) + n_\perp(K)$$
$$n_1(K) = n_+(K) + n_\top(K)$$
$$n_0(K) = n - n_1(K) = n_-(K) + n_\perp(K)$$
$$n_\oplus(K) = n_-(K) + n_+(K)$$
$$n_\odot(K) = n - n_\oplus(K) = n_\perp(K) + n_\top(K)$$

例如，$X = 0010110; Y = 1011010; Z = 10110100010110; n = 7; p(K) = 3, \bar{p}(K) = 4; n_1(K) = 4, n_0(K) = 3; n_\oplus(K) = 4, n_\odot(K) = 3$。

六对测度算符的进一步解释，参见表 9.2。

**表 9.2　六对测量算符及其意义**

| 测度 | 解释 | 意义 |
| --- | --- | --- |
| $p(K)$ | 输入位向量 $X$ 包含 1 的位数之和 | 输入向量的汉明权重 |
| $\bar{p}(K)$ | 输入位向量 $X$ 包含 0 的位数之和 | 输入向量的汉明权重之补 |
| $n_1(K)$ | 输出位向量 $Y$ 包含 1 的位数之和 | 输出向量的汉明权重 |
| $n_0(K)$ | 输出位向量 $Y$ 包含 0 的位数之和 | 输出向量的汉明权重之补 |
| $n_\oplus(K)$ | 在变换位向量 $Z$ 中变化的位数之和 | 变换向量差分测度 ($\oplus$XOR) 和 |
| $n_\odot(K)$ | 在变换位向量 $Z$ 中不变化的位数之和 | 变换向量差分测度和之补 |

### 9.2.6　基本测量算符集合及其测度

利用两类测量算符，可以形成 10 种基本测量算符。

令 $\mathcal{U}(n)$ 为基本测量算符集，$\mathcal{U}(n) = \{n_\perp, n_+, n_-, n_\top, p, p''\}$。从扩展组合算符的角度，基本算符集 = 4 基元测量算符 +6 对测量算符。

对任意选定算符 $u \in \mathcal{U}(n)$，$u(K)$ 为基本测量算符，作用在变换索引 $K$ 上所获得的量化测度。

# 9.3　分层描述的变换测度

### 9.3.1　变换测度

利用基本算符集合，对任意变换索引 $K \in \Pi(n)$ 可以灵活配置出多种组合类型的变换算符及其测度。

令 $m$ 元变换算符向量 $(u, v, w, \cdots)$，$u, v, w \in \mathcal{U}(n)$ 表示一类特殊联合算符结构，对选定的变换索引 $K$，$(u(K), v(K), w(K), \cdots)$ 为一个 $m$ 元变换测度。

例如，$\{p,(p,n_\oplus),(n_1,p,n_\odot)\}$ 表示三个变换算符，而 $\{p(K),(p(K),n_\oplus(K)),(n_1(K),p(K),n_\odot(K))\}$ 为对应的三个变换测度，每个变换测度分别包含 $1，2，3$ 个基本测量测度，以多元数组向量的模式，构成其部分有序组合参数。

### 9.3.2 等价关系

选择一个变换测量算符 $u$，若两个变换索引 $K_1,K_2 \in \Pi(n)$，$K_1 \neq K_2$ 和 $u(K_1) = u(K_2)$，即两个变换索引 $\{K_1,K_2\}$ 在算符 $u$ 的作用下落在相同的群集之中，则称两个变换索引具有等价关系。

任意 $u$ 算符可能由多个基本测量算符组成，如果在索引中可区分的分量满足等价关系，则称两个索引满足部分等价关系。

例如，如果 $u = (p,n_\oplus,n_\odot)$，$K_1,K_2 \in \Pi(n)$，$K_1 \neq K_2$；$p(K_1) = p(K_2)$；$n_\oplus(K_1) = n_\oplus(K_2)$；但 $n_\odot(K_1) \neq n_\odot(K_2)$，则算符 $u:(p(),n_\oplus(),n_\odot())$ 的变换测量测度中前两个测度参数存在部分等价关系。

**引理 9.4** 任意变换索引 $K \in \Pi(n)$，$0 \leqslant K < 2^{2n}$，该索引能够被等价地表示为 $n$ 对 $2n$ 个位变量或者一组 $m$ 元变换测度，以组织 $2^{2n}$ 个索引，从一个整体状态集合，通过 $m$ 个层次，自顶向下以多重中间群集的模式，划分为包含较少数量的索引群集。

**证明** 变换索引 $K$ 本身就是 $n$ 对 $2n$ 个位变量，需要论证的是第二种表示方式。选择一组 $m$ 元 $n$ 值算符集合，总能找到 $M \geqslant 1$，如果满足 $m > M$，则 $2^{2n} \leqslant n^m$。在这样的表示条件下，利用选择的 $m$ 元测量算符作为一个变换测度，每个测量参数将决定一个特定层次群集索引的等价结构。

**推论 9.1** 选择 $m$ 个算符，$m$ 元 $n$ 值算符可表示为变换测度，基于变换测度的特定参数可以将变换索引集合 $\{K\}$ 表达为等价类。

例如，对 $K \in \Pi(n)$，$n = 2$，选择三个变换测量算符 $\{p,n_\oplus,(p,n_\oplus)\}$，对应的变换测度为 $p(K),n_\oplus(K),(p(K),n_\oplus(K))$；可以表示为三组或者九组群集：$\{0,1,2\}$ 或者 $\{(0,0),(0,1),(0,2),(1,0),(1,1),(1,2),(2,0),(2,1),(2,2)\}$。

| $p(K)$ | $I$ | 0 | 1 | 2 | 3 |
|---|---|---|---|---|---|
| $J$ | | | | | |
| **0** | | 0 | 1 | 1 | 2 |
| **1** | | 0 | 1 | 1 | 2 |
| **2** | | 0 | 1 | 1 | 2 |
| **3** | | 0 | 1 | 1 | 2 |

| $n_\oplus(K)$ | $I$ | 0 | 1 | 2 | 3 |
|---|---|---|---|---|---|
| $J$ | | | | | |
| **0** | | 0 | 1 | 1 | 2 |
| **1** | | 1 | 0 | 2 | 1 |
| **2** | | 1 | 2 | 0 | 1 |
| **3** | | 2 | 1 | 1 | 0 |

| $(p(K),n_\oplus(K))$ | $I$ | 0 | 1 | 2 | 3 |
|---|---|---|---|---|---|
| $J$ | | | | | |
| **0** | | (0,0) | (1,1) | (1,1) | (2,2) |
| **1** | | (0,1) | (1,0) | (1,2) | (2,1) |
| **2** | | (0,1) | (1,2) | (1,0) | (2,1) |
| **3** | | (0,2) | (1,1) | (1,1) | (2,0) |

从有效地区分群集分化的角度，多元测量算符比单元测量算符提供更为灵活的组合模式。

### 9.3.3 互补测量算符

如果成对测量算符具有互补的测量关系，则互补测量算符对相关群集不能提供进一步的细化。

**推论 9.2** 对 $K \in \Pi(n)$，选择一对 $n$ 值测量算符 $u$、$v$，如果 $u(K) + v(K) = n$，$0 \leqslant u(K),v(K) < n$，则无论 $u(K)$、$v(K)$ 还是 $(u(K),v(K))$ 都对应相同的分划群集。

**证明**　因为 $u(K) = n - v(K)$，无论 $u(K)$、$v(K)$ 还是 $(u(K), v(K))$ 都将 1-1 对应其自身的群集或者已有的互补群集。整体而言，不会分划出新的群集。

例如，对 $K \in \Pi(n), n = 2$，选择三个变换测量算符 $\{p, \bar{p}, (p, \bar{p})\}$，对应的变换测度为 $p(K), \bar{p}(K), (p(K), \bar{p}(K)); p(K) + \bar{p}(K) = n$，关联的变化测度可以表示为三组群集 $\{0, 1, 2\}$ 或者 $\{(0,2), (1,1), (2,0)\}$。

| $p(K)$ $I$ | 0 | 1 | 2 | 3 | $\bar{p}(K)$ $I$ | 0 | 1 | 2 | 3 | $(p(K),\bar{p}(K))$ | $I$ | 0 | 1 | 2 | 3 |
|---|---|---|---|---|---|---|---|---|---|---|---|---|---|---|---|
| $J$ | | | | | $J$ | | | | | $J$ | | | | | |
| 0 | 0 | 1 | 1 | 2 | 0 | 2 | 1 | 1 | 0 | 0 | | (0,2) | (1,1) | (1,1) | (2,0) |
| 1 | 0 | 1 | 1 | 2 | 1 | 2 | 1 | 1 | 0 | 1 | | (0,2) | (1,1) | (1,1) | (2,0) |
| 2 | 0 | 1 | 1 | 2 | 2 | 2 | 1 | 1 | 0 | 2 | | (0,2) | (1,1) | (1,1) | (2,0) |
| 3 | 0 | 1 | 1 | 2 | 3 | 2 | 1 | 1 | 0 | 3 | | (0,2) | (1,1) | (1,1) | (2,0) |

另一组例子，对 $K \in \Pi(n), n = 2$，选择三个变换测量算符 $\{n_\oplus, n_\odot, (n_\oplus, n_\odot)\}$，对应的变换测度为 $n_\oplus(K), n_\odot(K), (n_\oplus(K), n_\odot(K)); n_\oplus(K) + n_\odot(K) = n$，关联的变化测度可以表示为三组群集 $\{0, 1, 2\}$ 或者 $\{(0,2), (1,1), (2,0)\}$。

| $n_\oplus(K)$ $I$ | 0 | 1 | 2 | 3 | $n_\odot(K)$ $I$ | 0 | 1 | 2 | 3 | $(n_\oplus(K),n_\odot(K))$ | $I$ | 0 | 1 | 2 | 3 |
|---|---|---|---|---|---|---|---|---|---|---|---|---|---|---|---|
| $J$ | | | | | $J$ | | | | | $J$ | | | | | |
| 0 | 0 | 1 | 1 | 2 | 0 | 2 | 1 | 1 | 0 | 0 | | (0,2) | (1,1) | (1,1) | (2,0) |
| 1 | 1 | 0 | 2 | 1 | 1 | 1 | 2 | 0 | 1 | 1 | | (1,1) | (0,2) | (2,0) | (1,1) |
| 2 | 1 | 2 | 0 | 1 | 2 | 1 | 0 | 2 | 1 | 2 | | (1,1) | (2,0) | (0,2) | (1,1) |
| 3 | 2 | 1 | 1 | 0 | 3 | 0 | 1 | 1 | 2 | 3 | | (2,0) | (1,1) | (1,1) | (0,2) |

## 9.4　从变换测度到变换基和群集索引

### 9.4.1　单个测量度量的变换基和群集索引

对任意 $u \in \mathcal{U}(n)$，令 $b(i)$ 为第 $i$ 个群集的变换基表示，满足 $i = u(K)$ 条件，$b(i) = \{u(K) \mid i = u(K), 0 \leqslant i < n, 0 \leqslant K < 2^{2n}\}$。

对任意 $u \in \mathcal{U}(n)$，令 $c(i)$ 为第 $i$ 个群集的索引，包含所有满足 $i = u(K)$ 条件的变换索引，$c(i) = \left| \{ \forall K \mid i = u(K), 0 \leqslant i < n, 0 \leqslant K < 2^{2n} \} \right|$。

| $p(K)$ $I$ | 0 | 1 | 2 | 3 |
|---|---|---|---|---|
| $J$ | | | | |
| 0 | 0 | 1 | 1 | 2 |
| 1 | 0 | 1 | 1 | 2 |
| 2 | 0 | 1 | 1 | 2 |
| 3 | 0 | 1 | 1 | 2 |

| $i = p(K)$ | 0 | 1 | 2 |
|---|---|---|---|
| $b(i)$ | 0 | 1 | 2 |

| $i = p(K)$ | 0 | 1 | 2 |
|---|---|---|---|
| $c(i)$ | 4 | 8 | 4 |

| $\bar{p}(K)$ $I$ | 0 | 1 | 2 | 3 |
|---|---|---|---|---|
| $J$ | | | | |
| 0 | 2 | 1 | 1 | 0 |
| 1 | 2 | 1 | 1 | 0 |
| 2 | 2 | 1 | 1 | 0 |
| 3 | 2 | 1 | 1 | 0 |

| $i = \bar{p}(K)$ | 0 | 1 | 2 |
|---|---|---|---|
| $b(i)$ | 0 | 1 | 2 |

| $i = \bar{p}(K)$ | 0 | 1 | 2 |
|---|---|---|---|
| $c(i)$ | 4 | 8 | 4 |

例如，对 $K \in \Pi(n), n = 2$，选择两个变换测量算符 $\{p, \bar{p}\}$，对应的变换测度为 $p(K)$，$\bar{p}(K); p(K) + \bar{p}(K) = n$，变换测度表示为三组群集 $\{0, 1, 2\}$ 作为变换测度基 $\{b(i)\}$，三个群集索引 $\{c(i)\}$ 分别包含 $\{4, 8, 4\}$ 个变换索引。

### 9.4.2 成对测量度量的变换基和群集索引

对任意 $(u, v), u, v \in \mathcal{U}(n)$，令 $b(i, j)$ 为第 $(i, j)$ 个群集的变换基表示，满足 $i = u(K), j = v(K)$ 条件，$b(i, j) = \{(u(K), v(K)) | i = u(K), j = v(K), 0 \leqslant i, j < n, 0 \leqslant K < 2^{2n}\}$。

对任意 $(u, v), u, v \in \mathcal{U}(n)$，令 $c(i, j)$ 为第 $(i, j)$ 个群集的索引，包含所有满足 $i = u(K), j = v(K)$ 条件的变换索引，$c(i, j) = |\{\forall K | i = u(K), j = v(K), 0 \leqslant i, j < n, 0 \leqslant K < 2^{2n}\}|$。

例如，对 $K \in \Pi(n), n = 2$，选择一对变换测量算符 $\{(p, \bar{p})\}$，对应的变换测度为 $(p(K), \bar{p}(K)); p(K) + \bar{p}(K) = n$，变化测度表示为三组群集 $\{b(i, j)\}$ 以 $\{(0, 2), (1, 1), (2, 0)\}$ 作为变换测度基，三个群集索引 $\{c(i, j)\}$ 分别包含 $\{4, 8, 4\}$ 个变换索引。

| $(p(K), \bar{p}(K))$ | $I$ | 0 | 1 | 2 | 3 |
|---|---|---|---|---|---|
| $J$ | | | | | |
| 0 | | (0,2) | (1,1) | (1,1) | (2,0) |
| 1 | | (0,2) | (1,1) | (1,1) | (2,0) |
| 2 | | (0,2) | (1,1) | (1,1) | (2,0) |
| 3 | | (0,2) | (1,1) | (1,1) | (2,0) |

| $b(i,j)$ | $j = p(K)$ | 0 | 1 | 2 |
|---|---|---|---|---|
| $j = \bar{p}(K)$ | | | | |
| 0 | | | | (2,0) |
| 1 | | | (1,1) | |
| 2 | | (0,2) | | |

| $c(i,j)$ | $i = p(K)$ | 0 | 1 | 2 |
|---|---|---|---|---|
| $j = \bar{p}(K)$ | | | | |
| 0 | | | | 4 |
| 1 | | | 8 | |
| 2 | | 4 | | |

又如，对 $K \in \Pi(n), n = 2$，选择一对变换测量算符 $\{(n_\oplus, n_\odot)\}$，对应的变换测度为 $(n_\oplus(K), n_\odot(K)); n_\oplus(K) + n_\odot(K) = n$，变化测度表示为三组群集 $\{b(i, j)\}$ 包含 $\{(0, 2), (1, 1), (2, 0)\}$ 作为变换测度基，三个群集索引 $\{c(i, j)\}$ 分别包含 $\{4, 8, 4\}$ 个变换索引。

| $(n_\oplus(K), n_\odot(K))$ | $I$ | 0 | 1 | 2 | 3 |
|---|---|---|---|---|---|
| $J$ | | | | | |
| 0 | | (0,2) | (1,1) | (1,1) | (2,0) |
| 1 | | (1,1) | (0,2) | (2,0) | (1,1) |
| 2 | | (1,1) | (2,0) | (0,2) | (1,1) |
| 3 | | (2,0) | (1,1) | (1,1) | (0,2) |

| $b(i,j)$ | $i = n_\oplus(K)$ | 0 | 1 | 2 |
|---|---|---|---|---|
| $j = n_\odot(K)$ | | | | |
| 0 | | | | (2,0) |
| 1 | | | (1,1) | |
| 2 | | (0,2) | | |

| $c(i,j)$ | $i=n_{\oplus}(K))$ | 0 | 1 | 2 |
|---|---|---|---|---|
| $j=n_{\odot}(K)$ | | | | |
| 0 | | | 4 | |
| 1 | | 8 | | |
| 2 | | | 4 | |

## 9.5　对称约束下的变换测度

选择不同的变换算符，变换测度可以构造出分层结构化表示体系。由于原始的变换测度基于 $2^n \times 2^n$ 阵列，在任意的置换算符作用下对 $2^{2n}$ 项变换测度进行恰当的处理，是一类异常艰巨而繁杂的工作。为简化分析，利用对称约束条件，将庞大的组合排列状态空间收缩为概率分布空间，是一类对变换分类和群集测量都有意义的高效模式。

**定理 9.1**　选择一对基础测量算符 $u,v \in \mathcal{U}(n)$ 构成一个变换测量算符 $(u,v)$，当 $u=p, v=n_1$ 分别为输入和输出位向量的汉明权重，同时选择合适的置换算符 $P$ 时，$2^{2n}$ 项变换测度可能群集为 $(n+1)^2$ 个块，每个块中包含相同的变换测度。

**证明**　选择置换算符 $P$ 满足如下对称条件，将变换测度排列有序化：$p(P(0)) \leqslant p(P(1)) \leqslant \cdots \leqslant p(P(I)) \leqslant \cdots \leqslant p(P(2^n-1)), 0 \leqslant p(P(I)) \leqslant n, 0 \leqslant I < 2^n$ 而 $n_1(P(0)) \leqslant n_1(P(1)) \leqslant \cdots \leqslant n_1(P(J)) \leqslant \cdots \leqslant n_1(P(2^n-1)), 0 \leqslant n_1(P(J)) \leqslant n, 0 \leqslant J < 2^n$。在变换测度有序排列条件下 $2^{2n}$ 项变换测度依次按行和列分为 $n+1$ 分块，各块中包含相同的变换测度。

**定理 9.2**　在满足定理 9.1 的条件下，可区分变换基的最大数目为 $(n+1)^2$。

**证明**　因为 $0 \leqslant i,j \leqslant n$，每个群集只需要选择一个变换基，因此有这类最大数量限制。

**定理 9.3**　在满足定理 9.1 和定理 9.2 的条件下，第 $(i,j)$ 块的群集索引为 $c(i,j) = \binom{n}{i} \times \binom{n}{j}, 0 \leqslant i,j \leqslant n$。

**证明**　输入变换测度具有 $i$ 个 1 的数目为 $\binom{n}{i}$，而输出变换测度具有 $j$ 个 1 的数目为 $\binom{n}{j}$，$c(i,j)$ 的数目为二者的乘积。

**定理 9.4**　所有可区分 $\{c(i,j)\}, 0 \leqslant i,j \leqslant n$ 的总和为 $2^{2n}$。

**证明**　将所有的群集索引相加，

$$\sum_{i=0}^{n}\sum_{j=0}^{n} c(i,j) = \sum_{i=0}^{n}\sum_{j=0}^{n} \binom{n}{i} \times \binom{n}{j}$$

$$= \left[\sum_{i=0}^{n} \binom{n}{i}\right] \times \left[\sum_{j=0}^{n} \binom{n}{j}\right]$$

$$= 2^n \times 2^n$$

$$= 2^{2n}$$

## 9.6 对称约束下的变换例子

为了恰当地理解所建立的定理, 选择比前面例子稍复杂一点的情形, 对 $K \in \Pi(n), n = 3$ 的两组例子进行变换, 以展现变换中的相关参数及其数量特性。

### 9.6.1 顺序排列的变换

选择置换为 $E = (0, 1, 2, 3, 4, 5, 6, 7)$, 按照顺序排列, 变换索引为 64 种, 变换测度排列为 36 块, 具有 16 个变换基和 16 个群集索引。

| $K$ | $I$ | 0 | 1 | 2 | 3 | 4 | 5 | 6 | 7 |
|---|---|---|---|---|---|---|---|---|---|
| $J$ | | | | | | | | | |
| 0 | | 0 | 1 | 2 | 3 | 4 | 5 | 6 | 7 |
| 1 | | 8 | 9 | 10 | 11 | 12 | 13 | 14 | 15 |
| 2 | | 16 | 17 | 18 | 19 | 20 | 21 | 22 | 23 |
| 3 | | 24 | 25 | 26 | 27 | 28 | 29 | 30 | 31 |
| 4 | | 32 | 33 | 34 | 35 | 36 | 37 | 38 | 39 |
| 5 | | 40 | 41 | 42 | 43 | 44 | 45 | 46 | 47 |
| 6 | | 48 | 48 | 50 | 51 | 52 | 53 | 54 | 55 |
| 7 | | 56 | 57 | 58 | 59 | 60 | 61 | 62 | 63 |

| $(p(K), n_1(K))$ | $I$ | 0 | 1 | 2 | 3 | 4 | 5 | 6 | 7 |
|---|---|---|---|---|---|---|---|---|---|
| $J$ | | | | | | | | | |
| 0 | | (0,0) | (1,0) | (1,0) | (2,0) | (1,0) | (2,0) | (2,0) | (3,0) |
| 1 | | (0,1) | (1,1) | (1,1) | (2,1) | (1,1) | (2,1) | (2,1) | (3,1) |
| 2 | | (0,1) | (1,1) | (1,1) | (2,1) | (1,1) | (2,1) | (2,1) | (3,1) |
| 3 | | (0,2) | (1,2) | (1,2) | (2,2) | (1,2) | (2,2) | (2,2) | (3,2) |
| 4 | | (0,1) | (1,1) | (1,1) | (2,1) | (1,1) | (2,1) | (2,1) | (3,1) |
| 5 | | (0,2) | (1,2) | (1,2) | (2,2) | (1,2) | (2,2) | (2,2) | (3,2) |
| 6 | | (0,2) | (1,2) | (1,2) | (2,2) | (1,2) | (2,2) | (2,2) | (3,2) |
| 7 | | (0,3) | (1,3) | (1,3) | (2,3) | (1,3) | (2,3) | (2,3) | (3,3) |

| $b(i,j)$ | $i = p(K))$ | 0 | 1 | 2 | 3 |
|---|---|---|---|---|---|
| $j = n_1(K)$ | | | | | |
| 0 | | (0,0) | (1,0) | (2,0) | (3,0) |
| 1 | | (0,1) | (1,1) | (2,1) | (3,1) |
| 2 | | (0,2) | (1,2) | (2,2) | (3,2) |
| 3 | | (0,3) | (1,3) | (2,3) | (3,3) |

| $c(i,j)$ | $i = p(K))$ | 0 | 1 | 2 | 3 |
|---|---|---|---|---|---|
| $j = n_1(K)$ | | | | | |
| 0 | | 1 | 3 | 3 | 1 |
| 1 | | 3 | 9 | 9 | 3 |
| 2 | | 3 | 9 | 9 | 3 |
| 3 | | 1 | 3 | 3 | 1 |

### 9.6.2 满足对称排列条件的变换

选择置换为 $P = (0, 1, 2, 4, 3, 5, 6, 7)$, 满足对称排列条件, 变换索引为 64 种, 变换测度排列为 16 块, 具有 16 个变换基和 16 个群集索引。

| $K$ $P(I)$ | 0 | 1 | 2 | 4 | 3 | 5 | 6 | 7 |
|---|---|---|---|---|---|---|---|---|
| $P(J)$ | | | | | | | | |
| 0 | 0 | 1 | 2 | 4 | 3 | 5 | 6 | 7 |
| 1 | 8 | 9 | 10 | 12 | 11 | 13 | 14 | 15 |
| 2 | 16 | 17 | 18 | 20 | 19 | 21 | 22 | 23 |
| 4 | 32 | 33 | 34 | 36 | 35 | 37 | 38 | 39 |
| 3 | 24 | 25 | 26 | 28 | 27 | 29 | 30 | 31 |
| 5 | 40 | 41 | 42 | 44 | 43 | 45 | 46 | 47 |
| 6 | 48 | 48 | 50 | 52 | 51 | 53 | 54 | 55 |
| 7 | 56 | 57 | 58 | 60 | 59 | 61 | 62 | 63 |

| $(p(K),n_1(K))$ $P(I)$ | 0 | 1 | 2 | 4 | 3 | 5 | 6 | 7 |
|---|---|---|---|---|---|---|---|---|
| $P(J)$ | | | | | | | | |
| 0 | (0,0) | (1,0) | (1,0) | (1,0) | (2,0) | (2,0) | (2,0) | (3,0) |
| 1 | (0,1) | (1,1) | (1,1) | (1,1) | (2,1) | (2,1) | (2,1) | (3,1) |
| 2 | (0,1) | (1,1) | (1,1) | (1,1) | (2,1) | (2,1) | (2,1) | (3,1) |
| 4 | (0,1) | (1,1) | (1,1) | (1,1) | (2,1) | (2,1) | (2,1) | (3,1) |
| 3 | (0,2) | (1,2) | (1,2) | (1,2) | (2,2) | (2,2) | (2,2) | (3,2) |
| 5 | (0,2) | (1,2) | (1,2) | (1,2) | (2,2) | (2,2) | (2,2) | (3,2) |
| 6 | (0,2) | (1,2) | (1,2) | (1,2) | (2,2) | (2,2) | (2,2) | (3,2) |
| 7 | (0,3) | (1,3) | (1,3) | (1,3) | (2,3) | (2,3) | (2,3) | (3,3) |

| $b(i,j)$ $i=p(K)$ | 0 | 1 | 2 | 3 |
|---|---|---|---|---|
| $j=n_1(K)$ | | | | |
| 0 | (0,0) | (1,0) | (2,0) | (3,0) |
| 1 | (0,1) | (1,1) | (2,1) | (3,1) |
| 2 | (0,2) | (1,2) | (2,2) | (3,2) |
| 3 | (0,3) | (1,3) | (2,3) | (3,3) |

| $c(i,j)$ $i=p(K)$ | 0 | 1 | 2 | 3 |
|---|---|---|---|---|
| $j=n_1(K)$ | | | | |
| 0 | 1 | 3 | 3 | 1 |
| 1 | 3 | 9 | 9 | 3 |
| 2 | 3 | 9 | 9 | 3 |
| 3 | 1 | 3 | 3 | 1 |

### 9.6.3　不同排列条件的比较

观察在给出的例子中不同参数的分布情况，选择不同的置换排列，对应的变换测度阵列具有明显的差别。但是观察所对应变换基的排列和群集索引的排列，这两种分布与置换算符选择无关。在定理约束的条件下形成不变的概率分布。

# 9.7　密码序列图示化展现

为展现建议的模型实际的处理结果，选择一组长度为 $10^7$ 位的由 AES 分组密码算法生成的伪随机序列。利用本章介绍的两类模式：穷举模式和按成对算符处理后的模式，分别处理之后的分布排列结果。

### 9.7.1　穷举排列模式

图 9.1(a)~(c) 分别展现三幅不同长度的成对穷举排列矩阵特征图像。

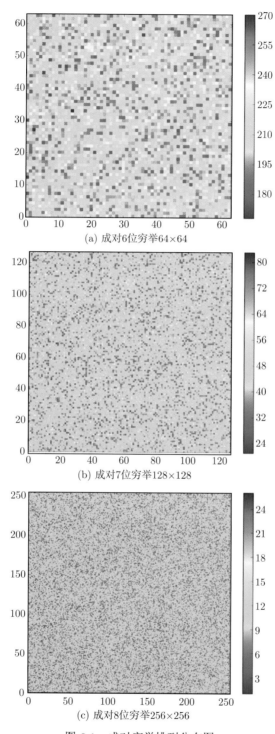

(a) 成对6位穷举64×64

(b) 成对7位穷举128×128

(c) 成对8位穷举256×256

图 9.1　成对穷举排列分布图

### 9.7.2　成对算符作用排列模式

图 9.2(a)~(i) 分别展现九幅在不同算符作用后的矩阵特征图像。

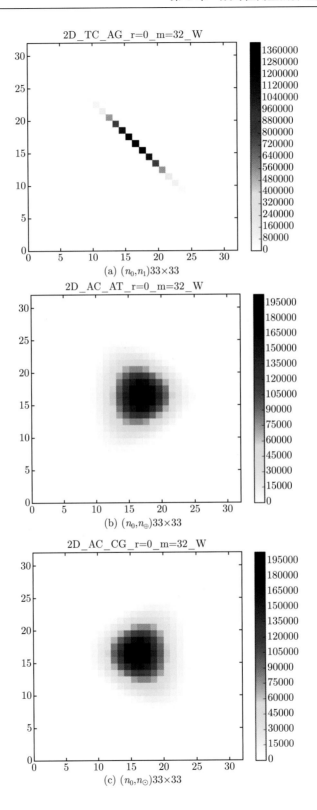

(a) $(n_0, n_1)33 \times 33$

(b) $(n_0, n_\oplus)33 \times 33$

(c) $(n_0, n_\odot)33 \times 33$

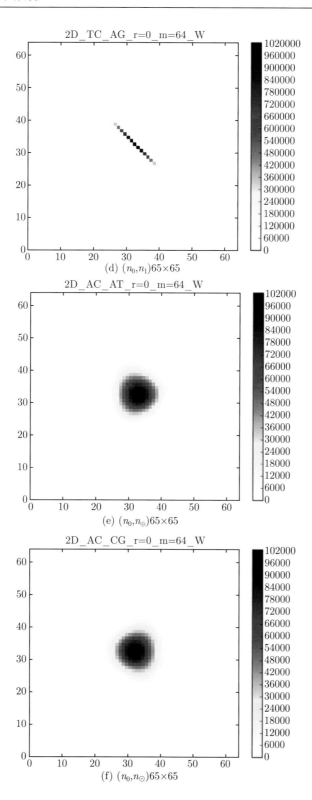

(d) $(n_0, n_1)65 \times 65$

(e) $(n_0, n_\oplus)65 \times 65$

(f) $(n_0, n_\odot)65 \times 65$

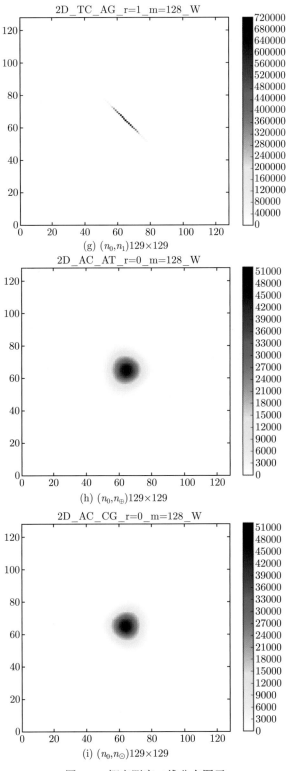

图 9.2　概率测度二维分布图示

### 9.7.3 简要分析

从图 9.1 和图 9.2 展现的分布结果中可以看出一些规律。在图 9.1(a)~(c) 中，伴随着的成对穷举长度分别为 6~8 位。

在图 9.1(a) 中可以观察到的最大值为 270 为深色像素，大部分像素取值为 40~60 中低灰度部分，整个面分布在 20~84。同图 9.1(a) 相比整个面呈现出较为细致的非均匀分布，相对取值域变化区域减小。

在图 9.1(c) 中可以观察到的最大值为 26 为深色像素，大部分像素取值为 9~18 为中低灰度部分，整个面分布在 2~26。同图 9.1(b) 相比整个面呈现出更为细致的非均匀分布，相对取值域变化区域近一步减小。

从三个图中可以看到，当穷举的位数增加时图像尺寸指数增大，同时分布的变化逐渐减小。但是图像整体满足均匀性，非均匀的部分以随机的模式散布在整个区域之中。如果检测序列是以整体均匀性为主体的，则不难预测可能的分布图示将对应于均匀分布。

图 9.2 系列中依次选择了三组不同的尺寸同时还选择了三组不同的成对算符：$A(n_0, n_1)$；$B(n_0, n_\oplus)$；$C(n_0, n_\odot)$。从选择的九幅图示分布观察，$A$ 的取值集中在反对角线上，中间的部分达到极大值，整体为典型的二项式分布结构，三种不同分段长度只是改变分布密度，反对角分布特性始终保持。在 $B$ 的分布结构中大部分高取值部分集中在中心区域，从不同段长取值形成的分布中可以观察到有规律垂直方向的对称分布结构。从组合的角度 $B$ 和 $C$ 为相似类型，从几何分布的角度，$C$ 图示表现为 $B$ 图的水平反射。从选择出的三组分段例子中可以看到明显的几何算符变换，实际算符的作用模式比起解释抽象算符群集的作用有效得多。这类可以通过不同算符组合形成几何变换的模式，对任意随机序列分析和应用起到支撑作用。

## 9.8 结 论

从密码分析的角度，穷举分析自身伴随着位向量群集的状态数量以指数/超指数复杂性增长，难以利用自底向上的策略处理大规模位向量群集。然而利用自顶向下的策略，当所涉及的问题与概率模型相关时，利用多元多值不变量参数模式，可以将宏大的单个位向量群集通过多个层次分划，转变为多个包含较少数目的等价位向量子群集。这样的一类基础分类模式，对解决宏观组合模式分类问题非常有效。从运算模型和复杂性的角度，该类变换所提供的模型和方法，将原有的 $2^n \times 2^n$ 穷举序列表示转换成为 $(n+1)^2$ 组合参数模型表示。在对称约束的条件下，测量结果与在置换算符作用下位向量状态的分布模式无关。

选择出的三类算符模式在不同分段条件下展现的分布结果，显示了所建议的投影算符在控制随机序列特征空间分布的几何变换特性。

本章展现的变换表示和测量结果主要基于六个经典测量算符。如何充分地利用在基础测量算符中的其他测度从位向量群集中获取进一步的信息，是一类需要进一步探索的论题。

### 参 考 文 献

[1] Alkhzaimi H A, Lauridsen M M. Cryptanalysis of the SIMON Family of Block Ciphers. Cryptology

ePrint Archive, Report , 2013: 543

[2] Beaulieu R, Shors D, Smith J, et al. The SIMON and SPECK Families of Lightweight Block Ciphers. Cryptology ePrint Archive, Report, 2013: 404

[3] Barsalou L W. Perceptual symbol systems. Behavioral and Brain Sciences, 1999, 22: 577-660.

[4] Jr Bayardo R J. E–ciently Mining Long Patterns from Databases. Procceedings of the ACM-SIGMOD Int'l Conference on Management of Data, 1998: 85-93.

[5] Dinur I, Dunkelman O, Gutman M, et al. Improved top-down techniques in difierential cryptanalysis. IACR Cryptology ePrint Archive, 2015: 268

[6] Reed I S. A class of multiple-error-correcting codes and the decoding scheme. IRE (IEEE), PGIT-4, 1954:38

[7] Biham E, Shamir A. Difierential cryptanalysis of DES-like cryptosystems. Journal of Cryptology, 1991, 4(1): 3

[8] Junod P, Canteaut A. Advanced Linear Cryptanalysis of Block and Stream Ciphers. Amsterdam: IOS Press, 2011

[9] Lai X, Massey J L. Markov Ciphers and Difierential Cryptanalysis. Berlin: Springer, 1991

[10] Leurent G. Analysis of Difierential Attacks in ARX Constructions. Berlin: Springer, 2012

[11] Sun S, Hu L, Wang P, et al. Automatic Security Evaluation and (Relatedkey) Difierential Characteristic Search: Application to SIMON, PRESENT, LBlock, DES(L) and Other Bit-oriented Block Ciphers. Cryptology ePrint Archive, Report 2013: 676

[12] Wang X Y, Yu H B. How to Break MD5 and Other Hash Functions. Advancesin Cryptology Lecture Notes in Computer Science, 2005: 1935

[13] Biryukov A, Velichkov V. Automatic search for difierential trails in ARX ciphers. LNCS,2014, 8366: 227-250

[14] Chakraborty D, Rodriguez-Henriquez F. Block Cipher Modes of Operation from a Hardware Implementation Perspective. Cryptographic Engineering. Berlin: Springer, 2008

[15] Coppersmith D. The Data Encryption Standard (DES) and its strengthagainst attacks. IBM Journal of Research and Development, 1994, 38 (3): 243

[16] Dworkin M.Recommendation for Block Cipher Modes of Operation: Methods and Techniques. Special Publication 800-38A, National Institute of Standards and Technology (NIST), 2001

[17] Keliher L, et al. Modeling Linear Characteristics of Substitution-Permutation Networks.Selected areas in cryptography: 6th annual international workshop, SAC'99, Kingston, Ontario, Canada, August 9-10, 1999: 79

[18] Zheng Z J. Conjugate Transformation of Regular Plan Lattices for Binary Images. Melbourne: Monash University, 1994.

[19] Zheng J, Zheng C. A framework to express variant and invariant functional spaces for binary logic. Frontiers of Electrical and Electronic Engineering, 2010, 5(2): 163-172.

[20] Wang H, Zheng J. 3D Visual Method of Variant Logic Construction for Random Sequence. Australian Information Warfare and Security, 2013: 16-27

[21] Yang W Z, Zheng J. Variant pseudo-random number generator, Hakin9Extra. Timing Attack, 2012, 6(13): 28-31

[22] Zheng J. Novel Pseudo-Random Number Generation Using Variant Logic Framework. 2nd International Cyber Resilience Conference, 2011: 100-104

[23]  Zheng J, Zheng C. Variant simulation system using quaternion structure. Journal of Modern Optics, Taylor & Francis Press, 2012, 59(5): 484-492

[24]  Zheng J, Zheng C, Kunii T L. Interactive Maps on Variant Phase Space. Emerging Application of Cellular Automata, 2013: 113-196

[25]  Zheng J, Zhang W, Luo J, et al. Variant map system to simulate complex properties of DNA interactions using binary sequences. Advances inPure Mathematics, 2013, 3(7A): 5-24

# 第三部分

# 理论基础 —— 变值图示

但总应要求一个数学主题变成直观上显然，才可认为研究到头了 · ·

——Felix Klein

构造数学分支的概率理论，可以也只能与建立几何和代数理论体系一样，按照公理化的模式严格地建立。

——Andrey Kolmogorov

易一名而含三义，易简一也，变易二也，不易三也。

——郑玄《易论》

在 *Emerging Application of Cellular Automata* 中，Interactive Maps on Variant Phase Spaces 以 84 页长章节的模式发表。从统计力学的角度对多类处理模式进行了分析和比较，针对不同的投影和映射机制进行探讨。

在 Springer 2019 年出版的变值体系专著中，变值图示部分包含了三章涉及各类系统化变值图示处理模式。

本书的变值图示部分包括两章。

第 10 章 基于变值测量基础方程形成变值图示以 B 类测量模式为基础，展现在两组不同的组合条件下如何从多项式测量系数转化为可视化图像。从变值图示的角度，不同的投影组合及其对应变换模式，将对可能形成的展现图示形成多重约束。

第 11 章 三种 0-1 随机序列在矩阵变换和变值变换下的统计系综测量从 0-1 序列测量的角度，矩阵变换特征值序列与变值变换下的不变量序列相互之间进行比较。利用足够长的 0-1 序列形成两组投影图像。结果展示当选择三组 0-1 序列 (随机、条件随机、周期) 作为输入序列时，矩阵变换能够区分出两类群集，而变值变换则能够精确地将三组群集区分出三类群集。图示结果体现出变值变换在这类应用中的潜在优势。

# 第 10 章　基于变值测量基本方程形成变值图示

郑智捷[*]

**摘要:** 利用四基元变值测度, 在 B 型测量条件下, 可以形成 11 种组合分划结构形成变值测量基本方程。本章以两种方程为例展现从测量基本方程到变值图示的基础模式。利用不同的投影和分层描述形成二维与三维组合多项式系数阵列, 以及关联的变值图示。通过多项式表示结构, 形成可供实际应用参考的标准分布。鉴于这类变换体系中包含着丰富的变换结构, 详细地探索有待于后续理论和应用的系统化扩展。

**关键词:** 变值测量, 基本方程, 变值图示, 多项式表示, 多项式系数阵列。

## 10.1　概　　述

变值体系从 $n$ 元变量出发, 形成 $2^n$ 状态、$2^{2^n}$ 函数, 通过加入对状态集合的向量置换和互补操作, 所形成的变值逻辑包含 $2^n! \times 2^{2^n}$ 配置空间作为变值逻辑的变化空间。变值测量体系作为量化测量的核心, 从理论分析的角度以 $m$ 元变量出发, 对 $2^m$ 个状态群集探讨在不同组合分划条件下的群聚特性。这类组合分划及重组与二项式和多项式为基础的组合恒等式变换体系密切关联。在本书的第 3 章中涉及的 $2^m$ 个状态群集, 在 B 型测量模式下四基元测度利用置换和结合运算, 可以形成 11 种非平凡的组合模式。本章选择两种组合模式在 $m = 10$ 条件下观察不同组合分划条件下二维和多层二维的系数矩阵的分布特性。为展示变值测量和变值图示之间系数矩阵与矩形图示的转换机制。本章利用第 3 章描述的两种组合模式, 采用多维概率统计可视化图示观察组合分划系数矩阵中伴随的图示分布结构。

## 10.2　从测量到图示

选择的两种组合模式为: $\{m - p\}\{p\}$ 和 $\{2q\}\{m - 2q\}$, 涉及的系数分布在特定的区域内, 取决于可变的参数维数和状态群居的自由度。

### 10.2.1　例 1

对 $\{m - p\}\{p\}$ 型公式, 合适的组合表达式为

$$\binom{m}{p} = \sum_{k=0}^{p} \binom{m-p}{k} \binom{p}{k} \tag{10.1}$$

* 云南省量子信息重点实验室, 云南省软件工程重点实验室, 云南大学。e-mail: conjugatelogic@yahoo.com。

本项目由国家自然科学基金 (62041213), 云南省科技厅重大科技专项 (2018ZI002), 国家自然科学基金 (61362014) 和云南省海外高层次人才项目联合经费支持。

分解后的二项式公式，通过 $p+1$ 组成对的二项式系数乘积之和构成。对任意 $p$ 取值，相关的样点 $\left\{ \binom{m-p}{k}\binom{p}{k} \right\}, 0 \leqslant k \leqslant p$ 形成顺序排列的模式。

该类特性对所有的 $p$ 值都成立，对特定的三元组：$(m,p,k)$ 有序结构与系数 $\binom{m-p}{k}\binom{p}{k}$ 1-1 对应。当 $m$ 取值逐渐增大时，系数矩阵逐渐增长形成三维的矩形台阶，每个选定的 $m$ 值对应一个 $(m+1)^2$ 系数区域。

在该区域对角线以下部分，所有的组合系数均为 0。该分布最有趣的部分在对角线之上。

**引理 10.1** 对 $\{m-p\}\{p\}$ 型组合式，有意义的分布约束在 $(m+1)^2$ 区域内约 1/4 的区域内。其余的 3/4 部分系数为 0。

| $f(10,p,k)=(.)$ | 0 | 1 | 2 | 3 | 4 | 5 | 6 | 7 | 8 | 9 | 10 | $p$ | $G(10,k)=\sum_{\forall p}(.)$ |
|---|---|---|---|---|---|---|---|---|---|---|---|---|---|
| 0 | 1 | 1 | 1 | 1 | 1 | 1 | 1 | 1 | 1 | 1 | 1 | | 11 |
| 1 | | 9 | 16 | 21 | 24 | 25 | 24 | 21 | 16 | 9 | | | 165 |
| 2 | | | 28 | 63 | 90 | 100 | 90 | 63 | 28 | | | | 462 |
| 3 | | | | 35 | 80 | 100 | 80 | 35 | | | | | 330 |
| 4 | | | | | 15 | 25 | 15 | | | | | | 55 |
| 5 | | | | | | 1 | | | | | | | 1 |
| 6 | | | | | | | | | | | | | |
| 7 | | | | | | | | | | | | | |
| 8 | | | | | | | | | | | | | |
| 9 | | | | | | | | | | | | | |
| 10 | | | | | | | | | | | | | |
| $k$ | | | | | | | | | | | | | |
| $F(10,p)=\sum_{\forall k}(.)$ | 1 | 10 | 45 | 120 | 210 | 252 | 210 | 120 | 45 | 10 | 1 | | $\sum_{\forall p,k}(.)=1024=2^{10}$ |

### 10.2.2 例 2

从形式上，$\{m-p\}\{p\}$ 与 $\{2q\}\{m-2q\}$ 相似，对 $\{2q\}\{m-q\}$ 型公式，合适的组合表达式为

$$\binom{m}{p} = \sum_{k=0}^{p} \binom{2q}{k}\binom{m-2q}{p-k} \tag{10.2}$$

式中，$q$ 为自由变量，$0 \leqslant q \leqslant \lfloor m/2 \rfloor$ 分解式都成立。不同于公式 (10.1)，公式 (10.2) 针对不同的 $q$ 确定 $\lfloor m/2 \rfloor + 1$ 组取值面。形成具有三维分布模式的分布阵列。

令 $f(m,q,p,k) = \binom{2q}{k}\binom{m-2q}{p-k}$，在 $0 \leqslant q \leqslant \lfloor m/2 \rfloor, 0 \leqslant k,p \leqslant m$ 条件下，非平凡组合参数将覆盖多层二维区域的特定位置。

利用系数值转化为灰度/彩色像素，可以看到组合系数的分布。

分解后的二项式公式，通过 $p+1$ 组成对的二项式系数乘积之和构成。对任意 $p$ 取值，相关的样点 $\left\{ \binom{2q}{k}\binom{m-2q}{p-k} \right\}, 0 \leqslant k \leqslant p$ 形成顺序排列的模式。

该类特性对所有的 $p$ 值都成立，对特定的四元组：$(m,q,p,k)$ 有序结构与系数 $\binom{2q}{k}$ $\binom{m-2q}{p-k}$ 1-1 对应。每个选定的 $m$ 值对应一个 $(m+1)^2 \times (\lfloor m/2 \rfloor + 1)$ 系数区域。

**引理 10.2** 对 $\{2q\}\{m-2q\}$ 型组合式, 有意义的分布约束在一个 $(m+1)^2 \times (\lfloor m/2 \rfloor + 1)$ 系数区域内。

## 10.3 转 化 效 果

利用各个位置的组合数值进行颜色编码可以获得变值图示。通过组合公式计算分段测量的理想情形。当所测量的分布不同于理想状态时, 能够量化估计具体测量与理想检测之间的差距。

从量化分析的角度, 多项式公式对应的分划结构构成表示的基础, 其余的表示可以作为相对测量的基础。

### 10.3.1 例 1

利用 $\binom{m}{p} \to \left\{ \binom{m-p}{k} \binom{p}{k} \right\}$ 分解模式, 在选定的例子中给出二维系数矩阵、三维分布和二维投影三种展现模式。选择四种参数 $m = \{10, 11, 15, 16\}$ 进行图示。

### 10.3.2 例 2

不同于例 1, 每个 $m$ 伴随一组二维组合系数分布, 在 $\binom{m}{p} \to \left\{ \binom{2q}{k} \binom{m-2q}{p-k} \right\}$ 分解模式中, 每个不同的 $q$ 值, 对应一组二维组合系数分布。在后续的图示中利用多种展现模式进行观察。针对 $0 \leqslant q \leqslant \lfloor m/2 \rfloor$ 形成 $\lfloor m/2 \rfloor + 1$ 组系数分布, 对 $m = 10$, 形成六组图示。

## 10.4 结 果 分 析

观察在图 10.1~ 图 10.3 中显现的结果, 可以看到在不同的分划条件下利用变值测量基本方程所能得到的变值图示。从分布的确定性而言, 利用 $\{m-p\}\{p\}$ 型公式所形成的分布, 无论是三维直方图还是二维的彩色图都在水平方向 $p : m - p$ 展现出反射对称特性。非 0 的系数占据了 $(m+1)^2$ 矩形区域的 1/4, 所有非平凡的系数聚集成一个等腰三角形。选定任意 $m$ 值, 相关的分布具有唯一的一组系数矩阵伴随, 形成唯一的整体分布。

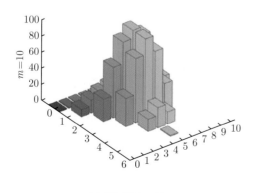

(a) 3D $f(10, p, k)$

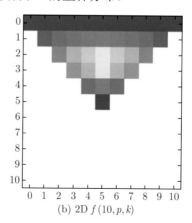

(b) 2D $f(10, p, k)$

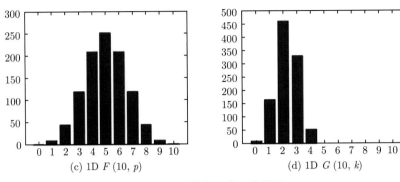

(c) 1D $F(10, p)$　　　　　　　　　　(d) 1D $G(10, k)$

图 10.1　系数集及其二维投影

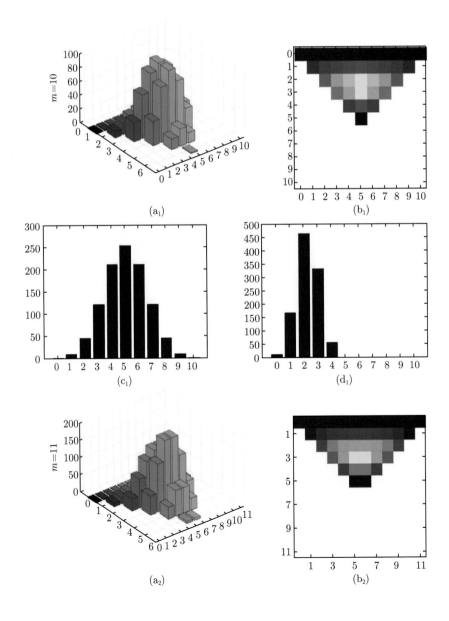

$(a_1)$　　　　　　　　　　　　　　　$(b_1)$

$(c_1)$　　　　　　　　　　　　　　　$(d_1)$

$(a_2)$　　　　　　　　　　　　　　　$(b_2)$

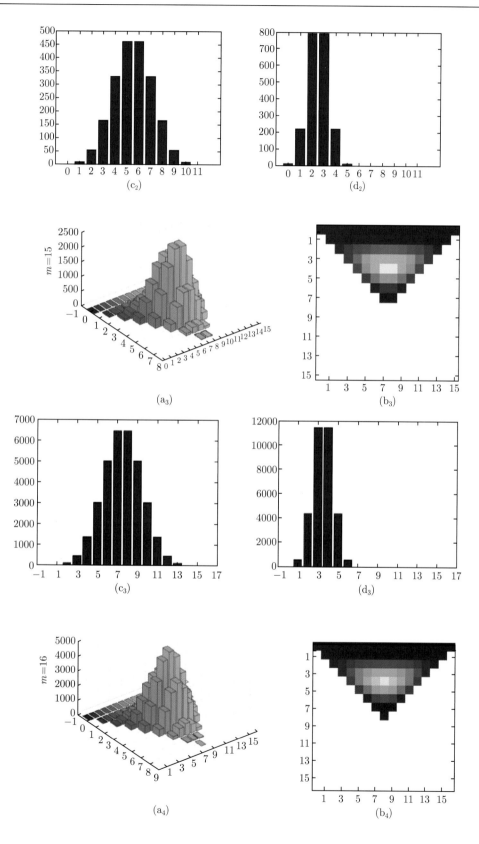

(c₂)

(d₂)

(a₃)

(b₃)

(c₃)

(d₃)

(a₄)

(b₄)

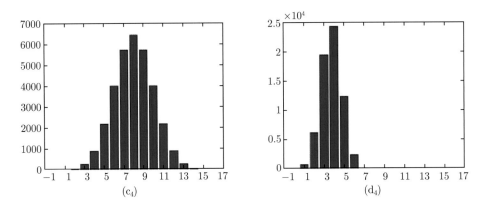

图 10.2　$\{m-p\}\{p\}$ 图示

$m = \{10, 11, 15, 16\}$; $(a_1) \sim (c_1)$ $m = 10$; $(a_2) \sim (c_2)$ $m = 11$; $(a_3) \sim (c_3)$ $m = 15$; $(a_4) \sim (c_4)$ $m = 16$

不同于单个公式对应唯一二维组合系数分布，在 $\{2q\}\{m-2q\}$ 型的公式中根据 $q$ 值的选择，对应多组二维组合系数分布。当 $q = 0$ 时，特征按照线性排列在 $p-k$ 阵列的对角线位置。每个系数是一组 $\binom{2q}{k}\binom{m-2q}{p-k}$ 型的二项式系数。当 $0 \leqslant q \leqslant 5$ 时，二维系数矩阵显现出 $0:10, 2:8, 4:6, 6:4, 8:2, 10:0$ 六种组合模式，表现为 $(x+y)^{n+l} = (x+y)^n (x+y)^l$

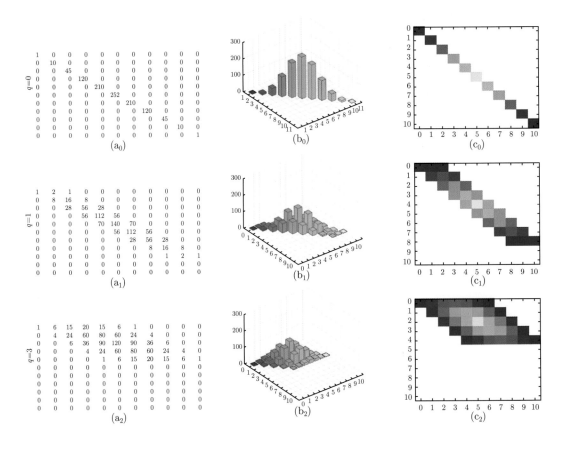

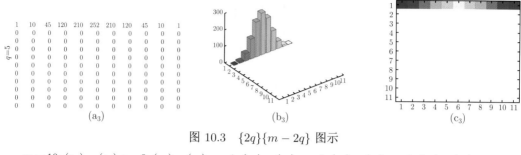

图 10.3　$\{2q\}\{m - 2q\}$ 图示

$m = 10$; (a$_0$) $\sim$ (c$_0$) $q = 0$; (a$_1$) $\sim$ (c$_1$) $q = 1$; (a$_2$) $\sim$ (c$_2$) $q = 2$; (a$_3$) $\sim$ (c$_3$) $q = 3$; (a$_4$) $\sim$ (c$_4$) $q = 4$;

(a$_5$) $\sim$ (c$_5$) $q = 5$

系数展开分布结构。可以从图 10.3 $\{\{(a_0) \sim (c_0)\} \sim \{(a_5) \sim (c_5)\}\}$ 组合模式中看到逐渐变化的分布。

## 10.5　结　　论

针对变值测量不变组合模式观察可能的变值图示是一类新型的探索模式。利用本章描述的模型和方法，可以采用计算模拟和分析模式。针对四元变值测度，选择 B 型：5 层 12 种中的两种进行扩展探索。从所得到的结果 (图 10.4) 可以看到所代表的分布各具特色，对其他 9 种非平凡类型的分布形式，需要在后续章节中逐步探索。

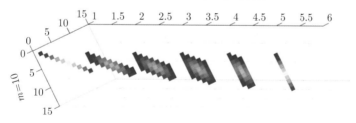

图 10.4　$\{2q\}\{m - 2q\}$ 三维图示

# 第 11 章　三种 0-1 随机序列在矩阵变换和变值变换下的统计系综测量

郑智捷[1]，罗亚明[2]，张鑫[3]，郑昊航[4]，斯华龄[5]

**摘要:** 谱分析在现代信号处理和分析中起着核心作用, 频率谱和概率谱分别对应不同的应用问题。从恰当地选择适合的模型和方法的角度, 有必要建立起理论模型以区分典型的应用。本章提供两类模型, 分别用于理论分析和测量比较层面。理论模型从典型谱测量的角度, 结合频谱、矩阵、变值三类变换模式, 利用连续波和离散采样作为输入信号, 对三类变换后可能的谱类别进行区分。由于矩阵和变值方法都能处理离散采样信号, 本章引入三种不同特性随机序列: ① 随机; ② 条件随机 (统计微规则系综); ③ 周期模式。分别利用矩阵和变值变换形成不同的可以相互比较的统计分布图示。利用三种随机序列, 快速傅里叶变换 (fast Fourier transform, FFT) 和变值变换 (variant transform, VT) 形成四种投影图示流程, 按分段的模式每段 $m$ 位长, 一共 $M$ 段形成测度序列, 构造统计分布图示。在移位算符的作用下形成 $m+1$ 组图示。利用三种随机序列, VT 图示展现出优于 FFT 图示, 明确地区分平稳随机和非平稳随机序列特性。首次展现了变值变换和矩阵变换测量之间的对应关系。详细的统计系综特征分布和动态特性值得深入挖掘。

**关键词:** 连续波, 采样序列, 单谱, 频率谱, 统计系综, 变值图, 变值体系。

## 11.1　概　　述

信号分析是对所有电信设计工程师和科学家的基础性挑战。它能通过测量谱分布的模式对信号提供内蕴的综合信息。频率谱和概率谱是两类常用于分析电子信号的技术。谱分析从确定时间序列谱的内容 (如以频率为基础形成的能量分布) 从有限测量集合利用非参数或者参数技术。谱分析起源可以追溯到一个世纪之前由 Schuster[1] 提出的分析方法: 在时间序列分析中检测信号具有的周期特性。

### 11.1.1　信号分析和处理

在现代数字化环境中, 谱分析在信号处理中占据核心地位, 也是一类基于数学和信息科

---

1 云南省量子信息重点实验室, 云南省软件工程重点实验室, 云南大学。e-mail: conjugatelogic@yahoo.com。

2 云南省软件工程重点实验室, 云南大学。e-mail: 1047668418@qq.com。

3 云南省软件工程重点实验室, 云南大学。e-mail: 752282264@qq.com。

4 Tahto 公司, 悉尼, 澳大利亚。e-mail: z@caudate.me。

5 美国天主教大学, 华盛顿特区, 美国。e-mail: szuharoldh@gmail.com。

本项目由云南省量子信息重大专项 (2018ZI002), 国家自然科学基金 (61362014), 云南省海外高层次人才项目联合经费支持。

学的学科。与信号的分析、综合和修改等特性关联,例如,声音、图像和生理信号测量等。信号处理技术用于改善信号传输效果、存储的有效性、主体质量、强化或者检测在测量信号中包含的有意义的分量。多类处理模型和方法与此关联,例如,矩阵理论 [2]、非连续正交函数 [3]、概率论 [4]、变换理论 [5]、时间序列 [6]、线性代数 [7]、时频分析 [8]、随机过程 [9-11]、谱估计 [12,13]、统计信号分析 [14]、非线性谱分析 [15]、矩阵分析 [16] 等。

### 11.1.2 变值体系

对于离散谱,变值体系是一类新型的信号序列测量模式,变值变换是一类基于变值测量的转换机制。利用输入数据计算量化的不变量,在随机序列分析中利用多种不变量群集,形成测度序列建立统计状态分布形成概率谱,进而分析随机序列的动态特性。例如,量子密码序列平稳随机性 [17]、混沌随机序列分析 [18]、变值体系基础和应用 [19]。

### 11.1.3 本章的结果

本章提出两类模型。在理论模型中,研究三类处理模式:A, B, C。A 类模式在连续波条件下进行频谱分析;B 类模式在离散采样信号序列条件下利用矩阵进行变换;而 C 类模式在离散采样信号序列条件下利用变值体系进行变换。基于四种可区分的输出谱特征,三种处理模型的不同特性在表中比较。现代的数字信号变换本质上满足离散采样模式,B 类模式和 C 类模式相互之间可作深入比较。在分段处理的条件下,每一段 $m$ 长 0-1 序列作为输入序列,通过 $m \times m$ 矩阵变换后形成 $m$ 个特征值;而对应的输入序列通过变值测量之后形成一对不变量。在 $M$ 段分划的条件下,两种处理模式都能形成测度序列进而生成统计分布图示。利用移位算符,该类图示还能形成 $m+1$ 种与序列相位变化关联的图示群集,分析比较该类模式,利用特殊信号序列可以获取采样信号序列的平稳 / 非平稳、随机 / 周期等测量特性描述统计系综的整体和局部系列化精确特征。

## 11.2 理 论 模 型

为便于比较,将利用不同的模式处理连续信号以及离散采样信号序列。从谱分析的角度,可以分辨三类模式:A, B, C。对任意连续信号通过采样技术形成的离散信号序列,总有可能将其组织成为以 $m$ 个变量为一段,总共为 $M$ 段的模式,形成总长为 $N = m \times M$ 的 0-1 序列。

### 11.2.1 A 类模式

A 类模式利用频率谱处理连续波信号,例如,傅里叶变换利用正弦和余弦函数为基以无穷维的模式描述周期条件下的分片连续曲线。典型的函数,其谱分布通过大 $N$ 极限处理之后趋于 sinc 函数分布模式。通常在微分和积分方程的支持下,这类处理模式有可能获得有限或者无穷阶的周期函数伴随的特征值数值表达式。单脉冲和周期脉冲序列信号的频率谱在图 11.1 中示意。

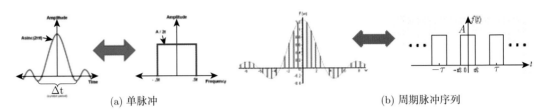

(a) 单脉冲　　　　　　　　　　　　　　　　(b) 周期脉冲序列

图 11.1　单脉冲和周期脉冲序列信号的频率谱

## 11.2.2　B 类模式

从变换的角度，B 类模式适用于利用矩阵技术处理从连续波信号通过采样形成的离散信号序列。例如，快速傅里叶变换，小波变换 (wavelet transform，WT)，离散余弦变换 (discreta cosine transform，DCT) 等。给定的 $m$ 个变量作为输入向量，非奇异 $m \times m$ 矩阵 $T$ 提供 $m$ 组特征向量与输入的向量作用之后在特征空间中输出 $m$ 个特征值。对于较长的输入序列具有 $N$ 个元素，可将输入序列按给定长度 $m$ 分为 $M = \lfloor N/m \rfloor$ 段。在多分段的条件下，$m \times M$ 输入变量对应 $m \times M$ 个特征值。

## 11.2.3　C 类模式

与 B 类模式需要的输入条件相同，C 类模式适用于利用变值测量变换从连续波信号通过采样形成的离散信号序列。本章中 $m$ 个输入变量在变值测量变换下形成一对不变量 $p, q$。对于较长的输入序列具有 $N$ 个元素，将输入序列按给定长度 $m$ 分为 $M = N/m$ 段。在多分段的条件下，$m \times M$ 输入变量对应 $2 \times M$ 个不变量序列。

## 11.2.4　三种变换模式的比较

所对应三种变换模式的不同特性列在表 11.1 中。由于输入信号的差别，A 类模式不同于 B 类模式和 C 类模式。后两种变换模式处理相同的输入序列，而对应的输出特征值序列数目明显不同。

表 11.1　三种变换模式的不同特性

| 变换 | 频率谱 | 矩阵谱 | 概率谱 | 注释 |
|---|---|---|---|---|
| 信号 | 连续波 | 离散序列 | 离散序列 | 输入信号源 |
| 类别 | A | B | C | A/B 频率，C 概率 |
|  | 频谱＋波 | 离散谱＋脉冲 | 离散谱＋脉冲 | A 波，B/C 脉冲 |
| 特征向量 | 无穷 | 有限 | 有限 | 向量数目 |
| 单谱 | 是 | 否 | 是 | 单个聚点 |
| 连续谱 | 是 | 是 | 是 | 连续谱分布 |
| 离散谱 | 是 | 是 | 是 | 离散谱分布 |
| 离散—连续谱 | 是 | 是 | 是 | 离散—连续谱分布 |
| 谱系数 | $[-N, N]$ | $[-m, m]$ | $[0, m]$ | 定义值域 |
| 统计可能性 | 否 | 是 | 是 | 后两种能 |
| 例子 | FT | FFT, WT | VT | 变换方法 |

### 11.2.5 离散信号的频率谱

与 A 类模式对应的 B 类模式可以利用矩阵变换处理相关频谱分布, 对应四种可能的谱特性可以得到如下结论。

(1) 在矩阵变换条件下脉冲序列不能形成单谱。

(2) 单脉冲或者随机序列能够映射成为连续谱。

(3) 周期脉冲序列映射为离散谱。

(4) 概周期的脉冲序列映射为离散—连续谱。

### 11.2.6 关 键 特 征

连续波: 在无穷维频谱表示条件下能形成单谱分布。

离散信号: 在有限基频谱分布条件下没有非平凡的单谱。

离散信号: 在有限基概率分布条件下具有单谱。

例如, 频率谱: FFT, 参数域 $[-m, m]$。概率谱: VT, 参数域 $[0, m]$。后两种变换模式能利用统计形成分布图示。

## 11.3 统计分布下的两种变换模式

后两种变换模式利用 $m$ 个输入变量变换后各自输出 $m$ 或者两个特征值。对应的四种变换模式 (例 a、例 b、例 c、例 d) 在图 11.2 中示意。每个变换包含五个核心部分: 输入、变换、输出、分布、图示。

### 11.3.1 核心变换模块

利用矩阵变换 (matrix transform, MT) 和变值变换, 将三组随机序列在确定分段长度的条件下生成特征值序列。利用移位算符, 将每组输入序列形成 $m+1$ 组可区分序列进而形成对应的统计分布图示。通过选择对应的控制参数, 形成丰富的统计分布图示。

从测量的角度, 例 a 和例 c 提供单遍测量模式。在例 a 中最多具有 $m$ 位置可能区分; 而在例 c 中只会出现单个点状投影。然而, 例 b 和例 d 分别经历了 $M$ 遍处理, 两类变换模式都能形成两组统计直方图分布可以进行对应比较。

### 11.3.2 三组选择的随机序列

原始的随机序列 (ORS) 包含 100MB, 从澳大利亚国立大学量子随机数服务器 [20] 获得。利用原始序列, 选择出三组包含不同随机过程特性各自为 0.8MB 的子序列。

(1) 从原始序列直接选择的子序列。

(2) 从原始序列通过条件滤波形成满足微规则系综以常数统计分布的随机序列。

(3) 从原始序列任意选出的一个模版所形成的周期序列。

## 11.4 处 理 结 果

三组随机序列作为例 b 和例 d 输入所形成的 12 组图示在图 11.3 中示意, $(a_0 \sim a_3) \sim$

$(c_0 \sim c_3), m = 128, M = 6400$。

| 例 a: | $m$ 元变量的矩阵变换 |
|---|---|
| 输入: | $m$ 元 0-1 变量 |
| 变换: | $m \times m$ 非奇异矩阵 |
| 输出: | $m$ 个特征值 |
| 分布: | 利用特征值形成两组直方图分布 |
| 图示: | 各自包含实部和虚部值分布的两组直方图 |
| 例 b: | $m \times M$ 变元的矩阵变换 |
| 输入: | $m \times M$ 元 0-1 变量 |
| 变换: | $m \to m \times m$ 矩阵; $r \to$ 初始位移量 |
| 输出: | $m \times M$ 个特征值 |
| 分布: | 利用特征值形成两组直方图分布 |
| 图示: | 各自包含实部和虚部值分布的两组直方图 |
| 例 c: | $m$ 元变量的变值变换 |
| 输入: | $m$ 元 0-1 变量 |
| 变换: | 两组不变量: $p$ 1 的数目; $q$ 01 的数目 |
| 输出: | 一对 $\{p, q\}$ 值 |
| 分布: | 通过 $\{p, q\}$ 形成的两组直方图分布 |
| 图示: | 在两组图中各自包含单个点 |
| 例 d: | $m \times M$ 元变量的变值变换 |
| 输入: | $m \times M$ 元 0-1 变量 |
| 变换: | $m \to$ 分段长度; $r \to$ 初始位移量 |
| 输出: | $M$ 组 $\{p, q\}$ 测度值序列 |
| 分布: | 通过 $M$ 组 $\{p, q\}$ 值形成的两组直方图分布 |
| 图示: | 两组一维图示: 1DP 和 1DQ 直方图分布 |

图 11.2　四种变换模式形成两组图示

$$m > 1, m \geqslant r \geqslant 0$$

利用移位算符，对 FFT，每组序列选择六个图示形成六组结果包含 36 幅图示，在图 11.4 中示意，$(a_1 \sim a_6) \sim (f_1 \sim f_6)$，$m = 128, M = 6400, r = \{0, 1, 2, 21, 41, 63\}$。

在同样的移位条件下，对 VT，每组序列选择六个图示形成六组结果包含 36 幅图示，在图 11.5 中示意，$(a_1 \sim a_6) \sim (f_1 \sim f_6)$，$m = 128, M = 6400, r = \{0, 1, 2, 21, 41, 63\}$。

为了更好地观察对应的统计分布，对 FFT，每组序列选择三个图示形成六组结果包含 18 幅图示，在图 11.6 中示意，$(a_1 \sim a_3) \sim (f_1 \sim f_3)$，$m = 128, M = 6400, r = \{0, 2, 41\}$。

对 VT，每组序列选择三个图示形成六组结果包含 18 幅图示，在图 11.7 中示意，$(a_1 \sim a_3) \sim (f_1 \sim f_3)$，$m = 128, M = 6400, r = \{0, 2, 41\}$。

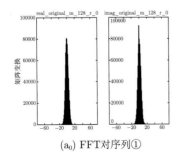

(a$_0$) FFT对序列①

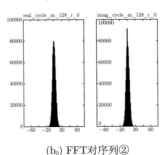

(b$_0$) FFT对序列②

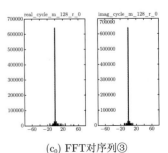

(c$_0$) FFT对序列③

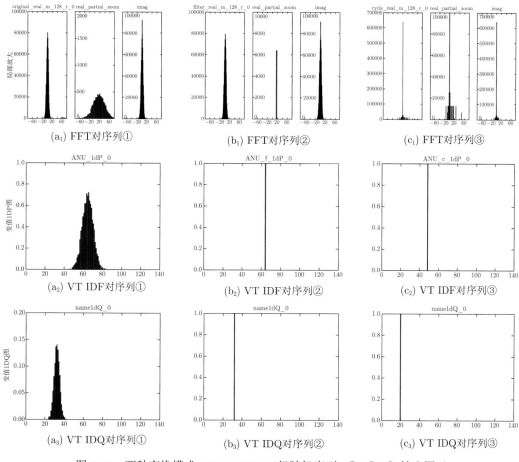

图 11.3 两种变换模式: FFT, VT; 三组随机序列: ①, ②, ③ 输出图示

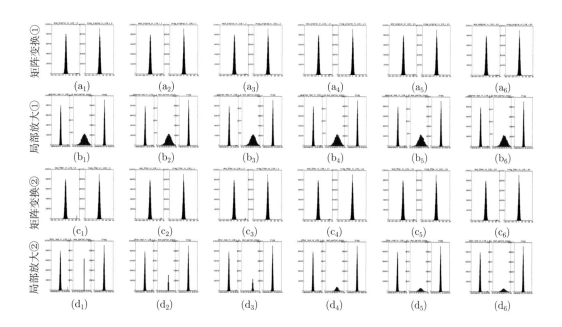

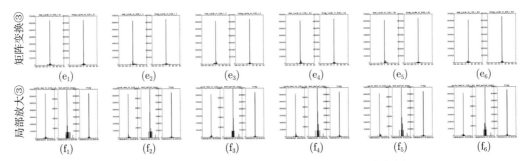

图 11.4　利用三组序列: ①, ②, ③ FFT 后形成的六组图示

图 $(*_1)$ $r=0$, $(*_2)$ $r=1$, $(*_3)$ $r=2$, $(*_4)$ $r=21$, $(*_5)$ $r=41$, $(*_6)$ $r=63$; $* \in a, \cdots, f, ? \in 1,2,3,4,5,6$; $(a_?)$ FFT 对序列①; $(b_?)$ 放大的 FFT 对序列①; $(c_?)$ FFT 对序列②; $(d_?)$ 放大的 FFT 对序列②; $(e_?)$ FFT 对序列③; $(f_?)$ 放大的 FFT 对序列③

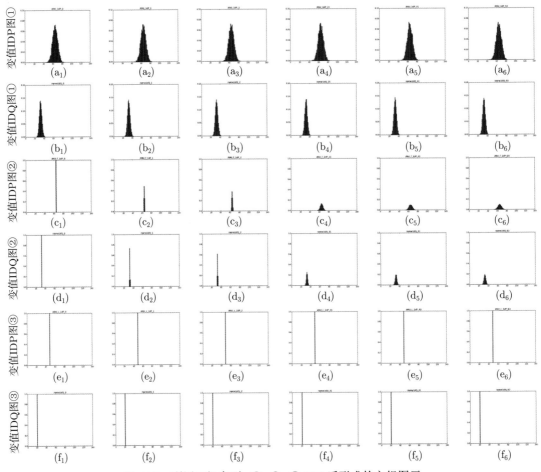

图 11.5　利用三组序列: ①, ②, ③ VT 后形成的六组图示

图 $(*_1)$ $r=0$, $(*_2)$ $r=1$, $(*_3)$ $r=2$, $(*_4)$ $r=21$, $(*_5)$ $r=41$, $(*_6)$ $r=63$; $* \in a, \cdots, f, ? \in 1,2,3,4,5,6$; $(a_?)$ VT IDP 对序列①; $(b_?)$ 放大的 VT IDQ 对序列①; $(c_?)$ VT IDP 对序列②; $(d_?)$ 放大的 VT IDQ 对序列②; $(e_?)$ VT IDP 对序列③; $(f_?)$ 放大的 VT IDQ 对序列③

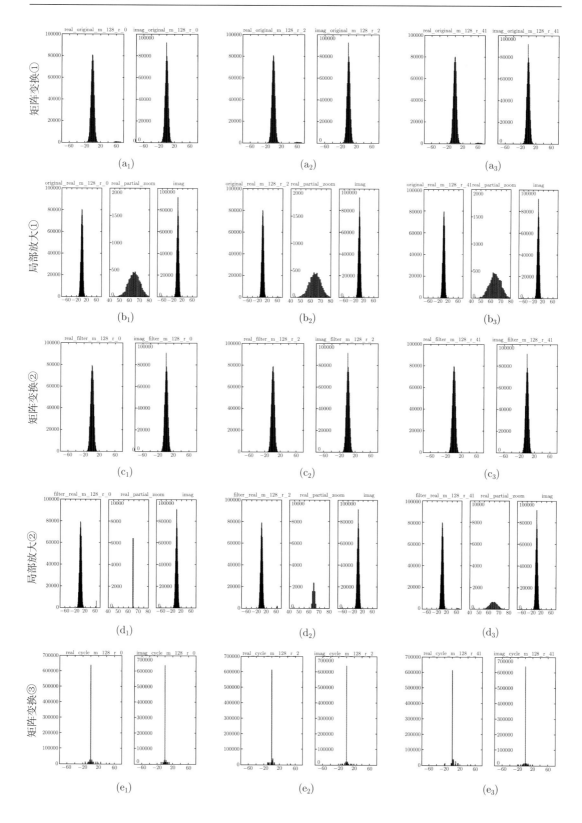

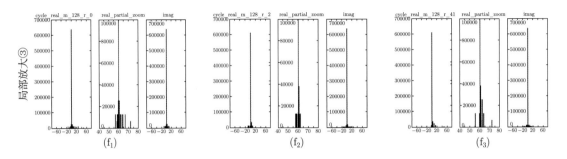

图 11.6　利用三组序列: ①, ②, ③ FFT 变换后形成的六组图示

图 $(*_1)$ $r = 0$, $(*_2)$ $r = 2$, $(*_3)$ $r = 41$; $* \in a, \cdots, f, ? \in 1, 2, 3$; $(a_?)$ FFT 对序列①; $(b_?)$ 放大的 FFT 对序列①; $(c_?)$ FFT 对序列②; $(d_?)$ 放大的 FFT 对序列②; $(e_?)$ FFT 对序列③; $(f_?)$ 放大的 FFT 对序列③

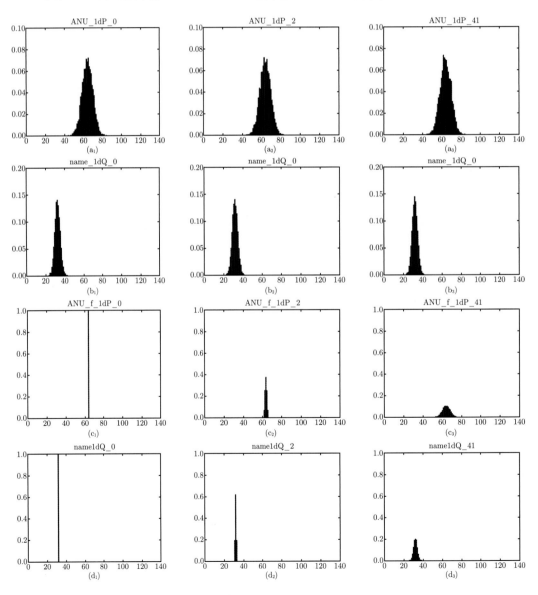

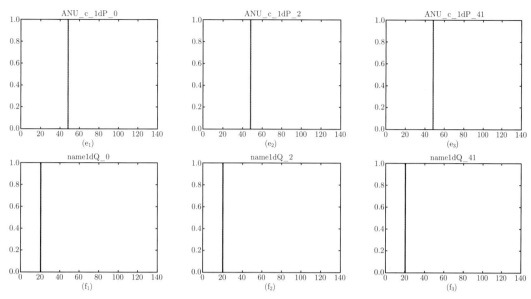

图 11.7 利用三组序列: ①, ②, ③ VT 变换后形成的六组图示

图 $(*_1)$ $r = 0$, $(*_2)$ $r = 2$, $(*_3)$ $r = 41$; $* \in \{a, \cdots, f\}$, $? \in \{1, 2, 3\}$; $(a_?)$ VT IDP 对序列①; $(b_?)$ 放大的 VT IDQ 对序列①; $(c_?)$ VT IDP 对序列②; $(d_?)$ 放大的 VT IDQ 对序列②; $(e_?)$ VT IDP 对序列③; $(f_?)$ 放大的 VT IDQ 对序列③

# 11.5 结 果 分 析

### 11.5.1 对图 11.3 的分析描述

在图 11.3 中显示三组结果图 11.3($a_0$) ～ ($c_0$), 其中图 11.3($a_0$) 和图 11.3($b_0$) 分布中大部分的形态是相似的, 而图 11.3($c_0$) 的分布结果完全不同于前两组。然而, 在局部放大的实部直方图 11.3($a_1$)、图 11.3($b_1$) 和图 11.3($c_1$) 中可以明显地区分出其中间部分的不同分布。

图 11.3($a_2$) ～ ($c_2$) 系列通过变值变换模式生成, 其中图 11.3($a_2$)1DP 图示具有泊松分布而 1DQ 图示具有亚泊松分布; 然而, 在图 11.3($b_2$) 和图 11.3 ($c_2$) 中, 1DP 和 1DQ 的图示仅含一条单谱。

### 11.5.2 对图 11.4～ 图 11.7 的分析描述

特殊的平稳和非平稳随机特性可以在施加移位算符的条件下从统计分布中显现。从图 11.4 和图 11.5($a_?$)～($f_?$) 中六组结果中所选择的六种不同移位参数显示出对应的图示效果。

平稳随机特性可以从图 11.4($a_1$) ～ ($a_6$) 和图 11.4($b_1$) ～ ($b_6$) 看到; 在图 11.4($c_1$) ～ ($c_6$) 中也显现出主要部分具有平稳分布特性。然而, 在其局部放大的部分 ($d_1$) ～ ($d_6$), 显现出部分非平稳随机分布特性。

在图 11.4($e_1$) ～ ($e_6$) 中能观察到相似的平稳随机特性; 然而, 在局部放大的分布图 11.4($f_1$) ～ ($f_4$) 中, 可看出明显差别。与图 11.4($a_1$) ～ ($a_6$) 和图 11.4($b_1$) ～ ($b_6$) 相似, 在图 11.5 中变值变换形成的六组图示 1DP 图 11.5 ($a_1$) ～ ($a_6$) 或者 1DQ 图 11.5 ($b_1$) ～ ($b_6$)

都显现出平稳随机特性。

不同于图 11.4($c_1$) ~ ($c_6$) 和图 11.4($d_1$) ~ ($d_6$)，在图 11.5 中 1DP 图 11.5($c_1$) ~ ($c_6$) 或者 1DQ 图 11.5($d_1$) ~ ($d_6$)，变值变换在不同的移位变换条件下显示非平稳随机特性。典型的分布模式从单谱状态转变为亚泊松分布进而为泊松分布。

与图 11.4($e_1$) ~ ($e_6$) 和图 11.4($f_1$) ~ ($f_6$) 需要在局部放大条件下观察到对应的变化相比，在图 11.5 中 1DP 图 11.5 ($e_1$) ~ ($e_6$) 或者 1DQ 图 11.5($f_1$) ~ ($f_6$) 仅展现出单谱，而不管对应的移位算符参数如何变化。

上面分析的结果，可以从放大的图 11.6 和图 11.7 中观察到更为清晰的变化效应。

### 11.5.3　两种变换模式的主要差别

从列出的结果中可以观察到变值 1DP 图示对应 FFT 实部分布的局部区域；变值 1DP 图示是参数 $p$ 的独立分布，明显区分于 FFT 混合具有 $m$ 个特征值的投影模式。

由于 FFT 的叠加模式，难以有效地区分出序列①和②；六对分布 ($a_1$) ~ ($a_6$) 和 ($c_1$) ~ ($c_6$) 绝大部分具有相似的分布特性。对选定的三组随机序列，FFT 只能区分出两类：{①，②}和③。

然而，变值变换在 1DP 和 1DQ 图示下明确地区分给定的三组随机序列，这些结果从统计系综的角度，可以用规范系综、微规范系综和平移不变性特征进行解释。

(1) ($a_1$) ~ ($a_6$) 和 ($b_1$) ~ ($b_6$) 对序列①显现出平稳随机特性 (规则系综相位变化的整体特征)。

(2) ($c_1$) ~ ($c_6$) 和 ($d_1$) ~ ($d_6$) 对序列②显现出非平稳随机特性 (微规则系综相位变化的局部特征)。

(3) ($e_1$) ~ ($e_6$) 和 ($f_1$) ~ ($f_6$) 对序列③显现出平稳测量特性 (周期信号平移不变性)。

简而言之，变值变换在一维统计分布和三组随机序列条件下利用平稳、平稳随机与非平稳随机等离散群集的统计系综状态变化过程系列参数，按不同的谱系分布变化模式区分出相关序列。

## 11.6　结　　论

本章所提出的理论模型利用三种变换模式区分连续波信号和采样后的离散信号序列。两种变换机制：矩阵变换和变值变换处理离散信号序列。除了适用矩阵特征值和两种不变量，数量化的统计分析用于将测量序列形成可以比较的一维直方图分布图示。在多段分划的条件下，综合利用移位算符，判定所选择的序列所具有的平稳和非平稳随机及其周期特性。

利用三组随机序列、两种变换：(FFT 和 VT)，生成了系列化统计分布图示。从 11.5 节中的分析结果，FFT 具备将三组随机序列分为两类的功能；而建议的 VT 在统计系综状态变化过程量化参数条件下，很好地区分出三组序列对应的统计系综状态分布动态过程特性及其伴随的概率谱平稳/非平稳、随机/周期不同分布测量特征。如何基于所示的结果将多元不变量群集的统计系综分布图示扩展到高维空间，以及如何针对前沿量子交互应用问题找寻对应的变换模式，是一类需要进一步研究和挖掘的论题。

# 参 考 文 献

[1] Schuster A. An Introduction to the Theory of Optics. Arnold & Company，1924

[2] Gibert W J. Modern Algebra with Applications. New Jersey :John Wiley & Sons，1976

[3] 齐东旭，宋瑞霞，李坚. 非连续正交函数. 北京：科学出版社，2011

[4] Ash R B. Real Analysis and Probability. New Jersey : John Wiley & Sons，1970

[5] Au C，Tam J. Transforming variables using the Dirac generalized function. The American Statistician, 1999，53(3)：270-272

[6] Chatfleld C. The Analysis of Time Series: An Introduction. 2nd Edition. New York: Chapman and Hall，1980

[7] Hamming R W. Digital Filters. 2nd Edition. New Jersey：Prentice-Hall，1983

[8] Bracewell R N. The Fourier Transformation and Its Applications. New York: McGraw-Hill，1978

[9] Shynk J J. Probability, Random Variables and Random Processes-Theory and Signal Processing Applications. New Jersey : John Wiley & Sons，2013

[10] Gray R M. Probability, Random Processes and Ergodic Properties. Berlin：Springer-Verlag，1987

[11] Arnold V I，Avez A. Ergodic Problems of Classical Mechanics. New York：W.A. Benjamin，1968

[12] Kay M. Modern Spectra Estimation: Theory and Applications. New Jersey：Prentice-Hall，1988

[13] Ludeman L C. Random Processes: Filtering, Estimation and detection. New Jersey: John Wiley & Sons，2003

[14] Moon T K，Stirling W C. Mathematical Methods and Algorithms for Signal Processing. New Jersey：Prentice-Hall，2000

[15] Haykin S. Nonlinear Methods of Spectral Analysis. Berlin：Springer-Verlag，1983

[16] Varga R S. Matrix Iterative Analysis. New Jersey：Prentice-Hall，1962

[17] Zheng J，Zheng C. Stationary Randomness of Quantum Cryptographic Sequences on Variant Maps. International Symposium on Foundations and Applications of Big Data Analytics，2017

[18] Zheng Y，Zheng J. Chaotic Random Sequence Generated from Tent Map onVariant Maps. Research Journal of Mathematics and Computer Science，2018

[19] Zheng J. Variant Construction from Theoretical Foundation to Applications. Berlin：Springer-Nature Press，2019

[20] ANU Quantum Random Number Generator. https://grng.anu.edu.au

# 第四部分

# 理论基础 —— 基元体系

有天道焉，有人道焉，有地道焉，兼三材而两之。

——《周易·系辞下》

这就是结构好的语言的好处，它的简化记法通常是深奥理论的源泉。

——P. S. Laplace

一个不亲自检查桥梁每一个部分的坚固性就不过桥的旅行者，是不可能走远的。

——Horace Lamb

从文献发表的角度，基元体系的起源和发展可以追溯到 20 世纪 90 年代，作者提出共轭分类和变换。系统的探索在 21 世纪初，以概念细胞为标志的核心论文：Concept Cell Model for Knowledge Representation, International Journal of Information Acquisition 1(2) 149-168 2004, World Scientific Press。

对应于多元概率体系，《选择理论模型及其在解决多候选人内蕴不确定性问题中的应用》利用多元概率模型，解决选举中内蕴的不确定性问题。

在 Springer 2019 年出版开源变值体系专著 Variant Construction from Theoretical Foundation to Applications 中第四部分，包含两章，论述相关的模型。

本书基元体系部分包括三章。

第 12 章为分层知识表示概念细胞模型，简要地介绍概念细胞模型及其背景—知识模型的历史发展和进化。重点强调 2000 年 Nickols 提出的三基元知识体系及其表示的核心重要性。利用网络拓扑系统的多元不变量形成有向无圈格表示构架，以时间不变–描述格。时间变化–过程格为基础形成的概念细胞体系，可以方便地表达和设计任意复杂的知识系统模型与架构。结合分层结构化模型的方法，这类元知识模型期待在未来的复杂系统应用和分析中发挥作用。

第 13 章为选举理论模型及其在解决多候选人内蕴不确定性问题中的应用，为 2002 年发表文章的修订本，展现多元概率模型在解决社会系统问题时，利用分层结构化模型和方法的潜在应用前景。

第 14 章为在网络空间环境中综合分析设计可视化体系，面对先进的智能技术，探索在复杂网络空间环境中面向未来的分析和设计的模型与工具，以网络拓扑分层结构化知识模型作为宏观知识体系结构核心，以向量 0-1 逻辑：变值逻辑体系为分析和设计的底层逻辑单元与服务工具，展现了新型面向复杂网络系统的综合型体系的方法。所展示的三类例子，从不同的侧面支持新的分析和设计体系。

# 第12章 分层知识表示概念细胞模型

郑智捷*

**摘要:** 本章描述分层知识表示概念细胞模型, 为人造和自然的知识系统提供结构化支撑环境。概念细胞模型从理论和实践两个方面统一了现有成果。利用有向无圈格理论建立起分层关联组织, 能一致地满足目前知识系统理论和实践中的不同需求 (三种主要学派、五个研究方向和两种主要方法)。模型的本体分层构造对已有的理论和应用方法起到统一支持作用。

**关键词:** 分层结构化, 知识表示, 概念细胞, 基元模型, 网络拓扑模型, 三层知识体系, 蕴涵, 内涵, 明晰。

## 12.1 知识模型和实用知识建模系统

知识模型在现代世界的知识系统中起着核心作用。建立有效的转化机制以转变抽象的知识为实际的产品已成为当今企业发展中利用高科技进行发明创造的主要课题。为建立一个相对一致的模型, 本章提出一套概念细胞模型用于知识系统中分层知识表示。这一模型有众多新异特性, 以统一的结构表示一致地支持不同知识理论和模型。

### 12.1.1 知识理论模型

知识模型的形成和发展能追溯到早期人类文化起源, 如发明语言、文字、符号、逻辑。现代知识系统广泛接受的知识模型是在 20 世纪 40 年代由 Polanyi 提出的。他将知识分划为两个类别 [1,2]: 蕴涵 (tacit) 和明晰 (explicit)。

基于认知心理学, Anderson 于 20 世纪 70 年代将知识分划为另外两个类别 [3-5]: 描述 (declarative) 和过程 (procedural)。

Nonaka 在 20 世纪 90 年代提出了一个过程知识模型 [6,7], 识别出四类知识转换模式 (SECI): tacit→tacit (socialization, 社会化), tacit→explicit (externalization, 外化), explicit→ explicit (combination, 组合化) 和 explicit → tacit (internalization, 内化)。

Nickols 在 2000 年提出一个模型 [8] 合并四种知识类别 (tacit, explicit, procedural, declarative) 为三类 (tacit, explicit, implicit (内涵))。

从结构表示的角度, Nickols 的模型有三方面不足: ① 三类知识基元表示为一个三角关系没有固定的次序; ② 在 implicit 类别中存在不确定性; ③ 理论模型同工程应用方法之间没有结构对应关系。

---

\* 云南省软件工程重点实验室, 云南省量子信息重点实验室, 云南大学。e-mail: conjugatelogic@yahoo.com。

本项目由国家自然科学基金 (62041213), 云南省科技厅重大科技专项 (2018ZI002), 国家自然科学基金 (61362014) 和云南省海外高层次人才项目联合经费支持。

为了改进 Nickols 模型的前两个缺点，2000 年郑智捷等提出了一个可操作知识模型 [9]，利用一个三元组 (tacit, implicit, explicit) 表示一个过程模型。其中 implicit 起中间节点作用，识别出四类知识转换模式 (KRCI): tacit→implicit (externalization，外化), implicit→explicit (retrieval，查询), explicit→implicit (category，分类) 和 implicit→tacit (internalization，内化)。除此之外模型还能区分前景/背景和人机知识界面。

近年来伴随知识系统、知识工程的广泛实践和全球范围知识管理系统的实际需要，构造合适的知识模型已成为各个成功系统的核心问题。Kunii 从 20 世纪 90 年代提出细胞化空间结构 [10] 作为 $n$ 维拓扑空间 (n-cell) 以解决知识建模问题 [11]。该结构应用集合论、同调论、拓扑和空间约束条件递归构造，用模块化的可增长设计作为可以继承的不变量分层结构。这套基于图的模型在很多方面展现了其可应用性，用于解决实际应用中的基础问题。细胞化空间结构已成功地应用于综合世界、形状建模、万维网信息系统以及世界模型等 [11–14]。

2001 年 Shin 等 [15] 综述了目前知识学派、研究方向、分析方法以及理论和实践之间的关联，总结为如下四点：① 应对知识管理中不同层次问题有三个主要学派；② 所有的学派都认同知识不同于信息和数据；③ 在知识管理的实践中已识别出五个主要研究方向；④ 普遍应用两类方法描述知识，第一类利用概念链接关系，或者多层结构表达数据、信息和知识，而第二类则集中在分析认知中的知识处理过程 [15]。

### 12.1.2　工程建模知识构造系统

从哲学、逻辑、数学 [10,16]、物理、化学、人类学、图书馆学到基因工程、化学工程、软件和系统工程 [17–19]，人们在长期的实践和认识中已建立广泛的知识系统 [20,21]。在不同的应用领域中人们精心地组织安排不同的概念 [22,23]，建立起有效的分类框架，推广适用的方法学以形成核心知识结构，促进应用的迅速发展。

随着计算机辅助系统和模型工具的普遍应用，目前已有多类功能强大的综合建模工具和应用软件系统提供知识系统设计与开发支持。如 ARIS[24]、CIMOSA[25]、IDEF (IDEF Family)[26] 等。这些建模工具提供了一系列的操作规范，对实际构造函数、过程、数据和进程以及如何提取知识本体 (Ontology) 提供了范例。这些工程系统为实用的现代知识系统的基础支撑。由于不同知识模型所需的环境和所用方法之间互相冲突，如何才能有效一致地对实践知识进行分划是一个基本难题。长期困绕着哲学家、科学家、心理学家、管理者和知识系统设计者 [15]。

由于缺乏一致认同的理论模型支持 [23]，实用的工程建模系统仅限于提供最简单的结构支持 (如表、树、模块)。在实用知识系统中，描述性知识比过程性知识容易表述。基于这样的观察很多人主观地认为描述性知识是明晰的，而过程性知识是蕴涵的 [8]。

由于实际应用和理论模型两个方面都存在不少困难与问题，期待知识表示有基础性突破。为了满足理论描述分析和应用开发的一致要求，本章描述分层描述知识模型：概念细胞模型。这个模型利用本体分层支持多种知识理论模型，在统一的框架下描述和支持不同知识学派。在模型中采用的本体层次结构能有效地表述在一个概念中核心概念集必需的内部结构。为方便描述，本章把知识和概念作为等价词组对待。

## 12.2　概念细胞模型

### 12.2.1　生物细胞和概念细胞之间的区别与联系

细胞是所有活生物的最基本构成单元。知识系统具有活组织的特性。为了借用生物组织结构描述知识系统，特提出概念细胞作为一类人造细胞以表示知识系统中的基本单元。同生物细胞相似，概念细胞由细胞膜、细胞质和细胞核构成。然而一个知识细胞的功能主要取决于细胞核的内部结构和其细胞质的内容 (不像普通细胞那样由它的细胞膜形态决定)。完全不同于生物细胞核，概念细胞核是由引用较简单的概念细胞从最简单的形式 (基元细胞) 到复杂的形式 (多核细胞) 分层构造形成的。在这一组织中基元细胞起着最基本的作用。概念细胞膜提供输入/输出中介功能，而细胞核则表示细胞中最复杂和关键的部分。简言之，概念细胞是一类抽象细胞，利用递归构造，从最简单的形式分层组合以满足知识系统基元构造要求。

### 12.2.2　有向无圈图

为方便构造，利用有向图示结构组织核中的概念。这类图示方法同在分析/综合过程控制 [27]、计算机体系结构 [28]、电子电路 [29]，网络拓扑 [30] 和动态系统 [31] 中广泛应用的信号流程图 [32] 相似。由于在细胞结构中不允许出现自循环回路，这类图是有向无圈图形成的一类格结构 (acyclic lattice，有向无圈格)[33]。图 12.1 中给出四类基本结构: 表、树、有向图和有向无圈格。有向图中允许出现自循环回路，表和树是有向无圈格的特例。

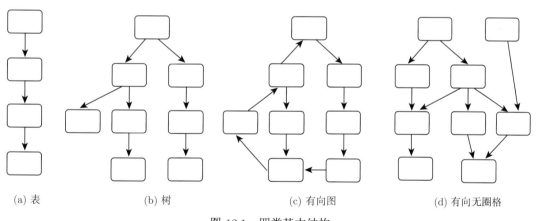

|(a) 表|(b) 树|(c) 有向图|(d) 有向无圈格|

图 12.1　四类基本结构

格由节点和节点间关联链构成。一个节点表示一种细胞基元，格的连线由节点之间相关条件决定。图 12.2 中示意一个简单概念细胞 K，其中核部分由一个描述格和一个过程格构成。除了有向图，不同的分量之间也能用节点和连线方式描述。

综合利用有向和无向流程语言，图 12.3 显示一个概念细胞的分解特性。利用不同的几何

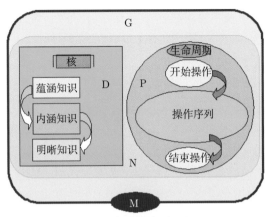

(a) 概念细胞K切面

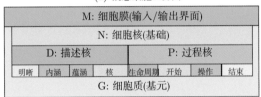

(b) 概念细胞的本体结构

图 12.2    概念细胞 K

(a) K = {M, N, G}; (b) M 为细胞膜; N 为细胞核; G 为细胞质; D 为描述核; P 为过程核; M = 输入/输出界面; N = {D, P}; G = 基元; D = {明晰, 内涵, 蕴涵, 核}; P = {生命周期, 开始, 操作, 结束}

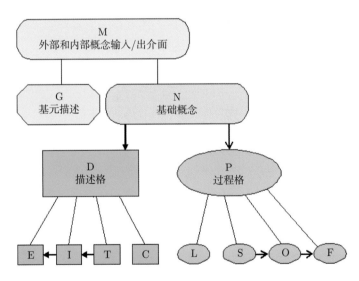

图 12.3    概念细胞的分解特性

→ 表示描述关联链, —— 表示关联链, ➤ 表示过程关联链; K 为概念细胞, K = {G, M, N}, G 为基元描述, M = 输入/输出界面, N 为基础概念; N = {D, P}, D 为描述格, P 为过程格; D = {C, T, I, E}节点组, C 为核, T 为蕴涵, I 为内涵, E 为明晰; P = {L, S, O, F}节点组, L 为生命周期, S 为开始, O 为操作, F 为结束

形状指示不同节点类别。其中圆角矩形表示通用节点,矩形表示描述节点,而卵形则表示过程节点,八角形表示特殊节点。除了特殊节点,其他节点都允许在节点中包含复合成分 (一个或多个格结构)。

### 12.2.3 细胞模型

令 K 为一个概念细胞,其通常由三个部分组成:{M, G, N}。M 为细胞膜,N 为细胞核,G 为细胞质。M 是一个结构框架,对细胞核和细胞质提供基础支持。G 表述概念的基本内容,N 则是概念的核部分,由外部概念通过 M 进入而构成。N 利用这些外部概念形成核心功能,通过合成细胞质和细胞核的内容提供完备概念描述支持其他应用。N 还能进一步分为两个部分:D, P,D 为描述核 (declarative nuclear),P 为过程核 (procedural nuclear),该细胞结构在图 12.2 中示意。

概念细胞的分解特性在图 12.3 中示意。一个简单细胞由四层组成:节点 M 为第一层,在细胞内外建立输入/输出界面。两个节点 G 和 N 连着 M 为第二层,节点 G 包含基本内容,而节点 N 则为核。在节点 N 下面两个节点 D 和 P 构成第三层,节点 D 包含一个描述格,而节点 P 包含一个过程格。最后两类不同格中的可区分节点组连到 D 和 P 形成第四层,分别包含四个节点组,有两条相关链连接其中的三个节点。

### 12.2.4 生成步骤

生成一个简单细胞需要经过以下四步。

(1) M 收集有限组外部概念进入细胞,同时输出细胞自身的内容满足其他细胞的需求。

(2) G 建立基本概念;N 汇集 M 中的外部概念形成细胞核。

(3) 用 N 中的外部概念和两类相关性分别构造两个格 {D, P}。① **生成 D 格**:一个外部概念对应一个节点。如果两个不同节点间存在描述关联性,则具有较普遍意义的节点为第一节点,描述关联链从该节点出发有向连接到第二节点。在所有节点之间描述关联链连接后,D 成为一个有向无圈描述格。② **生成 P 格**:一个外部概念的实例对应一个节点。如果两个节点之间有过程关联性,则需要较早处理的节点为第一节点,一条有向过程链从该点出发指向第二节点。当所有的节点之间都建立过程关联链之后,P 成为一个有向无圈过程格。

(4) 两个格由八组可区分节点集构成。① 四组描述节点集 {C, T, I, E},其中 C 为核,T 为蕴涵,I 为内涵,和 E 为明晰。② 四组过程节点集 {L, S, O, F},其中 L 为生命周期,S 为开始,O 为操作,F 为结束。

### 12.2.5 构造例子

为便于理解,图 12.4 (a)~(e) 给出一个构造例子示意如何生成两个格结构。图 12.4 (a)给出细胞核中包含的六个外部概念;图 12.4 (b) 示意其描述格的结构,每一个外部概念表示为一个节点,整个格由六个节点构成;图 12.4 (c) 表示一个过程格,在过程格中,一个外部概念可以对应多个实例,每个实例为一个过程格节点。

(a) 核中的外部概念　(b) D描述格　(c) P过程格

(d) 四个描述节点组: {C, T, I, E}　(e) 四个过程节点组: {L, S, O, F}

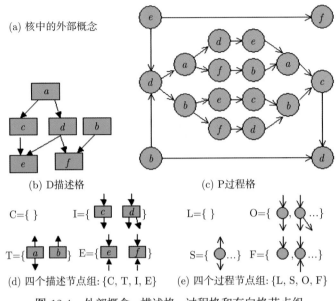

图 12.4　外部概念、描述格、过程格和有向格节点组

### 12.2.6　基元分类

从结构表示的角度将描述格 D 中的概念视为基元概念。在构造过程格时需要以描述格的概念为基础，形成相应的过程表示结构。从可能区分的格数目而论，任何一个给定的描述格总伴随着以指数增长的可区分过程格。从绝对数量和相对规模而言，过程格可能展现的结构复杂性远远大于描述格。因为无论是描述格还是过程格，都是有向无圈图。

从连接关联性分类而论，任意一个有向格包含四种不同节点。图 12.4 (d) 列举了描述格的四种节点组；图 12.4 (e) 给出过程格的四种节点组。借用传统网络拓扑节点分类术语 [30, 31, 34] 对四种节点组分别命名为单态、起源、分枝、目的节点组。图 12.5 给出了通用表示和描述。这些节点组中，单态节点表示独立概念，起源节点输出概念，分枝节点传递概念，目的节点吸收概念。

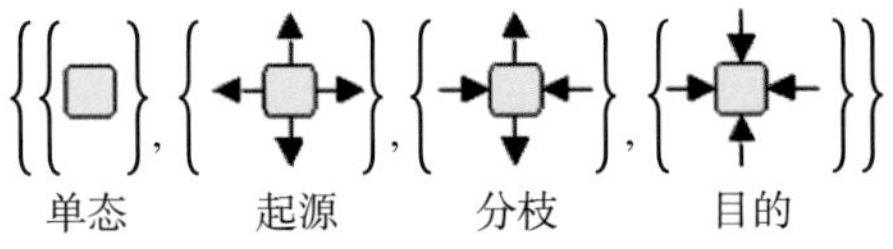

图 12.5　有向格的四种不同节点组 (单态、起源、分枝、目的)

## 12.3　基元分划和命名

虽然四种节点组在结构中起关键作用，但直接利用网络拓扑语言描述概念是不方便的。考虑到两类格结构建立在不同的关联性基础上，为方便应用需要把对应节点组名称换为知识工程中熟悉的术语。

### 12.3.1  命名描述节点组

同传统分层数据结构相似,描述格确定核心概念之间的描述关联结构 (表、树)。由于目的节点位于知识表示结构的底层 (端节点),由事实或者数据构成,所以目的节点表述明晰知识,从而描述格目的节点组表示明晰。反之起源节点是概念的源头,由于没有附加概念输入该节点,任何人希望解释该节点的意义必须超越节点本身从其他的方面获取知识。源节点总包含着比它本身所能表述的意义更深的内容。因此描述格的起源节点组表示蕴涵。

不同于目的和起源节点组,每一个分枝节点需要从较为蕴涵的节点中获得知识然后转化变换到更为明晰的节点中。分枝节点提供一类典型的中介处理机制。因此描述格中的分枝节点组表示内涵。一个单态节点表达一个完整概念,节点本身就是描述格的核心。所以单态节点表示核。

### 12.3.2  命名过程节点

过程格结构与传统进程模型密切关联,四个过程格节点组相互满足不同的特性。由于过程事件之间存在明确的时间序列关系,而且过程格中的节点为描述格节点的实例,如果在过程格中仅含一个节点,那么一个单态节点本身表示一个完整的过程序列,因此单态节点组表示生命周期。

当多于两个节点组成时间序列时,由于概念本身的先后顺序关系在一个有限相互关联的节点序列中必定存在可以区分的起始和终结状态对应开始与结束条件。除了起始和终结状态,中介节点通常提供操作功能以传递和转化知识到后继的节点。为方便描述三种过程格的节点组,各自称为开始、结束和操作,描述该类结构内涵的时间关联特性。

### 12.3.3  三类节点组合

一个非空有向格有三类节点组合需要区分,如图 12.6 所示。

(1) D 或者 P 仅有一个节点,只有单态存在,如图 12.6 (a) 或者图 12.6(d) 所示。

(2) D 或者 P 由两组节点构成,分别为起源和目的组,如图 12.6 (b) 或者图 12.6(e) 所示。

(3) D 或者 P 由三组节点构成,分别为起源、分枝和目的组,如图 12.6 (c) 或者图 12.6(f) 所示。

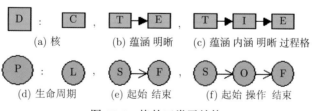

图 12.6  格的三类子结构

描述格: (a) (b) (c); 过程格: (d) (e) (f)

## 12.4  概念细胞家族

概念细胞是一个包含各种不同个体和种群的复合体。简单细胞仅为这一家族中的一类成员。为了系统地描述概念细胞家族,我们需要应用系统框架和合适的命名方式描述这一新家族。

令 $M(g,d,p)$ 为概念细胞特征函数，其中 $g \in \{0,1\}$，表示有无基元概念，$g = 1$ 表示有，$g = 0$ 表示无；$d \geqslant 0$ 表示独立描述格数目，$d = 0$ 表示无格，$d = n$（$n$ 表示独立描述格）；$p \geqslant 0$ 表示独立过程格数目，$p = 0$ 表示无格，$p = m$（$m$ 表示过程格）。根据细胞特征函数的不同参数，概念细胞家族可以按表 12.1 方式分类。

**表 12.1   概念细胞家族**

| $M(g,d,p)$ | 子结构集合 | 名称 | 图示 | 子结构数 |
|---|---|---|---|---|
| $(0, 0, 0)$ | $\{\phi\}$ | 空细胞 |  | 1 |
| $(1, 0, 0)$ | $\{G\}$ | 基元细胞 | 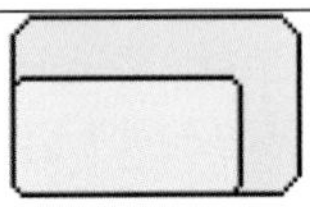 | 1 |
| $(0, 1, 0)$ | $\{N, D\}$ | 简单描述核细胞 | 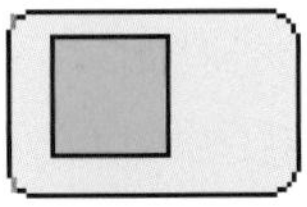 | 3 |
| $(1, 1, 0)$ | $\{G, N, D\}$ | 简单描述细胞 | 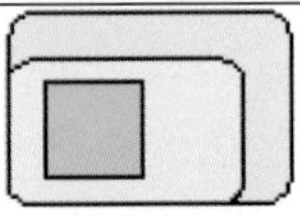 | 3 |
| $(0, 1, 1)$ | $\{N, D, P\}$ | 简单核细胞 |  | 9 |
| $(1, 1, 1)$ | $\{G, N, D, P\}$ | 简单细胞 | 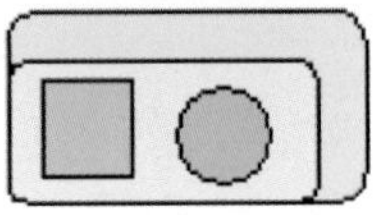 | 9 |
| $\cdots$ | $\cdots$ | | | |
| $(0, n, m)$ | $\{N, \{D_1, \cdots, D_n\}$ $\{P_1, \cdots, P_m\}\}$ | $(n, m)$ 核细胞 | 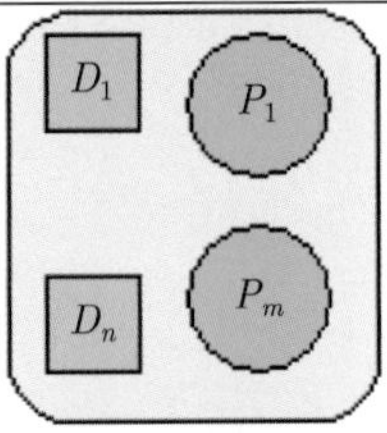 | $3^n \times 3^m$ |
| $(1, n, m)$ | $\{G, N,$ $\{D_1, \cdots, D_n\}$ $\{P_1, \cdots, P_m\}\}$ | $(n, m)$ 细胞 | 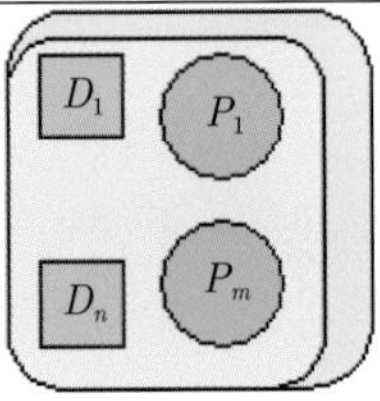 | $3^n \times 3^m$ |

每一类细胞根据其中各个格中节点组合，每个格又能分化为三个子类。这样的分划结构能描述非常复杂的组合状态。为观察当取不同参数时的组态数，特在表 12.2 中列出当 $n \leqslant 4, m \leqslant 4$ 时的数值。

表 12.2 概念细胞组态数

| 组态数 $2 \cdot 3^n \cdot 3^m$ | | $m$ | | | | |
|---|---|---|---|---|---|---|
| | | 0 | 1 | 2 | 3 | 4 |
| | 0 | 2 | | | | |
| | 1 | 6 | 18 | 54 | 162 | 486 |
| $n$ | 2 | 18 | 54 | 162 | 486 | 1458 |
| | 3 | 54 | 162 | 486 | 1458 | 4374 |
| | 4 | 162 | 486 | 1458 | 4374 | 13122 |

从表 12.2 中能看到不同的组态数目随着细胞中格数目以指数方式迅速增长。

### 12.4.1 分层构造特性

从结构组合的角度,概念细胞不同于普通细胞。在普通细胞中,细胞质、细胞核以及更基本的部分属于细胞的亚结构。不同于细胞本身在逐步分化的过程中深层的结构必须引入全新的特性。如 DNA、基因码、双螺旋结构等。由于概念细胞建立在完全不同的机制上,所以底层的概念细胞是基本细胞。这一类型的细胞不存在核结构,有核的简单细胞依赖于已形成的细胞作为外部概念而构成其核结构。在这样的构造约束下简单细胞只出现在高于底层的构造中。逐渐复杂而分层的构造框架能充分利用已构造好的细胞提供复合概念,生成越来越复杂而功能强大的上层细胞组织。新构造的细胞依赖于已生成的细胞,不同层构造之间不能直接调用。这样的机制保证了系统构造的有效性,也保证了不出现循环调用的不良结构。

### 12.4.2 扩展内部格的基本方法

在细胞构造过程中基元细胞由于没有细胞核,不可能产生描述格和过程格结构。利用基元细胞为外部概念,简单细胞可能利用描述关联性建立起描述格。从建立好的描述格加上特定的过程关联性亦能形成过程格。从生成构造原理可知,过程格构造同实际应用要求密切关联,任意给定描述格总能从其出发生成大量相互关联或者各自独立的过程格。为理解方便,该扩展过程在下列等价图 12.7 中示意。

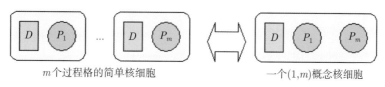

图 12.7 从简单细胞群到单描述格,多个过程格细胞

如果使用多于一个描述格,其合成结构在图 12.8 中示意。

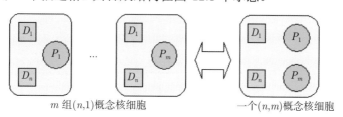

图 12.8 多元描述格分解合并规则

对更一般的生成结构由图 12.9 示意。

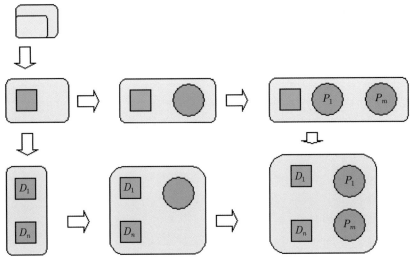

图 12.9 从基元细胞到复杂细胞

### 12.4.3 扩展描述格的方法

在描述格的扩展过程中, 如果扩展的部分中包含已生成的过程格, 则这些过程格为已构造的概念, 同原有的部分合并后形成一个扩展描述格。在图 12.10 中示意合并过程。

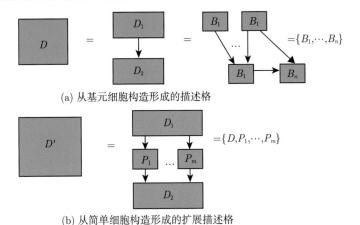

(a) 从基元细胞构造形成的描述格

(b) 从简单细胞构造形成的扩展描述格

图 12.10 在简单细胞和复合细胞中的描述格

为直观理解构造过程, 在图 12.11 中给出一个四层模型, 从基元细胞构造复合简单细胞。其中第一层为基元细胞层, 所有的细胞都没有细胞核结构; 第二层利用已生成的基元细胞构造一个简单描述核细胞; 第三层为简单细胞层, 每一个简单细胞利用简单描述核细胞中的描述结构生成相应的过程格; 第四层利用多个简单细胞生成一个复合简单细胞。

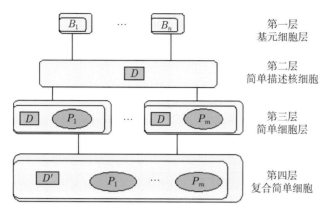

图 12.11 基元、简单和复合细胞及其分层结构

# 12.5 构 造 实 例

本节给出一个简单的餐馆管理例子以表达前面介绍的构造过程。在餐馆中, 基本概念集为: 顾客、员工、订购、食物、支付、钱币、服务、接收。为设计一个餐馆管理系统, 这些概念需要组织成为有用的结构。图 12.12(a) 给出基本概念集作为外部输入的概念集合, 图 12.12(b) 表示这些外部概念构成的描述格, 图 12.12(c)~(e) 分别给出三种典型的不同餐馆服务过程。

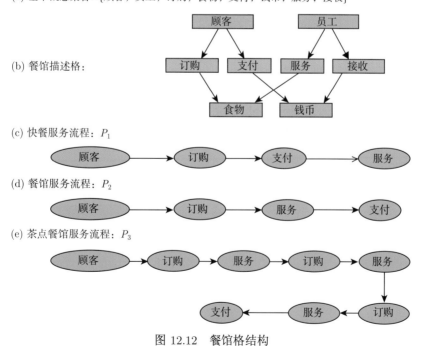

图 12.12 餐馆格结构

图 12.13 示意了如何将已生成的三种典型的不同餐馆服务过程加入由基本概念集形成

的描述格中。值得强调的是在给出的三个过程中，第二和第三个过程明显有更多的相似性。

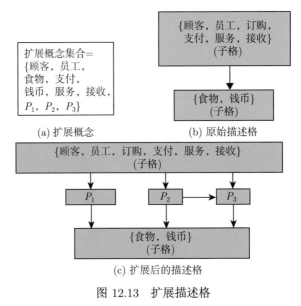

图 12.13　扩展描述格

在分层构造过程中，描述格都需要保持有序结构，这类有序结构提供快速组织和检索的可行性。

## 12.6　不同知识模型和应用系统比较

从表述的构造过程中可以看出，概念细胞模型蕴涵着极为丰富的结构可能满足不同应用要求。为方便对比，将该模型的十项重要参数同其他方法和模型进行比较，列入表 12.3 中。其中 TM 表示理论模型，这些模型在目前的知识系统的基础部分起着关键作用。ST 表示结构化理论，其主要特点是利用分层有序的组织形式表述成员之间的复杂关联性。ES 为工程系统，这类工程系统提供目前能用的最好的理论、经验、商业系统成功实践，广泛应用于企业管理、制造业、建筑业、软件和系统工程、全球通信系统、万维网和互联网环境。ES 综合 TM 结合成为工商业和工程实践经验，在全球知识开拓中充分应用系统工程方法学，有效地解决实际问题。

所列的十项参数在现存的系统中最接近于概念细胞模型的是企业模型 (enterprise modeling)[23, 26]。该类模型提供所有十项参数支持进行系统工程实践。相比而言，其他的理论和实用模型不能完全覆盖所有十项参数。从比较和模型可以看出概念细胞模型无论在理论还是实际应用都具有广泛的应用前景。

## 12.7　结　　论

统一的知识模型是构造好的知识系统进行高效知识工程的必要条件。目前知识工程在全球蓬勃发展，有效地进行知识描述和知识转化成为 21 世纪社会发展的主要课题。由于知识理论和知识模型本身的复杂性、不一致性与各种学说及实现系统的矛盾冲突，尽管近年来知识库、大规模知识工程已在全球普遍开展，但由于没有一致的语言，传统领域中的思维模型同工程技术流行的实用模型各自强调知识工程的不同侧面，难以协同作战以解决实际应用中的不同问题。

概念细胞模型利用本体结构化组织从一个全新的角度将已有的知识模型统一在一个相容的框架中，在概念细胞中概念链由描述格结构确立，而认知过程则由过程格支持。从结构支持的角度可以看到在描述格与过程格之间的对应关系。描述格、过程格以及它们之间的相互关联和进化，提供了必要的空间。以支持已有的五个主要研究方向，以更为广泛而深入的形式发展。新模型的明显优点是在原有的理论模型同实际应用模型之间架起一座结构化桥梁，从表 12.3 列出的对应关系中能清楚地指出理论研究同实际系统之间的相互对应关系。

**表 12.3　在理论模型和工程系统中十类知识基元表示**

| 符号 | 十类知识基元节点<br>D: 描述, T: 蕴涵, t: 内涵,<br>E: 明晰, C: 核, P: 过程,<br>S: 开始, O: 操作, F: 结束,<br>L: 生命周期 | 三类模型<br>TM: 理论模型<br>ST: 结构理论<br>ES: 工程系统 |
| --- | --- | --- |

| 模型 | D | T | I | E | C | P | S | O | F | L | 注释 |
| --- | --- | --- | --- | --- | --- | --- | --- | --- | --- | --- | --- |
| 概念细胞 | ST | ST | ST | ST | ST | ST | ST | ST | ST | ST | 四层结构支持十类知识基元表示 |
| 文献 [1] | | TM | | TM | | | | | | | 两类知识基元：蕴涵和明晰 |
| 文献 [3] | TM | | | | | TM | | | | | 两类知识基元：描述核过程 |
| 文献 [6] | | | | | | | ST | | ST | | 两类知识基元产生四种变换：SECI |
| 文献 [8] | | TM | TM | TM | | | | | | | 三类知识基元：蕴涵、明晰和内涵 |
| 可操作模型 [9] | | | | | | | ST | ST | ST | | 三类知识基元产生四种变换：ERC |
| 格论 | | TM | TM | TM | TM | | TM | TM | TM | TM | 结构理论的基础 |
| 本体论，元逻辑 [25,26] | TM | TM | TM | TM | TM | | | | | | 哲学、逻辑学、文学、人文学、元素学、类型论、同调论、逻辑基础 |
| in-Cell (Kunii) 概念图论/一阶逻辑 [23] | | | | | | TM ES | TM ES | TM ES | TM ES | TM ES | 图示或者符号逻辑推理 |
| 企业模型 [24-26] | ES | ES | ES | ES | ES | ES | ES | ES | ES | ES | 通过知识建模系统：ARIS (Scheer)、GERAM、CIMOSA、PERA (Bernus)IDEF 家族 |
| | 数据 &本体论模型<br>(IDEF0-1-2-5) | | | | | 过程函数模型<br>(IDEF0-3) | | | | | |
| 面向对象模型 [19,25] | ES | | ES | ES | | ES | ES | ES | ES | ES | 面向对象类和方法：OTM、UML、C++、Java |

建立统一知识模型 [35] 只是知识工程的第一步，希望看到该模型能实际应用到具体问题

中，以解决知识工程中必须克服的复杂问题<sup>[36]</sup>和在本书中分层结构化设计与系统的展现部分，为未来高性能知识系统的发展作实质性贡献。

## 参 考 文 献

[1]　Polanyi M. Knowing and Being. Chicago: The University of Chicago Press, 1969

[2]　Polanyi M. Knowledge in Organizations. Butterworth-Heinemann, 1997: 135-146

[3]　Anderson J R. Language, Memory and Thought. Erlbaum: Hillsdale, 1976

[4]　Anderson J R. Rules of the Mind. Erlbaum: Hillsdale, 1993

[5]　Anderson J R. Cognitive Psychology and Its Implications. New York: W. H. Freeman and Company, 1995

[6]　Nonaka I. The knowledge creating company. Harvard Business Review. November-December: 1991: 96-104.

[7]　Nonaka I. The Knowledge Creating Company. Oxford :Oxford University Press, 1995

[8]　Nickols F. Knowledge Management Yearbook. Butterworth-Heinemann, 2000: 12-21.

[9]　Zheng J, Zhou M, Mo J, et al. Background and foreground knowledge in knowledge management, in Global Engineering, Manufacturing and Enterprise Networks. Kluwer Academic Publisher, 2001: 332-339.

[10]　Whitehead J H C. Combinatorial Homotopy I. Bulletin of American Mathematical Society, 1949, 55: 213-245.

[11]　Kunii T L. The Architecture of Synthetic worlds. Cyberworlds. Berlin: Springer-Verlag, 1998: 19-30.

[12]　Kunii T L. Valid computational shape modelling: Design and Implementation.International Journal of Shape Modeling. Singapore：World Scientiflc, 1999

[13]　Kunii T L, Kunii H S. A cellular model for information systems on the web-integrating local and global information. Proceedings of International Symposium on Database Applications in non-traditional environments (DANTE' 99), IEEE Computer Society Press, 1999: 19-24.

[14]　Kunii T L. Homotopy modeling as world modeling. Proceedings of Computer Graphics International'99, IEEE Computer Society Press, 1999: 130-141.

[15]　Shin M, Holden T, Schmidt R. From Knowledge theory to management practice: Towards an integrated approach. Information Processing and Management, 2001, 37: 335-355.

[16]　Ziarko W. Rough Sets, Fuzzy Sets and Knowledge Discovery. Berlin：Springer-Verlag,1994

[17]　Clay R. Nonlinear Networks and Systems. New Jersey :John Wiley & Sons, 1971

[18]　Cuena J. Knowledge Oriented Software Design. Amsterdam:North-Holland Publishing Company, 1993

[19]　Sage A P, Rouse W B. Handbook of Systems Engineering and Management. New Jersey: John Wiley & Sons, 1999

[20]　Davenport T, Prusak L. Working Knowledge. Boston: Harvard Business School Press,1998

[21]　Graham I, Jones P. Expert Systems-Knowledge Uncertainty and Decision. New York: Chapman and Hall, 1988

[22]　Hójek P, Havrónek T, Jirousek R. Uncertain Information Processing in Expert Systems. Boca Raton: CRC Press, 1992

[23] Sowa J. Knowledge Representation: Logical, Philosophical, and Computational Foundations. Pacific Grove, CA: Brooks Cole Publishing, 2000

[24] Scheer A W. Architecture of Integrated Information Systems: Foundation of Enterprise Modelling. Berlin: Springer-Verlag, 1992

[25] Bernus P, Nemes L, Williams T J. Architecture for Enterprise Integration. New York: Chapman and Hall, 1996

[26] IDEF Family of Methods - A Structured Approach to Enterprise Modeling and Analysis (IDEF0 5).

[27] Hartmann K, Kaplick K. Analysis and Synthesis of Chemical Process Systems. London: Elsevier, 1990

[28] Agrawal D. Advanced Computer Architecture. Washington D C: IEEE Computer Society Press, 1986

[29] Lago G, Benningfleld L M. Circuit and System Theory. New Jersey: John Wiley & Sons, 1979

[30] Chan S. Introductory Topological Analysis of Electrical Networks. Holt, Rinehart and Winston, Inc., 1969

[31] Chen W. Linear Networks and Systems. Brooks/Cole Engineering Division, 1983

[32] Abrahams J R, Coverley G P. Signal Flow Analysis. Londogn: Pergamon Press, 1965

[33] Birkhoff G. Lattice Theory. Providence: American Mathematical Society, 1967.

[34] Hopf H. Difierential Geometry in the Large. Berlin: Springer-Verlag, 1983

[35] Zheng J, Zheng C, Kunii T L. Concept Cells for Knowledge Representation. International Journal of Information Acquisition, 2004, 1: 149

[36] Zheng J. Variant Construction from Theoretical Foundation to Applications. Berlin: Springer Nature, 2019

# 第 13 章 选举理论模型及其在解决多候选人内蕴不确定性问题中的应用

郑智捷*

**摘要**: 简单选票模型利用多数票为优胜的选举规则, 建立一套分析结构以支持传统意义下的计票过程, 分析废票对选举结果的影响并给出不确定性出现的条件。复合选票模型利用多组特征矩阵、向量和置换群为基础变量, 形成一套稳定的选举分析系统。这套系统具有特征索引族, 以置换变化下不变性区分候选人特有的概率特征向量。本章的主要结果建立一套选举权威机制, 利用综合索引指数可区分排序方式, 辅助解决选举中当多个候选人在持有相同选票时难以区分胜负的内蕴不确定性问题。

**关键词**: 列联表, 特征指数, 多数票优胜规则, 不确定性, 选举系统。

## 13.1 选举系统和方法

作为现代社会政治和经济的普遍实践, 选举 (用投票方式决定优胜者) 是一类解决冲突的有效方法 [1-3]。在选举过程中, 每个候选人寻求获得选民的最大支持。原则上, 在简单多数的选举规则下, 优胜者将是获得最多票数的候选人。在当今社会中, 多元化、多极化竞争遍及政治、经济、文化的各个角落。以民众参与的选举方式已经渗入社会的各个层次, 从推选最佳产品、投标项目到推举政治领袖。人们在不同的场所应用投票的方式收集公众的反馈信息以决出最后的优胜者。由于优胜者和失败者之间可能存在的巨大利益差别, 当两个以上候选人持有相似选票时, 以微弱多数取胜的选举结果难以使民众确认胜者的优越地位。为了保持现代社会政治经济文化的健康稳定发展, 使用可靠的选举方法和工具以确保公正、有效、全面地发挥选举的综合优势是十分必要的。

### 13.1.1 简要综述

我们能从丰富的中国传统文献以及罗马和希腊历史中发现很多有趣的基于选举的模型与方法的故事, 如战国时期的田忌赛马, 以及无数利用少数服从多数的原则而流传的故事。近代的选举方法和模型的研究与改进可以追溯到 18 世纪法国大革命之前, 法国科学院的 Borda 和 Condorcet 分别提出了 Borda 规则 [4] 和 Condorcet 方法 [5], 他们希望利用这些新的选举规则解决科学院选举中利用传统的简单多数决定规则而造成的困惑和不公平的结果。20 世纪 20 年代 Hotelling 研究了两个企业竞争时位置与价格的空间分布与平衡状

---

* 云南省软件工程重点实验室, 云南省量子信息重点实验室, 云南大学。e-mail: conjugatelogic@yahoo.com。

本项目由云南省量子信息重大专项 (2018ZI002)、国家自然科学基金 (61362014)、云南省海外高层次人才项目联合经费支持。

态 [6]。第二次世界大战期间 von Neumann 和 Morgenstern 利用微分方程组提出了博弈理论研究复杂的二元和多元竞争特性 [7]。这个理论决定性地影响了主流的选举预测原则、分析方法和工具。成功地应用于从预先设计选举策略到预测实际选举的结果 [8-11]。在公正性的前提下，Arrow 于 1951 年证明了他的著名的不可能性定理，断言：没有一个单独的选举过程能保证在多于三个候选人的选举中具有完全的公平性 [12]。很多有用的概念、方法和技术在随后的出现 [3,9,13-15]。

### 13.1.2　选举的废票和不确定问题

2000 年美国总统选举 (2K 选举) 中最有争议的问题是："机器处理后的废票需要用人工清点吗？"[16]

这个问题的最终裁决是由美国最高法院的九名法官用投票方式否决了佛罗里达州立法院的决议。

这项最终裁决意味着已有的公认的选举理论模型和计票统计方法，不能提供有效的权威性以解决实践中存在的如何处理废票和如何化解计票中出现的不确定性难题。

## 13.2　简单选举模型

### 13.2.1　选举中的关键词组

选举：一类特殊的社会活动以统计选票的方式来确定优胜者。

候选人：选举中需要获得选票的人 (通常获得最多选票的候选人为优胜者)。

选民：在选举中具有合法投票权的人。

选票：预先设计好的表格提供选民记录其选择的候选人。

投票：选民将其选择记录在选票上，投入票箱中。

票箱：收集所有选民投进的选票。

裁决：决定谁是优胜者。

简单选票模型利用获多数票得胜规则模拟简单选举和计票需要的过程。在这个模型中，一个选民仅能贡献一张选票，投一票给在候选人集中的一个候选人。

### 13.2.2　定义

令 $C = \{c_1, c_2, \cdots, c_n\}, n(\geqslant 2)$ 为候选人集合，选票 $B$ 是一张预先设计好的列有所有候选人的表格，$B = \langle c_1, c_2, \cdots, c_n \rangle$。

令投票 $v = \langle v_1, \cdots, v_i, \cdots, v_n \rangle$，$v_i \in \{0, 1, x\}$，$i \in [1, n]$ 是选票的一次记录，$v_i = 1 (0)$ 表示选民选择 (不选择) 候选人 $c_i$，而 $v_i = x$ 为该投票上的选择无效。

投票是有效的，如果 $\forall i, v_i \in \{0, 1\}$，那么 $\sum_{i=1}^{n} v_i = 1$ (投票上有一个并且只有一个候选人被选择)。否则该张投票是无效的 (一张废票)。每个选民产生一张投票，在选举中总共有 $N$ 张投票。

记票箱 $V$ 为收集所有的投票并排列为一个有 $N$ 个项的投票向量。

$$V = (v(1), \cdots, v(t), \cdots, v(N)), \quad t \in [1, N] \tag{13.1}$$

式中，$v(t)$ 为第 $t$ 个选民所生成的投票。

令 $V_c$ 为有效票箱：

$$V_c = \{v(t)|v_i(t) \in \{0,1\}, \sum_{i=1}^{n} v_i(t) = 1, t \in [1, N]\} \tag{13.2}$$

令 $V_k$ 为子票箱：

$$V_k = \{v(t)|v_k(t) = 1, v(t) \in V_c, k \in [1, n], t \in [1, N]\} \tag{13.3}$$

专门收集第 $k$ 个候选人所得的有效投票。令 $V_0$ 为无效票箱：

$$V_0 = \{v(t)|v(t) \notin V_c\} \tag{13.4}$$

收集所有的在 $V$ 中的无效票：

$$V = V_c \cup V_0 \tag{13.5}$$

令 $\tilde{V}$ 为一个票箱向量：

$$\tilde{V} = (V_0, V_1, \cdots, V_k, \cdots, V_n), \; k \in [1, n] \tag{13.6}$$

一个简单选票模型 SBM 是一个复合结构，其中包括在选举中的选票、所有的投票以及票箱。

$$SBM = (B|V; \tilde{V}) \tag{13.7}$$

令 $N_k$ 为投第 $k$ 个候选人的票数，$N_k = |V_k|, k \in [1, n]$，同时 $N_0$ 为无效票数，$N_0 = |V_0|$。总选举票数等于投给每个候选人的票数加上无效票数。

$$N = \sum_{k=1}^{n} N_k + N_0 \tag{13.8}$$

令 $p_k = |V_k|/|V| = N_k/N$，$1 \leqslant k \leqslant n$，$p_k$ 为第 $k$ 个候选人的概率测度且令 $p_0 = |V_0|/N$ 为无效票的概率测度，令 $\tilde{\Psi}$ 为一个票箱概率向量：

$$\tilde{\Psi} = (p_0, p_1, \cdots, p_k, \cdots, p_n), \; k \in [0, n] \tag{13.9}$$

概率向量 $\tilde{\Psi}$ 对应于一个概率分布：$1 = \sum_{k=0}^{n} p_k$。向量 $\tilde{\Psi}$ 是一个线性概率特征直方图。

### 13.2.3　可分离条件和不确定条件

如果存在 $i, j \in [1, n], p_i, p_j > p_0$，那么在第 $i$ 个和第 $j$ 个候选人之间可以决定优胜，当且仅当

$$|p_i - p_j| > p_0 \tag{13.10}$$

这个条件称为可分离条件。

然而当

$$|p_i - p_j| \leqslant p_0 \tag{13.11}$$

时, 两个候选人进入不确定状态, 这个条件称为不确定条件。如果多个候选人 $\{p_{i_1}, \cdots, p_{i_s}\}$, $i_1, \cdots, i_s \in [1, n]$ 中两两同处在不确定状态, 通常没有简单的办法决定候选人中谁将为优胜者。

当多个候选人在同一选举中都获得相同数量的票数, 同时在选举中的无效票概率测度大于两两概率测度之差时, 简单利用概率测度作出到底谁将获胜的决定是困难的。然而在一个具有势均力敌的竞争对手的复杂动态系统中 (多元化、多极化、非垄断化), 最可能的情形就是 $\{p_{i_1}, \cdots, p_{i_s}\}$ 趋于多元平衡状态。激烈竞争过程中引入复杂的实时反馈系统会使多元动态平衡状态的出现更为频繁。

### 13.2.4 四种附加策略

为克服不确定性, 实践证明下列四种策略是有用的: 减少错误概率, 候选人合并, 重新投票, 权威决断。

减少废票概率的策略, 在少量选民条件下是可行的 $(10^2 \sim 10^4)$, 废票可能被消除。然而选举涉及大量选民时 $(10^7 \sim 10^9)$, 通常没有系统办法可以使废票概率 $(p_0 = 0)$ 完全忽略不计。

合并其他候选人的投票在单一区域简单情形有效, 但在多个区域、多个候选人的复杂情形中, 老的问题暂时解决了, 但新的不确定性状态可能又会立即出现。

就一个复杂系统而言, 重新选举同原来的选举是相似的。重新选举的策略不会带来改进多个候选人持票相似的特征。

如果其他方法不能获得满意的解决, 权威决断提供一条实用的仲裁方法。但这样的决断可能破坏正常的选举过程, 可能失去通常选举程序具有的公正性、透明性、自我决定等优点。

### 13.2.5 要多精确才算精确

误差与精确总是相对立而存在的, 在不同的生活情形下对误差的接受标准是不同的。如果你不认为 10% 的误差界为精确, 那么 1% 或者 0.1% 的误差界能否接受呢? 在实际生活中, 1% 的误差是广泛认同的 (百分制), 而 0.1% 则认为非常精确了。

事实上, 选举和投票并不像物理、化学是精密科学, 计票以及其他的预选统计结果总存在 5%~15% 的误差。然而在实际 2K 选举中 [16], 就算误差大的 Miami-Dada 和 Palm Beach 区域, 在总数为 600 万选民中仅有 14000 张投票不能被机器识别而判为废票。在这种条件下, 误差率为 0.223%。因为约 99.8% 的投票都是有效的, 这样的废票误差率在实际生活中是可以忽略不计的。然而为使得误差率满足区分两个候选人决断的需要, 得将废票从 14000 张减为 100 张。需要的误差率为 0.0001666%。

### 13.2.6 改变焦点——从无效票到有效票

约 99.8% 的投票是有效的仍然难以满足区分两个不确定候选人的要求, 这样的事实意味着, 在出现不确定性时, 为了确定谁将是优胜者, 必须从有效票中提取更多的信息。而不能在无效票中减小误差率。总的投票数目远大于候选人总数, 这使得利用基于联列表类型的交叉分类方法有用武之地。在现代统计学中交叉分类方法是一类非常通用而强有力的

工具 [17,18]。

附加的类型, 如选区、年龄组、性别, 将投票分类为多个二维特征分布。这些空间分布或者直方图类型的特征分布为改善多个不确定候选人之间的分离特性提供了极为有价值的信息。为表述这个观念, 13.3 节介绍复合选票模型。

## 13.3    复合选票模型

为克服内蕴的复杂性以及不确定性问题, 本节提出一个新的模型——复合选票模型以更好地满足描述和比较多个候选人的需求。

### 13.3.1    定义

为了同前面已给的定义相容, 仍用相同的符号。然而选票及其相关其他形式已被复合成为向量形式。

令 $C = \{C_1, \cdots, C_i, \cdots, C_m\}$, $m$ 为项元集合, 第 $i$ 个项元为 $C_i = \{c_1^i, \cdots, c_k^i, \cdots, c_{n_k}^i\}$, $i \in [1, m], k \in [1, n_i]$, 包含 $n_i \geqslant 1$ 个候选项。

选票 $B$(或者复合选票) 是一个包含 $m$ 项元的向量:

$$B = \begin{pmatrix} C_1 \\ \vdots \\ C_i \\ \vdots \\ C_m \end{pmatrix} = \begin{pmatrix} \langle c_1^1, \cdots, c_{n_1}^1 \rangle \\ \vdots \\ \langle c_1^i, \cdots, c_k^i, \cdots, c_{n_k}^i \rangle \\ \vdots \\ \langle c_1^m, \cdots, c_{n_m}^m \rangle \end{pmatrix}, i \in [1, m], k \in [1, n_i] \qquad (13.12)$$

选票中的复合项元提供附加信息。有关选民的性别、选区、年龄组、民族、居住区、社会福利号码和受雇状态等信息。

例如, {30 个候选人}$\to \langle c_1^1, \cdots, c_{30}^1 \rangle$, {10000 个选区}$\to \langle c_1^2, \cdots, c_{10000}^2 \rangle$, {3 种性别 (中性、雄性、雌性)}$\to \langle c_1^3, c_2^3, c_3^3 \rangle$, {150 种不同职业}$\to \langle c_1^4, \cdots, c_{150}^4 \rangle$ 和{$10^7$ 个选票号码}$\to \langle c_1^5, \cdots, c_{10^7}^5 \rangle$。

一张投票 $v$ (或者复合投票) 是一个选票对 $m$ 个项元赋值后的一个记录,

$$v = \begin{pmatrix} v^1 \\ \vdots \\ v^i \\ \vdots \\ v^m \end{pmatrix} = \begin{pmatrix} \langle v_1^1, \cdots, v_{n_1}^1 \rangle \\ \vdots \\ \langle v_1^i, \cdots, v_k^i, \cdots, v_{n_k}^i \rangle \\ \vdots \\ \langle v_1^m, \cdots, v_{n_m}^m \rangle \end{pmatrix}, \quad v_l^i \in \{0, 1, x\}, k \in [1, n_i], i \in [1, m] \qquad (13.13)$$

附加的项元对每个选票提供更多的信息, 进一步区分是必需的。如果对一张投票 $v$ 和它的所有项元 $i, v_k^i \in \{0, 1\}$, 有 $\sum_{k=1}^{n_k} v_k^i = 1, i \in [1, m]$, 则这张投票是有效的。然而, 如果有一项 $\exists i, \sum_{k=1}^{n_k} v_k^i > 1$ 或者 $v_k^i = x$ 被赋于不确定值, 则 $v$ 是一张无效投票。选民的附加综合信息可以通过存取已有的选民数据库信息, 利用现代信息技术进行合并和描述, 或者直接通过复合投票提取对应项元信息。选民有足够的空间和时间处理选票中的不同项元。总共有 $N$ 个选民参与这次选举。

票箱 $V$ 是一个投票的汇集, 其中所有的投票排列为一个 $N$ 项的向量。考虑到每张投票有 $m$ 项, 票箱能表示为一个二维 $m \times N$ 矩阵:

$$V = (v(1), \cdots, v(t), \cdots, v(N))$$

$$= \left( \begin{pmatrix} v^1(1) \\ \vdots \\ v^i(1) \\ \vdots \\ v^m(1) \end{pmatrix}, \cdots, \begin{pmatrix} v^1(t) \\ \vdots \\ v^i(t) \\ \vdots \\ v^m(t) \end{pmatrix}, \cdots, \begin{pmatrix} v^1(N) \\ \vdots \\ v^i(N) \\ \vdots \\ v^m(N) \end{pmatrix} \right), \quad t \in [1, N], i \in [1, m] \tag{13.14}$$

### 13.3.2 特征分划

令 $V_c$ 为有效票箱而 $V_0$ 为无效票箱。$V_c$ 和 $V_0$ 形成票箱 $V$ 的一个分划。

$$V_c = \{ v(t) | v_k^i(t) \in \{0, 1\}, \sum_{k=1}^{n_i} v_k^i(t) = 1, i \in [1, m], k \in [1, n_i], t \in [1, N] \} \tag{13.15}$$

$$V_0 = \{ v(t) | v(t) \notin V_c, t \in [1, N] \} \tag{13.16}$$

$$V = V_c \cup V_0 \tag{13.17}$$

由于没有进一步区分的必要, 所有 $V_0$ 中的投票对应于废票。

令 $V^i$ 为选举中的子票箱, 对任意 $i \in [1, m]$, $V^i$ 收集所有对 $i$ 项有效的投票。

$$V^i = \left\{ v(t) | v(t) \in V_c, \sum_{k=1}^{n_i} v_k^i(t) = 1, i \in [1, m], t \in [1, N] \right\} \tag{13.18}$$

零维特征分划引理: 所有 $\{V^i\}_{i=1}^m$ 子票箱包括相同数目的投票, 即

$$V_c = V^1 = \cdots = V^i = \cdots = V^m \tag{13.19}$$

证明: 每张有效票都有 $m$ 个有效项, 一项投影不对整个有效票产生任何实际的划分。

令 $V_k^i$ 为一子票箱, 对任意 $i \in [1, m]$, $V_k^i$ 收集票箱中的有效票满足选择第 $i$ 项的值为第 $k$ 个候选项。

$$V_k^i = \{ v(t) | v(t) \in V^i, v_k^i(t) = 1, t \in [1, N], i \in [1, m], k \in [1, n_i] \} \tag{13.20}$$

一维特征分划引理: 所有 $\{V_k^i\}_{k \in [1, n_i]}$ 子票箱划分票箱 $V^i$。

$$V^i = \bigcup_{k=1}^{n_i} V_k^i \tag{13.21}$$

证明: 每张投票在第 $i$ 项上有 $n_i$ 不同的候选项, 每个候选项的选择对应一个子票箱。

不同于零维特征分划引理，一维特征分划引理提供一组非平凡的分划成为多个子票箱。令 $V_{k,l}^{i,j}$ 为一个子票箱，

$$V_{k,l}^{i,j} = \left\{ v(t) | v(t) \in Vc, v_k^i(t) = 1, v_l^j(t) = 1; t \in [1, N], i, j \in [1, m], k \in [1, n_i], l \in [1, n_j] \right\} \tag{13.22}$$

对任意的 $V_{k,l}^{i,j}$ 收集的投票等同于在 $V_{l,k}^{j,i}$ 中的投票。通常 $l \neq k$，$V_{k,l}^{i,j}$ 中的投票不同于 $V_{l,k}^{j,i}$ 中的投票。

二维特征分划引理：所有的投票在 $\left\{ V_{k,l}^{i,j} \right\}_{k \in [1,n_i], l \in [1,n_j]}$ 分划任意 $V_k^i$ 或 $V_l^j$。

$$V_k^i = \bigcup_{l=1}^{n_j} q_{k,l}^{i,j}, \quad V_l^j = \bigcup_{k=1}^{n_i} V_{k,l}^{i,j} \tag{13.23}$$

在这样构造下，所有在 $\left\{ V_{k,l}^{i,j} \right\}_{k \in [1,n_i], l \in [1,n_j]}^{i,j \in [1,m]}$ 分划有效票箱 $V_c$。

### 13.3.3 特征矩阵表示

对任意给定的参数对 $i, j \in [1, m]$，令 $k$ 对应一个矩阵的行参数，而 $l$ 对应列参数。对一给定的 $\left\{ V_{k,l}^{i,j} \right\}_{k \in [1,n_i], l \in [1,n_j]}^{i,j \in [1,m]}$ 子票箱，存在一个特征矩阵表示。

1. 特征矩阵

令 $V^{i,j}$ 为一特征矩阵，

$$V^{i,j} = \begin{pmatrix} V_{1,1}^{i,j} & \cdots & V_{1,l}^{i,j} & \cdots & V_{1,n_j}^{i,j} \\ \vdots & & \vdots & & \vdots \\ V_{k,1}^{i,j} & \cdots & V_{k,l}^{i,j} & \cdots & V_{k,n_j}^{i,j} \\ \vdots & & \vdots & & \vdots \\ V_{n_i,1}^{i,j} & \cdots & V_{n_i,l}^{i,j} & \cdots & V_{n_i,n_j}^{i,j} \end{pmatrix}, \quad k \in [1, n_i], l \in [1, n_j] \tag{13.24}$$

用统计术语，特征矩阵 $V^{i,j}$ 对应到一个用交叉分类数据的二维列联表 [17,18]。在两个选择好的范畴中，矩阵的每个元素收集一类投票并对应于一类交叉分类的数据。

2. 特征矩阵集合

对一给定的 $\left\{ V_{k,l}^{i,j} \right\}_{k \in [1,n_i], l \in [1,n_j]}^{i,j \in [1,m]}$，存在 $2 * \binom{m}{2} = m * (m-1)$ 个不同的特征矩阵，记这个矩阵集为 VS，

$$VS = \left\{ V^{i,j} | i, j \in [1, m] \right\} \tag{13.25}$$

对一给定序对 $i \neq j, i, j \in [1, m]$，每个 $\left\{ V_{k,l}^{i,j} \right\}_{k \in [1,n_i], l \in [1,n_j]}$ $\left( \left\{ V_{k,l}^{j,i} \right\}_{k \in [1,n_j], l \in [1,n_i]} \right)$ 对应一个矩阵或者它的行列转置矩阵。然而对 $i = j, i, j \in [1, m]$，矩阵同它的转置矩阵相同。因此在这个集合中共有 $m * m - m$ 个不同的矩阵表示。

若固定第一项指数，如 $i = 1$，一共有 $m = \binom{m}{1}$ 个矩阵在矩阵系统中。记录不同的关系对应于 $\left\{ V_{k,l}^{i,j} \right\}_{k \in [1,n_i], l \in [1,n_j]}$ 子票箱。

令 VSC($i$) 为第一个参数固定为 $i$ 的矩阵集,

$$\text{VSC}(i) = \left\{ V^{i,j} | j \in [1,m] \right\} \tag{13.26}$$

考虑在集合中，行和列都选同一范畴参数，对一给定 VSC($i$)，$V_{k,l}^{i,i} \in V^{i,i}$ 可由下式确定:

$$V_{k,l}^{i,i} = \begin{cases} \varnothing, & k \neq l \\ V_k^i, & k = l \end{cases} \quad k,l \in [1,n_i], i \in [1,m] \tag{13.27}$$

矩阵 $V^{i,i}$ 是一个方阵，其对角线有非平凡元素。

对一给定 VSC($i$)，$V_{k,l}^{i,j} \in V^{i,j}$，如下等式成立:

$$V_k^i = \bigcup_{l=1}^{n_j} V_{k,l}^{i,j}, \quad k \in [1,n_i], l \in [1,n_j], i,j \in [1,m] \tag{13.28}$$

3. 概率特征矩阵

令 $P^{i,j}$ 为一概率特征矩阵，$V^{i,j}$ 及 $\left\{ p_{k,l}^{i,j} \right\}$ 为它的元素集。

对任意 $p_{k,l}^{i,j} \in P^{i,j}$,

$$p_{k,l}^{i,j} = \begin{cases} |V_{k,l}^{i,j}|/|V_k^i|, & V_k^i \neq \varnothing \\ 0, & V_k^i = \varnothing \end{cases} \tag{13.29}$$

$$P^{i,j} = \begin{pmatrix} p_{c_i,c_j}^{i,j} & \cdots & p_{c_i,l}^{i,j} & \cdots & p_{c_i,d_j}^{i,j} \\ \vdots & & \vdots & & \vdots \\ p_{k,c_j}^{i,j} & \cdots & p_{k,l}^{i,j} & \cdots & p_{k,d_j}^{i,j} \\ \vdots & & \vdots & & \vdots \\ p_{d_i,c_j}^{i,j} & \cdots & p_{d_i,l}^{i,j} & \cdots & p_{d_i,d_j}^{i,j} \end{pmatrix}, \quad k \in [1,n_i], l \in [1,n_j] \tag{13.30}$$

例如，$n_1 = 6, n_2 = 4$，一个概率特征矩阵可以表示为

$$P^{1,2} = \begin{pmatrix} 0.1 & 0.6 & 0.04 & 0.26 \\ 0.3 & 0.2 & 0.42 & 0.18 \\ 0 & 0 & 0 & 0 \\ 0.14 & 0.42 & 0.21 & 0.23 \\ 0.75 & 0.022 & 0.008 & 0.22 \\ 0.43 & 0.01 & 0.33 & 0.23 \end{pmatrix}$$

### 13.3.4 概率特征向量

令 $P^{i,j}$，仅有 $V_k^i \neq \varnothing$ 的最多 $n_i$ 行向量满足如下方程:

$$1 = \sum_{l=1}^{n_j} p_{k,l}^{i,j}, \quad k \in [1,n_i], l \in [1,n_j], i,j \in [1,m] \tag{13.31}$$

不难从 13.3.3 节定义的关系中推出式 (13.31)。

由于没有在列方面对特征表示有任何约束，这样建立的结构形成一族以向量为规范的多重分布以满足复杂动态系统不同组合的需要。

对一给定 $P^{i,j}$，若第 $i$ 项对应候选人，则候选人 $k \in [1, n_i]$ 有一个对应于第 $j$ 项指标的概率特征向量 $\Psi_k^{i,j}$：

$$\Psi_k^{i,j} = \left( p_{k,c_j}^{i,j}, \cdots, p_{k,l}^{i,j}, \cdots, p_{k,d_j}^{i,j} \right), k \in [1, n_i], l \in [1, n_j], i, j \in [1, m] \tag{13.32}$$

### 13.3.5　两个概率向量之间的差值

令 $\left\{ V_l^i \right\}_{l \in [1, n_i]}$ 为子票箱，令 $\tilde{V}^i = \left( V_0, V_1^i, \cdots, V_l^i, \cdots, V_{n_i}^i \right)$，$l \in [1, n_i]$ 为子票箱向量，对应的概率向量为 $\tilde{\Psi}^i = \left( \tilde{p}_0, \tilde{p}_1^i, \cdots, \tilde{p}_l^i, \cdots, \tilde{p}_{n_i}^i \right)$，$l \in [1, n_i]$。

令

$$\tilde{p}_l^i = |V_l^i| / (|V^i| + |V_0|), l \in [1, n_i] \tag{13.33}$$

$$\tilde{p}_0 = |V_0| / (|V^i| + |V_0|), i \in [1, m] \tag{13.34}$$

令 $\left\{ V_l^i \right\}_{l \in [1, n_i]}$ 对应一个向量 $V^i = \left( V_1^i, \cdots, V_l^i, \cdots, V_{n_i}^i \right)$，$l \in [1, n_i]$，并且

$$p_l^i = |V_l^i| / |V^i|, l \in [1, n_i], i \in [1, m] \tag{13.35}$$

一个向量 $V^i$ 对应于一个概率向量 $\Psi^i$：

$$\Psi^i = \left( p_1^i, \cdots, p_l^i, \cdots, p_{n_i}^i \right), l \in [1, n_i] \tag{13.36}$$

若投票的第 $i$ 项为候选人序数项，则概率向量 $\tilde{\Psi}^i$ 是线性特征分布的特殊形式。

对任意的第 $l$ 个候选人，如果 $1 \geqslant \tilde{p}_l^i \gg \tilde{p}_0 \geqslant 0$，则 $\tilde{p}_l^i \cong p_l^i$。

考虑两测度之间的差值

$$\begin{aligned} p_l^i - \tilde{p}_l^i &= N_l / (N - N_0) - N_l / N \\ &= N_l N_0 / N (N - N_0) \\ &= N_l / (N - N_0) \times N_0 / N \\ &= p_l^i \times \tilde{p}_0 \geqslant 0 \to 0 \end{aligned} \tag{13.37}$$

该方程意味着当无效投票为小数值时，其概率测度 $\tilde{p}_l^i$ 和 $p_l^i$ 无重大差别。如果第 $l$ 个和第 $g$ 个候选人获得相似选票满足不确定条件，那么 $p_l^i$ 和 $p_g^i$ 的差亦受不确定条件约束。

考虑概率测度差满足不确定条件，则

$$\begin{aligned} |\tilde{p}_l^i - \tilde{p}_g^i| &= |\tilde{p}_l^i - p_l^i + p_l^i - \tilde{p}_g^i + p_g^i - p_g^i| \\ &= |p_l^i - p_g^i - (\tilde{p}_l^i - p_l^i) - (\tilde{p}_g^i - p_g^i)| \\ &= |p_l^i - p_g^i + (p_l^i - \tilde{p}_l^i) + (p_g^i - \tilde{p}_g^i)| \\ &\to \\ &\Theta(p_l^i - \tilde{p}_l^i) + (p_g^i - \tilde{p}_g^i) = (p_l^i + p_g^i) \times \tilde{p}_0 \geqslant 0 \\ &|p_l^i - p_g^i| + (p_l^i + p_g^i) \times \tilde{p}_0 \leqslant |\tilde{p}_l^i - \tilde{p}_g^i| + (p_l^i + p_g^i) \times \tilde{p}_0 \leqslant \tilde{p}_0 + (p_l^i + p_g^i) \times \tilde{p}_0 \\ &\therefore |p_l^i - p_g^i| \leqslant 2 \times \tilde{p}_0 \end{aligned} \tag{13.38}$$

该方程意味着新概率向量不能解决不确定问题。我们需要研究其他的技术。

### 13.3.6　置换不变群

任意概率向量 $\Psi_k^{i,j}$ 可以构造一个关联置换不变群 $\Psi(i,j|k)$ 收集所有向量, 其中的向量可以通过置换以 $\Psi_k^{i,j}$ 的元素而改变生成。对一个 $n$ 长向量, 这个置换不变群集可能包含 $n!$ 个不同向量。

**1. 特征索引和置换不变族**

对一向量 $\Xi \in \Psi(i,j|k)$, 若能定义一个数值测度 (或者特征索引) 时的所有向量 $\forall \Phi \in \Psi(i,j|k)$ 具有相同的索引, 则特征索引 $\lambda$ 是一个 $\Psi(i,j|k)$ 的不变量。

对所有 $\Phi \in \Psi(i,j|k)$,

$$\{\exists \lambda | \lambda(\Phi) = \lambda(\Xi) = c, \Phi \neq \Xi; \Phi, \Xi \in \Psi(i,j|k), k \in [c_i, d_i], l \in [c_j, d_j], i, j \in [1, m]\} \tag{13.39}$$

**2. 多项式特征索引族**

对任意概率向量 $\Psi = (p_1, \cdots, p_j, \cdots, p_m)$ 具有 $m$ 个项元一个多项式索引族 $\{\lambda_n\}$ 能由下式定义:

$$\lambda_0(\Psi) = \sum_{l=1}^{m} (p_l)^0 = m \tag{13.40}$$

$$\lambda_1(\Psi) = \sum_{l=1}^{m} (p_l)^1 = 1 \tag{13.41}$$

$$\lambda_2(\Psi) = \sum_{l=1}^{m} (p_l)^2 \tag{13.42}$$

$$\vdots$$

$$\lambda_n(\Psi) = \sum_{l=1}^{m} (p_l)^n, n \geqslant 0 \tag{13.43}$$

例如, 在 13.3.3 节中的概率特征矩阵 $P^{1,2}$ 的多项式索引族 $\{\lambda_n\}$ 可以表示为

$$\lambda_0(P^{1,2}) = \begin{pmatrix} 4 \\ 4 \\ 4 \\ 4 \\ 4 \\ 4 \end{pmatrix}, \quad \lambda_1(P^{1,2}) = \begin{pmatrix} 1 \\ 1 \\ 0 \\ 1 \\ 1 \\ 1 \end{pmatrix},$$

$$\lambda_2(P^{1,2}) = \begin{pmatrix} 0.437616 \\ 0.3388 \\ 0 \\ 0.293 \\ 0.611448 \\ 0.3468 \end{pmatrix}, \quad \lambda_3(P^{1,2}) = \begin{pmatrix} 0.23464 \\ 0.11492 \\ 0 \\ 0.090664 \\ 0.43253416 \\ 0.127612 \end{pmatrix} \cdots$$

### 3. 熵特征索引

对概率向量 $\Psi = (p_1, \cdots, p_j, \cdots, p_m)$，一个熵特征索引 $\lambda_E$ 由下式定义：

$$\lambda_E(\Psi) = -\sum_{l=1}^{m} p_l * \ln(p_l) \tag{13.44}$$

在多项式索引族 $\{\lambda_n(\Psi)\}_{n \geqslant 0}$ 中，$\lambda_0(\Psi)$ 为向量长度，而 $\lambda_1(\Psi)$ 为单位长度。除了 $\{\lambda_n(\Psi)\}_{n \geqslant 0}$ 索引族，$\lambda_E(\Psi)$ 提供另一类型的索引以熵为测度。使用这些索引之一就有可能区分多个在不同置换群中的概率向量。

例如，在 13.3.3 节中的概率特征矩阵 $P^{1,2}$ 的熵特征索引 $\lambda_E$ 可以表示为

$$\lambda_E(P^{1,2}) = \begin{pmatrix} 1.015748065 \\ 1.356003379 \\ 0 \\ 1.305367539 \\ 0.6714638476 \\ 1.113842971 \end{pmatrix}$$

### 13.3.7 多个概率向量及其特征索引

若多个概率特征向量 $\{\Psi_k^{i,j}, \cdots, \Psi_l^{i,j}\}$ 有多个不同索引族 $\{\{\lambda_n(\Psi_k^{i,j})\}_{n \geqslant 0}, \cdots, \{\lambda_n(\Psi_l^{i,j})\}_{n \geqslant 0}\}$，同时 $\exists \tau, \lambda_\tau(\Psi_k^{i,j}) \neq \lambda_\tau(\Psi_l^{i,j})$，$1 < \tau \leqslant \lambda_0(\Psi_l^{i,j})$，则多个向量属于多个不一样的置换群。

若两个概率向量 $\Psi_k^{i,j}$ 和 $\Psi_l^{i,j}$ 各自属于不同置换群，不能相互生成，则 $\exists n > 1, \lambda_n(\Psi_k^{i,j}) \neq \lambda_n(\Psi_l^{i,j})$，$1 < n \leqslant \lambda_0(\Psi_l^{i,j})$。

在这样的条件下，若多个向量有不同的索引族，则它们将在不同的置换群。反之，若两向量不能相互生成，则至少有一个索引是可区分的。

### 13.3.8 CBM 结构和可分离定理

令 CBM 为复合选票模型，一个 CBM 包括在选举中用的选票、投票序列、票箱、票箱分量矩阵、概率矩阵及索引族的汇集。

$$\mathrm{CBM} = \left(B \mid V, \mathrm{VS}, \{P^{i,j}\}, \{\lambda_i\}\right) \tag{13.45}$$

比较 SBM 和 CBM，不难看出 SBM 是 CBM 的最简单形式。CBM 提供更强有力的描述和比较机制，以提供复杂的选举过程应用。

二维可分离定理：若多个候选人在选举中由于不确定性而不能分离，则利用附加范畴信息 (如选区、性别等不同类别) 重新分划每个候选人所得的投票分布总是可行的。若不同候选人的概率特征向量属于不同的置换群，则在绝大多数情况下不确定问题能利用多项式索引族或者熵索引族综合测度概率特征向量得到解决。

证明：在绝大多数情况下，交叉分类结构使得概率向量有明显的可区分性。这类空间概率测度的可区分性可以通过索引函数表达出来。在具体的选举中，不同的候选人代表不同的派别，而派别本身具有可区分的策略，而这些不同点，使得整体概率测度相同，但局部的概率测度却能各自区分。利用不同的特征向量及其索引族使得多候选人的综合概率测度可以各自被明确区分。

在复杂动态系统中，平衡态总是最可几的状态。然而就是在最平衡的宏观状态仍然存在无数非平衡的局部状态。CBM 模型利用众多的局部不平衡性构造出整体可区分性的索引族，从而在选举分析系统中明确区分排序不确定候选人。

### 13.3.9  主要结果

本章的主要结论可以断言如下。

选举权威定理：为避免竞选时由不确定性引起困难，在预先同意的前提下，对两个不确定候选人可以增加 $m-1$ 奇数个范畴。而对三个以上不确定候选人，可以利用 $m-1$ 个附加范畴。当竞选结果不确定时，选举权威机构可以利用这 $m-1$ 个附加范畴的特征指数可区分排序进行综合分析以裁决优胜者。

证明：根据二维可分离定理，当只有两个不确定候选人时，$m-1$ 个附加范畴，每个范畴能提供一对可以区分的特征索引指数。所有 $m-1$ 对索引都具有相似的区分特性，由于 $m-1$ 为奇数，每对索引提供一张权威投票，利用多数范畴决胜规则综合确定选举分析系统的裁决。对三个以上非确定候选人，Arrow 的不可能性定理条件成立，没有方法以完全的公平性平等地利用 $m-1$ 个附加范畴特征索引指数中的全部可区分信息。由于每个附加范畴特征索引指数能对这些候选人提供一个可区分排序，所以利用事先安排的范畴出现分析次序或者将 $m-1$ 个特征索引向量按各个候选人的特征索引指数求平均后再排序等方法，就能确定名次。对三个以上非确定候选人，利用选举分析系统中最重要的附加范畴特征索引指数进行综合判定就能进行最终裁决。

# 13.4  结论和未来方向

复合选票模型着重应用多重概率特征向量，在复合选票上增加了候选人之外其他复合范畴项，克服了由于多个候选人在进入不确定状态时不可区分的困难。

应用先进的特征概率向量不变性构造，应用多项式和熵索引族的可区分特性向选举权威机构提供稳定的索引机制以确保所有的操作都基于有效投票。可区分性和不变性，为选举的结果的可靠性提供了范畴特征综合测度。

由于多数票决定规则仅是实际选举系统中最简单的规则，新的模型能否用于其他选举系统 (如 Borda 规则、Approval 选举和 Preference 选举) 是一个十分有趣而实用的方向。由于相似的不确定性也存在于其他的选举系统中，所以这个方向将是该研究的自然扩展。

为满足实际选举的要求，建立测试环境以及推荐实用标准将成为一项基本课题。毫无疑问，不同的选举系统可能需要不同的组合以及完全不同的索引机制以满足其优化的要求。更多的实例和应用，以连接理论模型和应用是十分必要的，以解决现代社会政治和经济中复杂的选举悖论和其他类似问题。

# 参 考 文 献

[1]　Downes A. An Economic Theory of Democracy. New York: Harper & Row, 1957.

[2]　Enelow J M, Hinich M J. Advances in the Spatial Theory of Voting. Cambridge University Press, 1990.

[3]　Farquharson R. Theory of Voting. New Haven: Yale University Press. 1969.

[4]　de Borda J C. Mémoire sur les élections au scrutin. Historie de l'Academie Royal des Sciences, Paris, 1781.

[5]　Condorcet M J. Éssai sur l'application de l'analyse à la probabilité des décisions rendues à la pluralité des voix, Paris, 1785.

[6]　Hotelling H. Stability in competition. Economic Journal, 1929: 39, 41-57.

[7]　von Neumann J, Morgenstern O. Theory of Games and Economic Behaviour. Princeton, 1944.

[8]　Dummett M. Voting Procedure. Oxford: Oxford Universily Press 1985.

[9]　Merlin V, et al. On the probability that all decision rules select the same winner. Journal of Mathematical Economics, 2000, 33: 183-207.

[10]　Myerson R B. Theoretical comparisons of electoral systems. European Economic Review, 1999, 43: 671-697.

[11]　Nakamura K. Game Theory and Social Choice. Tokyo: Mathematical Social Science, 1981.

[12]　Arrow K J. Social Choice and Individual Values. Cowles Commission Monographs, no. 12, New York and London , 1951: 1963.

[13]　Brams S. Approrae Voting. Basle, Switzerland: Birkhauser, 1983.

[14]　Galam S. Real space renormalization group and totalitarian paradox of majority rule voting. Physica A, 2000, 285: 66-76.

[15]　Saari D G. Basic Geometry of Voting. Berlin: Springer-Verlag, 1995

[16]　Reuters. What Florida Court Said. Melbourne: The Age, 2000.

[17]　Everitt B S. The Analysis of Contingency Tables.Second Edition. New York: Chapman & Hall, 1992.

[18]　Fienberg S E. The Analysis of Cross-Classifled Categorical Data. Second Edition. Cambridge, Massachusetts: The MIT Press, 1994.

# 第14章 在网络空间环境中综合分析设计可视化体系

郑智捷*

**摘要**: 在过去的 30 年，互联网、万维网、云计算、物联网等新兴前沿网络空间技术和高新技术产业，对世界整体经济、文化、教育和技术等格局产生了极为深刻的影响。利用最先进的智能技术，人类还能做什么？科学技术能为人类作什么贡献？本章将从分析设计和可视化的角度，探讨在网络空间环境中涉及的合适工具和模型。利用基于网络拓扑的分层结构化知识模型作为宏观知识体系结构核心支撑，以向量 0-1 逻辑：变值逻辑体系为分析和设计底层逻辑分析和服务工具。在本章中展示三个例子分别从应用、工具和基础层面描述。利用综合型模型方法和工具环境，探索未来科技服务与人类可持续发展及其分层结构化分析设计和仿真之路。

**关键词**: 网络空间分析设计，综合型工具环境，智能化芯片技术，体系结构，精密测量，可视化。

## 14.1 概 述

在过去的 30 年，以超大规模集成电路芯片和超高速光纤技术的飞速发展为先导，支撑起互联网、万维网、云计算、生物医学、大数据、物联网等新兴前沿网络空间技术和高新技术产业，对世界整体经济、商业、旅游、交通、产业、通信、文化、教育和技术等全球化宏观社会格局产生了极为深刻而全面的影响。利用最先进的智能化逻辑芯片技术，人类还能做什么？人工智能未来的发展是否会导致社会出现不可逆转的负面效应？科学技术能为人类继续作什么贡献？

本章将从综合分析设计和可视化的角度，探讨在网络空间环境中涉及的合适工具和模型。利用基于网络拓扑的分层结构化知识模型作为宏观知识体系结构核心支撑，以向量 0-1 逻辑：变值逻辑体系为分析和设计底层逻辑分析和服务工具。对相关的知识背景和主要的发展模式，作扼要的介绍。利用分层结构化模型处理做过的几个例子作为典型事例进行支撑，本章展示部分所提供的三个例子，分别从应用、工具和基础三个层面进行。

利用综合型模型方法和工具环境，探索未来科技服务与人类可持续发展，以及结合分层结构化分析设计形成的仿真描述之路。

### 14.1.1 当前状态

伴随着前沿信息技术和超高速光纤通信网络形成的全球化互联网络的建立与普及，地

---

\* 云南省量子信息重点实验室，云南省软件工程重点实验室，云南大学。e-mail: conjugatelogic@yahoo.com。

本项目由国家自然科学基金 (62041213)，云南省科技厅重大科技专项 (2018ZI002)，国家自然科学基金 (61362014) 和云南省海外高层次人才项目联合经费支持。

球已经从实时通信的意义转化为一个名副其实的小世界。从技术支撑的层面，先进的信息通信网络利用五个核心层次将现实的世界转化为典型的小世界，参阅图 14.1。

五个技术层次：基础逻辑，可重用控件，智能设备，云/格计算，下一代互联网。

基础逻辑：{AND, OR, NOT} 二值逻辑 {0, 1}。

可重用控件：计算器，U 盘，通信接口，交换模块，显示器。

智能设备：手机，便携式电脑，监控器，控制器。

云/格计算：网络存储，教育，商业，制造业。

下一代互联网：超高速网络，基于内容的管理技术。

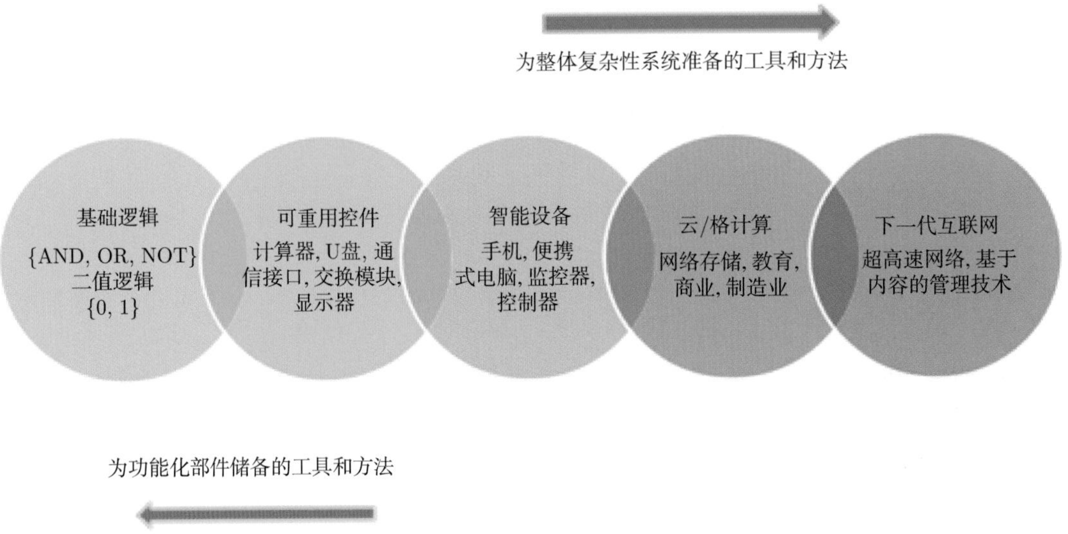

为整体复杂性系统准备的工具和方法

为功能化部件储备的工具和方法

图 14.1　从技术角度支撑小世界模式的五个层次

从分析和设计的角度，从智能设备到基础逻辑，与局部化部件所需要的工具与方法相关。然而，利用智能设备到下一代互联网，从分析设计的角度需要利用支撑整体复杂性系统组织和仿真必需的工具和方法。伴随着越来越强大的人工智能技术和方法，合适的分析设计的工具模型与方法值得密切关注。

### 14.1.2　分析和设计的工具与方法

从分析和设计的工具与方法的角度，不同的层次需要相关的理论和技术支撑。

门系列：逻辑/开关理论，集成电路设计与仿真，计算数学，可计算性，计算复杂性等。

可重用部件：面向对象分析，面向对象设计，中间件方法，统一模型语言，面向部件工具。

智能设备：ERP, SOA, 互联网，光纤网，SAP, 全球通信/控制。

云/格计算：面向内容技术，分布式存储，自动化管理，基于领域的本体论。

下一代互联网：超快通信，元本体，全球化交互，人工智能化决策支持系统等。

在蓬勃发展的全球化网络空间体系的条件下，一系列的关键事实值得关注。

尽管各类跨国大公司 (微软、谷歌、苹果、亚马逊等) 在解决关键网络优化问题时，更需要有经验的工程师而不是理论分析专家，实用系统需求优于理论工具和方法。但各类新型的创业公司, 更加重视新型理论架构分析, 探索实现潜在超越经典模式的系统和应用 (量子计算机、量子计算、基因序列分析、Alpha Go 等)。

超越当前应用模式, 需要关注覆盖复杂网络应用的逻辑和概念基础。对应的应用基础层次扩展研发需求以探索优化管理和自动控制为目标, 新型智能化系统: (Alpha Zero、人工智能、神经网络、脑科学、生物医学、基因测序、量子密码、量子计算、量子计算机等) 潜在前沿科技蓄势待发。从前沿技术发展的角度, 未来的信息科学技术发展方向将面向何方是一类值得创新前沿技术专家关注的论题。

# 14.2 体系结构基础

从分析和设计的角度, 任何复杂体系都需要适合的分析设计模型和方法。下面比较两类模式: 经典分析与综合探索模式, 统一的基于元胞化模型方法。

从前沿应用的角度, 寻找可靠的基础以解决网络优化应用的需求, 是寻求新技术和新原理的前沿技术公司面临的核心问题。

## 14.2.1 经典分析与综合

从系统分析的角度, 来源于现实世界的具体问题需要利用分层划分的模式, 将问题分割简化。对每个合适描述的部分, 以数学公式的形式形成抽象描述, 建立起变量、状态、函数等量化体系; 对应不同的问题的数学描述, 可能形成如拓扑、几何、概率统计、微分/积分等类型综合描述结构。在综合描述结构下, 利用所建立起的数学描述方程等就能在合适的条件如时间条件、边界条件等对相关问题的量化特征和变化趋势进行分析与判别, 形成对应的系列仿真结果。

从经典分析和综合的角度, 可以得到如下的对应关系, 参阅图 14.2。

现实世界问题: 结构化组织, 基础架构, 环境。

递归分析分划: 子系统, 核心部件, 功能模块。

元抽象的要素: $n$ 元变量, 元状态, 函数。

综合模型: 拓扑, 几何, 概率统计, 微分/积分方程。

仿真系统: 量化计算, 跟踪预测, 可视化结果。

在经典探索中几个关键步骤如下。① 现实问题; ② 分划到合适的分析层次 (分子、原子、基本粒子); ③ 通过经典逻辑支持的抽象独立单元; ④ 利用数学与统计工具综合集成; ⑤ 综合实现分析设计的系统, 用算法模型模式仿真问题。

这样的分析和综合模式, 应对现实世界的简单问题已有成熟算法工具和方法。但是对于几十年蓬勃发展的全球化网络空间应用, 特别是对超复杂性系统分析和描述方面, 由于超复杂综合效应, 很多在适当范围内有效的方法, 推广应用到如大数据、基因分析、云计算等领域先天不足, 所以急切地找到适合这类未来技术发展需要的前沿分析工具及其仿真模型和实现方法。

图 14.2　经典分析与综合体系结构

### 14.2.2　新的模型和方法

从网络空间特定问题出发，需要将问题转化为合适的网络表示模式进而分化为两大类：整体表示，局部表示。参阅图 14.3。

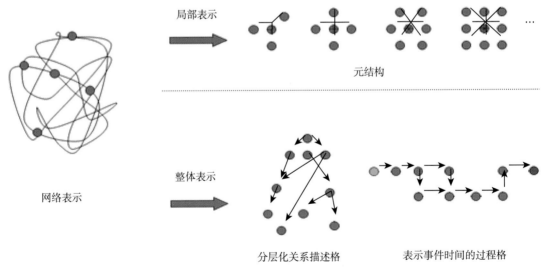

图 14.3　复杂网络表示的分解特性

整体表示亦分为两个部分：静态，动态。

在整体表示关系中的静态关系部分通过分层化关系描述格，在多层框架下进行描述；动态关系部分则通过表示事件事件的过程格，在与时间关联的多层框架下进行描述。

从局部表示的角度，最重要的部分是将可能形成的状态空间按照元结构的模式进行组织。这类群聚的结构，从概率统计的角度适合分析和处理超大规模数据群集。

### 14.2.3　CW 元胞结构化方法

从新型的模型和方法的角度，Kunii [1] 原创性地提出 CW 元胞模型对复杂系统结构化设计和实现是一类非常有意义的探索。典型的结果为：网络空间模式 [2]，针对几何与拓扑计算可视化 [3]，关键点滤波 [4]，可视化概念算法 [5] 的系列研究，对复杂问题提供了系列的分层结构化分析和描述的典型实例 [6]。特别是针对分层结构化设计条件下利用增量不变量表示的模式 [7]，探索复杂系统的相空间中描述规则，所形成的描述模型和仿真方法值得关注 [8,9]。

### 14.2.4　共轭图像分析方法

20 世纪 90 年代郑智捷在二值图像上建立共轭分类和变换 [10]，从 0-1 数据层进行构造。从底层状态出发建立分析和描述模式 [11~13]。利用共轭体系发展的按内容图像索引，进而提供的 CSIE 共轭结构化图像增强器 [14]，以及后续的自动乳腺图像分析 [15] 从图像分析和处理领域的特征描述、分类、群集，形成能够进行高品质图像分析和识别的工具与方法。

这类分析模式，基于领域状态的穷举型量化特征的系统化分类。最核心的是基于元胞结构的分层描述体系。参阅图 14.4。

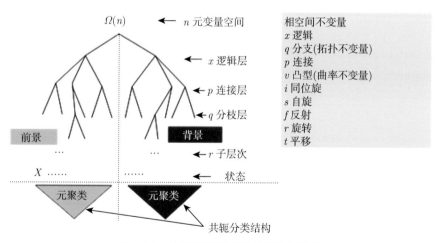

图 14.4　共轭元胞不变量群集分划体系

从元胞的分层化表示角度，这个系统是针对多个 0-1 状态变量建立起对应的不变量群集，整个分类系统逐次利用加入的不变量，将原有的不变量分划增加新的群集。

不同的不变量对应于经典的数学系统，分别与逻辑、拓扑、自旋、旋转、平移等类算符相对应。从系统化表示的角度，$N$ 元变量空间可以分为逻辑层、连接层、分枝层等各具特色的子层次，将可能的状态群集进行合理划分。

这些相空间不变量分别具有逻辑、分枝 (拓扑不变量)、连接、凸性 (曲率不变量)、同位旋、自旋、反射、旋转、平移等特性。从图示观察，特征可以分为前景和背景两大部分，整体结构提供平衡的元聚类群聚空间，形成共轭分类结构。

## 14.3　宏观系统分析模型

从体系结构分析和设计的角度，针对多变量状态还不能恰当地处理宏观系统分析和设计问题。这类模式需要从知识体系角度进行构造。现今公认的知识模型起源于 20 世纪 40 年代。

从现代知识模型构造和发展的角度，匈牙利科学家 Polányi 在 20 世纪 40 年代将元知识分为两类：蕴涵知识和明晰知识。Kunii 于 1968 年提出网络空间概念，2003 年提出增量模块化分层抽象的模型和方法。具有统一特色的概念细胞模型 [16] 是由郑智捷、郑昊航和 Kunii 在 2004 年建立起来的。

从在知识管理中主要知识模型角度，Polányi 提出二基元知识表示 {T, E}：{蕴涵 (T)，明晰 (E)}；Anderson 提出二基元知识体系 {D, P}：描述型 (D)，过程型 (P){declarative (D), procedural (P)}；Nonaka 建立起四基元动态知识系统 {S, E, C, I}：社会化 (T→T)，外化 (T→E), 组合化 (E→E), 内化 (E→T) {socialization (T → T), externalization (T → E), combination (E → E), internalization (E → T) }；Nickols 提出三基元知识表示 {T, E, I}：{T, E, D, P} → {T, E, 内涵 (I)} {T, E, implicit (I)}。

综合利用三基元知识表示，郑智捷提出四基元动态转换可操作知识模型 {Ex,R,C,In}：Ex(外化)(T→I), R(检索)(I→E), C(分类)(E→I), In(内化)(I→T) {Ex externalization (T→I), R retrieval (I→E), C category (E → I), In internalization (I → T)}。

Shin 在 2001 年综述中对知识模型的现状进行总结。知识管理具有三种学派：心灵，过程，对象 (Mind, Process, Object)。所有的学派都认同知识不同于信息和数据；五个核心的研究方向：文化，知识定位，知晓，进化，吸收。共同利用两类探索模式：分层结构化：数据，信息和知识、认知过程。

在 2004 年建立的概念细胞模型 [16]，具备 Shin 在 2001 年所综述的知识模型体系必备的重要特征。参阅图 14.5。

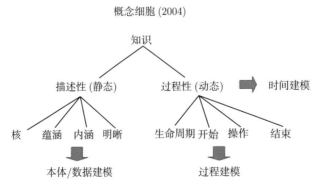

图 14.5　概念细胞模型分层化结构

从分析描述的角度，概念细胞模型将元知识体系分解成为两大部分：描述性 (静态知识)，过程性 (动态知识)；过程性知识与时间建模关联。描述性知识包含四个元知识格结构：核，蕴涵, 内涵, 明晰。该部分的内容对应经典复杂知识工程系统分析设计的本体/数据建模。过程性知识也包含四个元知识格结构: 生命周期, 开始, 操作, 结束。该部分的内容对应经典复杂知识工程系统分析设计的过程建模。

从元知识描述的角度, 概念细胞模型提供一类可分解和控制的操作模式, 便于处理相关的分析难题。参阅图 14.6。图 14.6(a) 展现单个细胞; 图 14.6(b) 示意内部包含更复杂的结构分层概念细胞; 图 14.6(c) 给出一类简单订餐描述结构。

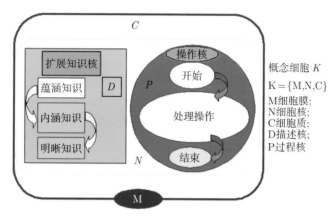

(a) 结构化概念细胞模型

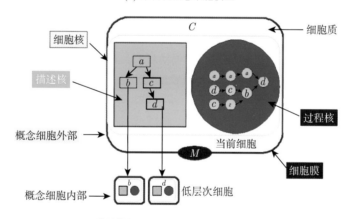

(b) 分层化的概念细胞–当前细胞与内部细胞

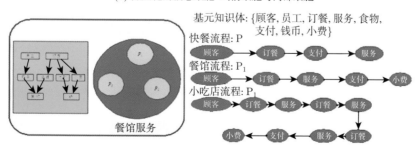

(c) 餐馆服务的概念细胞表示

图 14.6 不同层次的概念细胞

一个概念细胞包含几个重要部分：细胞膜，细胞核，细胞质。细胞核包含两类知识核：描述核，过程核。描述核包含四类元知识结构：扩展核，蕴涵知识，内涵知识，明晰知识。过程核包含四类元知识结构：操作核，开始，操作，结束。

从分析设计的角度，0-1 逻辑在现代网络空间环境中发挥着核心作用。从历史发展的角度，现代逻辑的基础部分与一系列的事件密切关联。邵雍在 1060 年提出平衡二叉树，莱布尼茨 (Leibniz) 在 1779 年构造出二进制计数，布尔 (Boole) 在 1848 年创立布尔逻辑，开创了基于 0-1 表示的逻辑系统。

现代应用逻辑理论–开关理论起源于 1937 年香农 (Shannon) 利用布尔逻辑设计开关门阵列。在以逻辑芯片为核心的高性能网络空间，几乎所有的底层逻辑设计都是在该类逻辑体系支撑下进行分析和设计的。

以平衡的模式分划状态空间，1992 年郑智捷提出共轭分类方法的核心，首次采用前景/背景 $\{0, 1\}$ 群聚的互补模式形成分层结构化体系，对状态群聚在相空间中进行分类，然后采用共轭变换的模型和方法将其用于 0-1 图像分析与处理。

以 0-1 向量状态群集为基础形成相空间，在 2010 年郑智捷和郑昊航提出变值逻辑体系 [17]。该类模式将经典逻辑扩展为向量 0-1 逻辑，在此基础上对向量状态加入置换和互补两类向量算符从而建立起新型的扩展逻辑体系。

从经典 0-1 变量、状态、函数出发，变值逻辑体系在经典向量 0-1 逻辑之上扩展向量置换和互补算符形成：$n$ 元变量 $2^n$ 状态 $2^{2^n}$ 函数、$2^{2^n} \times 2^n!$ 配置函数等，六层描述架构，同时还能保证经典逻辑的良好特性能够在新的扩展体系下充分保持。

由于扩展部分包括针对向量状态群集的置换变换，结合向量互补形成的附加相空间，所以扩展逻辑系统能够提供规模宏大的扩展逻辑函数，为复杂系统提供多种对称模式的优化探索解空间。

## 14.4　统一的分析设计模型和方法

综合以上描述的两大类元知识结构的模型和方法，形成新型分析和处理体系。参阅图 14.7。

面向网络空间问题的统一分析结构模型由五个部分组成：实际问题，抽象描述，构造模型，精细测量，实现模式。在五个组成部分中实际问题依赖于特定的组织和涉及的环境。

细化构造模式，所涉及的六个部分：① 实际问题；② 抽象表述；③ 局部模型–变值逻辑；④ 整体模型–知识表示；⑤ 精细测量；⑥ 实现模式。

抽象描述本身提供具有连接关系图示化描述关系网络模式，提供后续的构造模型进行处理。

在构造模型中涉及的模型可以区分为两类：整体模型，局部模型。

整体模型与数据和过程相关联，与知识模型密切相关。

与局部模型关联的部分，与变值逻辑体系关联。特定的问题的局部性分析会涉及状态空间的宏大群聚分类，从分析和处理的角度，需要利用各种类型的元胞核等工具和方法。

无论是整体还是局部分类模式，在复杂群聚的条件下从不同的侧面能够获取一系列精细测量信息，进而形成系统控制和模拟需要的量化测量机制。

综合利用测量及其模拟系列信息针对问题进行实现的模式，利用合适的公式和仿真条件，可以对复杂系统各类特性进行可视化分析及其仿真综合，完成针对复杂网络空间问题的特性分析和处理。

基于图 14.1 展现的小世界模式，在图 14.8 中展现加入新型分析设计体系之后的模式。

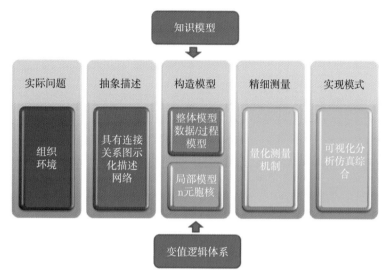

图 14.7　面向复杂网络空间问题的统一分析设计体系

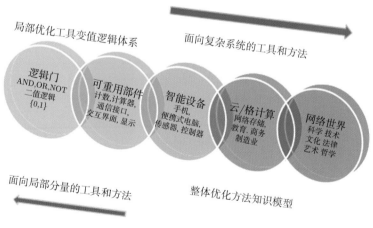

图 14.8　新型分析设计体系与小世界

在从逻辑门到全球化复杂网络世界中对超越智能化设备的宏观部分，加入整体优化方法：利用知识模型建立起面向复杂系统的工具和方法。针对智能化设备涉及的各类微观层次复杂功能模块，利用变值逻辑体系形成面向局部特征的优化分析工具，提供面向特定功能的局部分量所需要的工具和方法。

## 14.5　两类分析设计模型和方法比较

在图 14.9(a) 中展现经典模型,从功能模块的角度,经典分析和综合方法由五个部分构成:问题,分划,抽象,集成,仿真。从问题到抽象以分析为主,从抽象到仿真以综合为核心。经典逻辑对应处理抽象部分形成的结构。

在图 14.9(b) 中给出新的模型,基于知识模型的网络表示体系把模型部分划分为两族:整体,局部。形成六个核心部分。四类转换模式为:抽象化,模型化,测量化,可视化。整体模型与知识模型体系相关,而局部模型则与变值逻辑体系关联。

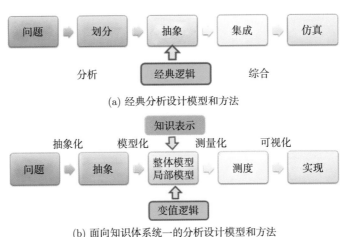

(a) 经典分析设计模型和方法

(b) 面向知识体系统一的分析设计模型和方法

图 14.9　两类分析设计模型和方法

## 14.6　应　用　例　子

这个部分通过三个例子展示分层结构化方法的典型事例。

第一个例子在应用层面,选择利用网络服务技术,面向社区服务点综合收费系统 (DE-CISION) 的核心模型,展现分布式服务网络体系结构。

第二个例子在工具层面,选择利用共轭图像分析处理技术研发的 CSIE 结构化共轭图像增强器,通过一组乳腺造影图像分析结果和指纹图像处理结果进行展现。

第三个例子在基础层面,利用变值量化测量概率统计分布图模式,将二元逻辑函数对应的 16 个迭代图像序列形成具有对称分布特性的变值逻辑函数相空间。利用 2D 和 3D 模式展现空间特征可视化。

### 14.6.1　例 14.1:DECISION 体系结构

该项目 [18] 是针对昆明东泽通信公司商业项目。时间为 2004~2008 年,系统参阅图 14.10(a)~(c),体系结构参阅图 14.10(a)。

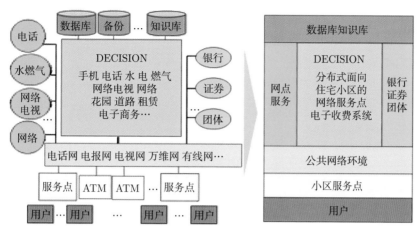

(a) DECISION体系架构

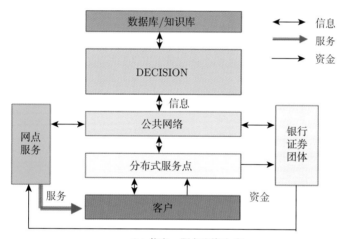

(b) 信息、服务和资金流

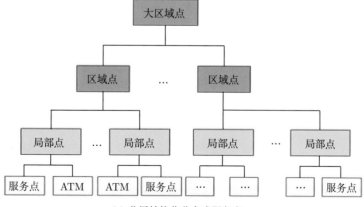

(c) 分层结构化分布式服务点

图 14.10　面向小区的分布式网络服务点电子收费系统

面向小区的分布式网络服务点电子收费系统 DECISION (distributed e-fee collection & imbursement system for intelcity oriented net-agents) 网络技术应用实例如下。

在 DECISION 体系设计中，综合考虑了面向小区的不同消费内容的收费服务，如手机、电话、水、电、燃气、网络电视、网络、花园、道路、租赁、电子商务等具体应用事项。建立收取的费用与银行/金融机构和服务提供商/团体对接的通道。连接现代多种形式的网络服务支撑平台：电话网、电报网、电视网、万维网、有线网等。连接各个服务网点，及其众多的基层用户。系统在数据库/知识库和备份系统支持下进行综合性的分布式网络服务，连接金融机构和服务提供商，在公共网络环境支持下完成小区服务收费业务。相关的信息/资金/服务流，参阅图 14.10(b)。在设计中综合考虑了公共网络、分布式服务点、客户、服务点、银行、金融、服务团体、信息、资金、服务等流向和连接关系。

分层结构化分布式服务点，相关的设计参阅图 14.10(c)。

利用三层结构，提供区域性控制管理：大区域，区域，局部。其中，局部点 < 256 服务点；区域点 < 256 局部点；大区域点 < 256 区域点。

大城市设置大区域，小城市设置区域，一个区域点控制多个局部点，每个局部拥有多个服务点和 ATM 机。通过从体系结构层面的规划设计，该项目 2010 年在昆明地区建立了 2000 家网络服务点和 ATM 机，服务的人数约为 150 万人/年，而收费额度达到 5100 万元/年。

### 14.6.2　例 14.2: CSIE 图像增强器结果展示

本节选择三组结果图 14.11(a)~(c) 进行展示。① 利用乳腺图像展现改变 Delta 参数之后的系列结果，参阅图 14.11(a)；② 将特定 CSIE 乳腺图像结果与当时国际几家先进乳腺图像分析系统结果比较，参阅图 14.11(b)；③ 选择一幅指纹图像，在两组算符作用下改变控制参数的系列结果，参阅图 14.11(c)。

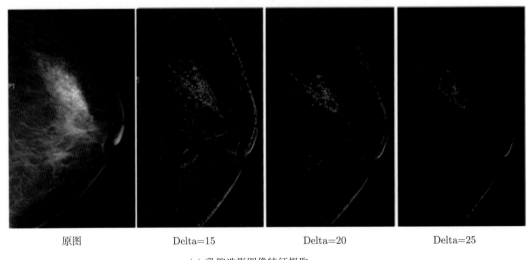

原图　　　　　　　Delta=15　　　　　　　Delta=20　　　　　　　Delta=25

(a) 乳腺造影图像特征提取

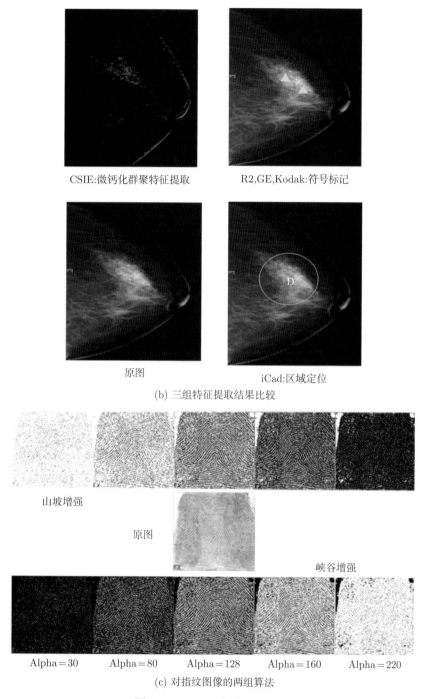

CSIE:微钙化群聚特征提取    R2,GE,Kodak:符号标记

原图    iCad:区域定位

(b) 三组特征提取结果比较

山坡增强

原图

峡谷增强

Alpha＝30    Alpha＝80    Alpha＝128    Alpha＝160    Alpha＝220

(c) 对指纹图像的两组算法

图 14.11    CSIE 图像增强结果

### 14.6.3 例 14.3：变值函数相空间

选择三组具有不同空间对称性的编码族：W 编码，F 编码，C 编码，参阅图 14.12(a)~(c)。16 个变值函数相空间以原图、2D 相空间、3D 相空间进行展现。从不同函数分布的排列图形

W 编码系列对称特性弱于 F 编码，而 C 编码系列展现出最强的对称特性。

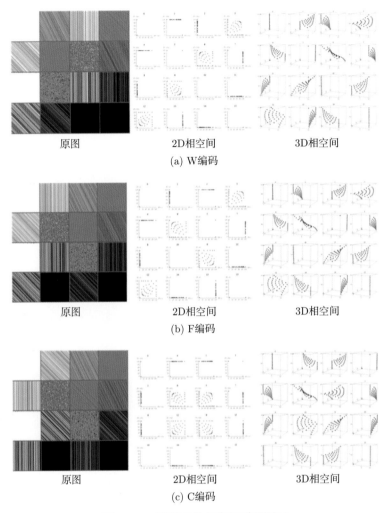

(a) W编码

(b) F编码

(c) C编码

图 14.12　变值函数相空间系列图示

## 14.7　分析设计模型的核心特性

新型的分析设计模型和方法，具有如下特性。

一个统一体系：面向网络应用的模型和方法。

两类分析和综合模型：局部与整体模型。

三组元知识群聚分类：蕴涵，内涵，明晰。

四化关键处理步骤：抽象化，模型化，测量化，可视化。

五层构造：逻辑门，部件，智能设备，云计算/网格计算，网络空间。

六种核心部件：问题，网络，建模，逻辑，测量，展示。

# 14.8 结 论

形成一个统一的面向复杂知识系统模型和方法，是非常耗时而艰巨的创造性研究工作。从 1968 年 Kunii 提出网络空间，半个世纪的飞速发展形成现代化高性能网络空间技术和应用，已经从社会生活的各个层次，改变了人类的全球化实时通信的局面。

面对高新技术发展而形成的小世界，客观地需要具有适合的分析设计模型和方法。所提出的新型分析设计模式，从基础逻辑门到网络世界，利用元知识组织和分层结构化元胞体系，及其变值体系；迎接面对未来网络优化解决方案的挑战。

更为丰富的典型用例参阅文献 [13] 和本书的第五部分对应的章节。在人工智能方向，可能的推广应用领域参考文献 [19] 和文献 [20]。

## 参 考 文 献

[1] Kunii T. Cyberworld Publications https://www.researchgate、net/profile/Tosiyasu_Kunii2

[2] Kunii T. Invitation to system sciences-Poetry, philosophy and science in computer age. Journal of Mathematical Sciences, 1969: 54-56

[3] Kunii T, Shinagawa Y. Modern Geometric Computing for Visualization. Berlin: Springer-Verlag, 1992

[4] Shinagawa Y, Kunii T. Unconstrained Automatic Image Matching Using Multiresolution Critical-Point Filters. IEEE PAMI, 1998，20(9): 994-1010

[5] Kunii T. Conceptual Visual Human Algorithms: A Requirement-driven Skiing Algorithm Design. The Proceedings of CG International '96, 1996 : 2-8,

[6] Kunii T. Cyberworld modeling: Integrating cyberworlds, the real world and conceptual worlds. CW2005 Keynote Paper, Proceedings of International Conference on Cyberworlds, 2005: 3-11

[7] Kunii T, Ohmori K. Cyberworld: Architecture and modelling by an incrementally modular abstraction hierarchy. The Visual Computer, 2006, 22(12): 949-964

[8] Kunii T. Automatic and Trusted Coputing for Ubiquitous Intelligence. International Conference on Ubiquitous Intelligence and Computing, 2007

[9] Ohmori K, Kunii T. A General Design Method Based on Algebraic Topology-A Divide and Conquer Method, International Conference on Cyberworlds (CW), 2013

[10] Zheng Z J. Conjugate Transformation of RegularPlaneLattices for Binary Images. Melbourne: Monash University, 1994.

[11] Zheng Z J, Maeder A J. The conjugate classiflcation of the kernel form of the hexagonal grid. Modern Geometric Computing for Visualization, 1992: 73-89.

[12] Zheng Z J. A necessary condition for block edge detection of binary images on the hexagonal grid. Communicatingwith Virtual Worlds, 1993: 553-566.

[13] Zheng Z J, Maeder A J. The elementary equation of the conjugate transformation for hexagonal grid. Modeling in Computer Graphics, 1993: 21-42.

[14] CSIE. 共轭结构化图像增强器使用说明书. 共轭系统私人有限公司, 2003

[15] Zheng J, Lu L, Xie Y. Towards Automated Mammograph Image Analysis. IEEE International Conference on Information Acquisition, 2005. DOI: 10.1109/ICIA2005.1635059

[16] Zheng J, Zheng C, Kunii T. Concept cell model for knowledge representation. International Journal of Information Acquisition, 2004, 1(2): 149-168

[17] Zheng J, Zheng C. A Framework to express variant and invariant functional spaces for binary logic. Frontiers of Electrical and Electronic Engineering in China, 2010, 5(2): 163-173

[18] 昆明东泽通讯公司. DECISION 系统设计说明. 共轭系统昆明有限公司，2004-2008

[19] Masoumi M, Hamza A B. Spectral shape classiflcation: A deep learning approach. Journal of Visual Communication and Image Representation, 2017, 43: 198-211

[20] Petersson H, Gustavsson D, Bergstrom D. Hyperspectral Image Analysis using Deep Learning-a Review. International Conference on Image Processing Theory, Tools and Applications, 2016

# 第五部分

# 理论基础 —— 分层结构化设计

数学分析与自然界本身同样广阔。

——傅里叶

······因为那似乎是对的，很多事物仿佛都有那么一个时期，届时它们就在很多地方同时被人们发现，正如在春季看到紫罗兰到处开放一样。

——Wolfgang Bolyai

天地人为三才，日月星为三辰，卦三画而成，鼎三足而立。

——陆九渊《三五以变错综其数》

构造概念细胞模型，基于基础概念和形式表示系统的完整性和合理性。但这类抽象结构是否能够处理具体应用，有一段漫长的摸索和检验期。20 世纪 80 年代以来，从特殊应用的角度，作者对如何利用该类抽象模型和方法，进行过长期系列研究探索及其应用尝试。在分层结构化设计方向，20 世纪 80 年代构造并行分类算法和体系结构，20 世纪 90 年代创立共轭图像分类变换体系，1997 年用于图像按内容检索，2001 年形成概念细胞模型，2003 年开拓生物测量分层结构化系统，2005 年探索乳腺图像自动分析，2009 年建立变值逻辑体系，2010 年研究高层次人才培养架构，2016 年关注黎曼/外尔流形区别等。

这些年来充分利用多次国际国内专业会议，通过会议报告、学术交流、发表专业论文等模式，对该方向进行不同角度综合性的开拓、交流和探索。

在 Springer 出版的开源变值专著中，第五部分整体变值函数有两章涉及这个方向的开拓和应用。

本书理论基础–分层结构化设计部分包含五章。

第 15 章为高层次人才培养框架和教育体系结构问题探讨，作为分层结构化知识模型针对教育体系结构的应用，从教育体系结构和师生比两个方面，针对已有的中长期国家教育规划发展数据进行分析。所建议的四个层次：通识教育普及层，通识教育培养层，专业教育，先进教育。从分析中可以观察到，在目前的教育体系结构中缺失先进教育部分。

第 16 章为生物测量学与现代知识综合组织信息管理系统，在生物测量领域中各类复杂论题具有一系列的特殊应用需求，可以利用分层结构化的模型和方法，在综合型的结构组织下，完成复杂的信息分析和组合系列等方面的分析与设计要求。

第 17 章为利用图像不变性特征索引和自组织管理技术开发按图像内容检索应用系统，为了设计和实现图像按内容检索系统，从体系架构的角度探讨可能利用的模型和方法，及其对应的复杂性测量参数。根据实际需求，展现了实现的原型系统及其输出特征。结合图像按内容索引和分层结构化聚类组织，展示该类应用的可能模式。

第 18 章为面向乳腺图像自动分析处理的模型和方法，在前沿乳腺癌自动检测系统中，多类检测模型和方法围绕着如何识别出恶性和良性的钙化点群聚进行。在国际医学界针对乳腺癌放射检查的建议中，针对包块和边缘结构形状辨识具有特定的指南。本章围绕着利用共轭基元特征聚类所形成的十类基元形状群聚，展现区分可能出现的针对包块和边缘结构化形态特征的关键技术，以便综合利用胡永升创建的乳腺疾病检测模型和方法，为形成乳腺疾病自动分析处理系统的核心功能开拓道路。

第 19 章为黎曼流形和外尔流形之间的区别与联系,尽管外尔流形与现代大众接纳的流形定义一致,但其局限于具有确定邻域的范畴。本章从溯本追源的角度,分析两种流形之间的区别和联系,利用例子展示黎曼流形比外尔流形具备更好的灵活性,适用于非连续、非平滑、离散等各类复杂奇异条件。

# 第 15 章 高层次人才培养框架和教育体系结构问题探讨

郑智捷\*

**摘要**: 如何培养高层次人次是一类关系到国家和民族兴旺长存的根本性大事。本章作为分层化知识模型的应用，从教育体系结构和师生比两个方面针对目前发展数据进行分析和探索。所建议的四个层次 (通识教育普及层、通识教育培养层、专业教育、先进教育) 之中，可以看到目前的教育体系缺失先进教育部分。这是一类与钱学森之问直接关联的教育体系和结构的问题，面向可持续发展的前沿教育体系，需要给予足够的重视。

**关键词**: 教育体系架构，分层结构化知识模型，通识教育，专业教育，先进教育，师生比。

## 15.1 高层次人才教育现状

高等学校是培养高层次人才的生力军，目前流行的高等教育/专科教育/继续教育等教育模式和培养方法，是否具备长期坚持的要素是一类值得关注的论题。

1978 年，中国共有普通高等学校 598 所，普通本专科在校学生人数 85.6 万人，招生人数 40.2 万人，毕业生人数 16.5 万人。改革开放 40 年，到 2017 年，这些数字发生了飞跃性的变化，全国的普通高等学校增加到 2631 所，普通本专科在校学生人数达到 2753.59 万人，招生人数增长到 761.49 万人，毕业生人数达到 735.83 万人。

高等教育学生入学率从 1978 年的 2.7% 提升到了 2017 年的 45.7%。进入 21 世纪之后，普通高等学校的数量和在校学生的人数增速明显加快，传统面向精英化的高等教育已经转化成为大众化和普及化教育。

高等学校和学生招生数量所发生的巨大变化，还带来了师资力量的重要转变。1978 年，中国普通高等学校专任教师人数为 20.6 万人，2017 年专任教师人数上升为 163.32 万人。虽然高校专任教师人数的绝对数量在 40 年间有显著增长，但没有与在校学生的数量同步增长。从 1978 年到 2016 年，普通高等学校师生比从 1:4.2 降低为 1:17.07。

换言之，在 40 年前，1 名高校专任教师面对 4 名学生，而 40 年后，1 名高校专任教师需要面对 17 名学生。

### 15.1.1 钱学森之问

2005 年，温家宝总理在看望钱学森先生的时候，钱先生感慨地说："这么多年培养的学生，还没有哪一个的学术成就，能够跟民国时期培养的大师相比。" 钱先生接着发问道："为

---

\* 云南省软件工程重点实验室，云南省量子信息重点实验室，云南大学。e-mail: conjugatelogic@yahoo.com

本项目由国家自然科学基金 (62041213)，云南省科技厅重大科技专项 (2018ZI002)，国家自然科学基金 (61362014) 和云南省海外高层次人才项目联合经费支持。

什么我们的学校总是培养不出杰出的人才？"

面对著名的钱学森之问，不同的专家给出不同的结论。本章从教育系统体系结构的角度，以教育核心模式和师生比对相关问题进行探讨，利用已有的规划数据，找出缺失的培养模式，建立可能改进和强化的模型与方法。

### 15.1.2　网络空间安全

由于网络和应用的高速发展与普及，以及伴随的一系列网络空间安全突发恶性事件，社会急需高质量专业人士，保障知识经济社会体系的可持续健康发展。

以网络空间安全专业为例，从 2002 年在教育部信息安全教学指导委员会的指导下已有近 200 所高校/高职/高专建立起信息安全/网络空间安全专业。从结构上划分培养的人才分为三种类型：① 研究创新型；② 设计开发型；③ 推广应用型。

### 15.1.3　网络空间安全人才的市场需求

从网络空间安全专业人才市场的角度，需要不同层次培养专业人才。

**总体策划**：网络体系架构师。

**分析设计**：安全分析、设计、策划、监督、管理。

**开发维护**：风险分析、安全系统、开发、测试、维护。

**应急培训**：应急处理、实施、推广、培训、宣传、教育。

**攻击防御**：黑客攻击、防御、病毒、蠕虫、木马。

**数据处理**：数据备份、加密传送。

**系统保障**：系统安全。

# 15.2　从过马路看道路安全问题

利用两组在红绿灯控制下行人和车辆过斑马线的系列照片作为例子 (图 15.1)。

(a) 车和行人在绿灯下穿越斑马线

(b) 车和行人在红灯下穿越斑马线

图 15.1　车和行人穿越斑马线

### 15.2.1　同道路安全有关的问题

从图 15.1 中可以看到一些问题，通过问答模式，进行分析。

Q：在绿灯时过斑马线的车辆等待行人通过吗？

A：没有，车辆和行人观望通行。

Q：有没有相关的道路安全交通规则？

A：有，国家和各省都有对应的交通规则和条例。

Q：行人和车辆严格遵守交通规则吗？

A：没有，都不能严格遵守。

Q：为什么行人在红灯时还要继续穿越斑马线呢？

A：不遵守规则，缺乏安全保障意识！

尽管现行的交通规则，已经增加了车辆需要避让过斑马线行人的条例，不同的安全过马路模式有明确的道路安全规则和条例，但在现实之中还是能看到一部分行人和车辆缺乏交通安全意识，没有严格遵守和实践道路交通规则。

### 15.2.2 可以看到的问题

从行人过斑马线的例子中可以看到，目前的社会不缺乏成套的条例和规程，但是这些条例和规程还缺乏被遵守和执行的力度。

类似于行人过斑马线这样简单的规程都有众多的非规范特例，如何能够保证复杂规程也能得到严格实施？从推广普及的角度，教育大众和专业人士严格遵守规范与条例是一项长期的系统教育工程，需要有合适的方法和模式。

## 15.3　分层结构化教育模型

图 15.2 展现按照分层结构化模式形成的教育模型，该模型由三个主要层次构成。基础层次 (通识教育)、增强层次 (综合教育)、先进层次 (特殊教育)。

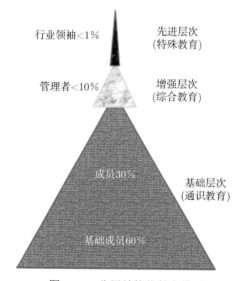

图 15.2　分层结构化教育模型

表 15.1 扼要地给出了四个不同教育层次可能需要的师生比。可以看到不同的场景其师生的比例具有非常大的差别。

**表 15.1 不同层次教育的师生比例**

| 层次 | 老师: 学生 | 比例 | 例子 |
|------|-----------|------|------|
| 通识教育普及层 | $1:(10^2 \sim 10^8)$ | 60% | 广播、电视、广告、网络媒体、远程教育 |
| 通识教育培养层 | 1:10 | 30% | 幼儿园、小学、中学、大学<br>具有批量毕业生的教育机构 |
| 综合教育 | 1:1 | < 10% | 研究型教育、博士、综合型人士<br>团队导师、项目执行和监督人 |
| 特殊教育 | 10:1 | < 1% | 特殊教育模式、高级综合<br>面向未来探索者、领航者教育 |

建立起分层结构化的体系,其目的在于将各个层次进行合理分划,探索各个层次的特点和期待达到的教育目的。

通识教育:普及知识,利用现代化辅助工具通过遵守和违反规范的典型事例,建立起严格满足社会规范和理念的体系,结合实际,重在实践。

综合教育:客观地理解现实世界规则,具有分析、设计、实施、组织、管理、团队协作等综合能力;指导团队完成预定目标,是实际项目的核心部分。

先进教育:解决难题高手、新的模式和方法的创造者、前沿创新科技/环境的引领者、复杂系统问题的协调者、战略分析策划师、行业规范和标准的制定者。

## 15.4 四个层次解释

### 15.4.1 普及层——通识教育

关注面向社会和公共大众安全教育问题,充分利用媒体、网络和广播电视工具全方位地引领社会潮流,具有巨大的影响性和实效性 (从社会安全规范和服务的角度:科学发展观、奥运会、世界杯、中国梦)。

成功事例:驾驶人需要系好安全带,澳洲政府道路安全机构充分地利用电视宣传、网络媒体、广播广告等模式,从 20 世纪 90 年代起持续进行多年宣传教育,利用典型的恶性事件广泛提醒人们建立自我保护意识,明显降低驾驶人不系安全带所造成的恶性事件。

### 15.4.2 培养层——通识教育

在传统的教育实践中利用教师教授学生的授课模式,能够按部就班地在确定的时段内进行特定专业教育任务,批量地培养能够按照特定专业方向的专业工作者。

这些受教育者,需要遵从自然规律和社会习惯传统,利用现代化的网络通信工具和方法,有条理地完成预定的目标。利用所学习和掌握的专项技能,完成特定领域的分析设计和实现的任务。从培养和教育的角度,应让受教育者形成良好的专业工作习惯、理解实际处理问题的流程和掌握熟练的工作技能。

例如, 在网络空间安全方向, 受训的项目需要接受相关项目从分析设计到运维的训练。涉及的内容参阅图 15.3。

图 15.3  网络空间系统安全项目: 分析–运维

### 15.4.3  综合教育

综合教育的受教育者, 需要综合性地理解实际系统运行规则、接受自然规律约束及社会条例规范。

针对多个领域相关的复杂分析设计项目, 组建、激励团队完成实施管理监督职责。作为实际项目的核心成员, 高效地处理规模化特定专业项目。

综合教育的模式参阅图 15.4, 从中观察三类核心事物: 应用规范、适用技术、交互环境。除了特定的部分, 各个部分还有交集。可能区分问题涉及七个方面: 综合教育 (应用规范 + 适用技术 + 交互环境), 行业标准 (应用规范 + 适用技术), 传统习惯 (应用规范 + 交互环境), 基础设施 (交互环境 + 适用技术), 应用规范, 适用技术, 交互环境。

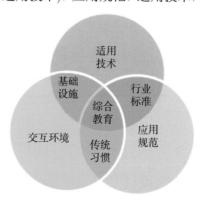

图 15.4  综合教育模式

对培训综合教育的专业人士而言, 仅在单个领域培养教育出的特定专业人才, 难以满足在现实世界中处理较为复杂实际问题的需求!

### 15.4.4  先进教育

先进教育的受教育者, 需要深刻地了解自然规律和社会环境约束条件, 充分地利用综合型资源形成优化实用系统。

以系统可持续发展运行为基础，根据分层结构化原理形成系统化分析，设计和规划模式，提出创造性技术理论及其应用的模式和方法，形成科学、技术、应用的前沿生长点。

接受先进教育模式能处理极为复杂的关联模式，例如，涉及的关键内容包括哲学、文学、历史、艺术、数学、物理、信息、教育、培训、石油、钢铁、烟草、通信、商业、贸易、物流、医疗、区域经济、资源优势、自然生态、社会环境等。相关的交集和可能分化的模式在图 15.5 中示意。

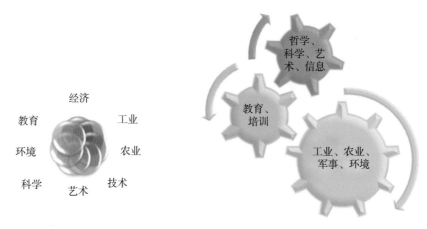

图 15.5　先进教育模式

## 15.5　教育规划例子

本章利用 2010 年国家教育规划作为基础数据来源，以测试检查本章提出和建议的教育体系。相关的数目及其伴随年份在表 15.2 中示意。

表 15.2　分析 2010 年国家教育规划

| 层次 | 2009 年 | | 2015 年 | | 2020 年 | | 趋势 |
|---|---|---|---|---|---|---|---|
| | 招生人数/万人 | 占比/% | 招生人数 | 占比/% | 招生人数 | 占比/% | |
| 研究生 | 140 | 0.3 | 170 | 0.3 | 200 | 0.3 | = |
| 大学生 | 2826 | 6.1 | 3080 | 5.14 | 3300 | 4.89 | ⇓ |
| 高中生 | 4624 | 10 | 4500 | 7.5 | 4700 | 6.96 | ⇓ |
| 职业中学 | 2179 | 4.7 | 2250 | 3.76 | 2350 | 3.48 | ⇓ |
| 职业高中 | 1250 | 2.7 | 1390 | 2.3 | 1480 | 2.19 | ⇓ |
| 继续教育 | 16600 | 36.1 | 29000 | 48.42 | 35000 | 51.83 | ⇑ |
| 九年义务 | 15772 | 34.3 | 16100 | 26.9 | 16500 | 24.43 | ⇓ |
| 幼儿园 | 2658 | 5.8 | 3400 | 5.68 | 4000 | 5.92 | ⇑ |
| 相对增量 | | | 2015/2009 | 130 ⇑ | 2020/2015 | 113 | ⇑ |
| | | | | | 2020/2009 | 147 | ⇑ |
| 总数 | 46049 | 100 | 59890 | 100 | 67530 | 100 | = |

对表 15.2 算出的数据进行归纳，形成表 15.3。

**表 15.3　归纳分析 2010 年国家教育规划**

| 教育模式 | 2009→2020 % | 变化量 |
|---|---|---|
| 高等教育 | 6.4%→5.1% | −1.3%⇓ |
| 高中 + 职业 | 17.4%→12.5% | −4.9%⇓ |
| 继续教育 | 36%→51.8% | 15.8%⇑ |
| 义务教育 | 34.3%→24.4% | −9.9%⇓ |
| 幼儿园 | 5.8%→5.9% | 0.1%⇑ |
| 总量 | 100%→147% | 47%⇑ |

对照本章的模型，从总量观察整体的数量基本满足模型的比例。接受高等教育人员比例约为 6%。值得关注的是在所列出的类别中除了继续教育整体为明显增长，其余的部分基本上都是下降的。而继续教育部分在 2020 年将会超过一半以上的比例，对这样的分布结构而言，简单地将其归为一个类别是非常不合理的。需要对该类型进一步恰当地分划以便细致地分层结构化管理。

由于客观或者主观条件的限制，从师生比的角度可以看到目前的教育体系中缺乏先进教育的支撑体系。最好的研究型学校已经失去了陈省身和华罗庚先生[1,2]当年在清华大学做研究生时，以及钱学森先生[3]在上海交通大学期间和在美国留学时，直接获得众多优秀老师关心和指导的优势。

尽管新一轮的教改和双一流建设，能够改变特定学校的教学和科研环境。但在教育体制中缺乏先进教育层次体系，客观上很难培养出钱学森之问所期待的国际一流顶尖人才。

# 15.6　结　　论

在中国创造形成历史需要的重要阶段，我们需要对如何培养和造就高层次人才的教育体系形成整体结构化的理解。从系统运行设计、完善系统建设和日常维护的角度，为服务现代社会的需要培养和造就出三类高层次专业人才。

在综合利用先进的教育手段增强普及教育的实施和高质量实践的基础上，还需要在理论结合实际的教育模式下培养高质量综合型人才。面向实际目标造就和识别具有培养教育潜质、能够进入先进层次的人才，创造出先进教育层次培养环境，进行超越精英化的教育实践。

如何将中国制造通过若干年的持续努力转化为引领世界一流的中国创造，是一件非常有意义的重要事业。希望各级政府、企业、教育和科学界的有识之士，充分应用先进的教育模型及其分层结构化架构体系，在理论与实际紧密结合的模式下，在未来的科学和教育实践中做出回答钱学森之问的优秀答卷，培养和造就出新一代高层次世界一流的顶尖专业人才。

**参　考　文　献**

[1] 张奠宙, 王善平. 陈省身传. 天津: 南开大学出版社, 2004
[2] 顾迈南. 华罗庚传. 石家庄: 河北人民出版社, 1986
[3] 张纯如. 钱学森传. 北京: 中信出版社, 2011

# 第16章 生物测量学与现代知识综合组织信息管理系统

郑智捷[*]

**摘要**: 生物测量学与现代知识综合组织信息管理系统, 在近年来获得社会广泛关注。本章从分层结构化概念和实用方法的角度对该问题进行探讨。利用特殊例子进行普适性分析以求利用知识系统分层框架, 连接生物测量学, 信息表示与获取和现代知识综合组织信息管理系统。

**关键词**: 生物测量, 信息系统, 分层结构化组织, 知识模型。

## 16.1 概 述

生物测量学在近年来受到社会各个阶层的广泛关注。由于科技的迅速进步, 人类 DNA 图谱、人脸识别和指纹认证以及其他同生物特征相关的测量方法和技术得到人们的高度重视。广义而言, 所有同生物体本身及其活动相关的信息包括生理、病理、解剖、声、光、电、磁、神经脉冲等可以进行测量的数量, 都可能同生物测量学相关。在这个极为复杂包罗万象的领域中, 确定出可能利用现代知识综合组织信息管理方法进行辅助分析和管理的有效手段, 无疑将对生物测量学的实际应用有实质性的帮助。

实际解决任何一类复杂问题, 利用系统分析和综合的方法在观念层次进行类比对解决或者理解问题的实质是有益的。本章以结构方法论为基础利用分层的概念框架[1,2]、图像增强技术[3] 和图像按内容检索系统[4] 为主线以探求现代生物测量学与现代知识综合组织信息管理系统之间的关系。

本章使用的方法和概念源于作者提出的动态平衡理论系统共轭分类和变换理论[5-7]。该系统中提出的原理和方法, 已在实用的高质量图像分析和理解系统中得到实际应用。将该模型应用于生物测量学是作者的一个尝试。作者抛砖引玉, 以期同各位专家学者共同商讨其可能的实用前景。

## 16.2 生物测量学应用中不同层次复杂性

不同的测量对象在生物测量学应用中的表现形式和测量内容可能是千变万化的。从基本测度空间而论, 测量数据可能同几何空间位置、时间等基本可测量度量紧密关联。利用不同的几何空间维数来区分不同的测量对象在实践中是行之有效的方法。从不同的生物测量学应用中能看到极为丰富的具体内容。

---

\* 云南省软件工程重点实验室, 云南省量子信息重点实验室, 云南大学。e-mail: conjugatelogic@yahoo.com。

本项目由国家自然科学基金 (62041213), 云南省科技厅重大科技专项 (2018ZI002), 国家自然科学基金 (61362014) 和云南省海外高层次人才项目联合经费支持。

(1) SARS 红外线探测仪 (一维特征 > 38℃)。在 2003 年突发的 SARS 病毒的全民防范的进程中，在关键的交通要道 (机场、车站、海关) 安装红外线探测仪直接测量人体温度并检测超过 38℃ 的个体。该项措施有效地控制了疾病的扩散。温度测量数据明显具有一维特征。

(2) DNA 序列 (1.5 维图谱)。在 DNA 序列的检测中基本数据是由四种碱基形成的共轭链结构组成的。由于基因结构异常复杂的组合特征和分组定性功能，结构复杂性远超过简单的一维线性序列 [8]。

(3) 人脸检测，早期乳腺癌检测 (二维图谱)。在大多数图像分析系统中，特别是人脸和乳腺癌检测系统中基本识别特征能分解成为二维结构。它们的可能特征组合空间极为复杂。

(4) CT 扫描重构 (三维及高维器官组织结构)。在精密的 CT 扫描医学图像设备中利用不同的层面序列图像能构造出三维及多维组织的动态特性。结构复杂性比二维图像更高一个层次。

(5) 视网络分析和综合 (高维神经网络)。在动物的视网膜结构中尽管人们对其详细机理尚未充分了解，但其生理结构已确认是由复杂的神经网络交互连接构成的。对应的连接结构远高于三维。在大脑皮质上分布的不同信号从侧面显示了其与视网膜结构的动态组合关联 [9]。

(6) 抽象思维 (超高维网络结构)。抽象思维可能属于更为复杂的结构网络特性。如果一定有物质基础，那么该结构可能是超高维网络系统 [9]。

在以上列出的例子中，低维明显比高维有更为确定的特性。而高维结构比低维包含更多的变易性和丰富多彩的可能性。

## 16.3  适用的概念、方法和实用工具

利用现代的数学分析工具如几何拓扑和组合学方法与概念，不同的复杂系统能用基元结构分析方法以获得不变量特征族，然后利用综合方法以求问题的解 [10, 11]。

在有关奇异性分析和不变性量的计算工作中整体拓扑示性数分析占据着复杂大范围系统的核心地位 [11]。由于连接性为一类拓扑特性，空间几何问题可能被抽象为图论问题而更进一步利用概率统计方法以解决问题 [12]。

无论具体问题如何表示，其抽象结构总能表述为格结构。在综合分析了现代知识综合信息管理系统之后，作者提出过一类利用有向无圈格结构的概念细胞模型使用分层知识系统框架 [1, 2]，处理整体分层化设计和描述问题。

该模型区分了两类三层相似但完全不同的抽象结构。时间不变结构: 描述性知识格。时间变化结构: 过程性知识格。

在分层结构组织的表示下该系统能有效地描述知识系统中的信息获取、抽象表示、分类、组织以及各种动态应用过程。

细胞化分层知识系统能有效地表达出从实际的数据测量到高层概念之间的语义网络，并能将应用系统表示为分层知识组织结构。该系统提供了一个可以操作的知识管理信息系统支持框架，将复杂的知识管理系统转变为分层结构化的具有概念分类功能的有组织单元。恰当地利用该系统可能实现极为复杂的具有自组织、学习功能的知识系统以适应更为广泛的

工程和社会中的广泛应用。

　　为方便理解, 图 16.1 给出一个可实现的分层知识结构示意的按内容图像检索分层表示。在该图中, 索引向量为从关联图像中获取到的按图像内容描述信息, 不同的图像有特定的数值表示。各自独立形成的索引向量在分层描述格结构中对应描述格的各个端节点, 而相识的索引向量族则在分层描述格中利用高层信息获取操作形成中间类型的组合索引表示, 形成更高一级的信息表示结构以方便表达群体信息。根节点则是综合了所有个体、群体信息之后获得的整体信息表示。

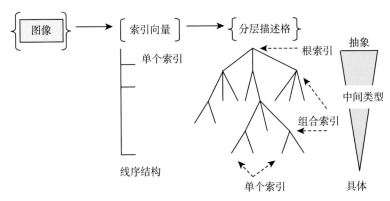

图 16.1　分层结构化表示

　　利用共轭按内容基元图像检索器[4], 图 16.2 展示共轭体系的按内容图像检索系统 (META-CONFORM) 的功能模块设计结构。

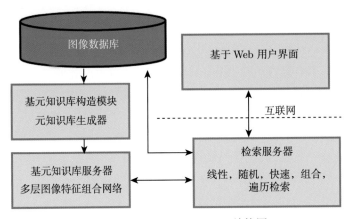

图 16.2　METACONFIRM 结构图

　　三类信息表示可以作如下小结。单个索引: 个体信息, 具体表示。组合索引: 群体信息, 中间类型表示。根索引: 整体信息, 抽象表示。

　　该描述格结构利用分层表示, 在复杂的按图像内容检索系统中实现了有效的信息获取和组织的功能。在同一个结构上进行从个体、群体到整体的信息网络结构表示。

　　在检索查询时, 当前的索引从根出发依次匹配已经获取到的高层信息–组合索引, 最后根据选出的最佳适配的相识性类聚群集信息找出对应的图像集。

为方便体会上述组织方法的有效性，图 16.3 给出一个实现了两组检索结果：指纹检索和新娘检索；示意检索输出后的可视化结果。例如，在指纹检索中选择编号为 194 的图像进行匹配，右边的输出结果是按相似程度从高到低从图像库中选出的前 20 个最佳匹配结果。其中 194、193、195 为强相关图像，源于同一个人的指纹。

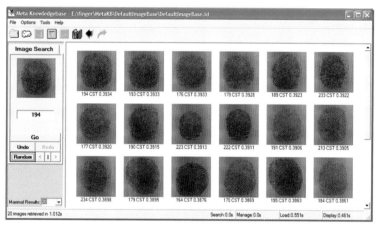

(a) 指纹检索

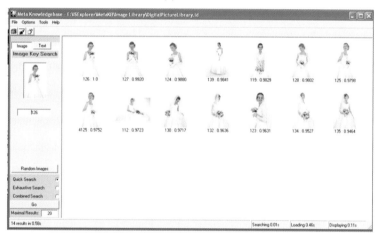

(b) 新娘检索

图 16.3　检索结果

## 16.4　未来社会需要

对生物测量学的具体操作而言，特定测量数据本身可以是非常确定的数值或者向量结构的信息表示形式。利用知识化分层网络结构框架其底层的确定信息和度量能在更高的层次中显示出更多的含义。通过分层结构在个体、群体和整体之间建立起了深刻的信息获取和组织的网络关联。

在现代的万维网系统的普及和发展过程中，高性能实时交互已经改变了人们的不少传统习俗和观念。如何才能应用知识综合信息管理系统技术进行智能化信息获取、表示、分析、组织和综合已经成为最佳控制与优化组合的制高点。

在当今的应用环境中，方便快捷的设计理念和普适的方法能在更多的层面中获得应用。可以预计随着设计自动化和系统智能化的深入发展，整个社会将会变得多姿多彩。面对众多的实际应用，利用相对统一的概念和方法有助于建立起稳定增长的社会环境。基于整体、群体和个体分层有序化的协调进化能有利于社会经济的高速可持续发展。

## 16.5　基本发展策略

任何理论体系本身不能保证其在实践中顺利操作。在当前的社会经济条件下，为了使生物测量学及其应用能促进社会经济的发展，需要以市场需求为动力优化解决急需处理的典型问题。

在操作中应该以攻克核心技术和推广关键应用为先锋，集中力量形成突破口。在以知识综合管理信息系统为核心的数据库、知识库方案中按内容检索技术是自动化组织和高效率检索的关键部分。

该实用技术能有效地支持广泛的应用领域。希望看到越来越多的实用系统利用知识分层化模型建立起实用的应用知识工程系统，在各种层次上实际解决生物测量学中从具体的数据采集到抽象的形式描述问题，以满足不同应用层次中所需要的信息提取、归类、组织、存储、检索等各类不同需求。结合变值体系自身 [13] 的系统发展，使知识分层化模型在万维网的支持下得到健康成长。

## 参 考 文 献

[1] Zheng J, Zheng C, Kunii T L. Concept Cells for Knowledge Representation. International Journal of Information Acquisition, 2004, 1: 149

[2] Zheng J, Zhou M, Mo J, et al.Background and foreground knowledge in knowledge management. Global Engineering, Manufacturing and Enterprise Networks, 2001: 332-339

[3] 共轭结构图像增强器: CSIE Conjugate Structural Imaging Enhancer Brochure.Conjugate Systems Pty Ltd, 2004-2009.

[4] 共轭按内容基元图像检索器: MetaConfirm-Meta Content-based Imaging Retriever Brochure. Conjugate Systems Pty Ltd, 2004-2009.

[5] Zheng Z J. Conjugate Transformation of Regular Plane Lattices for Binary Images. Department of Computer Science. Melbourne: Monash University, 1994.

[6] Zheng Z J, Maeder A J. The elementary equation of the conjugate transformation for hexagonal grid. Modeling in Computer Graphics, 1993: 21-42.

[7] Zheng Z J, Maeder A J. The conjugate classiflcation of the kernel form of the hexagonal grid. Modern Geometric Computing for Visualization, 1992: 73-89.

[8] Stahl F W. Genetic Recombination. New York: W. H. Freeman and Company, 1979.

[9] 荆其诚, 焦书兰, 纪桂萍. 人类的视觉. 北京: 科学出版社, 1987.

[10] Palais R S, Terng C. Critical Point Theory and Submanifold Geometry. Berlin: Springer- Verlag, 1989.

[11] Hopf H. Difierential Geometry in the Large. Berlin: Springer-Verlag, 1983.

[12] Nikulin V V, Shafarevich I R. Geometries and Groups. Berlin: Springer-Verlag, 1989.

[13] Zheng J. Variant Construction from Theoretical Foundation to Applications. Berlin: Springer Nature, 2019

# 第17章　利用图像不变性特征索引和自组织管理技术开发按图像内容检索应用系统

郑智捷[1]，文讯[2]

**摘要**：利用什么样的先进技术可以解决多媒体检索问题是一类具有广泛应用需求的现实难题。本章使用两种关键技术构造按内容检索核心系统，提出基本结构并描述其工程实现的先进性和可行性。

**关键词**：多媒体检索，关键技术，按内容图像索引，分层结构化设计和实现。

## 17.1　多媒体检索体系结构

利用什么样的先进技术可以解决多媒体检索问题是一类具有广泛应用需求的现实难题。本章使用两种关键技术构造按内容检索核心系统，提出基本结构并描述其工程实现的先进性和可行性。为了方便讨论核心系统的主要功能，本章将按模块化的方式描述，并简要介绍其主要结构原理和现有的可行技术。

按内容图像检索管理信息系统体系结构框图在图 17.1 中示意。

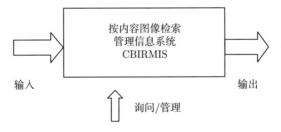

图 17.1　按内容图像检索管理信息系统体系结构

按内容图像检索管理信息系统是一类面向专项应用的图像数据库管理信息系统。该系统具有按图像内容索引和分类的功能。一般的图像数据库系统提取图像文件中的文字描述信息，对其进行索引，并将其作为基本内容进行管理。还有一类图像数据库管理系统利用颜色、纹理、形状等数值测度构造并实现按内容索引。本章描述的系统属于后一种类型，是一类直接利用图像数据本身的特征基元提取图像中内蕴的几何和拓扑测度特征进行信息管理的体系结构。

---

1 云南省软件工程重点实验室，云南省软件工程重点实验室，云南大学。e-mail: conjugatelogic@yahoo.com。

2 墨尔本，澳大利亚。e-mail: wenwx@yahoo.com。

本项目由国家自然科学基金 (62041213)，云南省科技厅重大科技专项 (2018ZI002)，国家自然科学基金 (61362014) 和云南省海外高层次人才项目联合经费支持。

整个系统接受两类输入数据流产生一类输出数据流。系统的内部结构在图 17.2 中示意。其中包含三个主要模块: 图像特征索引、结构化索引组织和修改维护控制模块。在后面的章节中将分别对各个模块进行讨论。

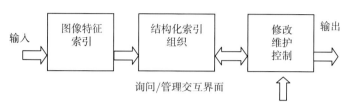

图 17.2　按内容图像检索系统中的三个主要模块

### 17.1.1　图像特征索引模块

对于实际应用系统, 图像特征索引模块起着极为关键的作用。这个模块将难以直接测度的可视化图像目标信息转化为具有某些相关特性的数值参数, 以便系统管理和控制。在通常情况下, 转化为量化索引的等价描述结构比原图像更为紧凑。图像特征索引过程将二维可视化目标从含有 $T$ 个像元的二维矩阵形式转变为含有 $M$ 个参数的一维向量特征描述形式, 如图 17.3 所示。

图 17.3　二维图像变为一维特征索引向量

各个变量和不同的取值由图像的内部特征决定, 系统利用这些具有整体意义的测度信息进一步加工。按图像内容索引技术可以粗分为四类方法: 像元, 基元, 分块和整体。例如, 值分布图 (像元), 结构化特征描述 (基元), 变换方法 (分块), 全息图 (整体)。不同的方法具有可以区分的复杂性和特别的优势表述功能。一般说来, 像元和分块描述方式不能表达像元之间和分块之间的关联几何与拓扑信息, 而基于图像整体的直接描述又过于复杂。虽然不同的分块变换法提供有效的描述模型处理各个相对独立的小区域, 然而在通常情况下, 分块法不能保存块间连接信息。

对比不同的方法和它们的几何拓扑约束, 基元描述提供一类具有邻域相互覆盖功能的方法。这类方法提供一条实用和快速的途径, 不但可以很好地描述小范围局部特征, 还能进一步组织这些基本结构元分布而获得大范围的几何拓扑特性。从而使整个特征描述族的分析系统适应于不同的环境。

基于结构化基元描述技术, 可提供一套特殊技术进行共轭基元结构索引。该技术能将不同的图像按点、线、块边界, 块和块–线交界分化为前景与背景; 使得每一个特征图像为十个基元特征图像族, 进而利用量化操作生成可以进行测度和比较的数值参数。每一个特定的图像都能在这个框架支持下进行分解，并形成基元特征组合以构造复合索引向量进一步分析处理。

该类索引方法在 2001 年成功地应用于澳洲工程院制造业自动化软件系统的工业图像检索模块中，该系统收集管理 8 万多幅工业图像。共轭结构量化索引方法为实用按图像内容检索提供了一类原型测试方案。

例如，一幅 $256 \times 256$ 尺寸的图像 $65536 \sim 10^5$，其索引复杂性取决于不同的方法，利用值分布方法需要 $O(10^5)$ 运算量，可区分的状态数为：黑白图像 ($M = 2$)，8 位灰度图像 ($M = 256$)，三基色 8 位彩色图像 ($M = 256^3$)。利用共轭基元结构索引黑白图像 ($M = 10$)，灰度图像 ($M = 20 \sim 100$)，彩色图像 ($M = 40 \sim 400$)，为方便比较在表 17.1 中给出不同的方法及其复杂性估计。

**表 17.1　特征提取量化索引的计算复杂性**

| 典型操作 | $M$ 量化索引向量长度 | 计算复杂性 | 时间复杂性 $256 \times 256$ 例子 |
|---|---|---|---|
| 直方图 | 2 (黑白图) | | |
| | $2^8$ (8 位灰度图) | $O(T)$ | $O(10^5)$ |
| | $2^{24}$ (24 位彩色图) | | |
| 共轭结构化索引 | 10 (黑白图) | | |
| | 10~10 (灰度图) | $O(T)$ | $O(10^5)$ |
| | 40~400 (彩色图) | | |
| 快速信号变换 (FFT) | 8~64 (8*8 分块灰度图) | $O(10*T)$ | $O(10^6)$ |
| | $256 \sim 10^5$ (256*256 灰度图) | $O(T*\log T)$ | $O(10^7)$ |

在不同的量化索引方法中，共轭结构方法提供系统化的分层边缘信息描述框架。这个方法提供的不变特征描述空间在后续的分析中发挥着重要作用。各种方法的更加详细的对比可参阅文献 [1] 和文献 [2]。

### 17.1.2　结构化索引组织模块

从管理信息系统的角度，结构化索引组织部分是系统中最重要的部分。利用该部分提供的支持才有可能进行实际操作管理并分层组织图像索引数据，根据图像的内容进行查询。为了方便比较，选择传统的分类和检索技术进行类比以估计建议方法的可行性和运行效益。

一方面按内容查询的基本结构以多参数多目标进行复杂特征的提取为特征。特殊的索引方式使得直接利用传统的关系数据库管理系统难以提供高性能的查询功能。另一方面按多元参数向量表示形式更相似于面向对象结构，利用特殊的结构化方法，构成高性能的面向对象的分层树数据库结构以达到高效能检索的目的。

设计一套具有智能化自动生成分层结构化索引组织的系统，该系统主要利用先进的人工智能技术并结合相似性图像类聚方式，以群落为基础形成一类可以分层结构化索引组织、管理和查询的体系。从功能的角度，分层结构化索引组织模块由两个子模块构成：生成模块 (GSC) 和使用模块 (UHO)。

分层结构化索引组织模块在图 17.4 中示意。

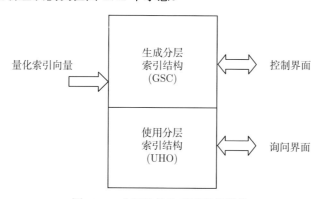

图 17.4 分层结构化索引组织模块

GSC 利用输入的图像特征提取索引向量集信息 ($N$ 个图像, $N \times M$ 总量化索引信息量), 利用相互比较的方法在各图像索引上建立起序关系。按确定的规划将 $N$ 个图像的向量集转化为根、节点、子节点, 连接组并形成相关的树表示。为了在所关心的图像索引向量集上形成有用的序结构, 需要引入合适的方法以建立完全的分层结构。在复杂多变量特征组织领域, 很多方法已用于实际的分层结构。从类比的角度, 分层结构组织化同 $N \times M$ 矩阵分片或者分块化有很多相似之处。$N \times M$ 量化索引向量集 → 结构化索引组织: {目录、树、表、语义数据库、神经网络、协同图}。

利用不同的结构化组织, 建立起对应的分层结构化索引。利用查询信息获取给定图像元素的量化索引并确定出最相似的图像或者图像组在结构化索引中的确定位置。

在表 17.2 中, 对较大的 $N$ 给出不同方法及其运算复杂性比较。

例如, 当 $M = 40, N = 2500$, $O(N^2 \cdot M^2)$ 相关运算需要的运算量为: $(40 \times 2500)^2 = 10^{10}$, 利用 1GHz 计算机, 每秒能操作 $O(10^6) \sim O(10^7)$ 次算术运算, 需要 $10^4$ 秒, 约 3 小时完成操作。

表 17.2 典型分层结构化索引方法比较

| 模式 | 相关操作 | 方法 | 复杂性 | 例子 $M = 40, N = 25000$ |
|---|---|---|---|---|
| | | 查表 | $O(NM)$ | $O(10^6)$ |
| | | FFT | | |
| | | B-tree | | |
| | | K-tree | $O(NM \log NM)$ | $O(10^7 \sim 10^8)$ |
| | 分类 | 类聚, | | |
| | 学习 | 表结构 | | |
| 生成结构 | 矩阵特征值 | 快速分类 | | |
| | 解方程 | 相关运算 | | |
| | | 泡泡分类 | | |
| | | 奇异特征值分解 | $O(N^2 * M^2)$ | $O(10^{12})$ |
| | | 神经网格 | | |
| | | 链表 | | |

续表

| 模式 | 相关操作 | 方法 | 复杂性 | 例子 $M = 40$, $N = 25000$ |
|---|---|---|---|---|
| 使用结构 | 查询 修改 更新 维护 | 查表 FFT B-tree K-tree 类聚, 表结构 快速分类 相关运算 泡泡分类 奇异特征值分解 神经网格 链表 | $O(1) \sim O(\log NM)$ $O(\log NM) \sim O(\sqrt{(N*M)})$ $O(\sqrt{(N*M)}) \sim O(N*M)$ | $O(1)$ $O(10)$ $O(10^3)$ |

### 17.1.3　控制/管理模块

每个实用信息管理系统都需要相应的控制、维护和管理部分。集中讨论核心系统，主要的模块在图 17.5 中示意。

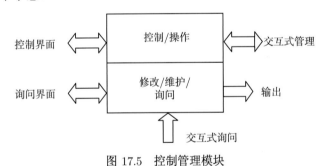

图 17.5　控制管理模块

控制管理模块分为两个子模块：控制/操作和修改/维护询问。模块的复杂性依赖于分层结构化索引组织模块对生成结构的控制界面要求和实用管理信息系统中的询问界面功能要求。界面描述和可视化结构组织功能对实用系统提供基础支持。在具体的应用系统中，模块的设计和实现依赖于应用的需求。在目前的阶段可以忽略对这部分更详细的讨论。

## 17.2　核心系统

从上面简要的分析中可以看到，很多不同的方法组合都可能构造出可以操作的应用系统，而该系统可在一定的条件下支持按图像内容查询功能。然而不同的选择都有不同的优缺点。特定的方法可能仅适合于特定的应用环境。考虑到系统的综合特性，下面讨论具体方案的可操作性、可实现性及其优越性。

在按内容检索的图像查询系统中，最关键的指标为按图像内容索引的有效性、分层管理系统的精确性、分层类聚的可区分性，如图 17.6 所示。

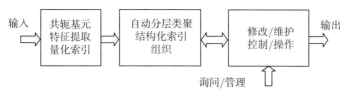

图 17.6 建议的按图像内容检索信息管理系统模型

前面两个模块是系统的核心模块，图 17.7 利用运行参数估计其相对运算复杂性。

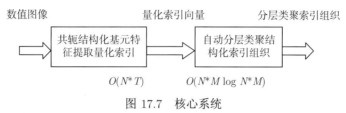

图 17.7 核心系统

从图像索引的角度，共轭基元结构索引方法是一个与人的视觉特征提取有显性关联的高性能系统。利用该模式产生的分级可视目标边缘图，十分接近绘画艺术家利用分级轮廓素描的方法分级确定可视目标的主要和次要部分。除了特征图可能按分级目标确定，该结构方法还能保证基元特征在一定的范围内保持旋转、反射和平移的不变性。这些富有特色的特性还能进一步得到综合，以更深入的方式表述图像内容特征。从结构描述的角度，结构化基元信息能提供的内容比通常的统计方法丰富。

基元特征分析法可类比于有机体根据形状描述组合分解为更小的结构并实行数量的统计。由于基元特征以间接的方式表达其内容，所以在具体应用时，每一类的邻域清楚后，就能利用其上层的关联性进一步对目标进行分析和组合。基元特征具有的独立性和关联性并存的特点，使得系统有可能递归应用分层结构，支持不同需求的按内容检索。从信息描述而言，量化索引向量部分是依据局部不变量特征对单个图像的描述，对于一个或多个图像集合，需要利用一个分类组织框架以确定其成员之间的相互位置关系。

分层结构化特性意味着，抽象化的索引信息结构组织能够形成一套相对独立于处理对象的分层组织机制以保证实用系统的多样化和普适性。分层组织机制是一类相对独立于应用系统的核心功能，利用何种方式来实现这一功能在很大程度上将决定系统的运行效率。

在图 17.8 中，示意一棵索引树，其中根节点由输入的索引向量全体构成，而每一个中间节点对应其所有子节点包含的索引向量的子集合。上层节点同下层节点之间存在包含的序关系。

所建议的自动分层相似类聚方法在 2000 年成功地应用在澳大利亚最大的电讯公司 (Telstra) 的门户网站中，支持大规模网页信息查询检索，运行的系统最大索引文本量为 $10^7$，每个文本的特征描述能包含上千个关键词干和词组作为关键词索引向量。

这些实用的查询系统有利地支持了分层类聚原理的有效性和实用性。这个系统中对于文字索引和图像索引都是采用同样的一维多变量特征索引向量测度结构，从原理上这一核心技术能用相容的规则统一管理多媒体信息。在解决了相应的索引问题之后，该应用系统将能加以扩充以便支持其他类型的应用。例如，同时支持按文字、图像、声音以及各类按内容检索的多媒体应用。

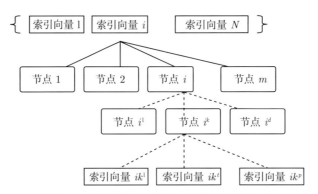

图 17.8　结构化索引集合，节点和独立索引

结合以上两种核心技术，已实现了一个图像查询原型系统。该系统包含 500 幅各类图像并显示了本章所提出方法的可用性和通用性。图 17.9 展示出该查询模型系统的一个查询页面。单击左下角的图像 (查询图像) 便可在数据库中查出所有前景为树林、背景为山和没有云的天空的图像 (图 17.10)。

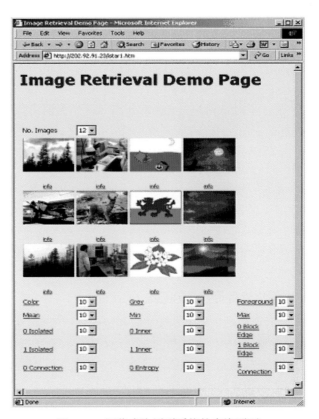

图 17.9　图像查询原型系统的查询页面

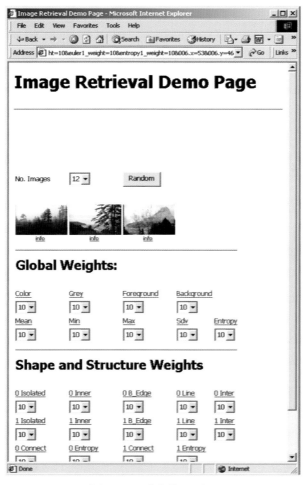

图 17.10　查询输出页面

# 17.3　潜 在 应 用

结合上述图像索引和分层组织技术，可以针对不同的应用开发系列产品。本节简要描述这方面的设计考虑。

### 17.3.1　面向个人用户的图像综合管理查询系统 $(10^3 \sim 10^5)$

随着数值照相机和数值化图像的普及，如何有效地管理个人用户的图像收藏已成为人们关注的问题。利用按内容检索方法，能比较方便地将收藏按照自动索引和组织的原则进行类聚管理。综合利用文字和图像信息，系统还能在更广泛的意义下实现综合管理个人用户的文件、数据和图像信息。这一领域的潜在应用市场十分巨大。

### 17.3.2　专用图像查询管理系统 $(10^4 \sim 10^6)$

在各类专业化的应用环境中如工业测量、医学图像等领域，除了各种分门别类的大科目，很多相关的精细特征需要靠直接观察图像本身才能最终确定。利用分层化的基元描述机理和整体几何拓扑结构，将有可能对其综合的组织管理提供一条可行的途径以克服视觉特征难以用文字直接描述的困难。在通常的情况下，面向专业化的设计和实现是有效地解决问题的关键。在专用领域中，如何根据具体的条件选择合适的索引集和组合集，将对这类问题能否得到有效解决起决定性的作用。面向不同的专项应用的群聚系统，将对更广泛的查询系统提供有效的支持。

### 17.3.3 超大规模专用图像检索系统 ($10^5 \sim 10^8$)

不同规模的图像系统需要采用适当的方法增强核心系统功能并配合外部环境，系统才能发挥效率。对超大规模系统而言，其系统组织和结构需要包含更多的层次，每个层次可能利用不同的组织原理，以达到系统优化的目的。综合利用文字、图像和结构组织等信息，超大规模系统需要有面向专业应用的子系统支持，并利用其关联性及更高层次的基元组合，以适应巨形复杂系统的扩充需求。

对于任何具体应用领域，可能需要多种信息表达方式，使得需要处理的内容相对集中化、层次化和模块化，以适合于具体的应用需求。

通常情况下，在一个实用的领域中需要检索的对象总是可能有多种索引信息并存。例如，外观专利中，每一项具体专利所需要保护的对象是一类具有特殊应用价值的几何造型。然而在利用图像记录相关信息的同时，专利文件本身也由于其特殊的应用领域区别而分为不同的支系。综合利用这些不同层次的索引类信息就可能将包含众多元素的图像数据库按其分层内容进行划分，达到方便的快速查询处理的目的。

## 17.4 结　　论

利用何种工具才能进行更为方便的信息检索，是未来从个人到社会都要面对的问题。采用建议的核心技术，能在一定的范围和层次内较快地形成实用运行系统，并以系列的方式在不同的专业应用领域中形成优势产品以解决图像和多媒体查询的普遍难题。

本章的基础部分完成于 2003 年，所展示的模型和方法在当时具有先进性。从设计的角度，如何推广应用图像检索功能至今仍然是一类值得关注的论题。结合最新发展的变值体系 [3]，期待在基因序列检索等方向的工作，针对大数据、深度学习、人工智能等前沿应用方向形成针对实际应用的竞争优势。

### 参 考 文 献

[1] Zheng Z，Leung C. Automatic indexing for rapid image retrieval in Proceedings. International Workshop on Multimedia Database Management Systems'96, IEEE Comput. Soc. Press, 1996

[2] Zheng Z，Leung C. Graph index of 2D-thinned images for rapid content-based image retrieval. Journal of Visual Communication and Image Representation, 1997, 8（2）: 121-134

[3] Zheng J. Variant Construction from Theoretical Foundation to Applications. Berlin: Springer Nature，2019

# 第18章 面向乳腺图像自动分析处理的模型和方法

郑智捷[1]，吕梁[2]，谢颖夫[3]

**摘要**：从乳腺图像中检测癌症包块通常使用两种典型的诊断模式：放射科医生习惯使用包块形状和边缘的描述模式进行诊断，而模式识别专家则应用完全不同的检测模型和方法进行症状描述和辅助诊断。由于两类诊断模式之间有着明显的差别，模式识别专家难以采纳和实现医生习惯利用包块形状和边缘的诊断模式，自动地提取癌症特征。本章描述由云南大学和云南省第一人民医院联合开展的一项研究项目：综合利用分层结构化基元形状描述工具和共轭基元特征聚类方法等前沿技术，准确地描述和提取包块形状与边缘结构，形成面向自动乳腺图像分析原型系统。在实现的原型系统中，十类基元形状特征群聚及其组合模式，以系统化的模式描述不同的复杂癌变症状。针对微钙化点群聚特征提取结果，将本章方法与两种通过美国 FDA(食品和药物管理局, Food and Drug Administration) 认证的辅助检测系统 (R2 和 iCad) 进行了对比。所建议的共轭基元形态特征群聚模式，适合未来的自动图像分析系统探索在两种诊断描述模式之间建立基础性的模型和方法。

**关键词**：包块形状，包块边缘，乳腺图像分析，乳腺癌检测，基元形状特征提取，凸性特征，微钙化点群聚。

## 18.1 概　　述

乳腺图像分析是一类检测早期乳腺癌的有效方法[1,2]。基于前沿的乳腺造影术，专家进行合适的解释仍然非常困难。粗略地估计在专家解释中忽略 10%~30% 的恶性肿瘤，同时大约 40% 被忽略的恶性肿瘤表现为包块[3]。

### 18.1.1 模式识别方法

多种计算机辅助诊断技术已经用于临床[4-9]，但都没有显示普遍成功[10]。应用 Karssemeijer 的微钙化检测技术[11,12]，商业化产品如 R2[4] 和 iCad 系统[7] 以非常高的成功率检测微钙化效应[13-17]。然而，检测其他类型的癌变恶性肿瘤存在更多的难题，系统需要辨识完全不同的形状问题。

在这个活跃的研究领域还有其他的检测模式：频谱技术包括边缘检测和提取[17,18]、小波变换[19,20]、神经网络[17,21]、深度学习[22]、滤波器[3]、边缘增强[23]、微钙化群聚分割[24]、图像分类[25-27] 等。

---

1 云南省软件工程重点实验室, 云南省量子信息重点实验室, 云南大学. e-mail: conjugatelogic@yahoo.com.

2 云南省第一人民医院放射科.

3 云南省第一人民医院计算中心.

本项目由国家自然科学基金 (62041213)，云南省科技厅重大科技专项 (2018ZI002)，国家自然科学基金 (61362014) 和云南省海外高层次人才项目联合经费支持。

在乳腺图像中经常包含较低的信号噪声比 (低对比度) 和复杂的结构化背景。乳腺纤维组织对比度和密度随着年龄变化,而且,各台乳腺造影机器可能形成的图像质量各异。由于这些问题依赖于预置单个阈值的方法,因此曾经有效的图像分割方法产生了严重的问题。

通常恶性肿瘤和钙化点会嵌入在非均匀的图像背景中,在那样的乳腺图像中,背景对象可能表现得更为明亮,使得各类利用整体阈值的分析方法难以应对。自适应邻域分割技术尝试克服这类弱点,但是邻域尺寸、区域定位等问题仍然面对系列困难。在数字化乳腺造影术中一类重要的步骤是对可能的恶性肿瘤进行适当的分割。这样的步骤可能减少在后续步骤中的辨识错误。

### 18.1.2  包块形状和边缘

利用乳腺造影图,放射科医生和医学专家采纳传统包块形状与边缘的描述,以区分不同的恶性肿瘤症状。包块为三维损伤可能表示具有局部征兆的乳腺癌。通常由位置、尺寸、形状、边缘特征,X 射线衰减 (辐射密度) 与周围组织作用,及其他伴随的信息 (例如,结构化扭曲、结合性钙化、皮肤改变等)。根据包块的形态判据,为诊断恶性肿瘤建立可信度指标。

(1) 位置: 乳腺癌趋于在乳腺软组织状锥体的外部区域发展,包块定位能够提升恶性肿瘤的嫌疑。

(2) 尺寸: 肿瘤尺寸本身并不预测恶性肿瘤。恶性肿瘤包块的尺寸是伴随其增长的重要指标。发展乳腺造影术的目的是尽量在早期乳腺癌发展阶段就能够检测出症状。

(3) 形状: 包块的外部形状可能区分为五大类: 圆形 (round),椭圆 (oval),小叶状 (lobular),非规则 (irregular) 和结构性扭曲 (architectural distortion)。五类形态在图 18.1 中示意。结构性扭曲不是严格意义上的包块,可能并没有包块直接可见。能够从对比正常的乳房结构,包括从单点出发的针状放射结构伴随着中心收缩形态,或者软组织边缘的扭曲形变。结构性扭曲也能伴随特定的肿块。

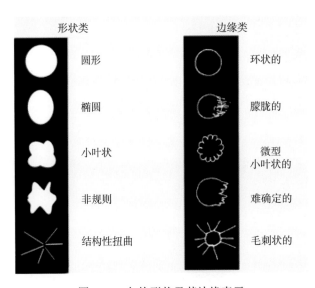

图 18.1  包块形状及其边缘表示

(4) 边缘: 包块的边界是边缘, 仔细检查时利用放大镜辅助能看得更为清晰。这类指标在辅助判定包块是良性还是恶性肿瘤中起着决定性的作用。由国际乳腺放射诊断学会 (BI-RADS) 描述了五类边缘: 环状的 (circumscribed), 朦胧的 (obscured), 微型小叶状的 (micro-lobulated), 难确定的 (ill-defined) 和毛刺状的 (spiculated)。环状的良性肿瘤可以观察到包块和周围组织之间具有清晰的边界。微型小叶状的良性肿瘤沿着包块的边缘具有小型波状环路。由于附着在包块之上或者周围的正常组织掩盖可能形成朦胧边缘效应。若观察不到可见的包块, 则结构性扭曲术语通常用于描述针状放射结构。

(5) X 射线衰变: X 射线强度的衰变可以检测包块密度的变化。通常乳腺癌比周围的正常乳腺软组织表现得更为密实。

(6) 周围组织和伴随症状: 在诊断的过程中还会伴随一系列其他描述信息, 例如, 结构性扭曲、乳管增粗、皮肤改变、乳头和乳晕异常等。

图 18.1 源于美国健康研究所为放射专家建议在实际诊断中利用包块形状和边缘术语, 表达癌变肿瘤症状特征的标准化探索。由于模式识别领域的多类处理模式, 与检测包块形状和边缘描述不直接相关, 所以那些模型和方法难以适当地用于分割乳腺造影图。

# 18.2 在共轭图像技术中基元形状特征

共轭图像处理和按内容图像检索方法[28-32]从 20 世纪 90 年代发展至今, 已经超过 20 年。该类技术基于基元形状群集分类在多元几何、拓扑不变量的支持下形成多组具有旋转、反射和平移等不变特性的基元形状特征[28]。通过多年的发展, 该类技术扩展到在灰度图像上构造多类形状滤波器。该技术能够自动地分划原始图像为两组基元特征集合。

在典型的特征空间结构中, 前景和背景对象被自动地分化群聚为两类特征群聚结构, 形成十种基元形状滤波器。利用凸性和凹性特性对应于十组: 孤立点、内点、块状边缘点、网络点和交叉点特征群集。

1) 背景基元聚类 (凹性群聚分类)

孤立点: 凹分量的孤立单点群聚。

内点: 凹分量的块状群聚。

块状边缘点: 凹分量的块状边界。

网络点: 凹分量和曲线的连接群聚。

交叉点: 凹分量的块与网络分量的交接部分。

2) 前景基元聚类 (凸性群聚分类)

孤立点: 凸分量的孤立单点群聚。

内点: 凸分量的块状群聚。

块状边缘点: 凸分量的块状边界。

网络点: 凸分量和曲线的连接群聚。

交叉点: 凸分量的块与网络分量的交接部分。

从基元特征控制的角度, 十种基元特征可以进一步利用选择或者不选择进行操作, 进一步构造形成组合滤波器。利用基元特征体系和十组基元, 能够形成 1023 种非平凡组合形状滤波器。整个系统能够对任意灰度图像，提供规模宏大的形状滤波器的控制支撑。

　　为了方便理解所提到的基元形状滤波器，分别利用五组基元形状滤波器，在图 18.2 中展现同一幅乳腺造影图像的两组处理结果。

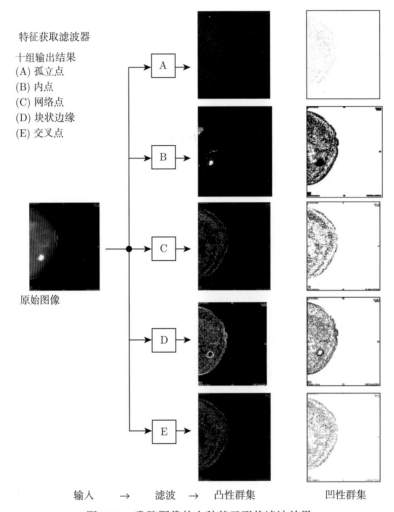

图 18.2　乳腺图像的十种基元形状滤波效果

　　在图 18.2 中，原始图像经过处理之后形成十种基元形状分量。各个基元特征提取结果表现一种特殊的形状特征，而不用流行的谱、频率、高通/低通滤波器等术语，描述传统意义上的包块形状和边缘。

　　很有趣味地观察到，内点群聚可能对应多种包块形状：圆形，椭圆，小叶状，非规则模式等；然而，块状边缘和网络群组，在环状的包块区域近邻，展现出包块的边缘特征：环形的，朦胧的，微型小叶状的，难确定的和针状放射形态的等。除了十种典型基元形状群聚，系统很方便地通过组合模式，灵活地描述不同基元形态分量的综合组合模式。

## 18.3　应用于微钙化点群聚检测和图像增强处理

在早期乳腺癌检测实践中，识别微钙化点群聚起到关键作用。对于任何潜在应用于该领域的检测技术，是否能够进行该类检测是一项重要的指标。

在图 18.3 中，原始图像包含多种微钙化点群聚结构。利用共轭块状边缘提取作为形状滤波器改变控制粗糙程度的参数 ($\delta$ 值) 展现对应的输出结果。

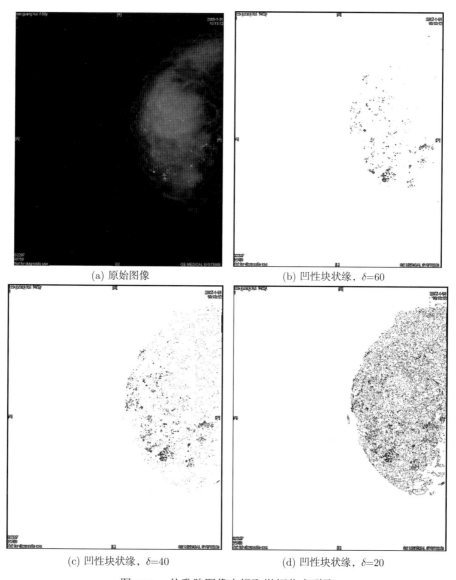

(a) 原始图像　　　　　　　　　　(b) 凹性块状缘，$\delta=60$

(c) 凹性块状缘，$\delta=40$　　　　　(d) 凹性块状缘，$\delta=20$

图 18.3　从乳腺图像中提取微钙化点群聚

尽管从原始图像中难以从明亮的图像部分，直接观察到微钙化点颗粒，但三组边缘特征提取后的图像 ($\delta = 20, 40, 60$) 很好地将微钙化群聚结构从原始的乳腺造影图中明确地分离提取出来。

在图 18.4 中，利用四种增强模式展现处理结果。

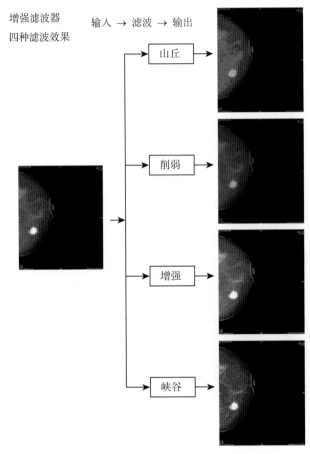

图 18.4　乳腺图像的四种滤波输出图示

## 18.4　三种微钙化点检测模式对比

从 20 世纪 90 年代发展出来的微钙化点辅助诊断系统[4-9]，经过多年的优化，以 R2 和 iCad 等核心技术为标志的现代化乳腺图像辅助诊断系统，已通过美国食品和药物管理局的临床认证。经过 20 多年的临床检验，在早期乳腺癌普查方面作出了积极的贡献。

尽管不同的系统运行的环境和采集的内容各具特色，但是从核心技术的角度，三种检测模式和标记方法是可比较的。在图 18.5 中，列出的四幅乳腺图像分别为原始图像，通过 R2 系统检测的预测结果和通过 iCad 系统检测的预测结果，以及利用共轭块状边缘处理之后的输出结果。

从展现的结果中可以看到，对比这些国际领先的模式识别系统，共轭图像基元形状特征处理模式具有潜在和丰富的描述特征，具有潜力设计和实现中国著名乳腺放射专家胡永升在原创的乳腺病变图像诊断著作[33]中描述的系统化模型和方法。

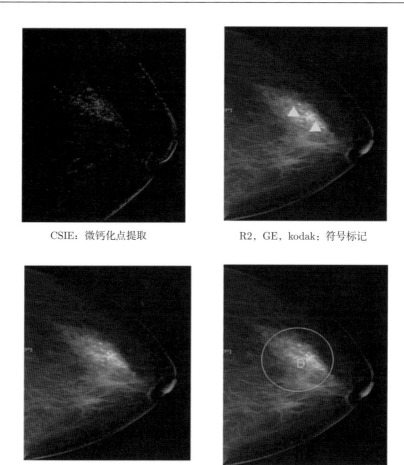

|  |  |
|---|---|
| CSIE：微钙化点提取 | R2，GE，kodak：符号标记 |
| 原图 | iCad：区域定位 |

图 18.5 三种微钙化点群聚标记模式比较

# 18.5 结 论

本章简要介绍共轭基元特征提取和群聚技术，面向自动化乳腺图像分析和处理，在乳腺图像特征提取和表示中的初期进展。该类前沿技术以更为丰富的结果描述和分析其他类型的癌变结构组织。结合前沿人工智能热点领域–深度学习，特别是卷积神经网络辨识模型和方法，可以看到共轭基元形状群聚适合于提供优化的快速学习和复杂形状特征组合模式及其变值体系前沿技术[34]，为下一代医学图像分析识别系统服务。

## 参 考 文 献

[1] Caseldine J, Blamey R, Roebuck E, et al. Breast Disease for Radiographers. London: Wright, 1988.

[2] Tabar L, Dean P B. The control of breast cancer through mammography screening: What is the evidence. Radiologic Clinics of North America, 1987, 25: 993-1005.

[3]  Petrick et al. An adaptive density-weighted contrast enhancement filter for mammographic breast mass detection. IEEE Transactions on Medical Imaging, 1996, 15: 59-67.

[4]  ImageChecker M1000 System-Computer Aided Detection for Mammography. R2 Technology, Inc, Los Altos, CA, Information Brochure, 2002: 2-12

[5]  Khoo L A, Taylor P, Given-Wilson R M. Computer-aided detection in the United Kingdom national breast screening programme: Prospective study. Radiology，2005; 237: 444-449.

[6]  Champaign J L, Cederbom G J. Advances in breast cancer detection with screening mammography. Ochsner Journal 2000，2(1): 33-35.

[7]  Kim S J, Moon W K, Kim S Y, et al. Comparison of two software versions of a commercially available computer-aided detection (CAD) system for detecting breast cancer. Acta Radiologica, 2010，51(5): 482-490

[8]  Eriksson M, Li J, Leifland K, et al. A comprehensive tool for measuring mammographic density changes over time. Breast Cancer Research and Treatment, 2018，169(2): 371-379

[9]  Sohns C, Angic B C, Sossalla S, et al. CAD in full-fleld digital mammography-influence of reader experience and application of CAD on interpretation of time. Clinical Imaging，2010，34(6): 418-424

[10]  Anguh M，Silva A. Multiscale Segmentation and Enhancement in Mammograms. The 6th Brazilian Image Processing Symposium SIBGRAPI' 97, SP, Brazil, 1997: 14-17.

[11]  Karssemeijer N. Automated classiflcation of parenchymal patterns in mammograms. Physics in Medicine and Biology, 1998，43: 365-378.

[12]  Champaign J L, Cederbom G J. Advances in breast cancer detection with screening mammography. Ochsner Journal, 2000，2(1): 33-35.

[13]  Chan H P, Lo S C B, Sahiner B, et al. Computer -aided detection of mammographic microcalciflcations: Pattern recognition with an artiflcial neural network. Medical Physics, 1995，22(10): 1555-1567

[14]  Cheng H D, Lui Y M, Freimanis R I. A novel approach to microcalciflcation detection using fuzzy logic technique. IEEE Transactions on Medical Imaging, 1998, 17(3): 442 -450

[15]  Yu S，Guan L. A CAD system for the automatic detection of clustered microcalciflcations in digitized mammogram films. IEEE Transactions on Medical Imaging, 2000, 19(2) : 115-126

[16]  Melloul M. Segmentation of Microcalciflcations in X -ray Mammograms using Entropy Based Thresholding, Masters Thesis. The Hebrew University of Jerusalem, 2001

[17]  Bankman I, Christens-Barry W, Kim D, et al. Algorithm for detection of microcalciflcation clusters in mammograms, Proceedings of the Annual Conference on Engineering in Medicine and Biology, IEEE, 1993: 52-53

[18]  Brzakovic D, Luo X M, Brzakovic P. An approach to automated detection of tumors in mammograms, IEEE Tran Med Imaging 1990, 9: 233-241.

[19]  Laine A F, Schuker S, Fan J, et al. Mammographic feature enhancement by multiscale analysis. IEEE Transactions on Medical Imaging, 1994, 13: 725-738.

[20]  Strickland R N，Hahn H I. Wavelet transforms for detecting microcalciflcations in mam mograms. IEEE Transactions on Medical Imaging, 1993 , 15(2): 218 -229

[21]  Mendel K, Li H, Sheth D, et al. Transfer learning from convolutional neural networks for computer-aided diagnosis: A comparison of digital breast tomosynthesis and full-field digital

mammography. Acad Radiologica 2018: S1076-6332

[22] Ribli D, Horvoth A, Unger Z, et al. Detecting and classifying lesions in mammograms with Deep Learning. Science Reports，2018，8(1): 4165

[23] Tahoces P G, Correa J, Souro M, et al. Enhancement of chest and breast radiographs by automatic spatial filtering. IEEE Trans. Medical Imaging, 1991, 10: 330-335.

[24] Dengler J, Behrens S, Desaga J. Segmentation of microcalciflcation in mammograms. IEEE Transactions on Medical Imaging, 1993, 12: 634-642.

[25] Shen L, Rangayyan R, Deiautels J. Application of shape analysis to mammographic calciflcation. IEEE Transactions on Medical Imaging, 1994, 13: 263-274.

[26] Thiran J P，Macq B. Morphological feature extraction for the classiflcation of digital images of cancerous tissues. IEEE Transactions on Biomedical Engineering, 1980, 43: 1011-1020.

[27] McGarry G，Deriche M. Mammographic image segmentation using a tissue-mixture model and Markov random flelds. IEEE International Conference on Image Processing, ICIP, 2000.

[28] Zheng Z J. ConjugateTransformation of Regular Plane Lattices for Binary Images. Department of Computer Science. Melbourne: Monash University，1994.

[29] Zheng J, Zheng C, Kunii T L. Concept cells for knowledge representation. International Journal of Information Acquisition，2004，1：149

[30] 共轭结构图像增强器：CSIE Conjugate Structural Imaging Enhancer Brochure, Conjugate Systems Pty Ltd, 2004-2009

[31] 共轭按内容基元图像检索器：MetaConflrm-Meta Content-based Imaging Retriever Brochure. Conjugate Systems Pty Ltd，2004-2009.

[32] Zheng J, Lu L, Xie Y. Towards Automatic Mammographic Image Analysis. IEEE Conference on Information Acquisition，2005: 85-91

[33] 胡永升. 现代乳腺影像诊断学. 北京：科学出版社，2001

[34] Zheng J. Variant Construction from Theoretical Foundation to Applications. Berlin：Springer Nature，2019

# 第19章 黎曼流形和外尔流形之间的区别与联系

刘建忠[1]，郑智捷[2]

**摘要:** 外尔流形和黎曼流形是两个不同的流形。但在以往的文献中没有把外尔流形与黎曼流形明确地区分开，经常将二者混淆。有的文献将外尔流形的定义当成黎曼流形的定义，或者把外尔流形与黎曼流形混为一谈，以及将外尔流形定义看成对黎曼流形的"清晰的数学描述"等。针对各种含混的观点，本章做了如下清理工作。

(1) 从流形的定义、流形的数学思想和流形的数学方法三个层面，论证了它们之间存在的本质区别。明确地展示：黎曼流形与外尔流形是两种不同的流形定义，体现了不同的数学思想，使用着不同的数学方法。

(2) 讨论两种流形之间的关系，从扩展的角度，外尔流形从光滑曲面角度发展了黎曼流形。

**关键词:** 黎曼流形，外尔流形，区别。

## 19.1 概　　述

流形是现代数学中最重要的基础概念之一。从 1854 年黎曼 (Riemann) 首创提出流形概念之后，外尔 (Weyl) 于 1913 年先后又给出了流形的定义，我们将这两次流形定义分别称为黎曼流形和外尔流形。

在许多文献中，经常将外尔流形与黎曼流形混淆。有的是将外尔流形定义内容当成黎曼流形定义内容 [1]，或者将外尔流形与黎曼流形混为一谈 [2]，以及将外尔流形定义看成对黎曼流形的"清晰的数学描述"[3] 等。

针对各种混乱的观点，本章从流形的定义、流形的数学思想、流形的数学方法三个层次论证它们之间的本质区别。从正本清源的角度，黎曼流形和外尔流形是两种不同的流形定义，体现着不同的数学思想，应用不同的数学方法，而外尔流形是从光滑曲面角度发展了黎曼流形思想。

## 19.2 黎曼流形定义

1854 年，黎曼为了取得哥廷根大学编外讲师的资格，按照高斯的要求，向全体教员作了一次《关于几何基础中的假设》的演讲 [4,5]。

1 云南省量子信息重点实验室，云南省软件工程重点实验室。e-mail: liujianz6655@126.com。
2 云南省量子信息重点实验室，云南省软件工程重点实验室，云南大学。e-mail: conjugatelogic@yahoo.com。
本项目由国家自然科学基金 (62041213)，云南省科技厅重大科技专项 (2018ZI002)，国家自然科学基金 (61362014) 和云南省海外高层次人才项目联合经费支持。

黎曼的演讲虽然 "思想是模糊的"[6], 但却异常深刻 [7]。演讲中黎曼提出流形概念并定义流形 [4] 为 "从一个界定方式通过一种确定的方式运动到另一个界定方式, 则我们所经过的点构成一个简单的广义流形。"

换成现代熟悉的语言则是: 一个集合通过一种确定的方式运动到另一个集合, 则集合所经过的点构成了一个流形。

例如, 一个点 (视为零维流形) 通过一种确定的方式运动到另一个点, 则它的轨迹集合构成了一个一维流形 (线段); 一个线段 (一维流形) 通过一种确定的方式运动到另一个线段, 它的轨迹集合构成了一个二维流形 (曲面); 一个二维流形通过一种确定的方式运动到另一个完全不同的二维流形时, 得到一个三维流形 [4] 等。

# 19.3  外尔流形定义

外尔于 1913 年在其著作《黎曼面的观念》中给出了基于二维的流形定义 [1,8]。

**外尔流形定义如下。**

若满足下列条件, 则称 $F$ 是个二维流形。

(1) 给定一个称为 "流形 $F$ 上的点" 的集合, 对于流形 $F$ 中的每一点 $p$, $F$ 的特定的子集定义为 $F$ 上点 $p$ 的邻域。点 $p$ 的每一邻域都包含点 $p$, 并且对于点 $p$ 的任意两个邻域, 都存在点 $p$ 的一个邻域包含于点 $p$ 的那两个邻域的每一个之内。如果 $U_0$ 是点 $p_0$ 的一个邻域, 并且点 $p$ 在 $U_0$ 内, 那么存在点 $p$ 的一个邻域包含于 $U_0$。如果 $p$ 和 $p_0$ 是流形 $F$ 上的不同的两点, 那么存在点 $p$ 的一个邻域和 $p_0$ 的一个邻域, 使得这两个邻域不相交, 也就是这两个邻域没有公共点。

(2) 对于流形 $F$ 中的每一给定点 $p_0$ 的每一个邻域 $U_0$, 存在一个从 $U_0$ 到欧氏平面内部的圆盘 $K_0$(平面上具有直角坐标 (笛卡儿坐标)$x$ 和 $y$ 的单位圆盘 $x^2 + y^2 < 1$) 的一一映射, 满足下列条件: ① 点 $p_0$ 对应于单位圆盘的中心; ② 如果 $p$ 是邻域 $U_0$ 的任意点, $U$ 是点 $p$ 的邻域且仅由邻域 $U_0$ 的点组成, 那么 $U$ 在圆盘 $K_0$ 内的像包含了点 $p$ 的像 $p'$ 作为其内点, 也就是说, 存在一个以 $p'$ 作为中心的圆盘 $K$, 使得圆盘 $K$ 中的每一点都是 $U$ 中的一个点的像; ③ 如果 $K$ 是包含于圆盘 $K_0$ 中的一个圆盘, 中心为 $p'$, 那么存在一个流形 $F$ 上的点 $p$ 的邻域 $U$, 它的像包含于 $K$。

## 19.3.1  外尔流形定义中的条件 (1) 就是满足豪斯多夫分离公理

外尔流形定义的条件 (1) 涉及分离公理中的豪斯多夫 (Hausdoff) 空间, 我们引述如下 [7,9]。

**豪斯多夫分离公理** ($T_2$**分离公理**): (拓扑) 空间内任何两个不同的点都各有邻域互不相交。

**豪斯多夫空间** ($T_2$**空间**): 满足 $T_2$ 分离公理的空间称为 $T_2$ 空间或豪斯多夫空间。

从几何拓扑的角度, 豪斯多夫空间是指满足 $T_2$ 公理的拓扑空间, 即任何两个不同点有不相交的邻域, 或用外尔流形定义条件 (1) 的语言 [8]: "$p$ 和 $p_0$ 是流形 $F$ 上的不同的两点", "存在点 $p$ 的一个邻域和 $p_0$ 的一个邻域, 使得这两个邻域不相交, 也就是这两个邻域没有公共点。"

外尔流形条件 (1) 需要满足豪斯多夫分离公理, 即 $F$ 是一个豪斯多夫空间。

### 19.3.2　外尔流形定义中的条件 (2) 是要求流形中的任意一点的一个邻域同胚于欧氏空间的一个开集

外尔流形定义中的条件 (2) 的含义如图 19.1 所示。

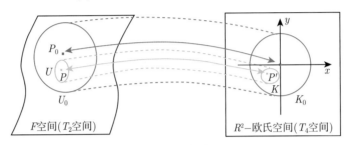

图 19.1　外尔流形

条件 (2) 实际上是要求 $T_2$ 空间中的开集与欧氏空间 $R^n$($R^n$ 是 $T_4$ 空间) 中的开集同胚。即任一豪斯多夫空间 ($T_2$ 空间) 中开集存在有欧氏空间 ($T_4$ 空间) 中开集与其同胚 (见图 19.1 中 $F$ 空间中的开集 $U$ 和 $R^2$ 空间中的开集 $K$)。

即条件 (2) 实际上是指 $F$ 中的任意一点的一个邻域同胚于欧氏空间的一个开集。

### 19.3.3　外尔流形定义与现代 $n$ 维流形定义一致

现代 $n$ 维流形定义[10]: 设 $F$ 是豪斯多夫空间, 若 $F$ 的每一点 $p$ 都有一个开邻域 $U \subset F$, 使得 $U$ 和 $n$ 维欧氏空间 $R^n$ 中的一个开子集是同胚的, 则称 $F$ 是一个 $n$ 维拓扑流形, 简称为 $n$ 维流形。

外尔流形的条件 (1) 与上述定义中 "设 $F$ 是豪斯多夫空间" 对应, 条件 (2) 与上述定义中 "若 $F$ 的每一点 $p$ 都有一个开邻域 $U \subset F$, 使得 $U$ 和 $n$ 维欧氏空间 $R^n$ 中的一个开子集是同胚的" 对应。

由此可以得出结论: 外尔关于流形概念的定义与现代形式的流形概念的定义是一致的, 不同之处仅是外尔的定义是基于二维情形的。

## 19.4　黎曼流形与外尔流形的本质区别

下面分别从流形的定义、流形的数学思想、流形的数学方法三个角度讨论它们之间的区别。

### 19.4.1　外尔流形定义的重要特性是局部欧氏坐标系而黎曼流形定义无此要求

外尔流形定义与黎曼流形定义是有本质区别的。

在外尔流形定义中, 要求流形上的任意一点的一个开邻域同胚于欧氏空间中的一个开集, 而黎曼流形无此要求。

关于这一点, 外尔还有进一步的描述[11]: 对于流形上任意一点的邻域, "在无穷小情形下, 按毕达哥拉斯定理, 欧氏几何成立"。

《中国大百科全书·数学卷》[7] 将外尔这一思想解释得更加清楚："在此 (豪斯多夫仿紧) 空间每一点的邻近预先建立了坐标系, 使得任何两个 (局部) 坐标系间的坐标变换都是连续的。这里所说在一点邻近建立坐标系就是: 存在这个点的一个邻域 $U$ 和一个同胚映射 $\varphi : U \to V$, 其中 $V$ 是某个欧氏空间 $R^n$ 中的开集。这样的 $\varphi$ 可看成 $U$ 上 $n$ 个函数, 它们就给出 $U$ 中点的坐标。"

许多文献都有类似的叙述, 如 "每个流形局部地可看作欧几里得空间, 而其各个局部又以适当的方式 '粘接' 起来。"[12] 再如 "我们可以在微分流形上任意一点的无穷小邻域内建立 '直角' 坐标系"。[13]

文献 [1] 将上述外尔流形思想说成是黎曼流形思想, 是不恰当的。还有一些文献虽然没有像文献 [1] 那样直截了当, 但都不同程度地表达了类似观点。

实际上, 黎曼流形定义与外尔流形定义在这一点上是有本质区别的。黎曼流形定义没有在 "无限小范围内" 用欧氏坐标替代多重广义尺度的意思。

黎曼给出的流形定义是 [4]: "从一个界定方式通过一种确定的方式运动到另一个界定方式, 则我们所经过的点构成一个简单的广义流形。" 在黎曼流形中, 黎曼 [4] 将流形的每一个维度都 "表示成某个单个变量的函数"。既然是变量函数, 则意味着它有两种可能: 或是线性函数或是非线性函数。而欧氏空间中每一个维度 (坐标轴) 都是直线。

在黎曼流形中 [4], 流形的 $n$ 个维度函数相互之间可以不垂直, 函数值可以是非线性变化, 即便是在 "小到无法测量的情形"[4] 也应该是这样。黎曼思想示意图如图 19.2 所示。

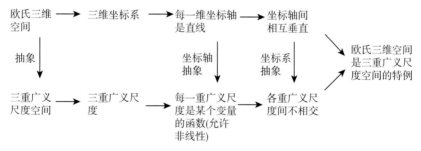

图 19.2 黎曼思想示意图

而局部欧氏空间的 $n$ 个维度是直线方程且相互之间垂直。这就要求外尔流形上任意一个开邻域如果要与局部欧氏空间同胚, 则至少要在 "小到无法测量的情形"[4] 时外尔流形的 $n$ 个维度函数满足趋于直线方程、趋于相互垂直等条件。而这正是外尔流形与黎曼流形的本质区别之一。

### 19.4.2 黎曼流形、外尔流形是两种不同的数学思想

我们可以举一个简单的圆环面例子来区分两种流形思想 (图 19.3)。

**黎曼流形思想:** 圆环面 (二维流形, 见图 19.3(a)) 是通过一个圆周 (一维流形, 见图 19.3(a) 中线圈) 环绕一个点走一个圆周 (见图 19.3(a) 中箭头) 而生成的。

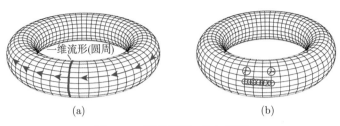

图 19.3　黎曼流形, 外尔流形

**外尔流形思想**: 圆环面 (二维流形) 上的每一点 $p$ 都有一个开邻域 (图 19.3(b) 中小圈), 每一开邻域都可看成一个补丁, 互相重叠的补丁密集覆盖了圆环面, 每一个补丁都是局部欧氏空间。这些补丁没有厚度, 圆环面成为互相重叠的补丁的集合 (图 19.3(b)), 外尔流形上每一点都在补丁 (局部欧氏空间) 中。

### 19.4.3　外尔流形是黎曼流形在光滑曲面上的发展

下面从数学方法角度来探讨两种流形的区别。

流形可以看成是曲面的推广。曲面分两类: 光滑曲面和非光滑曲面。

外尔流形上每一点的开集邻域同胚于局部欧氏空间, 其几何意义是外尔流形上每一点都存在切平面, 即该点是在光滑曲面上 (图 19.4(a))。

外尔流形本身不一定是欧氏空间, 切平面是欧氏空间, 外尔流形 (光滑曲面) 上每一点的开邻域在邻域半径趋于零时, 都存在可与其无限接近的局部欧氏空间—切平面。也只有光滑曲面才能在无穷小邻域内让切平面 (欧氏空间) 与外尔流形 (非欧氏空间)—光滑曲面 "吻合"。

换句话说, 外尔流形中欧氏几何的几何关系只在充分小的区域内成立, 并非精确的成立, 而且区域越小, 精确性越高 [13]。

而黎曼流形则不同。黎曼并没有利用局部欧氏坐标来覆盖流形的思想, 黎曼流形定义能适应非光滑曲面。

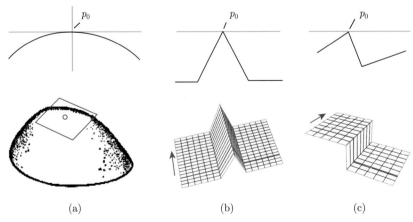

图 19.4　光滑曲面与非光滑曲面的无穷小邻域

例如, 在图 19.4(b)、(c) 中, $p_0$ 点邻域不是光滑曲面, 在 $p_0$ 点处没有切平面, 显然

$p_0$ 点不能适应外尔流形定义, 但 $p_0$ 点却适应黎曼流形定义, 如图 19.4(b)、(c) 可分别看成图中深色曲线沿着深色箭头确定的方向运动形成的二维曲面。也就是说 $p_0$ 点邻域能满足 [4]: "从一个界定方式 (深色曲线段) 通过一种确定的方式 (深色箭头确定的方向) 运动到另一个界定方式 (深色曲线段), 则我们所经过的点构成一个简单的广义流形 (二维曲面)。"故图 19.4(b)、(c) 是黎曼流形而不是外尔流形。

# 19.5　结　　论

综上所述, 黎曼流形和外尔流形是两种不同的流形定义、不同的数学思想、不同的数学方法。黎曼流形定义适应光滑曲面和非光滑曲面, 而外尔流形定义只适应光滑曲面。二者相比, 黎曼流形思想所概括的内容更加丰富, 思想更加深刻。

一些文献在对外尔流形思想发扬光大的同时, 却对黎曼流形思想重视不足, 甚至将外尔流形思想当成黎曼流形思想, 这是不合适的。面对各类离散/非光滑/非连续等复杂流形结构, 黎曼流形将比外尔流形更为适用, 两种流形定义都应该得到它们应有的地位。

## 参 考 文 献

[1] 陈惠勇. 流形概念的起源与发展. 太原理工大学学报 (社会科学版), 2007, 25(3): 44-75

[2] 《数学百科全书》编译委员会. 数学百科全书.4 卷. 北京: 科学出版社, 2000:653

[3] 仝卫明. 关于流形的若干注记. 太原理工大学学报, 2005

[4] 李文林. 数学珍宝 || 历史文献精选. 北京: 科学出版社,1998

[5] Riemann. 论几何学之基础假说. 张海潮, 李文鏵, 译. 2013. https://www. doc 88. com/p-5199942612000. html

[6] 克莱因. 古今数学思想. 第 3 册. 上海: 上海科学技术出版社, 2003

[7] 中国大百科全书. 数学卷. 北京: 中国大百科全书出版社, 1988

[8] Hermann W. The Concept of a Riemann Surface. Third Edition. Reading Massachusetts. Palo Alto. New Jersey: Addison-Wesley ,1955: 16-25.

[9] 谷超豪. 数学词典. 上海: 上海辞书出版社, 1992:240

[10] 陈维恒. 微分流形初步. 2 版. 北京: 高等教育出版社, 2001:55

[11] 外尔. 半个世纪的数学. 胡作玄, 译. 中国科学院自然科学史研究所数学史组和数学所数学史组. 数学史译文集续集. 上海: 上海科学技术出版社,1981: 110.

[12] 沈永欢, 梁在中, 许履瑚, 等. 实用数学手册. 北京: 科学出版社, 1992: 554.

[13] 王元, 万哲先, 等, 译. 数学 || 它的内容, 方法和意义. 第 3 册. 北京: 科学出版社, 2001: 162.

# 第六部分

# 理论基础——量子交互计算模拟

易一名而含三义。

—— 魏伯阳《周易·参同契》

我想知道上帝是如何创造这个世界的。我对这个现象或者那个现象
没有兴趣，我对这个元素或者那个元素的光谱也没有兴趣。
我想知道上帝的想法，其他的都是细节。

—— 阿尔伯特·爱因斯坦

所有科学，包括逻辑和数学在内，是有关时代的函数
所有科学连同它的理想和成就也都是如此。

—— 穆尔

本书的第六部分理论基础–量子交互计算模拟，包括五章。

第 20 章为逻辑 NOT 算符的 $n$ 次根量子计算方法，利用 $(-1, 0, 1)$ 置换矩阵构造一套适用于量子计算机求解 NOT 运算的 $n$ 次根特征值问题。

第 21 章为玻尔互补原理不成立的现代精密测量实验证据，利用现代精密光学测量实验–阿夫夏系列实验结果展示，在测量系统中利用特定位置的测量检测结果，典型的波和粒子效应可以在同一个系统中同时观察到，本章扼要描述这类现代精密测量实验的核心结果和典型测量效应。

第 22 章为统计分布区间分划的逐次迭代分析方法，展示出在各类统计测量中，不同参数的区间分划将对输出分布形成关联变化，各类基于互补切分模式的迭代分布值得关注。从系列例子分布中观察与典型量子信号测量互补的复杂分布效应，所得到的系列结果可以同量子干涉测量对比。为变值统计方法应用于前沿量子光学干涉分布测量提供参考。

第 23 章为利用随机序列在矩阵和变值变换下模拟从福克态到泊松态的统计系统测量图示，描述的矩阵特征值和变值不变量，分别对应着输入数据序列和输出量化测量特征之间的内在关系。从模拟量子随机性角度，选择三组 0-1 序列：随机，条件随机，周期。在充分长的输入数据序列条件下进行分段检测。利用矩阵特征值序列图示，可以观察到两类分布；而采用变值图示则能区分三组分布。在相角移位条件下形成从福克态到泊松态，非平稳随机分布结构。该类特性展现了变值图示优于矩阵图示的测量特性。

第 24 章为变值测量与 FFT 矩阵方法在随机序列下的非平稳随机性，利用 FFT 特征值作为特殊滤波器，对输入序列进行滤波重组，形成多组特征向量–特征值关联序列。精细的分析和构造的结果展现，利用矩阵特征值控制模式，只能形成针对实部分布特征的有效控制，没有形成针对实部和虚部同时变化的效应。对比变值变换，通过两组选定不变量形成的测量序列，两组投影无论是分别控制还是综合控制都能有效地实施。

# 第 20 章　逻辑 NOT 算符的 $n$ 次根量子计算方法

郑智捷*

**摘要**: 本章利用 $(-1, 0, 1)$ 置换矩阵构造一套通用算法用于量子计算机求解 NOT 运算的 $n$ 次根问题。这一算法仅用于 NOT 运算和置换操作完全解决逻辑算符在量子计算机中的表示和实现问题。

**关键词**: NOT 算符, $n$ 次根, 逻辑算符, 特征值, 同态映射。

## 20.1　概　　述

1982 年, Feynman[1] 首次提出利用计算机模拟量子力学的状态过程, 量子计算和量子计算机成为高性能计算机研究的前沿 [2−36]。量子力学经典系统基于希尔伯特空间中的复函数向量, 对于任意量子态, 虚数 $i = \sqrt{-1}$ 是量子系统中最基本的单元 [8,10,20,26,27,36,37]。由于现代计算机以布尔逻辑为基础, 如何利用传统的逻辑结构表达 $\sqrt{-1}$ 成为过去 20 年中量子计算研究的公认难题 [1,4,8,18−20]。在已发表的众多研究中, 没有一个方法能用传统逻辑解决这个问题 [1−37]。

### 20.1.1　平方根逻辑 NOT 运算问题

在传统逻辑中, 与 $-1$ 对应的运算是逻辑 NOT($\neg$), 由于布尔代数仅用 0 和 1, 从 Feynman[1] 开始经过 Deutsch[8−10] 进一步发展, 该问题被形式归结为 $\sqrt{\neg}$——平方根 NOT 并建议求解 $\neg = \begin{pmatrix} 0 & 1 \\ 1 & 0 \end{pmatrix}$ 作为解题的出发点。在各类可逆性量子逻辑门设计中, $\sqrt{\neg}$ 逻辑门成为量子计算基础研究中最具有挑战性的难题, 遍布全球的量子计算研究者寻找不同的方案以实现平方根 NOT 运算 [3,4,7−20,24−30,32−36]。Meglicki 和 Wang[28] 给出一个实例表述如何求解 $\sqrt{\neg}$ 的通用过程。算符 $\sqrt{\neg}$ 反转量子自旋态 $|0\rangle = \begin{pmatrix} 0 \\ 1 \end{pmatrix}$, $|1\rangle = \begin{pmatrix} 1 \\ 0 \end{pmatrix}$ 表达为

$$\neg |0\rangle = \begin{pmatrix} 0 & 1 \\ 1 & 0 \end{pmatrix} \begin{pmatrix} 0 \\ 1 \end{pmatrix} = \begin{pmatrix} 1 \\ 0 \end{pmatrix} = |1\rangle$$

$$\neg |1\rangle = \begin{pmatrix} 0 & 1 \\ 1 & 0 \end{pmatrix} \begin{pmatrix} 1 \\ 0 \end{pmatrix} = \begin{pmatrix} 0 \\ 1 \end{pmatrix} = |0\rangle$$

* 云南省量子信息重点实验室, 云南省软件工程重点实验室, 云南大学。e-mail: conjugatelogic@yahoo.com。

本项目由国家自然科学基金 (62041213)、云南省科技厅重大科技专项 (2018ZI002)、国家自然科学基金 (61362014) 和云南省海外高层次人才项目联合经费支持。

应用旋转矩阵 $\sqrt{\neg}$ 能表达为

$$\sqrt{\neg} = \frac{1}{\sqrt{2}} \begin{pmatrix} e^{i\pi/4} & e^{-i\pi/4} \\ e^{-i\pi/4} & e^{i\pi/4} \end{pmatrix} = \frac{1}{2} \begin{pmatrix} 1+i & 1-i \\ 1-i & 1+i \end{pmatrix}$$

在表达式中, 定义 $\sqrt{\neg}$ 应用 $e^{i\pi}$ 和 i, 这样的结构对应用逻辑方法构造 $\sqrt{\neg}$ 毫无意义。因为 i 和 $\sqrt{\neg}$ 是逻辑等价的, 公式循环定义! 为了探寻如何利用逻辑方法实现 $\sqrt{\neg}$, 需要深入分析复数的基本结构。

### 20.1.2 复数有序对的历史

复数概念及其形式表示的形成和发展经历过漫长而曲折的过程 [38], 通过 19 世纪高斯和欧拉在代数基本方程求解中的奠基工作, 复数逐渐被广泛接受, 成为数学系统中最基本的单元, 支持整个体系 [31,38,39]。哈密顿在 1837 年确立了近代使用的复数运算规则 [40]。他将复数 $a + bi$ 构成一个有序对 $(a, b)$。例如, 设 $a + bi$ 和 $c + di$ 是两个复数, 则四种算术运算 $\{\pm, \bullet, /\}$ 可以定义为

$$(a, b) \pm (c, d) = (a \pm c, b \pm d)$$

$$(a, b) \cdot (c, d) = (ac - bd, ad + bc)$$

$$\frac{(a, b)}{(c, d)} = \left( \frac{ac + bd}{c^2 + d^2}, \frac{bc - ad}{c^2 + d^2} \right)$$

在有序对的表示下, 复数运算可靠地建立在实数的基础上。i 的神秘特征被消除了。

## 20.2 逻辑 NOT 算符的平方根解

观察在虚数作用下, $i : (a, b) \to (-b, a)$。

当我们不把求解 $\sqrt{\neg}$ 限制在 $(0,1)$ 域, 而将数域扩大到 $(-1, 0, 1)$ 域时, 上述的变换可以用一个置换矩阵实现。

令 $I_2 = \begin{pmatrix} 1 & 0 \\ 0 & 1 \end{pmatrix}$, $I_2^{\pm} = \begin{pmatrix} 1 & 0 \\ 0 & -1 \end{pmatrix}$, $I_2^{\mp} = \begin{pmatrix} -1 & 0 \\ 0 & 1 \end{pmatrix}$, $Z_2 = \begin{pmatrix} 0 & 1 \\ -1 & 0 \end{pmatrix}$, $Z_2^{\perp} = \begin{pmatrix} 0 & -1 \\ 1 & 0 \end{pmatrix}$

$$Z_2 : (a, b) \to (-b, a)$$

$$(-b, a) = (a, b) \begin{pmatrix} 0 & 1 \\ -1 & 0 \end{pmatrix}$$

由于 $Z_2$ 与虚数 i 对复数序对有相同的运算效果, 我们需要更详细地分析 $Z_2$ 的特性。$Z_2$ 的矩阵特征值及其特征多项式为

$$|\lambda I_2 - Z_2| = \begin{vmatrix} \lambda & -1 \\ 1 & \lambda \end{vmatrix} = 0$$

$$\lambda^2 + 1 = 0, \quad \lambda^2 = -1, \quad \lambda = \pm\sqrt{-1}$$

两个特征值对应 $\begin{pmatrix} i & 0 \\ 0 & -i \end{pmatrix}$ 或者 $\begin{pmatrix} -i & 0 \\ 0 & i \end{pmatrix}$ 为其特征矩阵。所以在复域内存在两个酉阵 $U_+, U_-$ 和它们的埃尔米特转置共扼阵 $U_+^*, U_-^*$ 使得 $Z_2$ 在相似变换下变成对角阵。

$$iI_2^{\pm} = \begin{pmatrix} i & 0 \\ 0 & -i \end{pmatrix} = U_+ \begin{pmatrix} 0 & 1 \\ -1 & 0 \end{pmatrix} U_+^*$$

$$iI_2^{\mp} = \begin{pmatrix} -i & 0 \\ 0 & i \end{pmatrix} = U_- \begin{pmatrix} 0 & 1 \\ -1 & 0 \end{pmatrix} U_-^*$$

该关系表明 $Z_2$ 矩阵在相似变换下等价于 $\{iI_2^{\pm}, iI_2^{\mp}\}$。由于四个与特征值相关的矩阵和 $Z_2$ 矩阵互不相等，$iI_2 \neq iI_2^{\pm} \neq Z_2 \neq iI_2^{\mp} \neq -iI_2$，而当五个矩阵相继作用两次后，其结果都等于 $-I_2$，

$$(\pm iI_2)^2 = \begin{pmatrix} \pm i & 0 \\ 0 & \pm i \end{pmatrix} \begin{pmatrix} \pm i & 0 \\ 0 & \pm i \end{pmatrix} = \begin{pmatrix} -1 & 0 \\ 0 & -1 \end{pmatrix} = -I_2$$

$$(iI_2^{\pm})^2 = (iI_2^{\mp})^2 = \begin{pmatrix} \pm i & 0 \\ 0 & \mp i \end{pmatrix} \begin{pmatrix} \pm i & 0 \\ 0 & \mp i \end{pmatrix} = \begin{pmatrix} -1 & 0 \\ 0 & -1 \end{pmatrix} = -I_2$$

$$Z_2^2 = \begin{pmatrix} 0 & 1 \\ -1 & 0 \end{pmatrix} \begin{pmatrix} 0 & 1 \\ -1 & 0 \end{pmatrix} = \begin{pmatrix} -1 & 0 \\ 0 & -1 \end{pmatrix} = -I_2$$

所以在 $(-1, 0, 1)$ 域 $Z_2$ 可以作为 $i$ 的等价表示用于复数序对的操作。

对任意序对 $(a, b)$，

$$
\begin{aligned}
(Z_2)^2 : \quad & (a, b) \rightarrow (-a, -b) \\
(Z_2)^2 : \quad & (a, b) \xrightarrow{Z_2} (-b, a) \xrightarrow{Z_2} (-a, -b) \\
(Z_2)^2 = \quad & -I_2 \\
Z_2 = \quad & \sqrt{-I_2}
\end{aligned}
$$

在这变换下，$\sqrt{\neg}$ 为 $Z_2$ 在 $(0, 1)$ 域的等价表示，$Z_2$ 的元素值通过同构映射成为 $\sqrt{\neg}$ 逻辑运算。记 $\langle x|$ 为一量子态，$\neg \langle x| = \langle \bar{x}|$。对两个量子态序对 $\langle X| = (\langle x_1|, \langle x_2|)$，$\langle Y| = (\langle y_1|, \langle y_2|)$，若 $\langle y_1| = \langle \bar{x}_2|$，$\langle y_2| = \langle x_1|$，则 $\langle Y| = \langle X| \sqrt{\neg}$ 形成 $\sqrt{\neg}$ 算符。

对一量子态序对 $(\langle x|, \langle y|)$，使用两次 $\sqrt{\neg}$ 算符，

$$(\langle x|, \langle y|) \xrightarrow{\sqrt{\neg}} (\langle \bar{y}|, \langle x|) \xrightarrow{\sqrt{\neg}} (\langle \bar{x}|, \langle \bar{y}|) = \neg (\langle x|, \langle y|)$$

不难验证 $(-1, 0, 1)$ 域中的 $Z_2$ 矩阵是 $(0, 1)$ 域中精确的 $\sqrt{\neg}$ 同态表示。利用逻辑 NOT 和对换运算，$\sqrt{\neg}$ 算符能用最常见的传统逻辑运算实现。

## 20.3 逻辑 NOT 算符的 $n$ 次方根解

由于在复数运算中，不但需要计算 $-1$ 的平方根，还需要计算 $-1$ 的高次方根。下面研究如何推广上述算法到更普遍的情形获得 $(0, 1)$ 域上 NOT 运算的 $n$ 次根 $\sqrt[n]{\neg}$ 算符。

令 $J_n$ 表示一个共轭置换矩阵, 其各行和各列仅有一个非零元素,

$$J_n = (J_{i,j}), \ 1 = \sum_{i=1}^{n} |J_{i,j}| = \sum_{i=1}^{n} |J_{i,j}|, \ J_{i,j} \in \{-1, 0, 1\}, i, j \in [1, n]$$

记 $I_n$ 表示一个单位矩阵, $I_{i,j} = 1, i = j; I_{i,j} = 0, i \neq j, i, j \in [1, n]$。

例如,
$$\begin{pmatrix} 1 & 0 & 0 \\ 0 & -1 & 0 \\ 0 & 0 & 1 \end{pmatrix}, \begin{pmatrix} 0 & -1 & 0 \\ 1 & 0 & 0 \\ 0 & 0 & 1 \end{pmatrix}, \begin{pmatrix} 0 & 0 & -1 \\ 0 & -1 & 0 \\ 1 & 0 & 0 \end{pmatrix}, I_3 = \begin{pmatrix} 1 & 0 & 0 \\ 0 & 1 & 0 \\ 0 & 0 & 1 \end{pmatrix} \ \text{为} \ J_3$$

矩阵。

令 $P_n$ 表示 $n$ 阶 $(0, 1)$ 置换矩阵, 其中各行和各列仅有一个 1 元素。

所有 $P_n$ 矩阵形成一个置换矩阵空间, 记为 $\mathrm{PS}(n)$。

所有的 $J_n$ 矩阵组成一个共扼置换矩阵空间, 记为 $\mathrm{JS}(n)$。

**引理 20.1**　任意给定 $n$, 在 $\mathrm{PS}(n)$ 中可区分矩阵的总数为 $n!$, $|\mathrm{PS}(n)| = n!$。

**定理 20.1**　任意给定 $n$, 在 $\mathrm{JS}(n)$ 中可区分的共轭置换矩阵总数为 $2^n n!$, $|\mathrm{JS}(n)| = 2^n n!$。

**证明**　在 $Z_2$ 矩阵中每一个非零元素有两种选择 $\{-1, 1\}$, $n$ 个元素共有 $\overbrace{2 \cdot 2 \cdots 2}^{n} = 2^n$ 种不同的选择。在矩阵中 $n$ 个非零元素共有 $\overbrace{n(n-1) \cdots 2 \cdot 1}^{n} = n!$ 种不同位置选择。两类选择相互独立, 二者的任意一个组合对应一个唯一确定的 $J_n$ 矩阵, 因此所有在 $\mathrm{JS}(n)$ 中可区分矩阵总数为 $2^n n!$。

**推论 20.1**　$\mathrm{JS}(n)$ 中的矩阵比 $\mathrm{PS}(n)$ 中的矩阵多 $2^n$ 倍。

**定理 20.2**　在 $\mathrm{JS}(n)$ 中, 一个简单循环群能包含 $2n$ 个不同矩阵。

**证明**　构造 $(-1, 0, 1)$ 域中的循环矩阵 $Z_n$ 如下:

$$Z_n = \begin{pmatrix} 0 & 1 & 0 & 0 & \cdots & 0 & 0 \\ 0 & 0 & 1 & 0 & \cdots & 0 & 0 \\ 0 & 0 & 0 & 1 & \cdots & 0 & 0 \\ & & & & \cdots & & \\ \cdots & & & & \cdots & & \cdots \\ 0 & 0 & 0 & 0 & \cdots & 0 & 1 \\ -1 & 0 & 0 & 0 & \cdots & 0 & 0 \end{pmatrix}, \ J_{i,i+1} = 1, i \in [1, n], J_{n,1} = -1$$

逐次作用在一个向量 $X = \begin{pmatrix} 1 & 2 & 3 & \cdots & n-1 & n \end{pmatrix}$ 上 $2n$ 次, 可观察到如下结果。

$$\begin{pmatrix} X = XZ_n^{2n} \\ XZ_n \\ \cdots \\ XZ_n^n \\ XZ_n^{n+1} \\ \cdots \\ XZ_n^{2n-1} \end{pmatrix} = \begin{pmatrix} 1 & 2 & 3 & \cdots & n-2 & n-1 & n \\ -n & 1 & 2 & \cdots & n-3 & n-2 & n-1 \\ & & & \cdots & & \cdots & \\ -1 & -2 & -3 & \cdots & -n+2 & -n+1 & -n \\ n & -1 & -2 & \cdots & -n+3 & -n+2 & -n+1 \\ & & & \cdots & & \cdots & \\ 2 & 3 & 4 & \cdots & n-1 & n & -1 \end{pmatrix}$$

在该结构中共有 $2n$ 个可区分矩阵: $\{Z_n^j\}_{j=1}^{2n}$, $Z_n^0 = Z_n^{2n} = I_n$。在每一次 $Z_n$ 的作用下向量中带负号的元素个数线性变化, 从 $0 \to n \to 0$。整个循环包含 $2n$ 个不同矩阵形成一个循环群。

因为 $X \xrightarrow{Z_n^n} -X \xrightarrow{Z_n^n} X$, 所以 $Z_n^n = -I_n$ 和 $Z_n^{2n} = I_n$。

**定理 20.3**　对任意给定 $Z_n$, 其 $n$ 个特征根为 $\{\lambda_i\}_{i=1}^n$, $\lambda_i = \sqrt[n]{-1}$, $i \in [1,n]$。

**证明**

$$|\lambda I_n - Z_n| = \begin{vmatrix} \lambda & -1 & 0 & \cdots & 0 & 0 \\ 0 & \lambda & -1 & \cdots & 0 & 0 \\ & & & \vdots & & \\ 0 & 0 & 0 & \cdots & \lambda & -1 \\ 1 & 0 & 0 & \cdots & 0 & \lambda \end{vmatrix} = \lambda^n + 1 = 0, \quad Z_n = \sqrt[n]{-I_n}$$

对给定 $Z_n$, $(0,1)$ 域的 $\sqrt[n]{\neg}$ 算符按如下关系构成。

令 $\langle X| = (\langle x_1|, \cdots, \langle x_i|, \cdots, \langle x_j|, \cdots, \langle x_n|)$, $\langle Y| = (\langle y_1|, \cdots, \langle y_i|, \cdots, \langle y_j|, \cdots, \langle y_n|)$ 为两量子态向量, 则同态映射为 $(Z_n \to \sqrt[n]{\neg})$,

$$\{\forall J_{i,j} | \langle y_i| = \langle x_j|, J_{i,j} = 1; \quad \langle y_i| = \langle \bar{x}_j|, J_{i,j} = -1; i,j \in [1,n], J_{i,j} \in Z_n\}$$

记变换为 $\langle Y| = \langle X| \sqrt[n]{\neg}$。

**定理 20.4**　对任意量子态向量, $\langle X| (\sqrt[n]{\neg})^n = \neg \langle X|$。

**证明**　对给定的量子态向量, 结果如下:

$$\begin{pmatrix} \langle X| \\ \langle X| \sqrt[n]{\neg} \\ \\ \langle X| \sqrt[n]{\neg}^{n-1} \\ \langle X| \sqrt[n]{\neg}^n = \neg \langle X| \end{pmatrix} = \begin{pmatrix} \langle 1| & \langle 2| & \langle 3| & \cdots & \langle n| \\ \langle \bar{n}| & \langle 1| & \langle 2| & \cdots & \langle n-1| \\ & & \vdots & & \\ \langle \bar{2}| & \langle \bar{3}| & \langle \bar{4}| & \cdots & \langle 1| \\ \langle \bar{1}| & \langle \bar{2}| & \langle \bar{3}| & \cdots & \langle \bar{n}| \end{pmatrix}, \quad (\sqrt[n]{\neg})^n = \neg$$

**推论 20.2**　$(0,1)$ 域中的 $\sqrt[n]{\neg}$ 算符是 $(-1,0,1)$ 域中 $Z_n$ 算符的同态映射变换。

## 20.4　结　　论

应用 $(-1,0,1)$ 置换矩阵为基本工具, 逻辑 NOT 的任意 $n$ 次方根只需要利用传统逻辑 NOT 和循环置换操作就能实现。在过去的二十年中, 该问题作为可逆性量子逻辑门设计的难题, 严重困扰着量子计算机的发展。该问题的彻底解决将有助于应用传统逻辑方法实现量子计算机。该结构的详细分析和体系结构理论将在其他章节论述。进一步的拓展在本书第 2 册中描述。该方向的深入研究将涉及共轭逻辑、可逆性量子逻辑和复数结构等复杂对应关系以及传统逻辑同传统量子力学之间的对应联系。这个基于 $(-1,0,1)$ 置换矩阵的对应结构为新型的量子计算机逻辑门设计和实现奠定了坚实的传统逻辑基础。

# 参 考 文 献

[1] Feynman R P. Simulating physics with computers. International Journal of Theoretical Physics, 1982，21(6/7)：467-488

[2] Averin D V. Solid-state qubits under control. Nature，1999，398：748-749

[3] Barenco A, Bennett C H, Cleve R, et al. Elementary gates for quantum computation. Physical Review A, 1995，52(5)：3457-3467

[4] Bennett C. Logic reversibility of computation. IBM Journal of Research and Development, 1973, 17：525-532

[5] Bouwmeester D, Ekert A, Zeilinger A. The Physics of Quantum Information. Berlin：Springer，2000

[6] Chang K. Spin could be quantum boost for computers. The New York Times, August 21, 2001

[7] Cline A. Quantum computers: What are they and what do they mean to us?.1999

[8] Deutsch D. Quantum theory, the church-turing principle and the universal quantum computer. Proceedings of Royal Society of London, 1985，A400: 97-117

[9] Deutsch D，Jozsa R. Rapid solution of problems be quantum computation. Proceedings of Royal Society of London, 1992, 439A: 553-558.

[10] Deutsch D，Ekert A. Machine, Logic and Quantum Physics. 1999. arXiv: math/991115OVI

[11] Divincenzo D P. Two-bit gates are universal for quantum computation. Physical Review A, 1995，51(2)：1015-1022.

[12] Divcenzo D P. Quantum computation. Science，1995，270: 255-261.

[13] Divicenzo D P. Quantum gates and circuits. 1997. arXiv: quant-ph/9705009

[14] Ekert A, Hayden P，Inamori H. Basic concepts in quantum computation. 2000. arXiv: quant-ph/0011013

[15] Gershenfeld N，Chuang I L. Quantum computing with molecules. Scientiflc American，1998: 66-71.

[16] Gershenfeld N A，Chuang I L. Bulk spin-resonance quantum computation. Science，1997，275, 350-356.

[17] Gottesman D，Chuang I L. Demonstrating the viability of universal quantum computation using teleportation and single-qubit operations. Nature, 1999，402: 390-393.

[18] Haroche S，Raimond J-M. Quantum computing: Dream or nightmare?. Physics Today，1996: 51-52.

[19] Hayes B. The Square Root of NOT. American Scientist, 1995, 83(4): 304-308

[20] Hughes R. Quantum Computation. Feynman and Computation: Exploring the limits of Computers, 1999: 191-231.

[21] Iofie L B, Geshkenbein V B, Feigel'man M V, et al. Environmentally decoupled sds-wave Josephson junctions for quantum computing. Nature, 1999,398: 679-681.

[22] Jones J A, Vedral V, Ekert A, et al. Geometric quantum computation using nuclear magnetic resonance. Nature, 2000, 403, 869-871.

[23] Kane B E. A silicon-based nuclear spin quantum computer. Nature，1998，393: 133.

[24] Leung D W, Chuang I L, Yamaguchi F, et al. E–cient implementation of coupled logic gates for quantum computation. Physical Review A, 2000: 61

[25] Lloyd S. A potential realizable quantum computer. Science，1993，261, 1569-1571.

[26] Lloyd S. Quantum-mechanical computers. Scientiflc American，1995，273(4): 140-145

[27] Lloyd S. Universal quantum simulators. Science，1996，273：1073-1078.

[28] Freedman M, Kiraev A, Larsen M, Wang Z, Topological Quantum Compution. 2001. arXiv: quant-ph/0101025

[29] Michler P, Imamoglu A, Mason M D, et al. Quadrature squeezed photons from a two-level system. Nature，2000,406：968-970.

[30] Nielsen M A，Chuang I L. Quantum Computation and Quantum Information. Cambridge University Press，2000

[31] Olmsted J M. Calculus with Analytic Geometry. Des Moines, IA: Meredith Publishing Company，1966

[32] Preskill J，Kiteav A. Quantum Information and Computation. Lecture Notes for Physics，229 California Institute of Technology, 1988

[33] Bettelli S, Serafini L, Calarco T. Toward an architecture for quantum programming, The European Physical Jourbal D, 2003, 25(2): 181-200

[34] Williams C P，Clearwater S H. Explorations in Quantum Computing. Berlin：Springer-Verlag，1998

[35] Yao .Quantum Circuit Complexity. Proceedings of the 34th IEEE Symposium on Foundations of Computer Science. IEEE Computer Society Press，1993: 352-360.

[36] Zurek W H. Thermodynamic cost of computation, algorithmic complexity and the information matric. Nature，1989，341：119-124.

[37] Feynman R P, Leighton R B, Sands M S. The Feynman Lectures on Physics. Volume 3. New Jersey：Addison-Wesley，1989

[38] Kline M. Mathematical Thought From Ancient to Modern Times. Oxford: Oxford University Press，1972

[39] Budden F J. Complex Numbers and their Applications. London: Longmans, Green and Co. Ltd，1968

[40] Hamilton W R. Theory of Conjugate Functions or Algebraic Couples with a preliminary essay on algebra as the science of pure time.Transactions on Royal Irish Academy，1837：293-422.

# 第21章 玻尔互补原理不成立的现代精密测量实验证据

郑智捷*

**摘要:** 玻尔 (Bohr) 的互补原理是哥本哈根量子理论的基石。其要点为波和粒子观测效应能够分开观察,在量子系统中以互补的模式相互支持。现代精密光学测量实验——阿夫夏 (Afshar) 系列实验结果表明,在测量系统中利用特定位置的检测结果,典型的波和粒子效应可以在一个系统中被同时观察到。本章扼要地描述这类现代精密光学测量实验的核心结果和典型测量效应。

**关键词:** 互补原理,波粒二重性,量子基础,阿夫夏实验。

## 21.1 概　　述

从 1900 年起,物理科学的一系列开创性发现在 20 世纪 20 年代建立起全新的量子力学 [1]。重大事件列举如下。

1900 年普兰克 (Plank) 量子假设。

1905 年爱因斯坦 (Einstein) 光电效应。

1909 年爱因斯坦波粒假设。

1913 年玻尔原子模型。

1916 年爱因斯坦受激辐射模型。

1923 年德布洛意 (de Boglie) 波粒二象性。

1925 年海森堡 (Heisenberger) 矩阵力学。

1926 年薛定谔 (Schordinger) 波动方程。

1926 年狄拉克 (Dirac) 量子力学。

1927 年海森堡测不准原理。

1927 年玻尔对应原理。

1932 年冯·诺依曼 (von Neumann) 量子力学数学基础。

1935 年爱因斯坦 ERP 质疑。

伴随着海森堡提出测不准原理和玻尔建立对应原理,冯·诺依曼建立起量子力学数学基础,经典的量子力学理论体系日趋完善。

* 云南省量子信息重点实验室, 云南省软件工程重点实验室, 云南大学。e-mail: conjugatelogic@yahoo.com。

本项目由国家自然科学基金 (62041213),云南省科技厅重大科技专项 (2018ZI002),国家自然科学基金 (61362014) 和云南省海外高层次人才项目联合经费支持。

### 21.1.1 爱因斯坦–玻尔量子波粒性论战

与波粒二重性关联的量子力学基础问题论战[2]，在爱因斯坦和玻尔之间持续争论了很多年，直到二人先后离世也依然各自保持着自己的看法，量子力学基础仍然保持难解的谜题。

### 21.1.2 玻尔波粒互补原理

玻尔提出的波粒互补性原理核心要点归纳如下：波和粒子具有本原的互斥关系，如果观察到的是波，那就区分不出行走的路径；然而，如果观察到的是粒子，就能确知粒子运动的路径。

从经典测量的角度，二者只能以其中的一种经典的方式进行检测。真实的量子行为被认为是结合两种图像的互补结果，原则上不可能在同一个系统中精确测定波和粒两种相互排斥的经典图像。

从量子力学基础发展的历史角度，玻尔互补原理是海森堡测不准原理的推广。两个原理有非常紧密的内在联系。

## 21.2 经典双缝实验

从思想实验分析的角度，美国物理学家费曼 (Feynman)[3] 对经典双缝实验做过非常精彩的描述，该类实验可以区分为两类分布：双缝粒子分布和双缝波动叠加分布。

**双缝粒子分布**：模拟为从各个缝中发射子弹在靶上形成累积概率统计分布。在通常的条件下，从双缝形成的概率统计分布为各自通过其缝而形成的概率统计分布之和。换言之，可以观察到通过不同缝的粒子分布具有可加概率统计分布，参阅图 21.1。

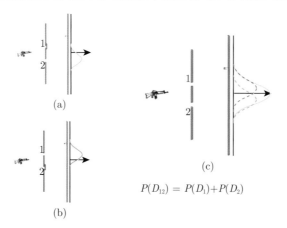

$$P(D_{12}) = P(D_1) + P(D_2)$$

图 21.1 双缝粒子分布

(a) 第 1 个缝关闭，形成 $P(D_2)$ 分布; (b) 第 2 个缝关闭，形成 $P(D_1)$ 分布; (c) 双缝开放，形成 $P(D_{12})$ 分布

**双缝波动叠加分布**：模拟为从各个缝中波在目标上形成累积概率统计分布。在通常的条件下，从双缝形成的概率统计分布不是波通过其缝而形成的概率统计分布之和。换言之，可以观察到通过不同缝的波具有干涉叠加效应 (非可加概率统计分布)，参阅图 21.2。

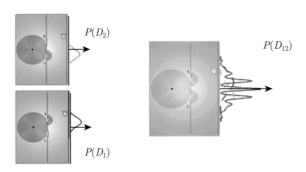

$$P(D_{12}) \neq P(D_1) + P(D_2)$$

图 21.2　双缝波动叠加分布

①左上图：第 1 个缝关闭，形成 $P(D_2)$ 分布；②左下图：第 2 个缝关闭，形成 $P(D_1)$ 分布；③右图：双缝开放，形成不满足简单叠加具有明显波动的波动叠加 $P(D_{12})$ 分布

## 21.3　费曼断言

从描述思想实验效应的角度，很多研究者对双缝实验提出过有趣的论断。其中富有特色的是美国物理学家费曼 [3] 给出的如下断言：在双缝实验中包含着量子力学的全部秘密。

该类实验直接展现经典和量子典型波粒二重性交互作用的结果，互补型的可视化分布特性同冯·诺依曼的测量理论密切关联。

从量子力学理论基础型判定的角度，恰当的双缝干涉实验和测量方法能够展示波动和粒子统计的双重效应，不包含内在的逻辑悖论，值得前沿研究者密切关注。

## 21.4　阿夫夏双缝实验模型

从 2000 年起，伊朗物理学家阿夫夏 [4-7] 利用一系列新的双缝干涉实验系统探索双缝干涉效应。基础模型在图 21.3(a) 中示意，扩展模型在图 21.3(b) 中展现。在模型中 $\Psi_1$ 表示左路光路，$\Psi_2$ 表示右路光路；AS 为光栏，L 为凸透镜，WG 为精细光栏；而 $\sigma_1$ 和 $\sigma_2$ 分别表示两个不同位置的观察测量面。

## 21.5　实验结果

通过基础模型实验的典型模型和结果在图 21.4(a)~(c) 中示意。基础和扩展模型实验结果在图 21.5(a)~(c) 中示意。典型的粒子分布结果在图 21.6 中展现。典型的波动叠加干涉结果在图 21.7 中示意。

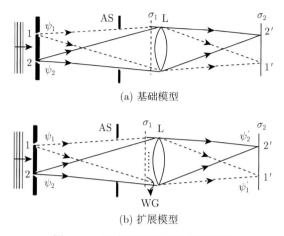

(a) 基础模型

(b) 扩展模型

图 21.3 阿夫夏双缝干涉实验模型

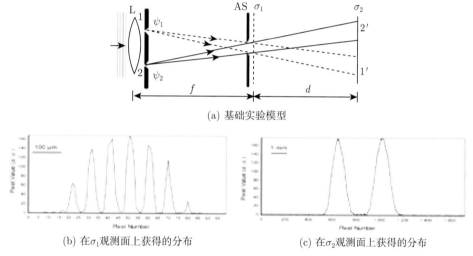

(a) 基础实验模型

(b) 在$\sigma_1$观测面上获得的分布

(c) 在$\sigma_2$观测面上获得的分布

图 21.4 阿夫夏双缝干涉实验基础模型典型结果

在模型中 $\Psi_1$ 表示左路光路，$\Psi_2$ 表示右路光路；AS 为光栏，L 为凸透镜；$\sigma_1$ 距离 L 为 $f$ 的观测面，$\sigma_2$ 距离 L 为 $f+d$ 的观测面

## 21.6 典型结果分析

从图 21.4(b)(c) 中可以看到，在 $\sigma_1$ 观测面上图 21.4(b) 示意的分布是典型的波动叠加干涉分布；在 $\sigma_2$ 观测面上图 21.4(c) 展现的分布是典型的粒子叠加分布。

从图 21.5(a)~(c) 中可以看到非常复杂的叠加干涉效应，在 $\sigma_2$ 观测面中图 21.5(a) 示意双缝开放从 $D_2$ 位置采集的信号分布是典型的粒子投影分布；在 $\sigma_2$ 观测面中图 21.5(b) 示意右路开放光束在通过精细光栏之后，从 $D_2$ 位置采集的信号分布是典型的波动叠加干涉投影分布；在 $\sigma_2$ 观测面中图 21.5(c) 显示双路光束在通过精细光栏之后，从 $D_2$ 位置采集的信号是典型的粒子分布。值得注意的是在图 21.5(c) 中的干涉条纹明显小于图 21.5(b)，更为接近于图 21.5(a) 的分布。在图 21.6(b) 中显示，利用扩展模型以 $\sigma_2$ 为观测面，在 WG 加入精细光栏之后，从双缝干涉的光路中能够观察到典型的单路光束粒子投影分布。

图 21.7(b) 结果显示，利用基础模型以 $\sigma_1$ 为观测面，从双缝干涉的光路中能够观察到典型的双路光束波动干涉投影分布。

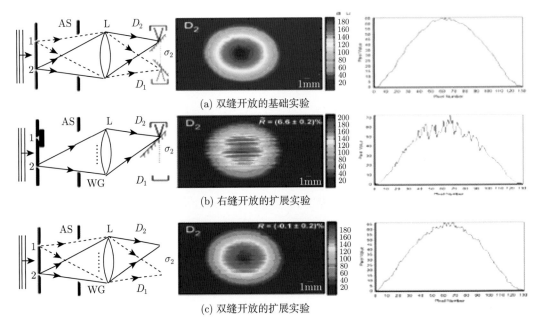

(a) 双缝开放的基础实验

(b) 右缝开放的扩展实验

(c) 双缝开放的扩展实验

图 21.5　阿夫夏双缝干涉实验基础和扩展模型典型结果

在模型中 $D_1$ 表示左路光路接收器，$D_2$ 表示右路光路接收器；AS 为光栏，L 为凸透镜；WG 为精细光栏；$\sigma_2$ 为观测面

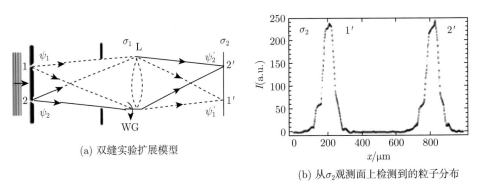

(a) 双缝实验扩展模型

(b) 从 $\sigma_2$ 观测面上检测到的粒子分布

图 21.6　阿夫夏双缝干涉实验扩展模型和结果

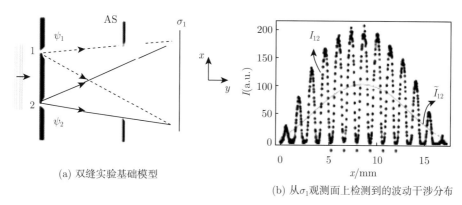

(a) 双缝实验基础模型

(b) 从 $\sigma_1$ 观测面上检测到的波动干涉分布

图 21.7 阿夫夏双缝干涉实验基础模型和结果

## 21.7 与阿夫夏系列实验结果对应的变值图示量子交互关系

变值交互作用图示, 为解释阿夫夏系列实验提供了局部交互作用的描述基础 [4,8,9]。限于文章的格式, 这里只给出可能的对应关系, 参阅图 21.8。其中左路和右路分布分别记为 $\Psi_1$ 和 $\Psi_2$, 合成后的分布在 $\sigma_1$ 观测面上看到波动干涉分布, 而在 $\sigma_2$ 观测面上看到粒子分布。

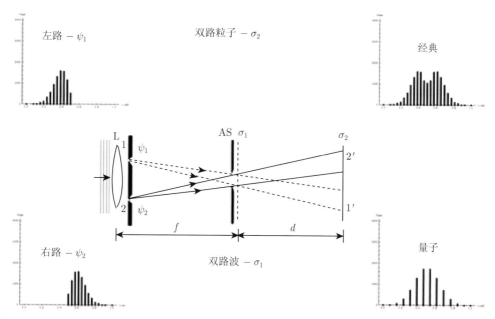

图 21.8 阿夫夏双缝干涉实验与变值图示

$\Psi_1$ 和 $\Psi_2$ 左路和右路分布, 波动干涉分布在 $\sigma_1$ 观测面上形成; 而粒子分布在 $\sigma_2$ 观测面上观测

## 21.8 结 论

从阿夫夏系列实验可以看到, 利用精细的实验装置和现代的信号采集设备, 在给定的条

件下利用同一个系统，采集不同位置的信号就能观察到一系列的无可否认的结果。从测量的角度，从观测位置 $\sigma_1$ 检测得到波动干涉分布结果，而从观察位置 $\sigma_2$ 检测得到粒子可加的概率统计分布结果。这类系统可以通过精细控制机制和检测模式，获得波和粒的分布及其伴随的路径信息。

系列实验结果显示波动干涉和粒子可加概率统计分布的效应在该类系统中同时出现，可以测量检测。这样的实验，违反了玻尔的波粒互补对应原理，检测结果提供了波粒互补对应原理不成立的实验证据。

现实世界比理想世界的原理更为深奥和不可思议。

真正的量子力学基础在何方？探索核心奥秘之路还期待后续基础理论研究者的积极贡献和超越前辈的刻苦努力。

## 参 考 文 献

[1] Hawking S, Mlodinow L. The Grand Design. New York：Bantam Books，2010

[2] 曼吉特库马尔. 量子理论：爱因斯坦与玻尔关于世界本质的伟大论战. 包新周，等，译. 重庆：重庆出版社，2012

[3] Feynman R, Leighton R, Sands M. The Feynman Lectures on Physics. Volume III Quantum Mechanics Prentice Hall, Inc, 1966

[4] 阿夫夏实验：https://en.wikipedia.org/wiki/Afshar experiment

[5] Afshar S，et al. Paradox in wave-particle duality. Foundations of Physics，2007, 37(2)：295-305

[6] Afshar S. Violation of Bohr's complementarity: One slit or both? AIP Conference Proceedings, 2006, 810: 294-299

[7] Afshar S. Violation of the principle of complementarity and its implications. Proceedings of SPIE, 2005, 5866: 229-244

[8] Zheng J, Zheng C. Variant simulation system using quaternion structures. Journal of Modern Optics, 2011, 59 (5): 484-492

[9] Zheng J. Variant Construction from Theoretical Foundation to Applications.Berlin：Springer Nature, 2019

# 第22章 统计分布区间分划的逐次迭代分析方法

罗亚明[1]，郑智捷[2]

**摘要**：针对每组输入信号，通过变值测量模型得到其统计分布，对已有的变值统计分布，不同分划模式进行切分处理再观察其分布特征可能模拟交互作用过程。在本章中对统计分布，按照给出的规则进行迭代计算；各自通过多次迭代之后再合成，结合变值可视化方法，观察不同类型的分布序列的可视化特征。本章介绍迭代构造模型，对几类分布序列结果图示进行分析，所得到的系列结果可以同量子干涉测量对比。为变值统计方法应用于前沿量子光学干涉分布测量提供参考。

**关键词**：变值测量，随机信号，可视化方法，量子干涉测量。

## 22.1 概　　述

### 22.1.1 统计分布序列

在变值测量模型中，对于每一组的 0-1 向量，按照固定长度进行分段测量，统计每一个子序列中 1 和 01 的个数 [1,2]，得到多种测度序列，根据测度序列进行进一步计算，进而得到多种测度的统计分布，在变值测量模型中，变值测度的统计分布信息是可视化分析方法和其他测量方法的基础，利用统计分布序列，可以生成变值可视化图示或计算极大值、信息熵等高维统计参数。因此，统计分布序列的分析模式与处理方法是一个值得深入研究的问题，基于统计分布本身，在传统的变值测量框架下，探索新的测量模式，是对现有方法的补充。

### 22.1.2 动态构造模型

传统变值可视化方法观察的是信号在静态条件下的可视化特征，利用变值方法对信号在动态条件下的其他特性的探索是目前研究的热点，例如，对输入信号本身进行循环移位测量，检测其平稳随机性，通过此类方法能够有效观察到信号在统计分布上发生了亚泊松态到泊松态再到超泊松态的变化 [3]。本章在统计分布序列的基础上，利用特殊的迭代规则，通过多次迭代计算，观察不同分布在迭代处理模式下的动态变化。

## 22.2 体系结构与模型介绍

迭代构造分布序列并输出可视化结果的结构如图 22.1 所示。

---

1 云南大学软件学院。

2 云南省软件工程重点实验室，云南省量子信息重点实验室，云南大学。e-mail: conjugatelogic@yahoo.com。

本项目由国家自然科学基金 (62041213)，云南省科技厅重大科技专项 (2018ZI002)，国家自然科学基金 (61362014) 和云南省海外高层次人才项目联合经费支持。

图 22.1　体系结构图

### 22.2.1　迭代构造模型

初始分布序列为 $X$，根据 $X$ 的长度 $m$，进行多次的迭代，每次迭代得到新的序列 $Y_i$。

迭代构造模型根据下列公式计算迭代构造序列 $\{Y_2, Y_3, \cdots, Y_i, Y_{i+1}, \cdots, Y_m\}$，对于 $Y_i$ 中每个向量 $y_i$，根据公式计算得到

$$y_i = \begin{cases} \dfrac{x_{i-\lfloor \frac{n}{2} \rfloor} + \cdots + x_i + \cdots + x_{i+(\lceil \frac{n}{2} \rceil - 1)}}{n}, & \left\lfloor \dfrac{n}{2} \right\rfloor \leqslant i \leqslant (m-2) + \left(\left\lceil \dfrac{n}{2} \right\rceil\right) \\ \dfrac{x_0 + \cdots + x_i}{n}, & i < \left\lfloor \dfrac{n}{2} \right\rfloor \\ \dfrac{x_i + \cdots + x_{n-1}}{n}, & i > (m-2) + \left(\left\lceil \dfrac{n}{2} \right\rceil\right) \end{cases}$$

**输入**

初始统计分布序列：$X_i = \{x_0, x_1, x_2, \cdots, x_i, \cdots, x_{m-1}\}; 2 \leqslant i \leqslant m-1$。

迭代次数：$n$。

**输出**

迭代序列：$Y_i = \{y_0, y_1, y_2, \cdots, y_i, \cdots, y_{m-1}\}; 2 \leqslant i \leqslant n$。

### 22.2.2　可视化模型

通过迭代构造模型，可以得到多组分布序列，通过变值可视化方法，生成其分布投影，采用一维散点图的形式，形成各组可视化结果 [4]，通过对多组迭代过程中的可视化图示进行比较，观察其迭代过程中可视化特征的变化。

**输入**　　迭代序列：$Y_i = \{y_0, y_1, y_2, \cdots, y_i, \cdots, y_{m-1}\}; 2 \leqslant i \leqslant n$。

**输出**　　一维散点图。

## 22.3　结 果 展 示

本节主要观察不同的统计分布序列通过迭代构造后的可视化分布特征，选取了六种分布作为初始状态进行迭代。

S1：随机序列通过变值测量得到泊松分布。

S2：按照一定周期连续置 1 分布。

S3：一组正态分布。

S4：在 S3 的基础上，在奇数位置，按周期连续取值，其余位置均置的分布。

S5：在 S3 的基础上，在偶数位置，按周期连续取值，其余位置均置的分布。

S6：S4 与 S5 序列进行相加得到的分布。

为了便于观察, 将每个分布都进行归一化处理, 长度为 $m = 128$, 迭代次数记作 $n$, 选取部分可视化结果进行展示。

### 22.3.1 泊松分布序列与周期脉冲序列迭代结果展示

系列结果在图 22.2 中示意。

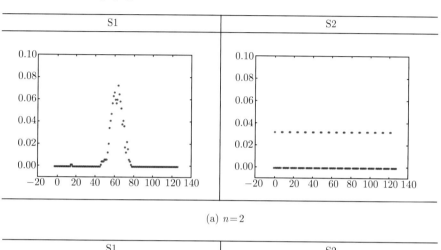

(a) $n = 2$

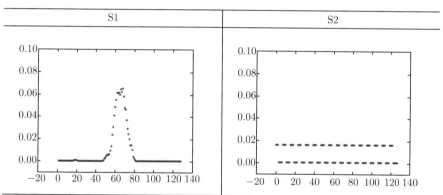

(b) $n = 4$

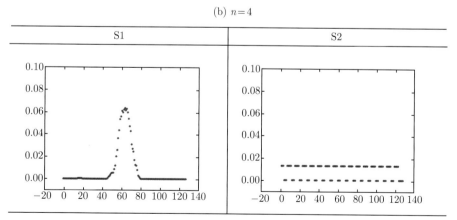

(c) $n = 5$

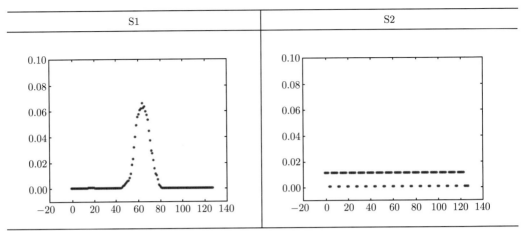

(d) $n=6$

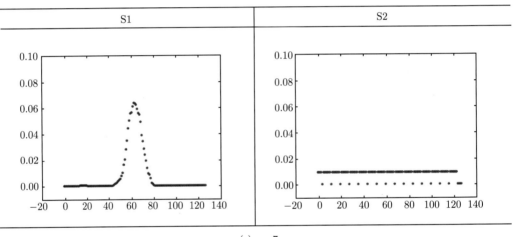

(e) $n=7$

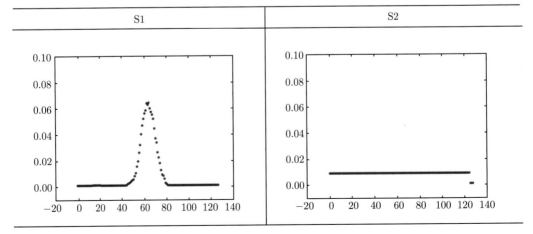

(f) $n=8$

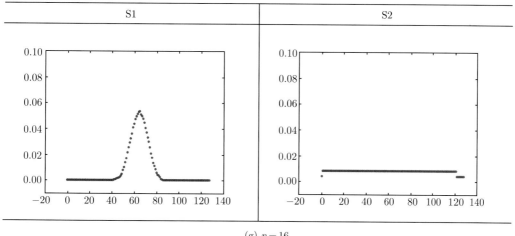

(g) $n = 16$

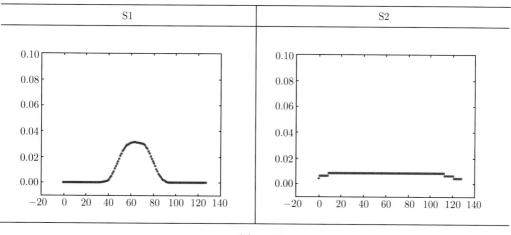

(h) $n = 32$

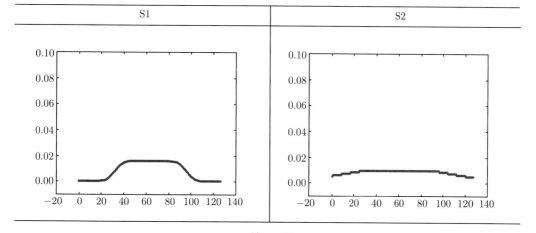

(i) $n = 64$

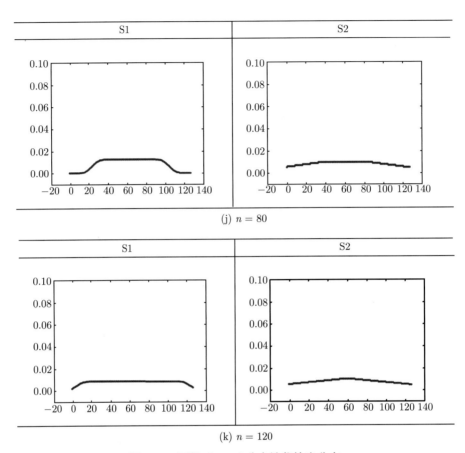

(j) $n = 80$

(k) $n = 120$

图 22.2　两组 {S1,S2} 分布迭代输出分布

从图 22.2(a)~(k) 中 S1 的结果可以观察到初始为泊松态[5,6]的分布，经过多次迭代分布特征逐渐向超泊松态变化，最后接近于平均，形成边缘较低的状态。尽管 S2 初始分布为周期脉冲序列，但通过多次迭代之后，整体分布接近平均状态。

## 22.3.2　连续正态分布及其分离结果展示

相关结果在图 22.3 中示意。

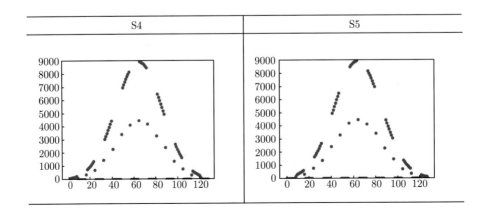

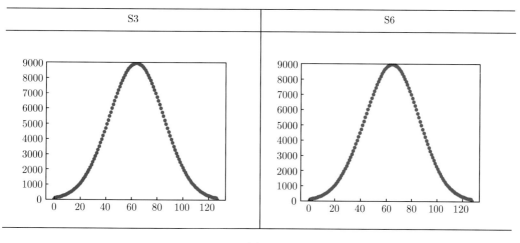

(a) $n=2$

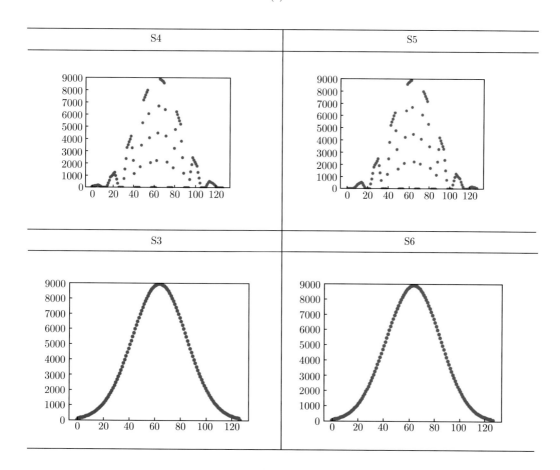

(b) $n=4$

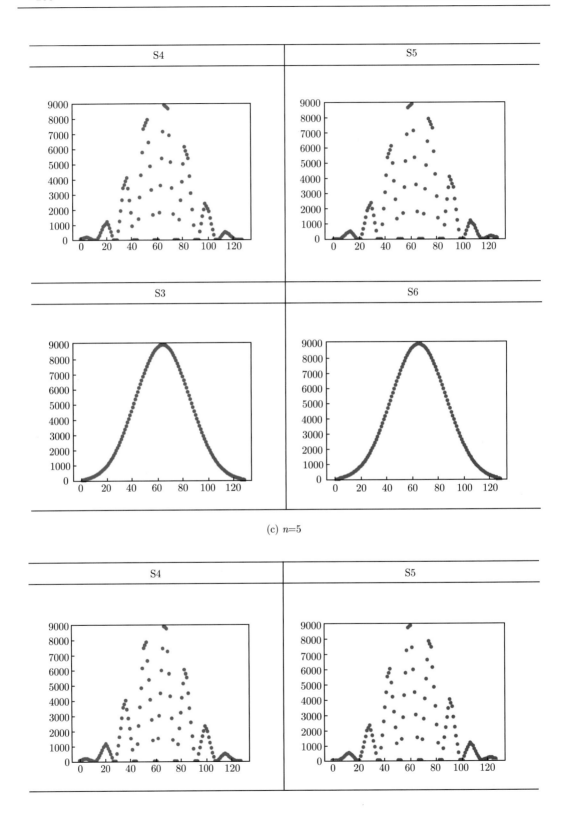

(c) $n=5$

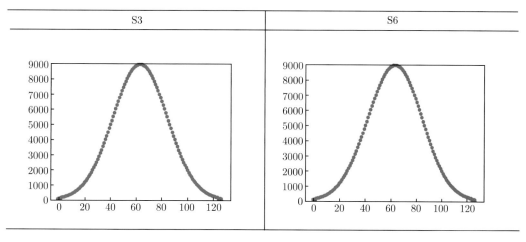

(d) $n=6$

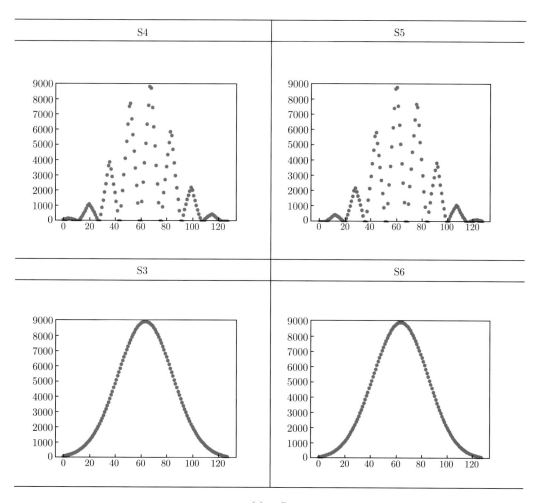

(e) $n=7$

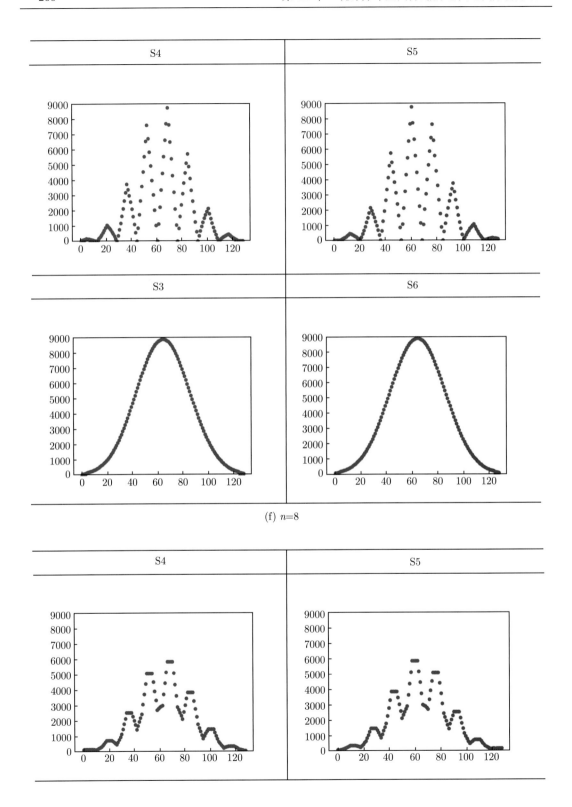

(f) $n=8$

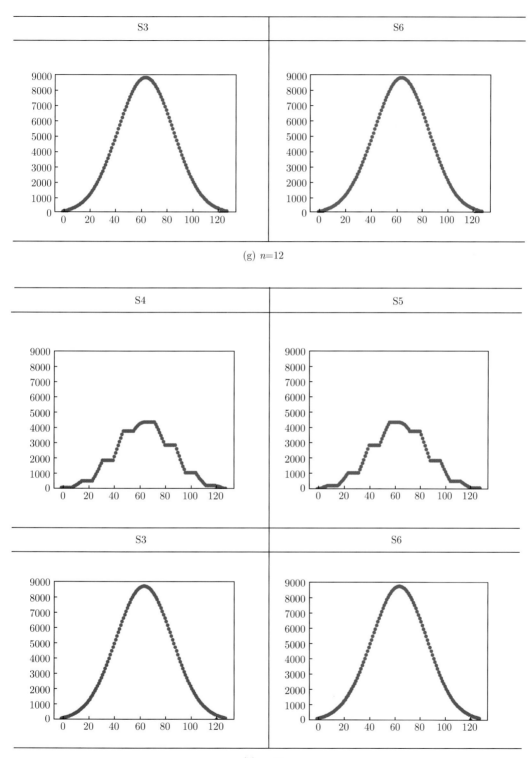

(g) $n=12$

(h) $n=16$

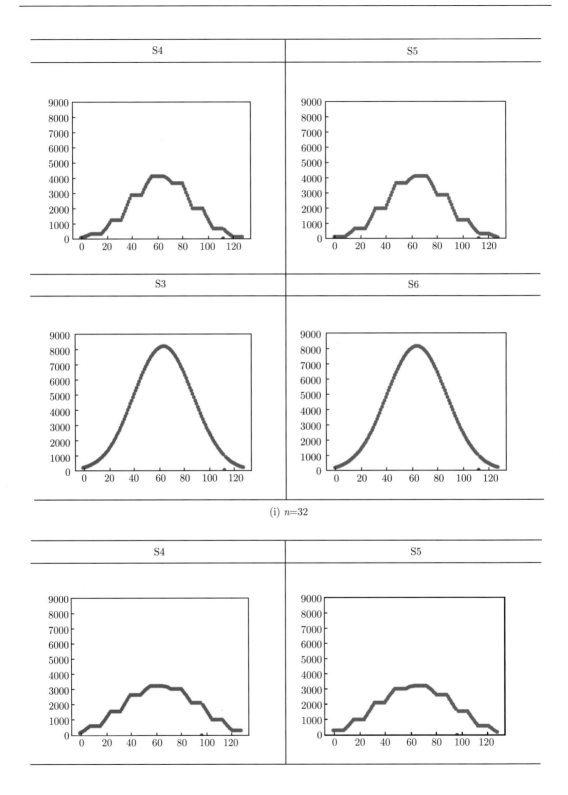

(i) $n=32$

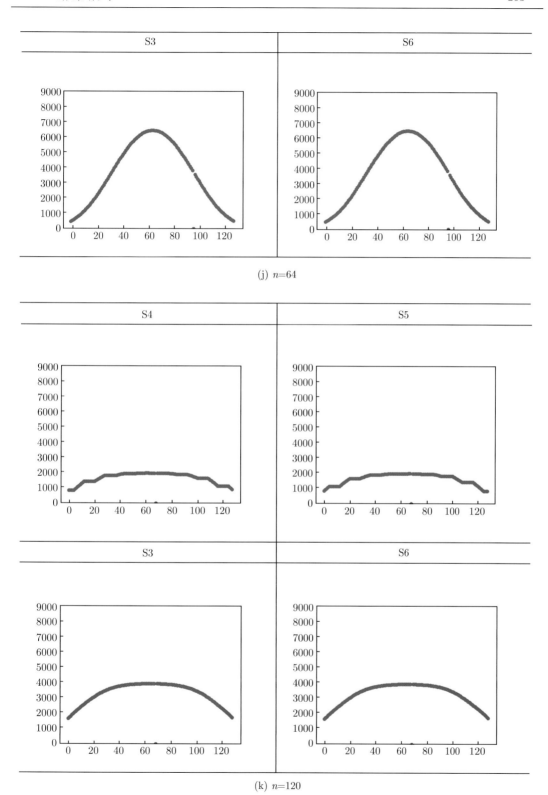

图 22.3 四组 {S3, S4, S5, S6} 初始序列迭代输出分布

从图 22.3(a)~(k) 的系列结果中可以观察到，S3 初始是正态分布的序列，S4 和 S5 为 S3 按照共轭模式分离出来的两组信号；初始状态下，为离散的方波的特征；三个分布各自分别迭代，在经过多次迭代处理之后，三组信号都变为连续的分布。S6 是 S4 与 S5 在每一次迭代之后的分布相加之后得到的合成分布。尽管二者经历着完全不同的迭代，但从系列可视化结果上观察，S3 与 S6 呈现出相互关联形态一致的可视化分布特征。

## 22.4　结　　论

多维概率统计分布是变值测量以及变值可视化的基础，本章统计分布序列通过从给定的初值出发分别迭代，再进行合成比较的方法对解释利用杨氏干涉模式形成量子光学复杂交互测量，具有特殊意义。

整个过程在两组特征分布分别通过多次迭代后，最终形成的合成分布始终呈现出连续的分布特征。通过多次迭代之后，不同分布形成各自的变化，而共轭分解之后的分布还能合成。从信号测量的角度，这样的不变分布特性意义重大！

本章基于变值测量模型，采用变值可视化的方法，结合动态构造模型，对多种分布序列的特性展开探索，期待进一步完善算法模型，将该类测量模型和方法用于复杂动态测量，形成新的检测模式，对前沿量子干涉实验测量分析起到补充作用。

### 参 考 文 献

[1] Zheng J, Zheng C. Stationary Randomness of Quantum Cryptographic Sequences on Variant Maps. Proceedings of the 2017 IEEE/ACM International Conference on Advances in Social Networks Analysis and Mining 2017,:1041-1048

[2] 郑智捷. 变值测量结构及其可视化统计分布. 光子学报, 2011, 40(9):1397-1404

[3] Zheng J. Variant Construction from Theoretical Foundation to Applications. Berlin：Springer Nature，2019

[4] Yang Z, Zheng J. RC4 Cryptographic Sequence on Variant Maps. Variant Construction from Theoretical Foundation to Applications. Berlin：Springer Nature，2019

[5] 莫智锋, 余嘉, 孙跃. 基于泊松分布的微观交通仿真断面发车数学模型研究. 武汉理工大学学报 (交通科学与工程版), 2003(1):4-6

[6] 赵晓艳. 泊松分布的几点说明. 数学大世界 (中旬版), 2018(8): 9-10

[7] 张礼，葛墨林. 量子力学的前沿问题. 2 版. 北京：清华大学出版社，2012

# 第23章　利用随机序列在矩阵和变值变换下模拟从福克态到泊松态的统计系综测量图示

郑智捷[1]，罗亚明[2]，张鑫[3]，郑昊航[4]

**摘要**：本章从量子统计、模拟和模型的角度应用可视化图示分析随机序列伴随的两种可区分测量状态：特征值状态－矩阵测量图示；不变量状态－变值测量图示。从光子统计的角度，最重要的四种量子态分别为：福克、亚泊松、泊松和超泊松。与量子交互相关的重要分布集中在福克态到泊松态之间，其交互作用与量子效应关联，从泊松态到超泊松态与经典统计分布相关。本章描述基础模型和处理方法，利用三种随机序列在矩阵和变值变换之下，展现从福克态到泊松态分布图示。所展现的结果是首次利用随机序列模拟出从福克态到泊松态分布的动态变化特性，相关的相空间转换和控制模型与方法，对进一步挖掘量子统计、模拟和模型在现代量子物理中的前沿理论与应用提供了潜在的可能性，需要深入挖掘。

**关键词**：福克态，亚泊松，泊松，统计系综，矩阵变换，变值变换，测量图示，变值体系。

## 23.1　概　　述

量子统计和光子统计的模型与方法在量子光学测量中占据着核心地位。从谱分布的角度，该类统计测量模式与经典的随机序列信号分析结果具有明显差别。

### 23.1.1　光量子统计状态分布

利用光子计数原理形成的统计分布可以从光源信号序列中获得光子的统计特性。从量子态的角度，光量子统计与三种量子态关联：超泊松态 (Amplitude-squeezed state：Super-Poissonian)、泊松态 (Coherent state：Poissonian)、亚泊松态 (Phase-squeezed state：Sub-Poissonian)。三种典型分布如图 23.1 所示。

超泊松态和泊松态对应的光子信号为半经典波分布，与电磁场辐射直接关联，亚泊松态对应的粒子分布与典型的量子交互作用相关。

### 23.1.2　光量子态的平稳/非平稳随机过程

在量子测量模型和方法中，检测信号伴随的平稳/非平稳随机特性是一类区分经典和量

1 云南省量子信息重点实验室，云南省软件工程重点实验室，云南大学。e-mail: conjugatelogic@yahoo.com。

2 云南省软件工程重点实验室，云南大学。e-mail: 1047668418@qq.com。

3 云南省软件工程重点实验室，云南大学。e-mail: 752282264@qq.com。

4 Tahto 公司，悉尼，澳大利亚。e-mail: z@caudate.me。

本项目由国家自然科学基金 (62041213)，云南省科技厅重大科技专项 (2018ZI002)，国家自然科学基金 (61362014) 和云南省海外高层次人才项目联合经费支持。

子交互作用的方法。

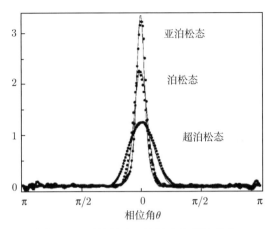

图 23.1　亚泊松态、泊松态和超泊松态

(1) 经典相干态分布：当相空间的交互作用相位角度变化时，对应的量子态保持为泊松态，量子统计参数分布保持不变，为平稳随机过程。

(2) 量子压缩相干态：当相空间的交互作用相位角度变化时，量子态伴随的状态变化从亚泊松态到泊松态等，量子统计参数分布形态亦有明显变化，为非平稳随机过程。

### 23.1.3　问题

利用光量子统计和量子光学模型与方法，能对经典相干态和量子压缩相干态进行模拟和描述。针对这类量子态是否能用离散逻辑体系进行模拟，提出如下两个问题。

(1) 基于离散逻辑体系的 0-1 随机序列，能生成从亚泊松态到泊松态之间的复杂量子态吗？

(2) 平稳随机状态和非平稳随机状态能用离散统计过程实现吗？

相干激光、分秒/超快激光等设备在可见光和红外光等频段中形成光量子相干交互作用，可以观察到典型的量子统计分布特征，例如，亚泊松态到泊松态之间的分布变化。基于统计系综的模型和方法，利用经典随机序列模拟形成对应的量子态分布是一类值得探索的研究论题。

### 23.1.4　矩阵变换，特征值谱分析和谱密度分布

从矩阵运算的角度，通过检测矩阵特征值谱分布的模式对输入序列提供内蕴的结构信息。频率谱和概率谱是两类常用于分析信号序列的变换技术。谱分析从确定时间序列谱的内容 (例如，以频率为基础形成的能量分布) 到有限测量集合利用非参数或者参数技术。谱分析的起源可以追溯到 20 世纪由 Schuster[1] 在时间序列分析中检测信号具有的周期特性。在时间序列分析和处理中谱分析占据核心地位，也是一类基于数学和信息科学的学科。与时间序列的分析、综合和修改等特性关联，如声音、图像和生理信号测量等。时间序列处理技术用于改善序列传输效果、存储的有效性、主体质量、强化或者检测在测量时间序列中包含的有意义分量。多类处理模型和方法与此关联，例如，矩阵理论[2]、非连续正交函数[3]、概率

论[4]、变换理论[5]、时间序列[6]、线性代数[7]、时频分析[8]、随机过程[9–11]、谱估计[12,13]、统计信号分析[14]、非线性谱分析[15]、矩阵分析[16] 等。

### 23.1.5 变值体系

对于离散谱, 变值体系是一类新型的信号序列测量模式, 变值变换是一类基于变值测量的转换机制。利用输入数据计算量化的不变量, 在随机序列分析中利用多种不变量群集, 形成测度序列建立统计状态分布形成概率谱, 进而分析随机序列的动态特性。例如, 量子密码序列平稳随机性[17]、混沌随机序列分析[18]、变值体系基础和应用[19]。

### 23.1.6 本章的结果

讨论两种变换模型 (矩阵变换、变值变换) 在三种随机序列的作用下特有的输出谱特征。

## 23.2 模 拟 模 型

现代的时间序列变换满足离散采样模式, 两种变换模式相互之间可作深入比较。在分段处理的条件下, 每一段 $m$ 长 0-1 序列作为输入序列, 通过 $m \times m$ 矩阵变换后形成 $m$ 个特征值; 而对应的输入序列通过变值测量之后形成一对不变量。在输入序列形成 $M$ 段分划的条件下, 两种变换模式都能形成测度序列进而生成统计分布图示。利用移位算符, 两类图示还能形成 $m + 1$ 种相关与序列相位变化关联的图示群集, 分析比较复杂序列模式, 利用特殊信号序列可以获取采样信号序列的平稳 / 非平稳、随机 / 周期等测量特性描述统计系统的整体和局部系列化精确特征。

### 23.2.1 统计分布下的两种变换模式

后两种变换模式利用 $m$ 个输入变量变换后各自输出 $m$ 个或者两个特征值。对应的四种变换模式在图 23.2 中示意。每个变换包含五个核心部分: 输入、变换、输出、分布、图示。

| 模式 a: | $m$ 元变量的矩阵变换 |
| --- | --- |
| 输入: | $m$ 元 0-1 变量 |
| 变换: | $m \times m$ 非奇异矩阵 |
| 输出: | $m$ 个特征值 |
| 分布: | 利用特征值形成两组直方图分布 |
| 图示: | 各自包含实部和虚部值分布的两组直方图 |
| 模式 b: | $m \times M$ 变元的矩阵变换 |
| 输入: | $m \times M$ 元 0-1 变量 |
| 变换: | $m \to m \times m$ 矩阵; $r \to$ 初始位移量 |
| 输出: | $m \times M$ 个特征值 |
| 分布: | 利用特征值形成两组直方图分布 |
| 图示: | 各自包含实部和虚部值分布的两组直方图 |

| 模式 c: | $m$ 元变量的变值变换 |
| --- | --- |
| 输入: | $m$ 元 0-1 变量 |
| 变换: | 两组不变量: $p$ 1 的数目; $q$ 01 的数目 |
| 输出: | 一对 $\{p,q\}$ 值 |
| 分布: | 通过 $\{p,q\}$ 形成的两组直方图分布 |
| 图示: | 在两组图中各自包含单个点 |

| 模式 d: | $m \times M$ 元变量的变值变换 |
| --- | --- |
| 输入: | $m \times M$ 元 0-1 变量 |
| 变换: | $m \to$ 分段长度; $r \to$ 初始位移量 |
| 输出: | $M$ 组 $\{p,q\}$ 测度值序列 |
| 分布: | 通过 $M$ 组 $\{p,q\}$ 值形成的两组直方图分布 |
| 图示: | 两组一维图示即 1DP 和 1DQ 直方图分布 |

图 23.2 四种变换模式形成两组图示

$$m > 1, m \geqslant r \geqslant 0$$

### 23.2.2 核心变换模块

矩阵变换和变值变换将利用三组随机序列在确定分段长度的条件下生成特征值序列。利用移位算符,将每组输入序列形成 $m+1$ 组可区分序列进而形成对应的统计分布图示。通过选择对应的控制参数,形成丰富的统计分布图示。

从测量的角度,模式 a 和模式 c 提供单段测量模式。在模式 a 中最多具有 $m$ 位置可能区分;而在模式 c 中只会出现单个点状投影。模式 b 和模式 d 分别经历了 $M$ 段处理,两类变换模式都能形成两组统计直方图分布,可以进行对应比较。

### 23.2.3 三组选择的随机序列

原始的随机序列包含 100MB,从澳大利亚国立大学量子随机数服务器[20] 获得。利用原始序列,选择出三组包含不同随机过程特性各自为 0.8MB 的子序列。

(1) 从原始序列直接选择的子序列。

(2) 从原始序列通过条件滤波形成满足微规则系统以常数统计分布的随机序列。

(3) 从原始序列任意选出的一个模版所形成的周期序列。

## 23.3 处 理 结 果

利用 23.2 节建议的模式,三组随机序列作为模式 b 和模式 d 输入所形成的 12 组图示在图 23.3 中示意 $[(a_0) \sim (a_3)] \sim [(c_0) \sim (c_3)]$,其中 $m = 128, M = 6400$。

利用移位算符,对傅里叶逆变换,每组序列选择六个图示形成六组结果包含 36 幅图示在图 23.4 $(a_1 \sim a_6) \sim (f_1 \sim f_6)$ 中示意,$m = 128, M = 6400, r = \{0, 1, 2, 21, 41, 63\}$。

在同样的移位条件下,对变值变换,每组序列选择 12 个图示形成六组结果包含 36 幅图示,在图 23.5$(a_1 \sim a_6) \sim (f_1 \sim f_6)$ 中示意,其中 $m = 128, M = 6400, r = \{0, 1, 2, 21, 41, 63, 65, 87, 107, 126, 127, 128\}$。

为了更好地观察对应的统计分布，对傅里叶逆变换，每组序列选择六个图示形成六组结果包含 18 幅图示，在图 23.6($a_1 \sim a_3$) $\sim$ ($f_1 \sim f_3$) 中示意其中 $m = 128, M = 6400, r = \{0, 2, 41, 87, 126, 128\}$。

对变值变换，每组序列选择三个图示形成六组结果包含 36 幅图示，在图 23.7[($a_1$) $\sim$ ($a_3$)] $\sim$ [($f_1$) $\sim$ ($f_3$)] 中示意。其中 $m = 128, M = 6400, r = \{0, 2, 41, 87, 126, 128\}$。

# 23.4  结 果 分 析

### 23.4.1  对图 23.3 的分析描述

在图 23.3 中显示的三组结果 ($a_0$) $\sim$ ($c_0$)，其中 ($a_0$) 和 ($b_0$) 分布中大部分的形态是相似的，而图 23.3($c_0$) 的分布结果完全不同于前两组。然而，在局部放大的实部直方图 ($a_1$)、($b_1$) 和 ($c_1$) 中可以明显地区分出其中间部分的不同分布。

图示 ($a_2$) $\sim$ ($c_2$) 系列通过变值变换模式生成，其中 ($a_2$)1DP 图示具有泊松分布而 1DQ 图示具有亚泊松分布；然而，在 (b2) 和 (c2) 图示中，1DP 和 1DQ 的图示仅含一条单谱，为典型的福克态。

### 23.4.2  对图 23.4~图 23.7 的分析描述

特殊的平稳和非平稳随机特性可以在施加移位算符的条件下从统计分布中显现。从图 23.4[($a?$)~($f?$)]~ 图 23.5[($a?$)~($f?$)] 六组结果中所选择的 12 种不同移位参数显示出对应的图示效果。

平稳随机特性可以在图 23.4 中从图示 ($a_1$) $\sim$ ($a_{12}$) 和 ($b_1$) $\sim$ ($b_{12}$) 看到；在 ($c_1$) $\sim$ ($c_{12}$) 中也显现出主要部分具有平稳分布特性。然而，在其局部放大的部分 ($d_1$) $\sim$ ($d_{12}$)，显现出部分非平稳随机分布特性。

在 ($e_1$) $\sim$ ($e_{12}$) 图示中能观察到相似的平稳随机特性；然而，在局部放大的分布 ($f_1$) $\sim$ ($f_{12}$) 中，可看出明显差别。与图 23.4($a_1$) $\sim$ ($a_{12}$) 和 ($b_1$) $\sim$ ($b_{12}$) 相似，在图 23.5 中变值变换形成的六组图示 1DP ($a_1$) $\sim$ ($a_{12}$) 或者 1DQ ($b_1$) $\sim$ ($b_{12}$) 都显现出平稳随机特性。

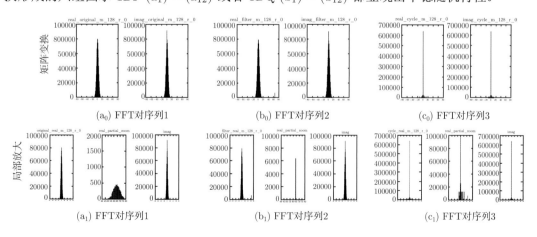

($a_0$) FFT对序列1          ($b_0$) FFT对序列2          ($c_0$) FFT对序列3

($a_1$) FFT对序列1          ($b_1$) FFT对序列2          ($c_1$) FFT对序列3

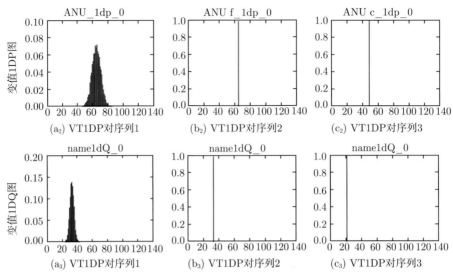

图 23.3　两种变换模式：FFT，VT；三组随机序列:1), 2), 3) 输出图示

不同于图 23.4($c_1$) ～ ($c_{12}$) 和 ($d_1$) ～ ($d_{12}$)，在图 23.5 中 1DP ($c_1$) ～ ($c_{12}$) 或者 1DQ ($d_1$) ～ ($d_{12}$)，变值变换在不同的移位变换条件下显示非平稳随机特性。典型的分布模式从福克态转变为亚泊松态进而变为泊松态分布。

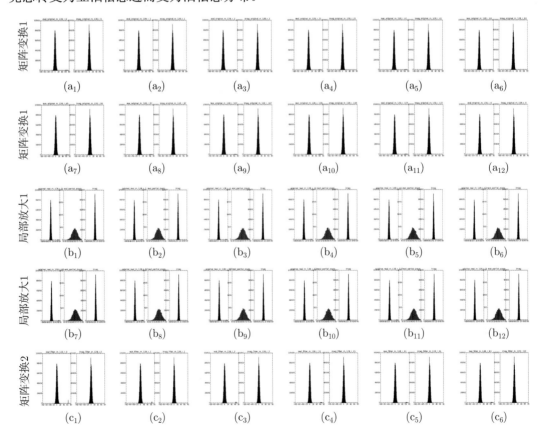

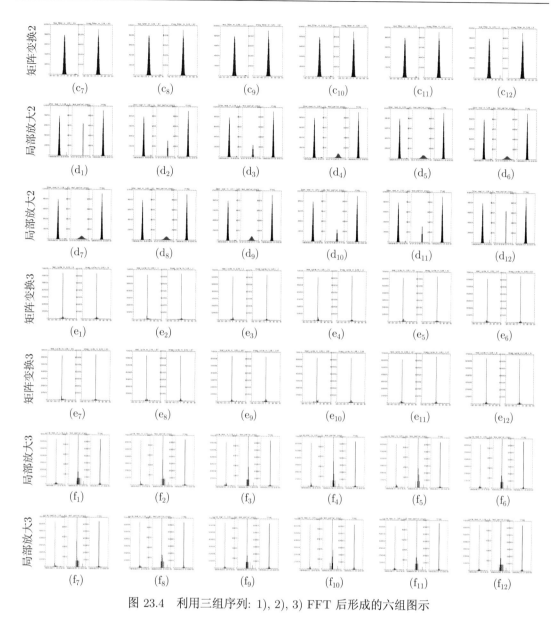

图 23.4 利用三组序列: 1), 2), 3) FFT 后形成的六组图示

$m=128$, $r=\{0, 1, 2, 21, 41, 63, 65, 87, 107, 126, 127, 128\}$, $M=6400$; 图 (*1) $r=0$, (*2) $r=1$, (*3) $r=2$, (*4) $r=21$, (*5) $r=41$, (*6) $r=63$; (*7) $r=65$, (*8) $r=87$, (*9) $r=107$, (*10) $r=126$, (*11) $r=127$, (*12) $r=128$; * ∈ a,⋯,f, ? ∈ 1,2,⋯,12; (a?)FFT 对序列 1; (b?) 放大的 FFT 对序列 1; (c?) FFT 对序列 2; (d?) 放大的 FFT 对序列 2; (e?) FFT 对序列 3; (f?) 放大的 FFT 对序列 3.

与图 23.4($e_1$) ~图 23.4($e_{12}$) 和 ($f_1$) ~ ($f_{12}$) 需要在局部放大条件下观察到对应的变化相比, 在图 23.5 中 1DP 图 23.5 ($e_1$) ~ 图 23.5($e_{12}$) 或者 1DQ 图 23.5 ($f_1$) ~图 23.5($f_{12}$) 仅展现出福克态, 而不管对应的移位算符参数如何变化, 这类特性示意着序列具有周期型平稳特性。

上面分析的结果, 可以从放大的图 23.6 和图 23.7 中观察到更为清晰的变化效应。

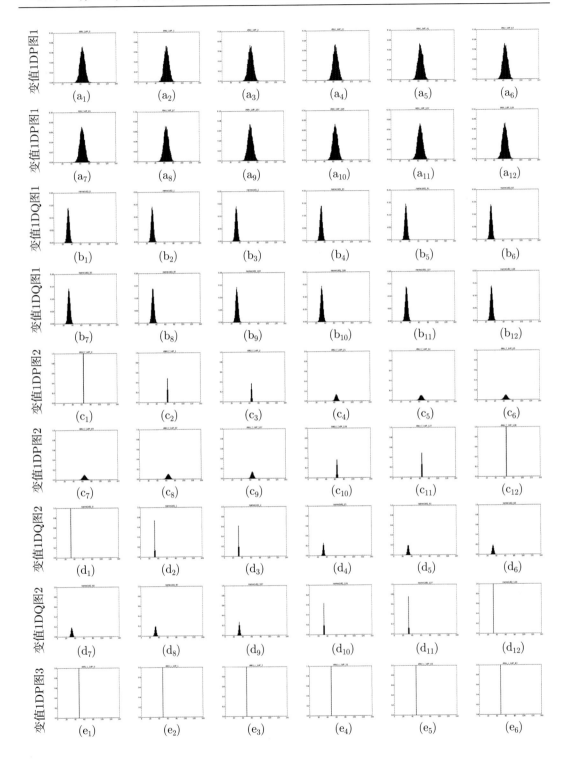

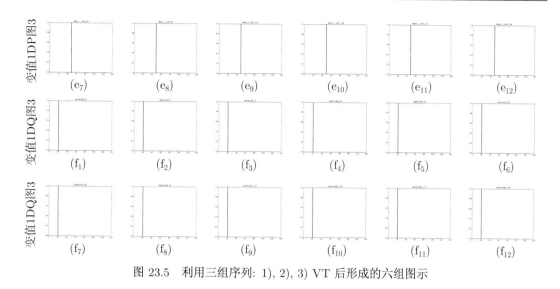

图 23.5 利用三组序列: 1), 2), 3) VT 后形成的六组图示

$m$=128, $r$={0, 1, 2, 21, 41, 63, 65, 87, 107, 126, 127, 128}, M=6400; 图 (*1) $r$=0, (*2) $r$=1, (*3) $r$=2, (*4) $r$=21, (*5) $r$=41, (*6) $r$=63;(*7) $r$=65, (*8) $r$=87, (*9) $r$=107, (*10) $r$=126, (*11) $r$=127, (*12) $r$=128; * $\in$ a,$\cdots$,f, ? $\in$ 1,$\cdots$,12; (a?) VT 1DP 对序列 1; (b?) VT 1DQ 对序列 1; (c?) VT 1DP 对序列 2; (d?) VT 1DQ 对序列 2; (e?) VT 1DP 对序列 3; (f?) VT 1DQ 对序列 3

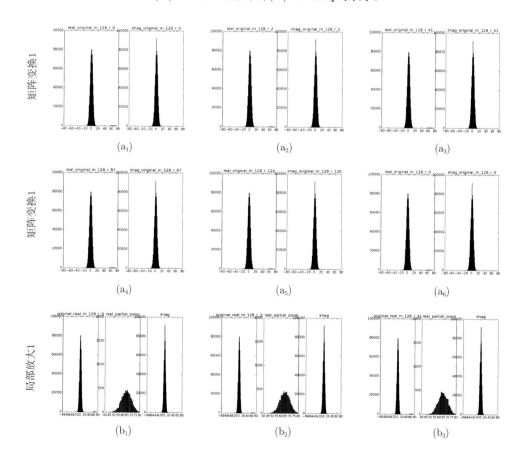

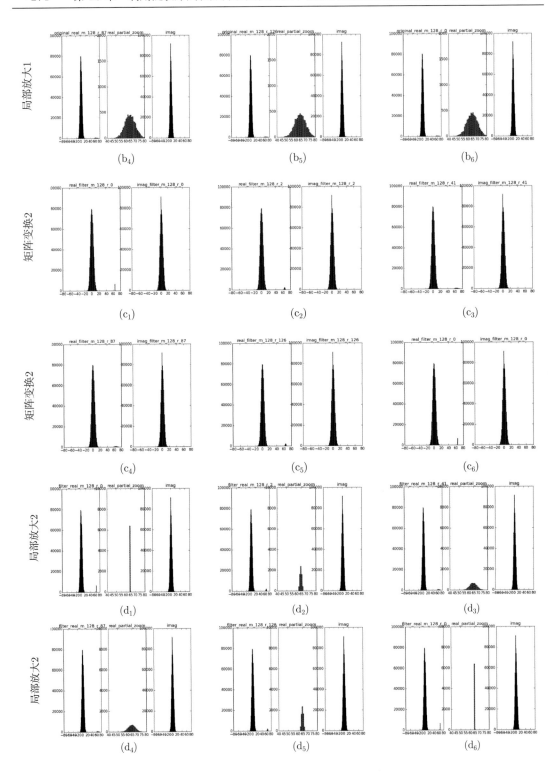

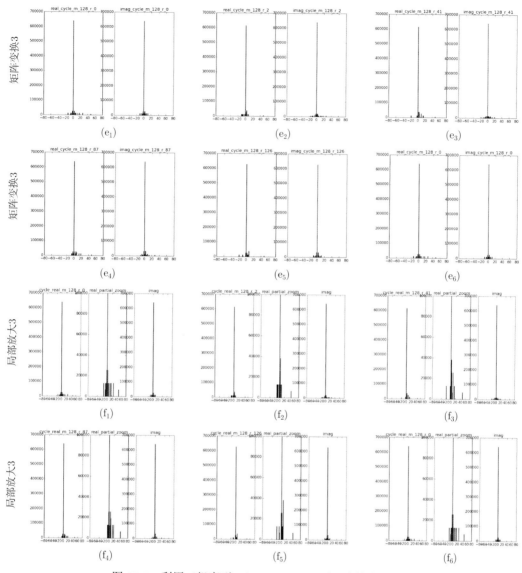

图 23.6 利用三组序列: 1), 2), 3) FFT 后形成的六组图示

$m=128$, $r=\{0, 2, 41, 87, 126, 128\}$, $M=6400$; 图 (*1) $r=0$, (*2) $r=2$, (*3) $r=41$, (*4) $r=87$, (*5) $r=126$, (*6) $r=128$; $* \in \{a, \cdots, f\}$, $? \in \{1, \cdots, 6\}$; (a?) FFT 对序列 1; (b?) 放大的 FFT 对序列 1; (c?) FFT 对序列 2; (d?) 放大的 FFT 对序列 2; (e?) FFT 对序列 3; (f?) 放大的 FFT 对序列 3

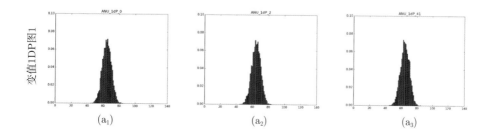

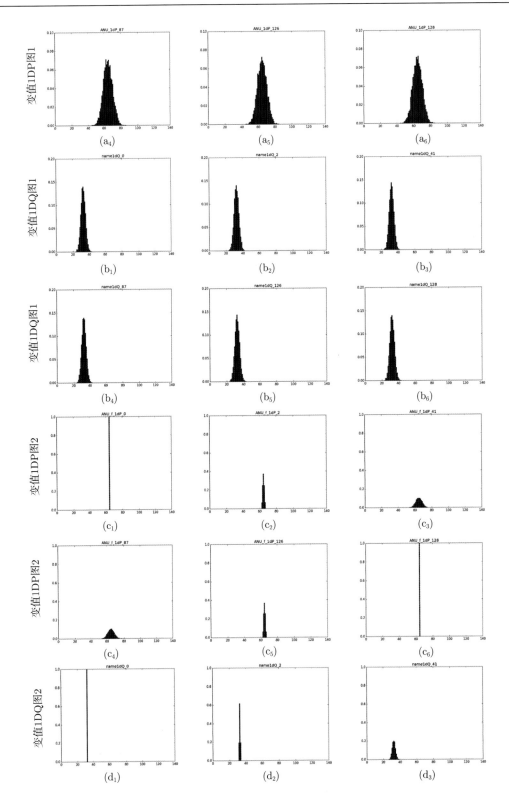

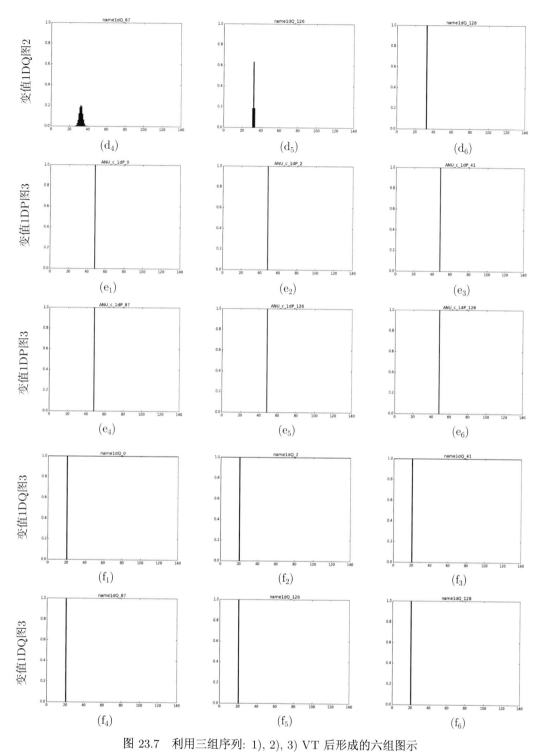

图 23.7 利用三组序列: 1), 2), 3) VT 后形成的六组图示

$m$=128, $r$={0, 2, 41, 87, 126, 128}, $M$=6400; 图 (*1) $r$=0, (*2) $r$=2, (*3) $r$=41, (*4) $r$=87, (*5) $r$=126, (*6) $r$=128; * ∈ {a,···,f}, ? ∈ {1,···,6}; (a?) VT 1DP 对序列 1; (b?) VT 1DQ 对序列 1; (c?) VT 1DP 对序列 2; (d?) VT 1DQ 对序列 2; (e?) VT 1DP 对序列 3; (f?) VT 1DQ 对序列 3

### 23.4.3 两种变换模式的主要差别

从列出的结果中可以观察到变值 1DP 图示对应到 FFT 实部分布的局部区域；变值 1DP 图示是参数 $p$ 的独立分布，明显区分于 FFF 混合具有 $m$ 个特征值的投影模式。

由于 FFT 的叠加模式，难于有效地区分出序列 1 和 2；12 对分布 $(a_1) \sim (a_{12})$ 和 $(c_1) \sim (c_{12})$ 绝大部分具有相似的分布特性。对选定的三组随机序列，FFT 只能区分出两类:{1, 2} 和 3。

然而，变值变换在 1DP 和 1DQ 图示下明确地区分给定的三组随机序列，这些结果从统计系综的角度，可以用规范系综、微规范系综和平移不变性特征进行解释。

(1) $(a_1) \sim (a_{12})$ 和 $(b_1) \sim (b_{12})$ 对序列 1 显现出平稳随机特性 (规则系综相位变化的整体特征)。

(2) $(c_1) \sim (c_{12})$ 和 $(d_1) \sim (d_{12})$ 对序列 2 显现出非平稳随机特性 (微规则系综相位变化的局部特征)。

(3) $(e_1) \sim (e_{12})$ 和 $(f_1) \sim (f_{12})$ 对序列 3 显现出平稳测量特性 (周期信号平移不变性)。

简言之，变值变换在一维统计分布和三组随机序列条件下利用平稳、平稳随机和非平稳随机等离散群集的统计系综状态变化过程系列参数，按不同的谱系分布变化模式区分出相关序列。

## 23.5 结　　论

本章利用两种变换机制 (矩阵变换和变值变换) 处理三种随机序列。获取矩阵特征值和两种变值测量不变量，数量化的统计分析将测量序列形成可以相互比较的一维直方图分布图示。在多段分划的条件下，综合利用移位算符，根据所选择的序列所具有的平稳和非平稳随机及其周期特性，观察从福克态到泊松态的动态转化特性。

利用三组随机序列、两种变换 (FFT 和 VT) 生成了系列化统计分布图示。从 23.4 节的分析结果可以观察到，FFT 具备将三组随机序列分为两类的功能；而建议的 VT 在统计系统状态变化过程量化参数条件下，很好地区分出三组序列对应的统计系统状态分布动态过程特性及其伴随的概率谱平稳/非平稳、随机/周期不同分布测量特征。如何基于所示的结果将多元不变量群集的统计系统分布图示扩展到高维空间，以及如何针对前沿量子交互应用问题找寻对应的变换模式，是一类需要进一步研究和挖掘的论题。

### 参 考 文 献

[1] Schuster A. An Introduction to the Theory of Optics. London: Arnold & Company，1924

[2] Gibert W J. Modern Algebra with Applications. New Jersey：John Wiley & Sons，1976

[3] 齐东旭，宋瑞霞，李坚. 非连续正交函数. 北京：科学出版社，2011

[4] Ash R B. Real Analysis and Probability. New Jersey：John Wiley & Sons，1970

[5] Au C，Tam J. Transforming variables using the Dirac generalized function. The American Statistician，1999，53(3)：270-272.

[6] Chatfleld C. The Analysis of Time Series: An Introduction. 2nd edition. New York: Chapman and Hall, 1980

[7] Hamming R W. Digital Filters. 2nd edition. New Jersey: Prentice-Hall, 1983

[8] Bracewell R N. The Fourier Transformation and Its Applications. New York: McGraw-Hill, 1978

[9] Shynk J J. Probability, Random Variables and Random Processes – Theory and Signal Processing Applications. New Jersey : John Wiley & Sons, 2013

[10] Gray R M. Probability, Random Processes and Ergodic Properties. Berlin: Springer-Verlag, 1987

[11] Arnold V I, Avez A. Ergodic Problems of Classical Mechanics. New York: W.A. Benjamin, 1968.

[12] Kay M. Modern Spectra Estimation: Theory and Applications. New Jersey: Prentice-Hall, 1988

[13] Ludeman L C. Random Processes: Filtering, Estimation and detection. New Jersey : John Wiley & Sons, 2003

[14] Moon T K, Stirling W C. Mathematical Methods and Algorithms for Signal Processing. New Jersey: Prentice-Hall, 2000

[15] Haykin S. Nonlinear Methods of Spectral Analysis. Berlin: Springer-Verlag, 1983

[16] Varga R S. Matrix Iterative Analysis. New Jersey: Prentice-Hall, 1962

[17] Zheng J, Zheng C. Stationary Randomness of Quantum Cryptographic Sequences on Variant Maps. International Symposium on Foundations and Applications of Big Data Analytics, 2017

[18] Zheng Y, Zheng J. Chaotic Random Sequence Generated from Tent Map on Variant Maps. Research Journal of Mathematics and Computer Science, 2018

[19] Zheng J. Variant Construction from Theoretical Foundation to Applications.Berlin: Springer-Nature Press, 2019

[20] ANU Quantum Random Number Generator. https://qrng. anu. edu. au

# 第 24 章 变值测量与 FFT 矩阵方法在随机序列下的非平稳随机性

**摘要**: 在现代先进的网络信息系统中，网络通信技术在科学技术和日常生活等各个方面发挥着重要的作用，网络通信安全是网络通信中至关重要的组成部分。公开的加密算法安全性依赖于密钥的安全性，安全密钥的强度依赖于密钥序列的随机性和密钥的长度。本章以 ANU(澳大利亚国立大学，Australian National University) 的量子密码为基础数据，使用变值测量与传统 FFT 方法作对比，通过分段、移位等操作对原始数据进行提取，绘制一维直方图对随机数据在移位过程中选定通道的特征值的概率统计分布进行对比。可视化的结构展现出，在变值测量条件下移位序列的非平稳随机性能优于传统 FFT 方法。

**关键词**: 随机序列，变值测量，快速傅里叶变换，移位序列。

## 24.1 概　　述

随着网络信息系统的迅速发展和普及，网络通信成为人们日常生活的基础内容，网络通信的安全性随之变得更为重要。作为通信加密算法所依赖密钥的重要安全标准，随机序列随机性具有核心重要意义。对于随机序列，有效的可视化方法和手段能将复杂交互作用转化成可观察的形态。如何利用图示方法找出可能的周期特性，是一类值得研究的实际问题。建立可视化模型检测随机序列的随机性 [1,2]，对特性判别具有重要的辅助作用。

本章将变值测量体系 [3,4] 与传统的 FFT 方法作比较，通过一维图示对移位状态下随机序列的非平稳随机性进行了研究对比，展现了变值测量体系在测量检测判别应用方面所具有的前景。

## 24.2 实　验　基　础

### 24.2.1 快速傅里叶变换

有限长序列可以通过离散傅里叶变换 (discrete Fourier transformation，DFT) 将其频域也离散化成有限长序列。但其计算量大，难以实时地处理问题。快速傅里叶变换 (discrete Fourier transformation，FFT) 是离散傅里叶变换的快速算法，是根据离散傅里叶变换的奇、

---

1 云南大学。e-mail: 752282264@qq.com。

2 云南省量子信息重点实验室，云南省软件工程重点实验室，云南大学。e-mail: conjugatelogic@yahoo.com。

本项目由国家自然科学基金 (62041213)，云南省科技厅重大科技专项 (2018ZI002)，国家自然科学基金 (61362014) 和云南省海外高层次人才项目联合经费支持。

偶、虚、实等特性, 对离散傅里叶变换的算法进行改进获得的。作为信号处理的重要方法, FFT 已有广泛的实际应用。

### 24.2.2 变值体系

变值体系包括三个部分: 变值逻辑, 变值测量和变值可视化。变值逻辑是 2010 年提出的基于 0-1 向量模式的新型逻辑体系, 该体系在传统向量状态的基础上扩展两类向量运算: 置换和互补, 将传统的 $n$ 元逻辑函数空间从 $2^{2^n}$ 扩展到 $2^{2^n} \times 2^n$ 配置函数空间, 通过对称的表示模式, 形成宏大的 W、F 及 C 编码序列[5-7]。变值测量和变值图示应用于不同的问题包括密码序列分析、染色体全基因序列图示、心电图信号检测、蝙蝠回声信号处理等[8]。

## 24.3 实 验 方 法

#### 1. 预处理

将二进制文件转换为 0-1 序列[9], 序列长度为 $N$, 并将此序列作为实验的原始序列 ($X$ 序列)。

实验分为实验组与对照组, 实验组采用变值体系[10], 对照组采用传统 FFT 方法。

#### 2. 实验组

变值图示的处理流程在图 24.1 中示意。

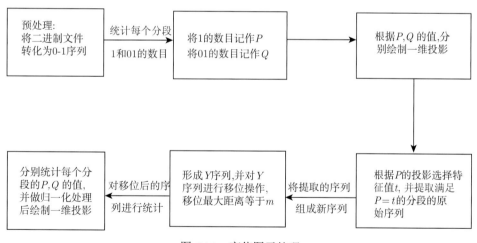

图 24.1 变值图示处理

(1) 令 $m$ 为分段数, 对原始序列按照 $m = 64$ 进行分段, 统计每个分段中 1 的数目 (记作 $P$), 01 的数目 (记作 $Q$)。得到 $P$、$Q$ 的一维分布投影, 参阅图 24.2。

(2) 根据 $P$ 的投影图选取特征值 $t$, 提取所有分段中满足 $P = t$ 的分段组成新的序列 $Y$ 序列, 对新形成的序列进行移位处理, 移位距离为 $r$, $r$ 逐渐增大, $r$ 最大值等于分段长度 $m$。最多得到 $m + 1$ 个新序列。

(3) 分别统计 $m + 1$ 个新序列的 $P$ 以及 $Q$, 做归一化处理, 并分别绘制 $P, Q$ 值一维投影图。

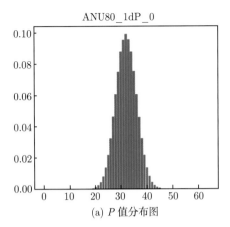
(a) P 值分布图

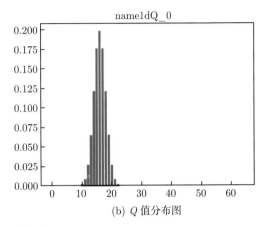
(b) Q 值分布图

图 24.2　两组 1 维变值图示

**3. 对照组**

处理 FFT 选择图示流程参阅图 24.3。

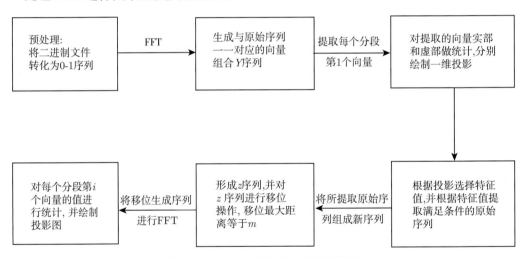

图 24.3　FFT 生成选择一维图示流程

(1) $m$ 为分段长度,对每个分段通过 FFT 方法进行转换,得到按固定编号与向量伴随的 $m$ 元特征向量,这些向量组成的输出序列为 $Y$ 序列,每个分段由 $m$ 元特征向量组成,记作 $y_0 - y_{m-1}$。

(2) 选择固定位置的特征值,对其实部和虚部进行统计,绘制一维投影图。$m$ 元特征向量对应得到 $m$ 个成对的投影图,在每个投影图中包含实部和虚部投影两个部分。所得到的投影图呈现两种分布模式,参阅图 24.4。

(3) 数据提取:通过对所得投影进行观察,通常选择峰值横坐标为特征值,将 $Y$ 序列中对应位置实部值等于特征值的分段的原始序列提取出来重新组合形成新的序列 $Z$ 序列。

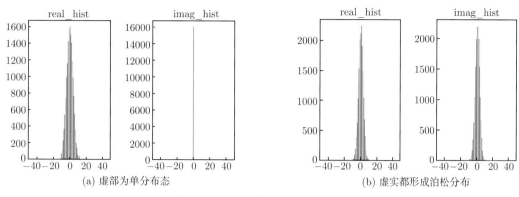

(a) 虚部为单分布态        (b) 虚实都形成泊松分布

图 24.4 两组选择 FFT 输出分布

(4) 对 $Z$ 序列进行移位处理，移位距离为 $r$，$r$ 逐渐增大，$r$ 最大值等于分段长度 $m$，最多形成 $m+1$ 组测量序列，统计生成此 $Z$ 序列时所使用特征值所在位置的特征向量的实部和虚部值，在归一化处理后形成一维投影图。

# 24.4 实 验 结 果

## 24.4.1 FFT 方法

选择的两组实验结果分别对应在移位变换条件下初始分布，① 实部和虚部都是脉冲分布，② 仅实部为脉冲分布。

(1) $m = 64$，选择第 32 个特征值序列，$t = 0$，参阅图 24.5(a)~(h)。

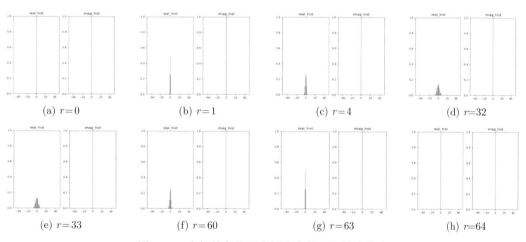

(a) $r=0$     (b) $r=1$     (c) $r=4$     (d) $r=32$

(e) $r=33$     (f) $r=60$     (g) $r=63$     (h) $r=64$

图 24.5 在初始条件下虚部和实部都是脉冲分布

(2) $m = 64$，选择第 20 个特征值序列，$t = 0$，参阅图 24.6(a)~(h)。

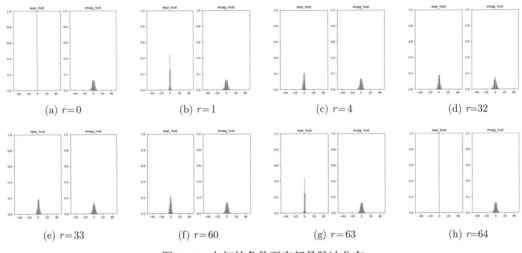

图 24.6　在初始条件下实部是脉冲分布

### 24.4.2　变值图示方法

选择的两组实验结果对应在移位变换条件下初始分布，① $P$ 图和 $Q$ 图为脉冲分布，② $P$ 图为脉冲分布，$Q$ 图为正态分布，③ $P$ 图为正态分布，$Q$ 图为脉冲分布。

(1) 选择 $m = 64$，对 $P$ 进行控制 ($t = 32$)，同时对 $Q$ 进行控制 ($t = 15$)，参阅图 24.7(a)~(h)。

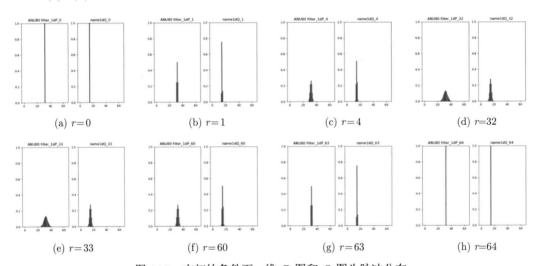

图 24.7　在初始条件下一维 $P$ 图和 $Q$ 图为脉冲分布

(2) 选择 $m = 64$，$t = 32$，对 $P$ 进行控制，参阅图 24.8(a)~(h)。

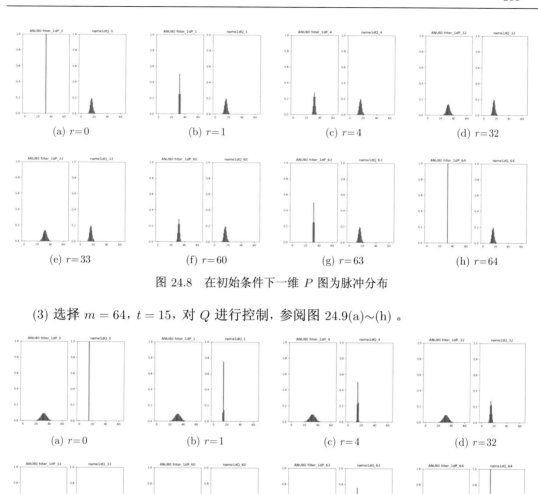

图 24.8 在初始条件下一维 $P$ 图为脉冲分布

(3) 选择 $m = 64$, $t = 15$, 对 $Q$ 进行控制, 参阅图 24.9(a)~(h)。

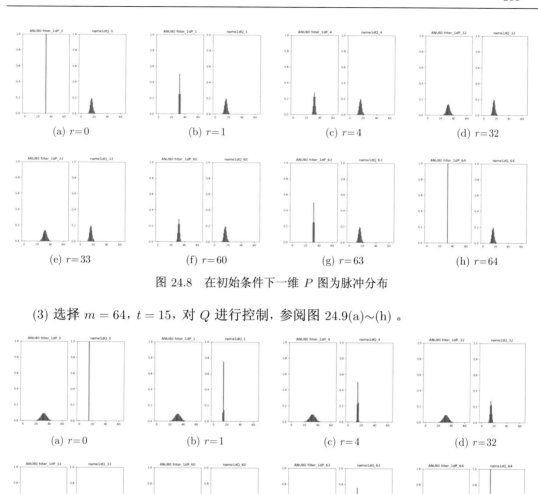

图 24.9 在初始条件下一维 $Q$ 图为脉冲分布

## 24.5 结 果 分 析

通过对照组图 24.5 和实验组图 24.7~图 24.9 展示的结果, 可以看出在选择投影的 FFT 方法和变值图示下, 对随机序列进行过滤移位时, 伴随着移位距离的变化, 投影分布依次呈现出脉冲—亚泊松分布—泊松分布—亚泊松分布—脉冲的周期变化特点, 展现了选择的数据中蕴涵的非平稳随机性。

观察图 24.5 变化模式, 在图 24.5 成对分布中只有实部显现出明显的变化, 虚部分布基本保持平稳。利用选择 FFT 特征值序列的模式, 只能提供部分控制。

对比图 24.5 和图 24.6 的变化模式, 在图 24.5 中实部显现出明显的变化, 图 24.6 一个周期变化过程中投影整体分布虽然依次呈现出脉冲—亚泊松分布—泊松分布—亚泊松分布—脉冲的周期变化特点，但受到了虚部不是脉冲分布的影响，从而导致实际上在变化过程中会存在一些区域上下波动的情况。说明了 FFT 特征值序列的模式要体现出良好的周期特性需要虚部满足脉冲分布。

在图 24.7 和图 24.8 中，每个选择出的变值图示，一维 $P$ 图能够恰当地显示相位变化对应的分布变化，选取特征值 $t$ 位置之后，亦能显现出良好的回归特性，体现出特定随机序列的变化特征。

在图 24.7 和图 24.9 中，每个选择出的变值图示，一维 $Q$ 图能够恰当地显示相位变化对应的分布变化，选取特征值 $t$ 位置之后，亦能显现出良好的回归特性，体现出特定随机序列的变化特征。

观察图 24.7~图 24.9，可以准确地进行控制，保证 $P$ 图或 $Q$ 图能够恰当地显示相位变化对应的分布变化，并且 $P,Q$ 的分布不会对对方的变化产生影响，这是 FFT 方法中所不具备的。

# 24.6　结　　论

本章利用选择 FFT 特征值序列方法，观察到特定的随机序列的非平稳随机性是可行的，由于特征值特有的成对虚实特性，所以在选择处理原理上难以进一步分离该成对变量。对比变值图示方法，可以直接选择单个不变量形成变化序列，从展现非平稳随机性的角度，两类变换之间的区别和联系值得进一步挖掘。

## 参 考 文 献

[1] Zheng J, Luo Y, Li Z, et al. Stationary randomness of three types of six random sequences on variant. Variant Construction from Theoretical Foundation to Applications，2019：133-158.

[2] Zheng J, Luo Y, Li Z. Refined stationary randomness of quantum random sequences on variant maps. Variant Construction from Theoretical Foundation to Applications，2019: 307-320.

[3] Zheng J. Variant logic construction under permutation and complementary operations on binary logic. Variant Construction from Theoretical Foundation to Applications，2019: 3-21.

[4] Zheng J. Variant map system of random sequences. Variant Construction from Theoretical Foundation to Applications, 2019: 105-131.

[5] Wan J，Zheng J. Permutation and complementary algorithm to generate random sequences for binary logic. Variant Construction from Theoretical Foundation to Applications，2019: 237-245

[6] Zhang J, Zheng C. A framework to express variant and invariant functional spaces for binary logic. Frontiers of Electrical and Electronic Engineering in China，2010, 5(2): 163-172

[7] 郑智捷. 变值配置函数空间编码族的 2 维对称性. 成都信息工程学院学报, 2011, 26(6):579-589

[8] Zheng J. Variant Construction from Theoretical Foundation to Applications. Berlin: Springer Nature 2019.

[9] Zhou Y, Zheng Z J. Visualization of Variant Measures Using Cyclic Distributions of Complex 0-1 Sequences. Asia-Paciflc Youth Conference on Communication Technology，2010.

[10] Zheng J, Zheng C, Kunii T L. From conditional probability measurements to global matrix representations on variant construction. A Particle Model of Intrinsic Quantum Waves for Double Path Experiments. Advanced Topic in Measurements，2012: 339-371.

# 第七部分

# 典型应用———分层结构化系统

大自然并不被分析的困难所阻碍。

—— 菲涅耳

壹图含千字，单式胜万图，基元表兆式，亿基难拟实。

——Conjugate《科学网博客》

道可道，非常道。名可名，非常名。

—— 老子《道德经·第一章》

在本书中典型应用 — 分层结构化系统，包含四章。

第 25 章为基于反演集合数学方法的非经典感受野模型，利用分层化共轭变换的模型和机制，以反演集合数学表示为基础，对整合野具备的激励/抑制等复杂邻域结构关联效应进行描述和模拟，从分层结构化的角度区分经典和非经典信号整合效应。

第 26 章为利用并发跳表构造云数据处理双层索引，在分层结构化的组织模式下，利用并发跳表形成全局关联的索引机制。配合形式证明和方法模拟，展现构造的系统在多检索/少更新的条件下比已有的方案优越。

第 27 章为基于融合无线传感器网络的 $k$-集覆盖分布式算法，综合利用概率感知模型处理无线传感的网络优化问题，提出相关的分布式算法，并利用仿真实验结果，验证其在分层结构化时网络具有较高的覆盖率，同时具备较好的稳定性。

第 28 章为基于分层结构化设计实现乳腺癌诊断原型系统，综合利用乳腺癌症诊断的分类，描述分层组织聚类信息，基于现代信息检索的组织工具，结合图像、疾病特征形成可以自助组织可检索的辅助诊断系统。以多类例子表现所建议的模型和结构。

# 第25章　基于反演集合数学方法的非经典感受野模型

刘建忠[1]，郑智捷[2]

**摘要：** 本章提出一类基于反演集合数学方法的感受野模型。其中，利用反演集合构造经典感受野模型的计算结果，与李朝义等对经典感受野呈现的功能变化情况相吻合。为了描述反演集合的非经典感受野，利用分层机构化模式进行描述，所依据的假设为：在整合野之上的易化和抑制效应是端区和侧区相互抑制作用的结果，而去抑制效应是端区和侧区相互抑制的过程。在此基础上，将整合野体现出的四种类型，转变为在两个反演集合对中四个集合的排列组合关系，研究关联的数学性质。

**关键词：** 视觉，非经典感受野，整合野，反演集合。

## 25.1　概　　述

在计算机视觉中，许多问题如图像边缘提取的非稳定性、物体识别的不确定性、利用二维图像构建三维图形时的歧义性等，在高等哺乳动物的视觉系统中都可以自然地得到解决。

高等哺乳动物视觉系统的许多能力远超越最好的计算机视觉系统。哺乳动物的视觉系统精确地完成着超级复杂的视觉任务：特征提取、边缘检测、图像分割、物体识别和分类、歧义理解、运动跟踪等；然而，目前的计算机视觉系统处理这些工作的能力仍然十分有限。因此，如何利用计算机视觉系统来模拟和效仿高等哺乳动物的视觉系统是一类非常有意义的探索研究工作。

高等哺乳动物视觉系统通过神经元的感受野来感知和处理图像信息。从数学模型的角度，已知的非经典感受野数学模型，是以高斯函数[1,2]、Gabor 变换[3-12]或其变形等为基础构建的。在实际应用中，虽然这些模型与传统图像处理相比具有许多优点，但是其作用有限，与人工智能对计算机视觉技术的期望相距甚远。

本章从反演集合角度，利用分层结构化模型方法，探讨非经典感受野的数学拓扑结构问题。在此基础上，构建基于反演集合数学方法的非经典感受野模型。

## 25.2　经典感受野与非经典感受野

1906 年 Sherrington 提出感受野概念。1953 年 Kuffler 将感受野表示为同心圆结构，参阅图 25.1。

1 云南省量子信息重点实验室，云南省软件工程重点实验室。e-mail: liujianz6655@126.com。

2 云南省量子信息重点实验室，云南省软件工程重点实验室，云南大学。e-mail: conjugatelogic@yahoo.com。

本项目由国家自然科学基金 (62041213)，云南省科技厅重大科技专项 (2018ZI002)，国家自然科学基金 (61362014) 和云南省海外高层次人才项目联合经费支持。

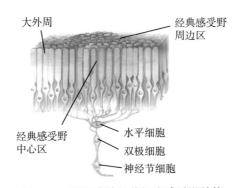

图 25.1　视网膜神经节细胞感受野结构

### 1. 经典感受野

在实际应用中,可以利用同心圆结构的经典感受野模型,在计算机视觉中进行图像边缘提取,方法如下。

当同心圆中心区和同心圆外周区接受的刺激一样时,感受野输出设定为零;当同心圆中心区和同心圆外周区接受的刺激不一样时,感受野输出设定为它们的差值 (图 25.2)。

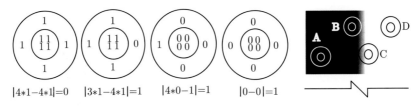

图 25.2　经典感受野模型提取图像边缘工作原理

利用边缘点组合成边缘线,通过边缘线构成物体轮廓;根据物体轮廓,利用各类模式识别理论和方法分析出物体的三维形状,或者识别出可视化的对象。

观察图 25.2 右图,在四个经典感受野中,最左边的感受野 A 和最右边的感受野 D 反应曲线特征是相似的,从输出的反应曲线上看不到所在的黑色区域和白色区域之间的差别。

因此,从输出信号测量的角度看,经典感受野模型没有完整地反映出大脑对图像信号的辨识过程。

### 2. 非经典感受野

所谓非经典感受野,是指在同心圆结构的经典感受野外面,还存在一个对经典感受野具有调制作用的大外周。即非经典感受野 = 经典感受野 + 大外周 (图 25.3)。

非经典感受野是 1964 年由 McIlwain 发现的,1970 年后引起学术界重视。中国学者李朝义、寿天德等对此做了重要工作。

从分层结构化的角度,大脑视觉系统可以分为三个部分:视网膜,外膝体,视皮层。在这三个层次的经典感受野之外,都发现了能够调制经典感受野的大外周 (图 25.4),从系统化实验观察到的效应可以认为,在视觉系统中非经典感受野是普遍存在的。

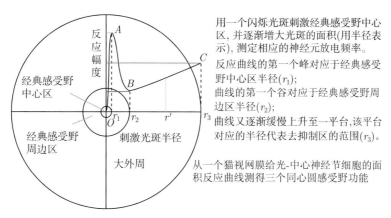

用一个闪烁光斑刺激经典感受野中心区,并逐渐增大光斑的面积(用半径表示),测定相应的神经元放电频率。

反应曲线的第一个峰对应于经典感受野中心区半径($r_1$);

曲线的第一个谷对应于经典感受野周边区半径($r_2$);

曲线又逐渐缓慢上升至一平台,该平台对应的半径代表去抑制区的范围($r_3$)。

从一个猫视网膜给光-中心神经节细胞的面积反应曲线测得三个同心圆感受野功能

图 25.3　典型非经典感受野的示意图

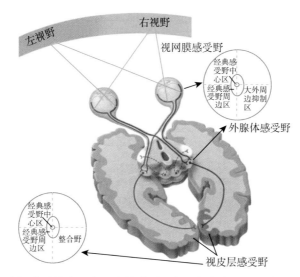

图 25.4　在视觉系统中三个层次的感受野之外都存在非经典感受野的示意图

李武和李朝义 [13] 发现,在视皮层上的大外周与在视网膜和外膝体上的大外周,功能上有差别,并将视皮层经典感受野外的大外周定义为 "整合野"。

目前争议的焦点是在视觉系统中各个层次的大外周,它们所具有的功能特性,以及它们之间有何本质性的差别。

已有的研究结果显示,非经典感受野具有动态变化特性。在不同的亮度、不同的刺激时长、不同的背景图像作用下,或者在运动物体速度改变时,非经典感受野的大小会发生相应的变化。

例如,在昏暗的环境中,视觉神经元感受野区域会变大,以降低空间分辨率为代价,通过空间总和来接受微弱光线。在需要分辨精细结构的情况下,感受野区域会变小,这样有利于提高空间分辨率。在感受运动目标时,感受野变大将赋予神经元以足够大的时空区域,来辨别运动的方向和测量运动的速度。对于不同的观测条件,视觉系统感受野可以通过自身的调整,来满足不同的任务需求。

# 25.3　基于反演集合的经典感受野模型

### 1. 反演集合定义

所谓反演集合 [14] 是指: 若论域 $Z$ 上存在一对 1-1 映射 $(f_A, f_{\tilde{A}})$, 其中, $f_A$ 将 $Z$ 映射成正集合 $A$, $f_{\tilde{A}}$ 将 $Z$ 映射成反集合 $\tilde{A}$, 则称正集合 $A$ 与反集合 $\tilde{A}$ 互为反演集合。其定义如下: 设 $S = (Z, (A, \tilde{A}), (f_A, f_{\tilde{A}}))$ 是一个反演集合; 其中, $f_A$ 和 $f_{\tilde{A}}$ 是一对 1-1 映射, 且满足 $f_A: Z \to A$, $f_{\tilde{A}}: Z \to \tilde{A}$。

### 2. 经典感受野特性

经典感受野 (同心圆结构) 分两类 (图 25.5)。

**ON 型感受野**: 由中心的兴奋区域和周边的抑制区域构成的同心圆结构。当小光点单独刺激中心兴奋区时, 细胞有较强的响应, 但如果光亮点面积增大到外围, 则其反应会受到一定程度的抑制。

**OFF 型感受野**: 由中心抑制和周边兴奋区域构成的同心圆结构。当小光点单独刺激周边兴奋区时, 细胞有较强的响应, 但如果光亮点面积延展到中心区域, 则其反应会受到一定程度的抑制。

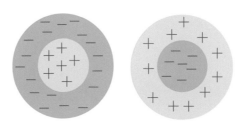

图 25.5　ON/OFF 型经典感受野拓扑结构

李朝义和徐杏珍 [15] 用微电极插入在猫外膝体中进行记录时, 发现有时同一支微电极能同时记录到两个神经元放电, 通常是一个 ON- 中心细胞和一个 OFF- 中心细胞。这一对神经元具有共同的感受野, 并且对光刺激的反应类型也相同 (同属于瞬变型细胞, 或者同属于持续型细胞)。当正弦调制的光点投射在它们的感受野中心时, 在不同的刺激强度下, ON-中心细胞和 OFF- 中心细胞的反应相位彼此相差半个周期。这种相位互补特性使具有共同感受野的一对细胞工作于 "推挽" 方式。

通常情况下, 这对细胞的感受野大小相同, 空间位置重叠, 它们或者同属于持续型细胞, 或者同属于瞬变型细胞 (以下称这样一对细胞为 "互补对")。如果把这类互补对看成一个功能单元, 那么可以看到这种由一个 ON- 细胞和一个 OFF- 细胞所构成的单元具有比单个细胞更优越的生理特性。

李朝义等将互补对功能归纳如下 (图 25.6 和图 25.7)。

(1) 持续型细胞互补对在光信号逐渐变亮时, ON-细胞放电频率逐渐增加, 而 OFF-细胞的放电频率出现程度相同的抑制; 在光信号变到最亮时 (经过一定延迟), ON-细胞的放电频率达到最大值, 与此同时, OFF-细胞的放电频率降到最低。在光信号向相反方向变到最暗时，情况正好相反，OFF-细胞的放电频率达到最高，而 ON-细胞的放电频率降到最低。所以，无论是在光信号的变亮半周还是变暗半周，互补对总合输出的调制信号幅度都比单个细胞增加了一倍。

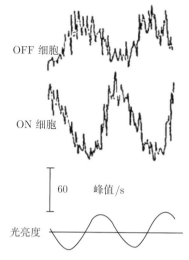

图 25.6 持续型细胞互补对输出信号

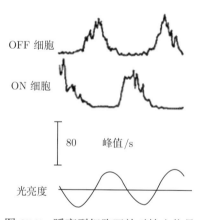

图 25.7 瞬变型细胞互补对输出信号

(2) 持续型细胞通常把细胞放电的自发波动看作神经通道的内部噪声，由于自发波动的相位是随机的，所以两个神经细胞的内部噪声能够在一定程度上相互抵消。由此可见，持续型细胞互补对能够通过增加信号增益和降低内部噪声来提高视觉传入通道的信噪比。

(3) 对于瞬变型细胞来说，单个 ON-细胞或单个 OFF-细胞都只能分别反映变亮半周或变暗半周的亮度变化。但是，在组成互补对以后，单元的总合输出却能够传递完整的全波交流光信号。这种工作方式十分类似电子线路中的乙类推挽放大器。

(4) 瞬变型细胞随着刺激的平均亮度增加，两个瞬变细胞的自发放电在不反应的半周内所受到的抑制也逐渐增强，这显然也减少了在高亮度下神经元自发活动增强所带来的内部噪声。

**3. 基于反演集合的经典感受野模型**

从反演集合角度，具有同心圆结构的经典感受野"互补对"如图 25.8 所示。

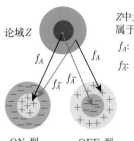

图 25.8　感受野的互补对的反演集合结构

设论域 $Z$ 为一同心圆基，当映射 $f_A$ 将同心圆中心区的元素映射为正元素，映射 $f_{\tilde{A}}$ 将同心圆外周区域的元素映射为负元素时，映射对 $(f_A, f_{\tilde{A}})$ 所得的是 ON-型感受野集合 $A$；反之，当映射 $f_A$ 将同心圆中心区域的元素映射为负元素，映射 $f_{\tilde{A}}$ 将同心圆外周区域的元素映射为正元素时，映射对 $(f_A, f_{\tilde{A}})$ 所得的是 OFF-型感受野集合 $\tilde{A}$。

这样，由反演集合定义可知，映射对 $(f_A, f_{\tilde{A}})$ 所得的 ON-型感受野集合 $A$ 和 OFF-型感受野集合 $\tilde{A}$ 是一对互为反演的集合对。而单个的 ON-型感受野集合 $A$ 或单个的 OFF-型感受野集合 $\tilde{A}$ 仅是这个反演集合对 $(A, \tilde{A})$ 的一个侧面 (其中的一半)。

当同心圆论域 $Z$ 的中心区域和周边区域发生正弦波差值变化时，分别取 ON-型感受野集合 $A$ 中心区域和周边区域发生的差值变化与 OFF-型感受野集合 $\tilde{A}$ 中心区域和周边区域发生的差值变化，就可以计算出 ON-型感受野集合 $A$ 变化值和 OFF-型感受野集合 $\tilde{A}$ 变化值，符合李朝义等归纳的互补对功能变化情况。

(1) ON-型感受野集合 $A$ 变化值和 OFF-型感受野集合 $\tilde{A}$ 变化值的总合输出信号幅度比单个感受野集合变化值增加了一倍，能够传递完整的正弦波变化信号。

(2) 同时，还可以利用 ON-型感受野集合 $A$ 变化值来平滑 OFF-型感受野集合 $\tilde{A}$ 变化，反之也可以利用 OFF-型感受野集合 $\tilde{A}$ 变化值来平滑 ON-型感受野集合 $A$ 变化。从而达到去噪声的目的。

因此，基于反演集合的经典感受野模型计算的结果，与李朝义等归纳出来的经典感受野呈现的功能变化情况相吻合。

## 25.4　基于反演集合的非经典感受野模型

由于经典感受野的面积较小，在解释大范围复杂图形信息处理方面有局限性。所以有必要进一步考虑非经典感受野。

**1. 非经典感受野特性**

李朝义等发现在经典感受野的两端和两侧，存在对经典感受野反应具有易化或抑制作用的整合野，大部分整合野的大小为经典感受野的 2~6 倍，平均为 3.8 倍 [16,17]。并且研究发现[16]，猫视觉系统的三个层次：视网膜神经节细胞、外膝体神经元和视皮层神经元，在经典感受野之外都存在着大范围的去抑制区域。

根据以上描述，将整合野的空间结构利用共轭基元组合的模式绘制如图 25.9 所示。

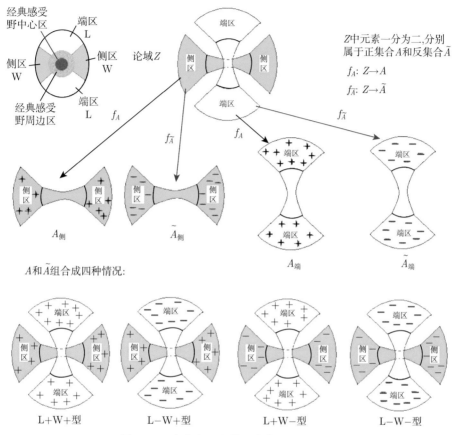

图 25.9    在整合野上的反演集合基元结构

其中，端区和侧区也称为整合野的亚区。利用端区和侧区组合形成的整合野具有三个特性：易化、抑制、去抑制 (从作用上看是一种外周易化效应)。即存在着易化、抑制和去抑制这三种类型的整合野。

邱芳土对整合野的去抑制作用表述了一个重要观点[16]，原文引述如下。

"外周区内的相邻各亚区之间存在着抑制性的相互作用"。"外周区内各亚区间的抑制性相互作用减弱了外周区对中心区的抑制作用，从而产生了感受野大外周的去抑制效应。这就是外周各亚区间的相互作用产生对中心的去抑制效应的机制。"

换言之，去抑制作用是由整合野的亚区之间 —— 端区和侧区相互抑制产生的，相互抑制越强，去抑制作用也越明显。

李朝义和李武[18]认为：对同一神经元来说，其整合野的端区和侧区对神经元反应的调制作用可能相同，也可能相反。根据端区 (L) 和侧区 (W) 的调制 (易化用 + 表示，抑制用 - 表示) 性质的不同搭配，整合野能区分为如下四种类型。

① L-W- 型 (端区和侧区均抑制)；

② L+W+ 型 (端区和侧区均易化);

③ L-W+ 型 (端区抑制和侧区易化);

④ L+W- 型 (端区易化和侧区抑制)。

李朝义等测量了猫纹状皮层神经元整合野各亚区的范围、抑制程度和亚区间的空间总合特性。结果表明: ① 整合野的两个侧区 (以及两个端区) 之间具有相同的作用性质 (抑制或易化)。② 大多数整合野的两个侧区 (以及两个端区) 的范围相等或大致相等。

并由此认为, 整合野的两个共轭对称的亚区可能是由同一个与感受野同心重叠的大区域构成的。

### 2. 基于反演集合的非经典感受野模型

已知整合野的去抑制作用是由整合野的亚区 (端区和侧区) 之间的相互抑制产生的; 相互抑制越强, 去抑制作用也越明显, 并且去抑制从作用上看是一种易化效应。

对此, 给出如下假设: 当整合野的亚区 (端区和侧区) 之间相互抑制增强时, 整合野呈现出易化现象; 当端区和侧区之间相互抑制减弱时, 整合野呈现出抑制现象。即整合野的易化与抑制是端区和侧区相互抑制的结果, 去抑制是端区和侧区相互抑制的过程。

通过该假设, 可以将易化、抑制和去抑制这三者之间的关系用反演集合数学方法统一起来。具体如下。

设论域 $Z$ 由端区和侧区组成 (图 25.9), 映射对 $(f_A, f_{\tilde{A}})$ 分别将论域 $Z$ 中的端区和侧区进行映射, 则一共分为四种情况: 端区分为两种情况 $(A_{端}, \tilde{A}_{端})$; 侧区分为两种情况 $(A_{侧}, \tilde{A}_{侧})$。

因此, 李朝义等所归纳出整合野的四种类型为这四种情况的不同组合。换言之, 两个反演集合对 $(A_{端}, \tilde{A}_{端})$、$(A_{侧}, \tilde{A}_{侧})$ 中的四个集合的排列组合构成了整合野的四种类型。

从这个角度, 对整合野四种类型的研究就转化成为两个反演集合对 $(A_{端}, \tilde{A}_{端})$、$(A_{侧}, \tilde{A}_{侧})$ 中的四个集合的排列组合关系及其相关的数学性质探索。

## 25.5　结　　论

当前计算机视觉系统感知和处理图像的能力, 远不及高等哺乳动物视觉系统, 模拟和效仿高等哺乳动物的视觉系统是提高计算机视觉系统能力的一种有效途径。

高等哺乳动物视觉系统通过神经元的感受野, 感知和处理图像信息。目前的非经典感受野数学模型, 基本上是以高斯函数、小波变换或者其变形模式为基础构建的。在实际应用中所呈现出来的能力十分有限。

为了开阔解决问题的思路, 我们提出了基于反演集合数学方法的感受野模型。其中, 反演集合经典感受野模型的计算结果, 与李朝义等归纳出来的经典感受野功能变化情况是吻合的。

利用假设: 整合野的易化与抑制是端区和侧区相互抑制的结果, 去抑制是端区和侧区相互抑制的过程。建立起基于反演集合的非经典感受野模型, 将李朝义等归纳的整合野四种类型的研究, 转变为两个反演集合对 $(A_{端}, \tilde{A}_{端})$、$(A_{侧}, \tilde{A}_{侧})$ 之间的关系, 将该类问题的探索转化为针对四个集合的排列组合关系及其相关数学性质的研究。

# 参 考 文 献

[1] 曹洋, 顾凡及. 视网膜神经节细胞非经典感受野及其方位倾向性的模型研究. 复旦学报 (自然科学版), 2005, 44(4): 524-527

[2] 黎臧, 邱志诚, 顾凡及, 等. 视网膜神经节细胞感受野的一种新模型 I. 含大周边的感受野模型. 生物物理学报, 2000, 16(2): 288-295

[3] 窦燕, 康锦华, 王丽盼. 结合人眼微动的新型非经典感受野模型. 光学学报, 2018, 39(3): 0310002

[4] 潘亦坚, 林川, 郭越, 等. 基于非经典感受野动态特性的轮廓检测模型. 广西科技大学学报, 2018, 29(2): 77-83

[5] 许跃颖, 郎波, 黄静. 利用非经典感受野竞争机制实现有效图像表征的方法. 计算机与数字工程, 2017, 45(12): 2485-2488

[6] 陈桑桑, 李翰山. 基于非经典感受野抑制的 TLD 目标跟踪方法. 机械与电子, 2017, 35(11): 47-50

[7] 胡玉兰, 刘阳. 基于马尔可夫模型优化的非经典感受野轮廓检测算法. 计算机应用与软件, 2017, 34(9): 294-298

[8] 许跃颖, 郎波, 黄静. 基于非经典感受野多尺度机制的图像分析方法. 信息技术, 2017 (7): 5-8

[9] 樊一娜, 郎波, 黄静. 基于非经典感受野动态调整机制的图像表征计算模型. 计算机与现代化, 2015 (8): 13-18

[10] 吴贺, 胡玉兰. 非经典感受野的朝向和对比度特性在轮廓提取中的应用. 沈阳理工大学学报, 2013, 32(6): 12-16

[11] 赵宏伟, 崔弘睿, 戴金波, 等. 基于 HMAX 模型和非经典感受野抑制的轮廓提取. 吉林大学学报 (工学版), 2012, 42(1): 128-133

[12] 窦燕, 王柳锋, 孔令富. 一种视皮层非经典感受野的模型. 燕山大学学报, 2009, 33(2): 109-113

[13] 李武, 李朝义. 视觉感受野外整合野研究的进展. 神经科学, 1994, 1(2): 1-6

[14] 刘建忠. 反演集合理论及其应用. 昆明: 云南科技出版社, 1999

[15] 李朝义, 徐杏珍. 具有共同感受野的外膝体神经元的反应相位互补特性. 生理学报, 1993, 45(1): 91-95

[16] 邱芳士. 清醒猴视皮层神经元整合野的空间结构和颜色特性. 上海: 中国科学院上海生理研究所, 1998

[17] 徐伟锋. 清醒猴 V1 区神经元整合野的分类和功能的研究. 上海: 中国科学院上海生理研究所, 2002

[18] 李朝义, 李武. 猫纹状皮层神经元整合野亚区结构和亚区间的空间总合特性. 中国科学: C 辑, 1996, 26(1): 54-60

# 第26章 利用并发跳表构造云数据处理双层索引

周维[1]，路劲[2]，周可人[3]，姚绍文[4]，郑智捷[5]

**摘要：** 在云计算基础设施中云数据处理占有关键地位。当前大部分云存储系统采用分布式哈希 "键–值" 对的模式组织数据。该类模式在范围查询等方面的支持不够理想、动态实时性差，需要在云计算环境下构建辅助动态索引。通过总结、分析云计算环境中的辅助双层索引机制，利用分层结构化模式，本章描述一种基于并发跳表的云数据处理双层索引架构。该索引架构采用两层描述结构，不受单台机器内存和硬盘规模的限制，从而扩展了整体系统的索引范围。通过动态分裂算法解决在局部服务器中的搜索热点问题，保证索引结构整体的负载均衡。利用并发跳表来提高全局索引的承载性能，改善全局索引的并发性，提高整体索引的吞吐率。实验结果显示，并发跳表的云数据处理双层索引架构，能够有效地支持单键查询和范围查询，具有较强的可扩展性和并发性，是云存储的一类高效辅助索引。

**关键词：** 云计算，云存储双层索引，并发跳表。

## 26.1 概　述

近年来，云计算系统由于能够提供可靠服务和海量存储，日益受到各方面的重视。作为一种新兴的基础设施，现有的云计算基础设施，包括亚马逊的 EC2(Amazon's Elastic Compute Cloud)[1]、IBM 的 Blue Cloud[2] 以及 Google 的 Big Table[3]、微软的 Azure[4] 等已经普遍应用。在这些基础设施中，成千上万台互相连接的计算机群集共同构成提供服务的 "云"，大量的用户通过网络同时共享这块 "云"，根据自己的实际需求，对所需资源进行剪裁。

云数据处理系统在云计算基础设施中占据关键地位，其性能对部署应用系统有较大的影响。如果没有一个高效的云数据处理系统，云计算就不能准确定位资源，及时为成百万的用户提供服务。索引系统是云存储系统的重要补充。相对于传统数据库存储系统，云存储系统分布更广，支持数据更多，这就意味着云存储时代的辅助索引系统必然发生大的变化。

作为云数据处理中的一个重要部分，当前的云存储系统大部分采用分布式哈希表 (distributed hash table，DHT) 的方式来构建数据索引，形成键–值 (key-value) 对的模式。这类云存储系统支持关键字查找，通过点查询 (point query) 模式来访问数据。然而，实际的应用效果表明，这类基于键–值对模型的系统存在着一些亟待解决的问题。例如，对于在线视频

---

1 云南大学软件学院。e-mail: zwei@ynu.edu.cn。

2 云南大学软件学院。

3 云南大学软件学院。

4 云南大学软件学院。

5 云南大学。e-mail: conjugatelogic@yahoo.com。

本课题得到国家自然科学基金 (61363021，62041213) 联合资助。

点播系统, 用户倾向于采用多个键值模式来进行查询, 或者查询特定属性处于某一个数据范围内的视频信息。为了满足这类应用需求, 当前的解决方案是通过运行一个后台批处理任务 (例如, 一个 Hadoop 的任务), 扫描整个数据集, 然后获得查询结果。然而, 这类解决方案缺乏时效性, 新存入的数据元组不能被及时地查询到, 必须等到后台的批处理任务完成了扫描之后, 数据才可查。上述分析显示, 当前云存储系统在多维度查询和范围查询方面支持不理想且时效性差, 为解决这类问题, 有必要构建云环境下辅助动态索引。

基于以上考虑, 本章描述一种基于并发跳表 (concurrent skiplist) 的云数据处理双层索引架构, 所提出的方案特点如下。

(1) 构建一种基于并发跳表的云数据处理双层索引架构, 该架构能够有效支持单键查询和范围查询, 可扩展性强, 动态实时性好, 是一类有效的云存储辅助索引。

(2) 针对双层索引构造过程、范围查询, 以及局部索引向全局索引、发布元节点的机制进行详细分析, 给出分裂和合并算法。利用动态分裂算法解决在局部服务器中的热点问题, 保证索引结构整体的负载均衡。

(3) 对比已经建立的其他云数据处理双层索引架构, 本章建议在上层全局索引中引入并发跳表机制, 给出了并发跳表相关的操作说明, 对其正确性进行分析。引入并发跳表提高全局索引的承载性能, 改善全局索引的并发性, 加大整体索引的吞吐率。

本章在 26.2 节介绍相关工作; 26.3 节描述并发跳表的云数据处理双层索引整体架构及其主要算法; 26.4 节讨论上层全局索引的并发跳表的设计, 并进行分析; 26.5 节对实验数据进行讨论; 26.6 节进行总结。

## 26.2　相　关　工　作

已有的云存储系统包括 Google 的 GFS[5] 和 Big Table[3] 以及 Hadoop 开源实现 [6] 等。这些系统支持大规模分布式数据密集型应用。亚马逊的 Dynamo[7] 为亚马逊宏大的商业应用平台提供核心服务。Dynamo 采用一致性哈希函数在计算机节点之间分配数据。Facebook 的 Cassandra[8] 系统综合采纳 Dynamo 的分布式系统技术和 Google 的 Big Table 数据模型, 能够提供基于列的数据模式。在这些系统中都采用键值对的索引模型来组织数据, 通过主键高效地获取数据, 但是这一类解决方案, 在区间查询和多维度查询方面的支持不理想。

近期研究表明, 索引技术能显著改善云存储系统的性能, 两种常见的索引构建方式: 嵌入式索引模式 (embedded-index model) 和旁路索引模式 (bypass-index model)。

嵌入式索引模式直接在云存储系统中构建索引, 已有的研究工作包括文献 [9]~文献 [13] 的内容。文献 [10] 提出一种 Trojan 索引机制来提高运行效率。文献 [9] 则在 Map-Reduce-Merge 过程中提出一种新的算法, 建立一种基于树的索引结构。嵌入式索引模式是一种紧耦合的模式, 与云存储系统结合起来的性能提高较快。然而, 这种紧耦合的模式也带来一些困扰。例如, 所有上述工作[9-13] 都需要修改 Hadoop 云存储系统的底层文件系统或调度系统。这使得建立这种索引本身具有技术风险和难度, 而且可扩展性不强。一旦 Hadoop 发布新的版本 (如下一代 Hadoop, YARN (另一种资源协调者, Yet Another Resoure Negotiator)), 那么这些附加的索引机制需要很多额外的工作才能进行升级。此外, 由于索引本身规模庞大,这类嵌入式模式不能在内存中维护一个完整索引，而是采取运行时建立的策略，针对不同的请求建立不同维度的索引。在少量请求访问时，会造成较高的创建开销。由于索引无法预测用户的行为，所以当大量用户同时提交分布不同的请求时，嵌入式模式也将面临索引建立选取的问题。

自 2008 年以来，少量基于不同数据结构的云存储辅助旁路索引，相继在 VLDB (Very Large Data Bases)、SIGMOD(Special Interest Group on Managemnt of Data) 等重要会议和期刊上发表 [14−17]。文献 [14] 提出一种全局分布式 B 树算法，构建云中大规模数据集的辅助索引结构。文献 [15] 提出一种全球云索引结构 CG-index(Cloud Global index)，每一个计算机节点建立一个局部的 B+ 树索引。文献 [16] 阐述一种多维索引结构 RT-CAN。我们之前的工作提出一种基于 SkipNet 的云存储辅助索引结构 SNB-index，SNB-index 采用两层结构，上层用 SkipNet 构建全局索引，下层用 B+ 树构建局部索引。实验结果表明，SNB-index 能提供良好的区间查找和相似性查找，且动态实时性好。

从索引模式的角度，本章采用旁路索引模式。考虑到现在服务器普遍采用多核架构。为了更好地发挥多核硬件的优势，在上层全局索引设计时，采用并发跳表机制来提高全局索引的承载性能，改善整个云索引结构的并发性，提高整体吞吐率。

# 26.3　利用跳表机制的双层索引架构

### 26.3.1　跳表简介

跳表是一种概率数据结构，其形式表现为有序链表。与普通链表的最大区别：在各节点之间有一些附加的并行指针相连。每一个插入到跳表的键首先插入最底层的链表中，存储这个键的节点以 1/2 的概率，将节点发布到上层中。对跳表的查询、插入和删除等操作，能够到达 $O(\log N)$ 的期望值 (最坏情况下为 $O(N)$，退化为线性查找)。图 26.1 给出了一个在跳表中查找 17 的过程，虚线为实际查询操作的处理路径。

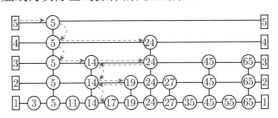

图 26.1　跳表中查找 17 的处理示意图

### 26.3.2　双层索引整体架构

图 26.2 是基于并发跳表的可扩展双层索引结构的架构示意图。整个索引结构分为上下两层，索引的数据具体存放在下层的索引中，上层的索引起到一个定位和导向的作用。在索引建立时，首先对索引的数据集进行切分，按照平均的原则，分成包含等量数据的子集 (划分的个数与下层的局部索引服务器相等)。然后，划分好的数据子集与下层索引服务器一一对应，在各下层索引服务器中以跳表为基础建立局部索引。在局部索引建立完成的基础上，各局部索引挑选一部分节点作为各自索引范围的 "代表" 发布到上层的全局索引中 (包括局

部索引中的首节点, 图例中的黑色圆圈部分)。发布时, 不是直接将下层节点原封不动地复制给上层节点, 而是抽取这些发布节点的元数据 (包括索引的键、局部索引服务器 IP 地址、局部索引服务器磁盘物理块号), 将元数据发送到上层索引中, 减轻上层索引的内存开销, 存储更多节点。全局索引接收到下层各局部索引发布的元数据后, 通过跳表的形式将这些元数据组织成一个全局的索引, 在逻辑上将下层各独立的局部索引关联起来, 维持索引空间的整体一致性。上层的全局索引作为整个索引的入口, 通过全局索引的定位、查询操作转到下层某一个具体的局部索引上, 最终在下层找到需要的数据, 然后返回。

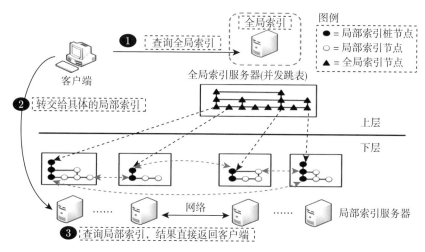

图 26.2 基于并发跳表的可扩展双层索引的架构示意

### 26.3.3 双层可扩展索引的构造过程

对于分布式存储系统上的二层索引, 索引构造过程如图 26.3 所示。

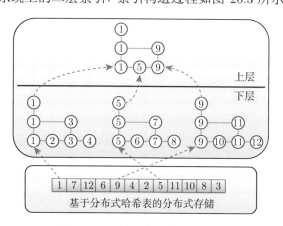

图 26.3 可扩展索引结构的构造

对图 26.3 所示的索引构造过程解释如下。

(1) 索引结构对下层的分布式存储系统的存储空间进行划分, 按照等量和有序的原则设定好各局部索引管理的空间范围。在本例中, 存储空间为 1~12, DHT 由于其散列映射的特性，各键的存储是无序的。如果采用三个局部索引来保存分布式存储中的数据，按照等量的原则，每个局部索引应该存储四个数据。因此，从左往右，1 号局部索引管理 1~4，2 号局部索引管理 5~8，3 号局部索引管理 9~12。

(2) 按照第一步分配好的局部索引管理范围，将分布式存储系统中的数据映射到对应的局部索引中。当映射过程完成以后，各局部索引内部是有序的，同时各局部索引之间也是有序的。

(3) 下层的各局部索引分别将最高层的节点发布到上层的全局索引中，全局索引通过下层发布过来的节点，构造全局的跳表索引，然后将各局部索引关联起来，构成完整的索引空间。基于跳表的特性，其第一个节点是属于最高层的，称为桩节点。在图 26.3 中，从左往右，1 号局部索引的桩节点为 1，2 号局部索引的桩节点为 5，3 号局部索引的桩节点为 9。当这些最高层的桩节点发布到上层全局索引后，该全局索引构成了一个包含 1、5、9 三个节点的全局跳表。

(4) 下层各局部索引逐步向下进行节点的迭代发布。根据预估的发布后查询速度增加比和发布后全局索引内存占用的增长比，判断是否要继续向下发布局部索引的节点。以图 26.3 为例，在构造的过程中，从左往右，1 号局部索引发布了 1，2 号局部索引发布了 5，3 号局部索引发布了 9。假设继续向下发布时，索引结构整体能够取得正向收益，则 1 号局部索引将会再发布 3，2 号局部索引将会再发布 7，3 号局部索引将会再发布 11。因此，当再向下发布后，上层的全局索引中将会包含 1、3、5、7、9、11 六个数据。若预估查询速度增加比和全局索引内存占用增长比，得到的收益是负向的，则停止向下层发布。

### 26.3.4　局部索引向全局索引发布元节点

在结构中上层的全局索引起到定位和导向的作用。由于内存有限，不可能把下层所有节点都发布到上层索引中，下层局部索引向上层全局索引发布元节点进行关联时，引入动态发布调整算法，下层的局部索引选择性地发布节点。

本索引结构采用由下层向上层发布元节点模式，在上层中构建全局的索引，来维护索引结构的整体性。在下层局部索引向上层发布节点时，采用的是自顶向下的方式逐步增加发布的元节点数量。首先，每一个局部索引将最高层的节点发布到全局索引中，接着各局部索引会根据预估的收益，判断是否要继续往下层发布。预估策略的依据是局部索引发布之后，以整体索引结构的查询速度变化率和全局服务器的内存变化率为基准。

图 26.4 给出了一个局部索引发布的节点从 L3 向 L2 延伸时，上层索引中节点变化的情况。因为跳表本身的特性，下一层的节点总是包含着上一层的节点，所以在向下扩展发布的时候，仅需要将之前没有包含的新节点的元数据发送给上层的全局索引。

对于跳表来说，其索引的数据存储于最底层的节点中，同时各节点以 $p$ 的概率向上升高，升高的部分作为查询的加速节点使用。因此，在跳表中自顶向下节点的数量将会以幂级的形式增加。

随着发布层数的增加，索引结构整体的查询速度提升趋势逐渐变缓，而全局索引服务器的内存占用则明显升高。因此，在发布时会根据查询速度和内存占用的变化情况作为判断，设定一个阈值，作为发布层数的最大上界。具体方法为：设 $Q_{old}$ 为局部索引发布下一层节点之前，系统整体的查询速度。$Q_{new}$ 为局部索引发布到下一层节点之后，预估的系统整体的查询速度。假定将局部索引发布到下一层，则发布之后的系统整体查询速度变化率为 $A_{\text{query}} = \dfrac{Q_{\text{new}} - Q_{\text{old}}}{Q_{\text{old}}}$。与系统整体查询速度变化率 $A_{\text{query}}$ 的定义方法相同，定义全局服务器内存占用变化率为 $A_{\text{men\_load}}$。则下层局部服务器向上层全局服务器发布节点的阈值定义如下：

$$
\text{是否发布？} = \begin{cases} \text{是}, & \text{如果 } A_{\text{query}} > A_{\text{men\_load}} \\ \text{否}, & \text{如果 } A_{\text{query}} \leqslant A_{\text{men\_load}} \end{cases}
$$

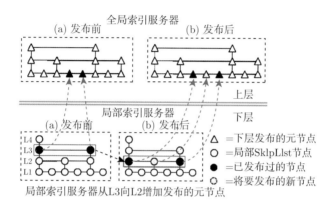

图 26.4 局部索引向全局索引发布元节点的示意图

随着下层发布节点数量的增多，上层索引的定位加快，整体索引结构的查询速度提升。然而，任何节点的分配都是占用内存空间的，与下层局部索引发布的节点数量相对应，上层全局索引的内存开销也将以幂级的形式增加。因此，将局部索引发布之后，整体索引结构的查询速度变化率和全局服务器的内存变化率作为我们发布调整的依据。

### 26.3.5 可扩展索引结构的查询处理

可扩展索引结构采用两层体系结构，索引数据存储在各局部索引中，上层的全局索引用来关联各局部索引，维护索引空间的整体一致性。对索引结构实施查询时，首先以上层的全局索引作为查询的入口，通过查询全局索引，确定哪一个局部索引实际包含着待查数据。其次，查询处理将转交给该局部索引，由该局部索引查询到确定数据，直接返回给查询请求的发起者。

图 26.5 给出一个范围查询的具体处理流程 (其中，索引结构的索引空间和实施例 1 中一致，为 1~12，待查询的数据为 1~6)。过程解释如下。

(1) 待查询的区间会被发送给上层的全局服务器，全局索引以区间的下界作为查询的入口键 (即数据 1)，在全局索引中进行检索。

(2) 当上层的全局索引根据下界的键定位到具体局部索引后，查询处理转交给发布该键的下层局部索引。全局索引的数据 1 是由下层的左边第一个局部索引发布的，所以查询处理将会转交给该局部索引来继续处理。

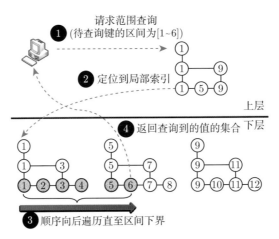

图 26.5　范围查询处理流程

(3) 当局部索引接收到转交来的查询处理请求时, 会根据待查询的区间, 遍历自己的索引。因为各局部索引内部是有序的, 所以只需不断向后遍历, 直至满足查询区间的上界。由于各局部索引之间也是互相有序的, 故该转交能够保证查询的完整性和正确性。以图 26.5 为例, 待查区间共有六个数据, 而每个局部索引只管理四个数据。当 1 号局部索引查询到键 4 后, 发现并没有满足查询区间的上界, 将查询请求转交给右边的后续局部索引 (称为 2 号局部索引), 2 号局部索引接收到查询请求后, 继续在该空间中顺序向后检索, 直至检索到数据 6, 满足了待查区间的上界。

范围查询是本索引结构的主要特征之一, 而单键查询作为范围查询的一个特殊情况 (即待查区间为 1 的情况), 其处理过程和上述介绍的流程是一致的。

### 26.3.6　分裂合并算法

在索引结构中, 整个索引空间被划分为互不相交的子集, 各子集分别由单独的局部索引来维护。随着索引的动态插入及删除等调整操作, 局部索引的大小有可能会出现差异。局部索引的大小发生变化有可能会导致各局部索引之间的负载出现不均衡, 因为相对较大的局部索引, 被访问的概率会加大。因此, 需要相应的动态分裂算法来解决局部索引中可能存在的热点问题。为了描述该分裂算法, 首先给出几个变量定义。

(1) S 为一个跳表, 它由若干条有序的链表组成, 所有的数据保存在 level 1, 以一定概率选择出的部分节点保存在 level 2, 再上层则以此类推。

(2) key($x$) 表示元素保存在 $S$ 中的元素 $x$ 对应的键。

(3) level($x$) 表示元素保存在 $S$ 中的元素 $x$ 对应的上层节点的高度。level($S$) 则表示所有保存在 $S$ 中的元素的最高度。

(4) wall($x$,l) 表示保存在 $S$ 中的元素 $x$ 最右边第一个元素 $y$, 该元素 $y$ 满足条件 key($x$)<key($y$) 并且 level($y$)>l。图 26.6 给出了一个以节点 5 为起始节点求 wall(5, 3) 的例子, 虚线框中的节点 24 即为所求。

局部索引的分裂算法主要依赖于 wall($x$,l) 的定义来完成。算法接受三个参数: ① S_1 为欲进行分裂处理的局部索引并发跳表; ② S_2 为接收 S_1 分裂出来的后半部分数据的局部索引跳表；③ l 为决定分裂位置的参数。其算法具体流程如下。

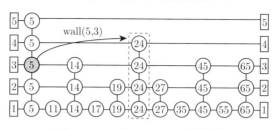

图 26.6　一个 wall(5, 3) 的例子

(1) 选择 wall($S\_1$,$i$)，其中 $i$ 从 level($S\_1$) 递减到 1，逐步尝试直到找到第一个确定的 wall($S\_1$,$i$)。

(2) 以 wall($S\_1$,$i$) 为界，将前半部分的跳表中指向 wall($S\_1$,$i$) 节点的后继指针修改为 NULL，即从 $S\_1$ 中删除后半部分的节点。以 wall($S\_1$,$i$) 为界，将后半部分的节点发送给 $S\_2$，逐个插入 $S\_2$ 的跳表中。

**算法 26.1　分裂**

---

输入：

$S_1$-需要分裂成局部skiplist的服务器；

S2-server which accepts the back part of splited local skiplist;

l-分裂范围参数；

```
1:    //validate whether wall(S1, l) exists, if not adjust l
2:    FOR i := l DOWNTO 1 DO;
3:      IF wall(S1, i) exists THEN BREAK;
4:    l := i;
5:    //record the links which need to be updated after splitting
6:    local updateLink[1···S1.StubLevel];
7:    x := S1.list'header;
8:    FOR i := S1.StubLevel DOWNTO 1 DO;
9:      WHILE x'forward[i] < wall(x, l) DO;
10:       x := x'forward[i];
11:     updateLink[i] := x;
12:   x := x'forward[1];
13:   //migrate nodes and relink two servers
14:   IF x == wall(x, l) THEN;
15:     FOR i := l+1 TO S1. StubLevel DO;
16:       x'forward[i] := updateLink[i] 'forward[i];
17:  updateLink[i] 'forward[i] := x;
18:   migrate(S1, S2, x);
```

---

算法 26.1 将服务器 $S\_1$ 的局部跳表分裂为两部分，然后将后半部分迁移到服务器 $S\_2$。

参数 1 用来控制分裂的区间。如果 1 接近桩节点的高度，在分裂操作实施以后，更多的节点会保留在服务器 S_1。反之，如果 1 离桩节点的高度越远，那么越多的节点会被迁移到服务器 S_2。图 26.7 给出了一个分裂的例子，配置参数为 level(S)=5，$l = 4$。服务器 S_1 的并发跳表从节点 24(level 4 的第一个节点) 分裂成两部分，后半部分的节点被迁移到了服务器 S_2。

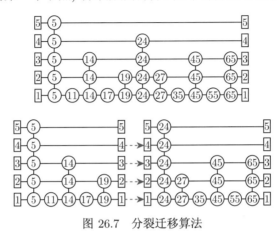

图 26.7　分裂迁移算法

　　分裂算法会坚持是否有一个在 level 1 的节点可以用来作为分裂的节点。如果没有，将会逐步降低 1 直到一个能够作为分裂节点的节点被成功找到 (2~4 行)。那些指向分裂节点的前半部分节点会被记录下来，以便能够在分裂之后成功地更新相关的链接指针 (6~12 行)。当所有的准备工作都完成之后，后半部分的节点将被迁移到一台新的服务器，而那些保留在原来服务器的前半部分节点将会更新他们的相关指针，将需要调整的指针指向迁移到的新服务器 (14~18 行)。

　　合并算法和分裂算法类似，就不详细说明了。

# 26.4　基于并发跳表的上层索引设计

### 26.4.1　设计的动机

　　可扩展索引结构采用了双层索引结构，索引数据存储在各局部索引中，上层的全局索引用来关联各局部索引，维护索引空间的整体一致性。CSD-index 主要面临三个问题。第一，对索引结构实施查询操作时，以上层的全局索引作为查询的入口，通过查询全局索引，确定哪一个局部索引实际包含待查数据。上层的全局索引作为整个索引的入口，承受的压力最大，如何提高上层全局索引的效率成为一个重要的问题。第二，现有服务器普遍采用多核架构，如何发挥多核硬件的优势，支持多核操作的数据结构成为重点。第三，由于两层索引结构的动态特性，下层索引会发布节点到上层全局索引中，全局索引存在插入、删除操作情况，但这类操作所占比例不会太高，更多的是查询操作。基于这些特征，在设计时，研究在上层索引中采用并发跳表 (Concurrent Skiplist) 技术来实现。

### 26.4.2　并发跳表与优化并发控制

　　传统跳表在多线程插入、删除时容易产生错误。而并发跳表很好地解决了这类问题，适合于在多核、多线程环境中发挥作用。并发跳表的每一层都是基于惰性同步的链表[18]，其优点在于能够设置标志位来进行逻辑操作，从而与节点删除这样的物理结构改变相分离，保持数据结构物理性质的完整性。然而，其缺点在于插入操作和删除操作是阻塞型的算法。因此，如果一个线程延迟，其他的线程也会延迟。并发跳表的这个特点，使得其适用于具有大量查询操作，少量插入、删除操作的场景。恰好与本章上层索引的应用场景契合。

相对于 AVL 树型结构，跳表不存在平衡调整的问题，在多核、多线程环境下容易设计。研究人员开展了大量工作，如文献 [19] 中实现了一个 lock-free 的 Concurrent SkiplistMap，已经在 Java$^{TM}$ SE 6 中发布，并且拥有很好的性能。然而，文献 [19] 中提出的方案实现复杂，很难说明其正确性。在文献 [20] 中用基本的 CAS 操作实现 lock-free 的 linked-list，并且在此基础上实现 lock-free 的跳表，但缺点是对基本跳表节点进行了过多的改造，不能维持其原有跳表的结构。

相对于之前提出的并发跳表。本章采用一种新的优化并发控制 (optimistic concurrency control，OCC) 技术[21] 来设计跳表。优化并发控制是一种并发控制的方法。它假设多用户并发的事务在处理时不会彼此互相影响，各事务能够在不产生互锁的情况下处理各自的那部分数据。在提交数据更新之前，每个事务会先检查在该事务读取数据之后，是否其他事务又修改该数据。如果其他事务有更新，正在提交的事务会进行回溯。在数据冲突较少的环境中，事务偶尔回溯的成本低于读取数据时锁定数据的成本，因此可以获得比其他并发控制方法更高的吞吐量。

在多核、多线程数据结构设计中，OCC 最早于 2003 年被引入软事务内存 (software transactional memory，STM)，用来设计并发树[22] 和并发平衡树[23]。近期，OCC 用来对并发二叉树中查询操作进行优化[24]。受这些研究工作启发，我们在并发跳表中采用 OCC 技术，理论和实践证明，优化并发技术不但维护了跳表结构，并且比较容易说明其正确性。

对一个完整的并发跳表的分析说明相对较长，在这里只对一些关键部分进行阐述。

### 26.4.3　并发跳表的节点定义

结构 1 Node

```
Node {
int key;
int level;
Type data;
Node[] next;
Lock lock;
bool marked;
bool linked;
}
```

除去和普通跳表相同的部分，在并发跳表每个节点中还包含两个标志位和一个锁。marked 标志位用于标识该节点是否正在被删除。linked 标志位标识该节点是否完全插入，记录所有层次的指针域都已更新完毕。在这里采用细粒度的锁，每一个节点分别维护一个 lock。另外，还定义了两个哨兵节点 head 和 tail，其 key 值分别为 min_int 和 max_int。

### 26.4.4　并发跳表基本操作

在对并发跳表进行正确性分析时必须针对跳表操作中的具体代码,先对并发跳表的几个主要操作 (定位、查询、插入、删除) 进行说明。

1. 定位操作

**算法 26.2**　定位

---

输入: $k$-查询的键值。

输出:

level-键值为k的节点的最大层数;

prevs-键值为k的节点的前节点数组;

succ-键值为k的节点;

```
1:    node prev := head;
2:    level := -1;
3:    FOR i := head.level - 1 TO 0 DO
4:       cur := prev->next[i];
5:       WHILE cur.key != tail.key && cur.key > k DO
6:          prev := cur;
7:          cur := pred->next[i];
8:       IF level == -1 && k == cur.key THEN
9:          level := i; succ = cur;
10:      prevs[i] = prev;
11:   RETURN <found, prevs, succs>;
```

---

查询、插入和删除操作都依赖于定位操作。与普通的跳表一样,从哨兵节点 head 的最高层开始查找,依次下降,每一层查找到键值 ($k$) 所在位置或者 tail 节点停止。如果找到 $k$ 对应的节点,那么更新 $i$ 标志表示该节点的最高层。不论该节点是否存在,都需要记录其每层对应的前驱节点 (prevs[$i$]),由于跳表的随机性,每层的 prevs[$i$] 都可能不同。如果在某一层找到了 $k$ 对应的节点,那么在位于该层以下的当前节点 (succ) 的值显然都是相同的 (即其自身节点),所以只需更新一次。定位操作本身不用加锁,它的作用是返回一个三元组,表示定位的结果 (level)、当前节点的位置 (succ)、前驱节点的位置 (preds)。

2. 插入操作

**算法 26.3**　插入

---

输入: $k$-插入的键值。

输出: 插入操作是否成功。

```
1:    highest := randomLevel();
2:    WHILE true DO
3:       <found, prevs, succ> := locate(k);
```

```
4:              IF found != -1 THEN
5:                  RETURN false;
6:          FOR level := 0 TO prevs.level DO
7:              prevs[level].lock();
8:              IF !(prevs[level].marked == false && succ.next[level].marked ==
                false && prevs[level].next[level] = succs.next[level]) THEN
9:                      FOR i := level TO 0 DO
10:                         preds[i].unlock();
11:                     CONTINUE;
12:         makeNode(node,k);
13:         FOR level := 0 TO highest DO
14:             node.next[level] := succs.next[level];
15:             prevs[level].next[level] := node;
16:         node.linked := true;
17:         FOR level := highest TO 0 DO
18:             prevs[level].unlock();
19:         RETURN true;
```

在插入操作中，① 调用定位操作，返回定位的结果，如果找到当前节点，那么说明键值为 $k$ 的节点已经存在，不能插入。否则，进行接下来的插入操作。② 对前驱节点数组 (prevs) 自下向上加锁 (行 6~行 11)。③ 验证返回的 prevs 和后继节点数组 (succ.next) 是否发生变化 (行 8)。假如 prevs 和 succ.next 发生了变化，那么先释放刚才的锁，然后返回步骤 1(行 1)，重新定位 prevs 和 succ。如果 prevs 和 succ 都没有发生变化，进行步骤 4(行 4)。④ 从底层开始向上进行插入操作，然后置 linked 标志位为 true(行 16)，表示插入节点已经完全链接，最后释放所有的锁 (行 17 和行 18)。

**3. 删除操作**

**算法 26.4** 删除

输入：$k$-删除的键值。

输出：删除操作是否成功。

```
1:  okDelete := false;
2:  WHILE true DO
3:      <found, prevs, succ> := locate(k);
4:      IF okDelete || (found != -1 && succ.next[found].linked == true &&
        succ.next[found].marked == false) THEN
5:          IF okDelete THEN
6:              succ.lock();
7:              IF succ.marked := true THEN
8:                  succ.unlock();
```

```
9:            RETURN false;
10:        okDelete:= true;
11:        succ.marked := true;
12:     highest := -1;
13:     FOR level = 0 TO found DO
14:        IF prevs[level].marked == false && prevs[level].next[level]
           = succ.next[level] THEN
15:             prevs[level].lock();
16:             highest := level;
17:           ELSE
18:             FOR i := level-1 TO 0 THEN
19:                prevs[i].unlock();
20:             CONTINUE;
21:     FOR level := found TO 0 DO
22:     prevs[level].next[level] = succ.next[level];
23:        succ.unlock();
24:     FOR level = found TO 0 DO
25:        prevs[level].unlock();
26:     RETURN true;
27:  ELSE
28:     RETURN false;
```

　　删除操作将指定的节点删除，基本步骤和插入操作一样，首先定位节点 (行 3)，然后判定当前节点的状态是否合理，即该节点完全链接，且没有正在被删除。如果该节点状态合理，那么对该节点上锁，然而有可能该节点已经被其他线程删除，此时返回 false(行 9)，否则，置节点 marked 标志位为 true(行 11)。接下来和插入操作一样，自下向上对前驱节点上锁，如果 succ 和 prevs 的状态发生改变，那么释放之前的锁，然后返回行 3，重新定位节点。最后，从行 19 到行 20，进行节点的物理删除，然后释放所有锁，返回 true。

#### 4. 查询操作

　　查询操作先通过定位查找节点的位置和确定查询结果与前驱节点、后继节点。这里没有采用任何的锁机制和同步机制，因此，查询操作是无等待的。如果没有找到相应节点，当前节点正在被删除，或当前节点没有完全链接，那么查询失败。如果找到相应节点，并且该节点没有正在被删除且完全链接，那么是一次成功的查询。

**算法 26.5**　查询

输入：$k$-查询的键值。

输出：键值对应的节点是否存在。

```
1:  <found, prevs, succ> = locate(k);
2:  IF found != -1 && succ.linked && succs.marked == false THEN;
```

```
3:      RETURN true;
4:   RETURN false;
```

### 26.4.5 并发跳表正确性分析

并发数据结构的正确性分析分为两方面：安全性 (safety) 和活性 (liveness)。

安全性的一个重要评价是可线性化，每一个并发的经历都等价于一个顺序的经历 (history)。说明并发数据结构可线性化的方法就是指出该算法的可线性化点 (linearizability point)，然后指明在该线性化点的并发操作如何映射为不同线程的等价顺序操作。

活性是算法是否会返回一个期待的结果：无死锁、无饥渴、无锁、无等待等。如果保证算法调用不会因为互相等待而无法获取资源，称为无死锁；如果保证算法调用最终都能取得请求的资源，称为无饥渴；如果保证算法某次调用能在有限的步骤内完成，则这个方法是无锁的；如果算法每次调用总是在有限步骤内完成，则这个方法是无等待的。

利用并发数据结构的正确性分析的要求，对并发跳表进行安全性和活性的正确性分析。最后的结果表明：① 并发跳表中主要操作 (查询、插入、删除) 算法都是可线性化的，符合安全性要求；② 并发跳表中查询操作是无等待的，插入、删除操作是无死锁的，满足活性要求。具体分析如下。

#### 1. 并发跳表可线性化分析

为了进行并发跳表的可线性化分析，需要指出并发跳表数据结构的不变性质 (invariants)，这些性质在其被创建的时候就成立，并且任何操作都不能改变这些性质。并发跳表具有如下三条不变性质。

(1) 哨兵节点不能改变。

(2) 每一层的节点都按照关键字排序，不会出现重复的关键字。

(3) 下层节点的节点数不少于上层节点。

通过五条引理来证明，无论通过多少次查询、插入和删除等操作，并发跳表描述的抽象映射集合仍将满足以上三个性质。

**引理 26.1** 每一次定位操作都满足不变性质。

**证明** 在调用定位操作前，并发跳表满足不变性质，因为定位操作本身不对并发跳表做任何改变，所以，每一次定位操作都满足不变性质。

**引理 26.2** 每一次查询操作都满足不变性质。

**证明** 在调用查询操作前，并发跳表满足不变性质，由引理 26.1 可知，每一次定位操作都满足不变性质，因为查询操作不对并发跳表做任何改变，所以引理成立。

**引理 26.3** 每一次插入操作都满足不变性质。

**证明** 在调用插入操作前，并发跳表满足不变性质。由引理 26.1 可知，定位操作满足不变性质。之后可能存在以下三种情况：① 找到重复的键值，返回 false，在这种情况下，显然没有对并发跳表做任何改变。② 对前节点的上锁操作失败，那么释放所有的锁，然后重试，没有对并发跳表做任何改变。③ 对前节点的上锁操作成功，那么插入键值为 $k$ 的节点，插入以后并发跳表仍然满足不变性质。综上所述，引理成立。

**引理 26.4** 每一次删除操作都满足不变性质。

**证明** 在调用删除操作前，并发跳表满足不变性质。由引理 26.1 可知，定位操作满足不变性质。之后可能存在以下四种情况：① 没有找到对应键值的节点，或者相应节点正在被插入或删除，那么返回 false，在这种情况下，显然没有对并发跳表做任何改变。② 对当前节点的上锁操作失败，即当前节点已经被标记删除，那么首先释放当前节点的锁，返回 false，没有对并发跳表做任何改变。③ 对前节点的上锁操作失败，那么释放所有的锁，然后重试，没有对并发跳表做任何改变。④ 对前节点的上锁操作成功，那么删除键值为 $k$ 的节点，并发跳表仍然满足不变性质。综上所述，引理成立。

**引理 26.5** 当节点的 linked 标志位为 true，且 marked 标志位为 false 时，该节点一定存在于抽象映射集合中。而当该节点的 marked 标志位为 true，说明该节点已经从抽象映射集合中删除。

**证明** 除去插入操作，其他操作不能将 linked 标志位置为 true。并且，仅当节点的 linked 标志为 true 时，才能确认该节点的每一层都与并发跳表相连；除去删除操作，其他操作不能将 marked 标志位置为 false。并且，当该点标记 marked 为 true 时，该节点一定会被物理删除。综上所述，引理成立。

基于上述五条引理，下面针对并发跳表的三个主要操作来进行可线性化分析。

(1) 查询操作可线性化分析。对于查询操作，有三种可能：① 如果该节点在调用查询操作前就被标记为 marked=true，且没有任何改变，那么说明该节点之前一定在集合中 (引理 26.5)，并且没有相同键值的其他节点 (引理 26.1~引理 26.5：所有操作满足不变性质)，那么如果找到该节点，因为该节点的 marked=true，所以该节点已经被删除。② 如果该节点被判定 marked=true，然后查询操作未返回前该节点被物理删除，其他线程新增加一个相同键值的节点。在这种情况下，该找到的节点是一个相同键值的未标记节点。这种情况也是可以线性化的，具体的形式化证明可以参考文献 [22]。③ 该节点 marked=false，那么判定该节点的 linked 标志位存在于并发跳表的抽象集合中。因此，一次成功的查询操作的可线性化点是找到查询节点，并且节点 linked=true，且 marked=false(算法 26.5 第 3 行)。而一次失败的查询操作的线性化点是未找到查询节点，或者节点 marked=true。

(2) 插入操作可线性化分析。成功的插入操作的可线性化点在算法 26.3 第 16 行，根据引理 26.5，只有节点的 linked 标志位为 true 时，才能判定节点已经在抽象映射集合中。一个失败的插入操作可线性化点在算法 3 第 4 行，即找到已经存在的节点，那么判定当前的插入操作失败。

(3) 删除操作可线性化分析。一个成功的删除操作的可线性化点在算法 26.4 第 11 行，根据引理 26.5，一个节点只有标志 marked=true 时才能够从抽象映射集合中删除。如果没有找到需要删除的节点，或者该节点已经被其他线程删除，或者当前节点没有完全链接时 (算法 26.4 第 4 行)，那么一个失败的删除操作也是可线性化的。

**2. 并发跳表活性分析**

**1) 无死锁**

插入和删除操作都是自底向上进行上锁操作。删除操作首先对当前节点上锁，然后对前节点上锁，根据不变性质 3 和不变性质 2，下层节点的节点数一定不少于上层节点，并且当前节点的键值一定大于所有前节点的键值。假设当前节点为 ai, 前节点 a[], 对于任意 aj 属于 a[], 0<=key(aj)<key(ai)。又因为删除操作只需对前节点进行上锁, 所以, 可以定义插入和删除操作获取锁的顺序为 Li(其中 key(l1)>=key(l2)>=key(l3))。设死锁发生的条件为: 线程 Ti 当前获取的锁为 Li, 接下来需要获取锁 l[((i+n)-1)mod n]。

根据引理 26.3 和引理 26.4, 插入操作和删除操作保持不变性质, 哨兵节点不会发生改变。根据定义的插入、删除顺序 Li, 节点只会向左边节点上锁, 而不会向右边节点上锁, 右边节点的键值一定比节点 0 大, 所以节点 0 不会向 l[n-1] 上锁。所以, 插入和删除操作是无死锁的。

2) 无等待

查询操作是无等待的, 因为不考虑并发跳表中的锁并且没有对并发跳表进行任何改变, 也没有任何回退、自旋的操作, 所以查询操作一定能在有限步骤内完成。

综上所述, 分析结果表明: ① 并发跳表中主要操作 (查询、插入、删除) 算法都是可线性化的, 符合安全性要求; ② 并发跳表中查询操作是无等待的, 插入、删除操作是无死锁的, 满足活性要求。

## 26.5　实　　验

设计两组实验来验证基于并发跳表的云数据处理双层索引架构的性能。

实验组一: 云数据处理双层索引架构可扩展性和范围查询性能测试。

基于 Peersim[15] 模拟器进行可扩展性验证。使用的测试服务器是 Intel Core i3-350M 2.26GHz CPU, 2GB RAM, a 320G 硬盘, 操作系统为 CentOS 6.0 (64bit)。模拟不同尺度的云计算系统, 节点服务器数量从 32 递增至 256。每一个节点管理 5000 个资源文件, 每个资源文件的大小从 32KB 至 64KB 不等。为了对比, 也实现了一个文献 [9] 中介绍的分布式 B+tree 索引。

图 26.8 是双层索引 CSD-index 和 ScalableBTree 的对比, 可以看出, 随着服务器的增多, CSD-index 的范围查询性能比 ScalableBTree 好得多。原因在于 CSD-index 的范围是按照一定顺序存储在局部索引上, 而 ScalableBTree 中节点则是随机存储, 这使得在进行范围查找时, ScalableBTree 需要跳跃更多的服务器。

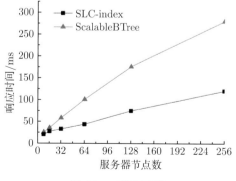

图 26.8　范围查询

　　动态分裂和合并算法能解决局部服务器中的热点问题，保证索引结构整体的负载均衡。对不同局部索引服务器情况下的分裂、合并算法进行测试。如图 26.9 所示，随着局部服务器从 0 增长到 256，分裂、合并算法的时间呈现一个线性增长的趋势。

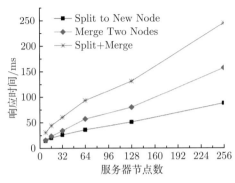

图 26.9　分裂、合并动态调整

　　实验组二：云数据处理双层索引架构上层并发跳表测试。

　　用 Java 语言实现了并发跳表，并将其与 Java.util.concurrent 中的 Concurrent Skiplist Map 做对比，后者是目前公认最快的 lock-free 跳表实现。为了便于对比说明，分别选用两种硬件 (① Intel Xenon X5670 2.93GHz 6 核心 12 线程 CPU，24G RAM；② Intel Core i5 460M 2.53GHz 2 核心 4 线程 CPU，8GB RAM) 作为测试平台，软件平台是 Javatm se 6。借鉴了 Herlihy 等 [25] 的实验方法，利用吞吐率，也就是每毫秒的操作数统计来衡量数据结构的性能。每一次的测试都是从空的跳表开始，进行 1000000 个随机的插入、删除及查询操作，其中键值范围初始化为 200000。插入、删除操作的比例越高，就代表操作的冲突率越高。因此针对不同的插入、删除和查询比率，在两个硬件平台上分别做了实验。

　　图 26.10 所示的是两种数据结构在 Xenon X5670 平台 1~48 线程下的最大吞吐率。可以看到，随着查询操作的比率升高，所实现的 Concurrent Skiplist 比 Concurrent Skiplist Map 具有更好的性能。在操作比率为 1:1:20，即查询操作占 90% 的情况下，相比 Concurrent Skiplist Map，Concurrent Skiplist 在 Xenon 平台上提升了 6%，在操作比率为 1:1:100，即查询操作占 98% 的情况下，相比 Concurrent Skiplist Map，我们在 Xenon 平台上提升了 14% 的性能。

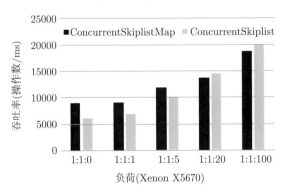

图 26.10　不同负载下吞吐率对比

图 26.11 所示的是两种数据结构在普通笔记本电脑 Core i5 M 460 平台 1~16 线程的情况下的最大吞吐率。与图 26.10 类似，在操作比率为 1:1:20 的情况下，提升 4% 的性能。在操作比率为 1:1:100 的情况下，提升 10% 的性能。造成图 26.10、图 26.11 现象的主要原因是 Concurrent Skiplist 查询操作是 wait-free 的，因此降低了系统开销。

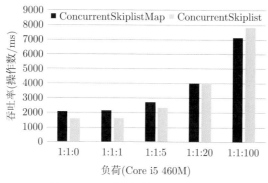

图 26.11　不同负载下吞吐率对比

图 26.12 和图 26.13 分别表示在插入、删除和查询操作比率为 1:1:20 的情况下，随着线程的数量的不断增加，不同平台下吞吐率的变化。在图 26.12 中，Concurrent Skiplist 相对于 Concurrent Skiplist Map 只有微弱的优势。

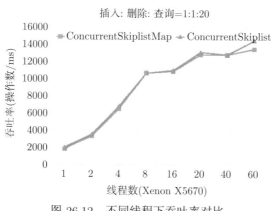

图 26.12　不同线程下吞吐率对比

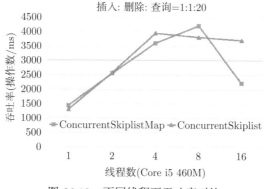

图 26.13　不同线程下吞吐率对比

图 26.14 表示在 Xenon 平台下，插入、删除和查询操作比率为 1:1:100 时，随着线程的增加，吞吐率的变化。在查询操作比率占 90% 以上时，Concurrent Skiplist 有明显的效率提升。

实验结果表明，Concurrent Skiplist 在查询操作为高比率时，具有较好的性能。

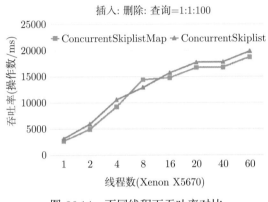

图 26.14　不同线程下吞吐率对比

## 26.6　结　　论

在云数据处理的云存储系统中双层索引模式是对基于分布式哈希键–值对模式的有效补充。本章描述了基于并发跳表的云数据处理双层索引架构 (CSD-index)，通过采用两层体系结构，突破单台机器内存和硬盘的限制，扩展系统整体的索引范围。所设计的动态分裂算法解决在局部服务器中的热点问题，保证索引结构整体的负载均衡。比较其他双层索引架构，CSD-index 在上层全局索引中采用并发技术，提高全局索引的承载性能，提高整体索引的吞吐率。实验结果表明，基于并发跳表的云存储双层索引架构能够有效支持单键查询和范围查询，具有较强的可扩展性和并发性，是一类高效的云存储辅助索引。

### 参 考 文 献

[1] Amazon Inc. Amazon Elastic Compute Cloud (Amazon EC2). http://aws.amazon.com/ec2

[2] IBM. IBM introduces ready-to-use cloud computing. http://www-03.ibm.com/press/us/en/pressrelease/22613.wss

[3] Fay C, Jefirey D, Sanjay G, et al. Bigtable: A Distributed Storage System for Structured Data. Trans. Comput. Syst., 2008. doi:10.1145/1365815.1365816

[4] Microsoft Inc.: Windows Azure Cloud. http://www.windowsazure.com

[5] Sanjay G, Howard G, Shun-Tak L.The Google File System. In: Proc.of nineteenth ACM symposium on Operating Systems Principles(SOSP'03), Dec.2003

[6] Apache Hadoop.

[7] Giuseppe D, Deniz H, Madan J, et al. Dynamo: Amazon's Highly Available Key-value Store. Proceedings of twenty-flrst ACM SIGOPS symposium on Operating Systems Principles(SOSP'07),Oct. 2007

[8]   The Apache Software Foundation: Cassandra.

[9]   Yang H-C, Parker D S. Traverse: Simplified Indexing on Large Map-Reduce-Merge Clusters. In DASFAA, 2009: 308-322.

[10]  Dittrich J, Quian'e-Ruiz J-A, Jindal A, et al. Making a Yellow Elephant Run Like a Cheetah (Without It Even Noticing). PVLDB, 2010, 3(1): 518-529.

[11]  Lin J, et al. Full-Text Indexing for Optimizing Selection Operations in Large-Scale Data Analytics. MapReduce Workshop, 2011

[12]  Jiang D W, et al. The Performance of MapReduce: An In-depth Study. PVLDB, 2010, 3(1): 472-483

[13]  Stefan R, Quiane-Ruiz J-A, Schuh S, et al. Towards zero-overhead static and adaptive indexing in Hadoop. The VLDB Journal, 2013: 1-26.

[14]  Aguilera M K, Golab W, Shah M A. A practical scalable distributed b-tree. Proceedings VLDB Endowment , 2008, 1(1): 598-609

[15]  Wu S, Jiang D W, Ooi B C, et al. Efficient B-tree Based Indexing for Cloud Data Processing. Proceedings of the VLDB Endowment, 2010: 3(1-2)

[16]  Wang J B, Wu S, Gao H, et al. Indexing Multi-dimensional Data in a Cloud System. Procceedings of the 2010 ACM SIGMOD International Conf. on Management of Data, 2010

[17]  Zhang X Y, Ai J, Wang Z Y, et al. An effcient multi-dimensional index for cloud data management. Proceedings of the First International Workshop on Cloud Data Management (CloudDB'09), 2009, 2: 68-73

[18]  Steve Heller, Maurice Herlihy, Victor Luchangco, Mark Moir, William N. Scherer III, Nir Shavit. A lazy concurrent list-based set algorithm. Principles of Distributed Systems. Berlin: Springer, 2006: 3-16.

[19]  Keir F. Practical lock-freedom. Cambridge University Computer Laboratory, 2003. Also available as Technical Report UCAM-CL-TR-579, 2004.

[20]  Fomitchev M, Ruppert E. Lock-free linked lists and skip lists. Proceedings of the Twenty-third Annual ACM Symposium on Principles of Distributed Computing. ACM, 2004.

[21]  Kung H T. On Optimistic Methods for Concurrency Control. ACM Transactions on Database Systems, 1981

[22]  Herlihy M, Luchangco V, Moir M, et al. Software transactional memory for dynamic-sized data structures. In PODC '03: Proceedings of the Twenty-Second Annual Symposium on Principles of Distributed Computing, New York, NY, USA, ACM, 2003: 92-101

[23]  Ballard L. Conflict avoidance: Data structures in transactional memory. Brown University Undergraduate Thesis, 2006

[24]  Nathan G. Bronson, Jared Casper, Hassan Chafi, Kunle Olukotun. A practical concurrent binary search tree. ACM Sigplan Notices. 2010, 45(5)

[25]  Maurice Herlihy, Yossi Lev, Victor Luchangco, Nir Shavit. A provably correct scalable concurrent skip list. Conference on Principles of Distributed Systems (OPODIS), 2006

# 第27章 基于融合无线传感器网络的 $k$-集覆盖分布式算法

李劲[1], 岳昆[2], 刘惟一[3], 郑智捷[4]

**摘要:** 在节点采用概率感知模型且融合多个节点的数据进行联合感知的情况下, 描述一类新的无线传感器网络的覆盖问题: 基于融合的 $k$-集覆盖优化问题。首先, 利用融合覆盖博弈方法为优化问题建模, 证明该类博弈是势博弈, 并且势函数与优化目标函数一致, 因此, 最优解满足一个纯策略纳什均衡解; 其次, 利用分层结构化设计模式, 给出节点间融合覆盖效用独立的判定条件, 进而提出同步、异步控制、基于局部信息、分布式覆盖优化算法, 证明算法收敛到纯策略纳什均衡; 最后, 仿真实验结果表明, 当算法收敛时, 网络能达到较高的覆盖率, 并且具有良好的覆盖稳定性。

**关键词:** 无线传感器网络, 覆盖优化, 融合感知, 博弈论, 分布式计算。

## 27.1 概　　述

覆盖优化是无线传感器网络 (wireless sensor network, WSN) 研究的核心问题之一 [1-5]。在实际应用场合, WSN 采用高密度随机部署, 节点的有效覆盖区域存在重叠。一种有效地保质、延时的覆盖优化方案是: 将 WSN 节点集划分为 $k$ 个互不相交的子集, 一个时间段内仅激活一个子集进行感知, 而其他节点处于低功耗的休眠状态。利用 $k$ 个子集轮番激活工作, 由此达到保质、延时覆盖的目标。覆盖最大化问题, 也称作 $k$- 集覆盖优化问题 [1], 即将节点划分为 $k$ 个不相交子集轮番激活工作, 如何划分, 使得各个子集覆盖的目标点集之和最大?

在文献 [6] 中证明 $k$- 集覆盖优化问题是一个 NP 完全问题, 因此, 在多项式时间内不能保证求解最优 $k$- 集覆盖。针对 $k$- 集覆盖优化问题, 相关研究提出一系列近似优化算法。Abrams 等 [7] 给出一个 $1 - 1/e$ 的贪心近似算法以及 $1/2$ 的分布式贪心近似算法。Deshpande 等 [8] 将 $k$-集覆盖最优化问题转化为一个超图上的最大化 $k$-分割问题, 给出一个半定规划算法, 求解近似最优 $k$-集覆盖。Ai 等 [9] 将优化问题模型转化为一个非合作博弈, 并给出一个 $1/2$ 近似界的分布式覆盖优化算法。

在上述研究工作中, 均假定节点的感知模型是布尔圆盘感知模型 (Boolean disk sensing model)[1]。从实际应用而言, 该类模型不能有效地反映感知事件的随机性及量化感知精度。

---

1 云南大学软件学院。e-mail: zwei@ynu.edu.cn。

2 云南大学。e-mail: lijin@ynu.edu.cn。

3 云南大学。

4 云南大学软件学院。e-mail: conjugatelogic@yahoo.com。

本课题由国家自然科学基金 (61562091, 62041213), 云南省基础研究计划面上项目 (2016FB110) 联合资助。

近年来, 许多学者提出概率感知模型 [8,9]。概率感知模型充分考虑感知事件的随机特征, 通过检测率 (detection probability) 和虚警率 (false alarm rate) 两个指标来反映感知质量要求。该类模型既能反映感知信号的随机性特征, 又能表示具体的感知精度, 较布尔圆盘模型更有实用性, 综合感知质量较高。另外, 研究者也注意到相邻节点的感知信号与概率相关。因此, 融合距目标点最近的多个节点数据进行感知, 就能够有效地提高感知质量 [10-13]。

基于上述分析, 本章提出一个新的 WSN 的覆盖优化问题: 基于融合的 $k$ 集覆盖优化问题。针对该类问题, 深入研究存在以下挑战: ① 在基于融合的概率覆盖模型下, 融合覆盖区域不再是圆形区域, 优化目标函数不再具备子模性 (Submodular)[14], 因此, 已有的 $k$-集覆盖优化算法 [4-7] 不适用于基于融合的 $k$-集覆盖优化问题; ② 设计基于局部信息的、分布式的、保证覆盖质量的优化算法是实际应用的客观需求。

面向基于融合的 $k$-集覆盖优化问题, 针对以上研究挑战, 本章利用博弈论的思想和方法以及分层结构化分析设计模式, 提出基于局部信息的、分布式的覆盖优化算法。实验结果表明, 当算法收敛时, 网络能达到高的覆盖率且具有好的覆盖稳定性。

## 27.2 问题描述及融合覆盖博弈模型

### 27.2.1 基于融合的 $k$-集覆盖优化问题

在概率感知模型中, 系统检测指标由检测率 $P_D$、虚警率 $P_M$ 决定。给定检测率下界 $P_D^{\min} = \alpha$, 虚警率上界 $P_M^{\max} = \beta$, 目标 $t$ 被 $(\alpha, \beta)$-覆盖, 如果目标 $t$ 出现, 系统的 $P_D > \alpha$ 且 $P_M < \beta$。文献 [12] 和文献 [13] 研究表明通过融合多个节点的感知数据可有效地扩大 WSN 的 $(\alpha, \beta)$- 覆盖范围。给出融合覆盖的定义。

**定义 27.1** 给定 $P_D^{\min} = \alpha$, $P_M^{\max} = \beta$, 目标 $t$ 被 $(\alpha, \beta, \gamma)$-覆盖, 当目标 $t$ 出现时, 通过融合距离 $t$ 最近的 $\gamma$ 个节点的感知数据进行检测, 有 $P_D > \alpha$ 且 $P_M < \beta$。

文献 [12] 和文献 [13] 给出了特定融合规则下目标点 $t$ 被 $(\alpha, \beta, \gamma)$-覆盖的判决方法。下面定义基于融合的 $k$-集覆盖优化问题。

**定义 27.2** 设节点集为 $S$, 为延长 WSN 的工作寿命, 现将 $S$ 划分为 $k$ 个互不相交的子集 $\{S_1, S_2, \cdots, S_k\}$, 各个子集轮番激活工作。记子集 $S_l$ 的 $(\alpha, \beta, \gamma)$- 覆盖的目标点集为 $C^\gamma(S_l) \subset T$, 其中 $T$ 是目标点集合。如何划分 $S$, 使得各个子集覆盖的目标点集之和最大, 即

$$\max_{S_1, \cdots, S_k} \sum_{l=1}^{k} |C^\gamma(S_l)| \text{ s.t. } S_i \cap S_j = \varnothing, \ i \neq j \tag{27.1}$$

### 27.2.2 融合覆盖博弈模型

博弈论 (game theory)[15] 是研究多个自治个体决策行为的科学。势博弈 (potential game)[16] 是一种具有良好数学性质的博弈模型。例如, 势博弈存在纯策略纳什均衡, 势函数的极值解是纯策略纳什均衡解。上述性质使得势博弈适合于建模和分析很多工程应用 [17-19]。

本章将基于融合的 $k$ 集覆盖优化问题模型转化为融合覆盖博弈, 证明融合覆盖博弈是一种势博弈, 且融合覆盖博弈的势函数与覆盖优化的目标函数一致, 进而得到融合覆盖博弈所具有的良好的数学性质。

一个融合覆盖博弈是三元组 $G = \langle S, (A_i)_{i \in S}, (u_i)_{i \in S} \rangle$。$S = \{s_1, s_2, \cdots, s_n\}$ 是节点集；$A_i = \{1, 2, \cdots, k\}$ 是 $s_i$ 的纯策略集，$a_i \in A_i$ 表示当前 $s_i$ 所选择的子集序号。某一时刻，所有节点的纯策略共同构成一个纯策略决策剖面，记作 $\boldsymbol{a} = (a_1, \cdots, a_i, \cdots, a_n) \in A_1 \times \cdots \times A_n$；$\boldsymbol{a}$ 也可记为 $\boldsymbol{a} = (a_i, \boldsymbol{a}_{-i})$。记在 $\boldsymbol{a}$ 下选择第 $l$ 个子集的节点集为 $S_l^{\boldsymbol{a}} = \{s_i | a_i = l\} \subseteq S \ (1 \leqslant l \leqslant k)$。记 $S_l^{\boldsymbol{a}}$ 的 $(\alpha, \beta, \gamma)$- 覆盖目标点集为 $C^\gamma(S_l^{\boldsymbol{a}})$，覆盖的目标点数记为 $|C^\gamma(S_l^{\boldsymbol{a}})|$，节点的效用函数定义为节点 $s_i$ 在决策剖面 $\boldsymbol{a}$ 下对其所在子集的覆盖贡献。

**定义 27.3**　给定 $\alpha, \beta, \gamma$, 剖面 $\boldsymbol{a} = (a_i, \boldsymbol{a}_{-i})$, $s_i$ 在 $\boldsymbol{a}$ 下的覆盖效用 $u_i(\boldsymbol{a})$。如果节点 $s_i$ 的 $a_i = l$, 那么, $u_i(\boldsymbol{a})$ 由下式决定：

$$u_i(\boldsymbol{a}) = u_i(a_i = l, \boldsymbol{a}_{-i}) = |C^\gamma(S_l^{\boldsymbol{a}})| - |C^\gamma(S_l^{\boldsymbol{a}} \backslash \{s_i\})|, \quad 1 \leqslant l \leqslant k \tag{27.2}$$

在目标区域随机部署节点集后，每个节点基于其邻近节点的策略改变子集选择，使其自身效用最大化。博弈是一个动态过程，对于此过程，是否存在一个稳定剖面 (即纳什均衡)? 在此剖面下，每个节点的覆盖策略是关于其他节点策略的最优策略。下面，先定义融合覆盖博弈的纳什均衡，进而讨论融合覆盖博弈纳什均衡的存在性。

**定义 27.4**　融合覆盖博弈的剖面 $\boldsymbol{a}^* = (a_1^*, a_2^*, \cdots, a_n^*)$ 是纳什均衡, 如果对于任一 $s_i$, 均有 $a_i^* = br_i(\boldsymbol{a}^*)$, 那么 $br_i(\boldsymbol{a}) = \arg\max_{a'} (u_i(a_i', \boldsymbol{a}_{-i}) - u_i(a_i, \boldsymbol{a}_{-i}))$。

下面证明融合覆盖博弈是一个势博弈, 且势函数是融合覆盖优化问题的目标函数。

**定理 27.1**　融合覆盖博弈 $G$ 是一个势博弈, 其势函数为 $\Phi(\boldsymbol{a}) = \sum_{l=1}^k |C^\gamma(S_l^{\boldsymbol{a}})|$。

**证明**　证明 $G$ 是势博弈, 即证明存在势函数 $\Phi(\cdot)$, 使得 $u_i(a_i', \boldsymbol{a}_{-i}) - u_i(a_i, \boldsymbol{a}_{-i}) = \Phi(a_i', \boldsymbol{a}_{-i}) - \Phi(a_i, \boldsymbol{a}_{-i})$。下面证明优化问题的目标函数 $Z(\boldsymbol{a}) = \sum_{l=1}^k |C^\gamma(S_l^{\boldsymbol{a}})|$ 是 $G$ 的势函数。记 $\boldsymbol{a}' = (a_i' = q, \boldsymbol{a}_{-i})$, $\boldsymbol{a} = (a_i = p, \boldsymbol{a}_{-i})$, 其中, $p \neq q$, $1 \leqslant p, q \leqslant k$, 由定义 27.3, 有

$$\Delta u_i = u_i(\boldsymbol{a}') - u_i(\boldsymbol{a}) = u_i(a_i' = q, \boldsymbol{a}_{-i}) - u_i(a_i = p, \boldsymbol{a}_{-i})$$
$$= \left| C^\gamma(S_q^{\boldsymbol{a}'}) \right| - \left| C^\gamma(S_q^{\boldsymbol{a}'}) \backslash \{s_i\} \right| - \left| C^\gamma(S_p^{\boldsymbol{a}}) \right| + \left| C^\gamma(S_p^{\boldsymbol{a}}) \backslash \{s_i\} \right| \tag{27.3}$$

因为, 总有 $\left| C^\gamma(S_q^{\boldsymbol{a}'}) \backslash \{s_i\} \right| = \left| C^\gamma(S_q^{\boldsymbol{a}}) \right|$ 且 $\left| C^\gamma(S_p^{\boldsymbol{a}}) \backslash \{s_i\} \right| = \left| C^\gamma(S_p^{\boldsymbol{a}'}) \right|$, 所以式 (27.3) 可重写为

$$\Delta u_i = \left| C^\gamma(S_q^{\boldsymbol{a}'}) \right| - \left| C^\gamma(S_q^{\mathbf{a}}) \right| - \left| C^\gamma(S_p^{\boldsymbol{a}}) \right| + \left| C^\gamma(S_p^{\boldsymbol{a}'}) \right|$$
$$= \left| C^\gamma(S_q^{\boldsymbol{a}'}) \right| + \left| C^\gamma(S_p^{\boldsymbol{a}'}) \right| - \left| C^\gamma(S_q^{\boldsymbol{a}}) \right| - \left| C^\gamma(S_p^{\boldsymbol{a}}) \right| \tag{27.4}$$

另外, $\boldsymbol{a}'$、$\boldsymbol{a}$ 两个剖面的势函数的差值为

$$\Delta \Phi = \Phi(\boldsymbol{a}') - \Phi(\boldsymbol{a}) = \left( \left| C^\gamma(S_1^{\boldsymbol{a}'}) \right| + \cdots + \left| C^\gamma(S_p^{\boldsymbol{a}'}) \right| + \cdots + \left| C^\gamma(S_q^{\boldsymbol{a}'}) \right| + \cdots + \left| C^\gamma(S_k^{\boldsymbol{a}'}) \right| \right)$$
$$- \left( |C^\gamma(S_1^{\boldsymbol{a}})| + \cdots + |C^\gamma(S_p^{\boldsymbol{a}})| + \cdots + |C^\gamma(S_q^{\boldsymbol{a}})| + \cdots + |C^\gamma(S_k^{\boldsymbol{a}})| \right) \tag{27.5}$$

因为, 总有 $|C^\gamma(S_{\boldsymbol{a}'}^l)| = |C^\gamma(S_{\boldsymbol{a}}^l)|$, $l \neq p, q$, 所以式 (27.5) 可重写为

$$\Delta \Phi = \left| C^\gamma(S_q^{\boldsymbol{a}'}) \right| + \left| C^\gamma(S_p^{\mathbf{a}'}) \right| - \left| C^\gamma(S_q^{\mathbf{a}}) \right| - \left| C^\gamma(S_p^{\mathbf{a}}) \right| \tag{27.6}$$

由式 (27.4) 和可得式 (27.6), $\Delta\Phi = \Delta u_i$ 成立, 因此 $G$ 是一个以 $Z(\boldsymbol{a}) = \sum_{l=1}^{k}|C^\gamma(S_l^{\boldsymbol{a}})|$ 为势函数的势博弈。

由定理 27.1 及势博弈性质可知, 融合覆盖博弈存在纯策略纳什均衡。此外, 由 $\Delta\Phi = \Delta u_i$ 可知, 节点的效用增量等于势函数值的增量, 且势函数与目标函数一致。因此, 节点覆盖效用增加蕴涵着网络覆盖率增加, 同时, 纳什均衡是目标函数的极值解, 目标函数的最优解是纳什均衡。这些性质为设计覆盖优化算法奠定了理论基础。

## 27.3 分布式算法

### 27.3.1 节点覆盖效用的独立性

节点覆盖效用的独立性保证了每个节点只需与其邻近节点通信, 交换信息即可计算覆盖效用。

**定义 27.5** 记节点 $s_i$ 的 $\gamma$-融合覆盖半径为 $R_\gamma^u$, 即节点 $s_i$ 的 $\gamma$-融合覆盖目标点 $t$ 只能位于以 $s_i$ 为圆心, $R_\gamma^u$ 为半径的范围内。

**定理 27.2** 节点 $s_i$ 的 $\gamma$-融合覆盖半径 $R_\gamma^u$ 为

$$R_\gamma^u = \left(\frac{1}{\sqrt{\gamma}-\sqrt{\gamma-1}}\right)^{\frac{1}{\eta}} r_s \tag{27.7}$$

证明略。

基于 $R_\gamma^u$, 可进一步推导出节点 $\gamma$-融合覆盖效用独立距离。

**定义 27.6** 记节点 $\gamma$-融合覆盖效用独立距离为 $R_\gamma^s$, 即给定节点 $s_i$、$s_j$, 如果 $s_i$ 与 $s_j$ 的距离大于 $R_\gamma^s$, 那么, 假定其他节点覆盖策略不变, $s_j$ 改变其覆盖策略不会影响 $s_i$ 的 $\gamma$-融合覆盖效用, 即 $s_i$ 与 $s_j$ 的 $\gamma$-融合覆盖效用独立。

**定理 27.3** $\gamma$-融合覆盖效用独立距离 $R_\gamma^s = 2R_\gamma^u$。

证明略。

### 27.3.2 基于局部信息、分布式的 $k$-集覆盖优化算法

本节给出两个基于融合的 $k$-集覆盖的优化算法: ① 同步优化算法; ② 异步优化算法。算法基于局部信息, 即节点 $s_i$ 只需与 $R_\gamma^s$ 半径的范围内节点通信, 获取它们的覆盖策略; 然后, 考察以 $s_i$ 为圆心, 以 $R_\gamma^u$ 为半径范围内的目标点, 即可计算 $s_i$ 各个策略的覆盖效用。

在同步优化算法中, 假定各个节点能够基于系统时钟同步执行如下行动: ① 效用相关节点之间交换状态信息; ② 节点计算覆盖效用; ③ 效用相互独立且具有最大效用增益的节点同步更新覆盖策略; ④ 广播策略更新信息。

在异步优化算法中, 每个节点有自己的时钟, 节点时钟以速率为 1 的泊松过程决定时间步, 节点按照时间步执行如下行动: ① 与效用相关节点通信, 获取覆盖策略信息; ② 计算覆盖效用, 并更新策略; ③ 向效用相关节点广播策略更新信息。

1. 同步优化算法

在同步优化算法中, 各个节点按照系统时钟同步完成策略更新相关操作。系统中通过设置标志信息 $a\_END = \neg(Update_1 \vee \cdots \vee Update_n)$ 来控制算法是否结束, 即如果各个节点向系统发送的策略更新信息均为假, 那么算法终止。

**算法 27.1　同步优化算法 ($\gamma$-FCSA)**

---

**输入**: 效用相关节点的位置、随机生成的初始覆盖策略 $a_i(0) \in \{1, 2, ..., k\}$, 系统时钟 $t = 0$, 策略更新标志 $Update_i \leftarrow true$。

**输出**: 节点 $S_i$ 的纳什均衡覆盖策略 $a_i^*$。

(1) **WHILE** $a\_END = false$ **DO**

(2) 　　　与 $\forall s_j \in S_i^u$ 通信, 获取 $S_j$ 覆盖策略信息;

(3) 　　　根据效用相关节点的覆盖策略, 计算:

(4) 　　　$\Delta_i(\boldsymbol{a}(t)) = \max\limits_{a'_i} \left(u_i(a'_i, \boldsymbol{a}(t)_{-i}) - u_i(a_i, \boldsymbol{a}(t)_{-i})\right);$

(5) 　　　$br_i(\boldsymbol{a}(t)) = \arg\max\limits_{a'_i} \left(u_i(a'_i, \boldsymbol{a}(t)_{-i}) - u_i(a_i, \boldsymbol{a}(t)_{-i})\right);$

(6) 　　　IF $\Delta_i(\boldsymbol{a}(t)) > 0$ **THEN**

(7) 　　　　　向 $\forall s_j \in S_i^u$ 广播 $\Delta_i(\boldsymbol{a}(t))$;

(8) 　　　　　IF $\Delta_i(\boldsymbol{a}(t)) > \max\{\Delta_j(\boldsymbol{a}(t)) | \forall s_j \in S_i^u\}$ **THEN**

(9) 　　　　　　　$a_i(t) \leftarrow br_i(\boldsymbol{a}(t))$; 向系统发送 $Update_i \leftarrow true$;

(10) 　　　　　**END IF**

(11) 　　　**ELSE**

(12) 　　　　　向 $\forall s_j \in S_i^u$ 广播 $\Delta_i(\boldsymbol{a}(t)) = 0$; 向系统发送

　　　　　　　$Update_i \leftarrow false$ 消息;

(13) 　　　**END IF**

(14) **END WHILE**

---

**定理 27.4**　算法 $\gamma$-FCSA 将以覆盖率递增的方式收敛到纯策略纳什均衡。

**证明**　在算法 $\gamma$-FCSA 执行过程中, 在第 $t$ 步迭代的剖面 $\boldsymbol{a}(t)$ 下, 如果 $\exists i$, $Update_i = true$, 那么, 有如下事实: ① $\Delta_i(\boldsymbol{a}(t)) = u_i(br_i(\boldsymbol{a}(t)), \boldsymbol{a}(t)_{-i}) - u_i(a_i, \boldsymbol{a}(t)_{-i}) > 0$, 即对于 $s_i$, 其 $br_i(\boldsymbol{a}(t))$ 策略的效用增量大于零; ② $\Delta_i(\boldsymbol{a}(t)) > \max\{\Delta_j(\boldsymbol{a}(t)) | \forall s_j \in S_i^u\}$, 即 $s_i$ 的效用增量是所有效用相关节点中最大的。这意味着, 不存在两个效用相关节点同时进行覆盖策略更新, 则如果只有一个节点 $s_i$ 进行覆盖策略更新, 我们有: $u_i(br_i(\boldsymbol{a}(t)), \boldsymbol{a}(t)_{-i}) - u_i(\boldsymbol{a}(t)) > 0$, 由定理 27.4 结论可知, 势函数值是单调递增的。如果有多个节点同时进行策略更新, 由于这些节点一定是效用无关节点, 所以这些相互独立的策略更新操作可同时使得势函数值单调递增。综上, 从初始剖面 $\boldsymbol{a}(0)$ 开始, 在算法执行过程中, 如果存在节点 (或多个节点) 更新覆盖策略, 则策略更新将使得势函数值单调递增。

由于 $Z(\boldsymbol{a}) = \Phi(\boldsymbol{a}) = \sum_{l=1}^{k} |C^\gamma(S_l^{\boldsymbol{a}})|$, 所以覆盖率同时递增; 因为 $\sum_{l=1}^{k} |C^\gamma(S_l^{\boldsymbol{a}})|$ 是一个有限值, 所以算法不会永远执行下去; 到某一时刻 $t$, 在剖面 $\boldsymbol{a}(t)$ 下, 如果没有任何节点更新自身策略, 那么算法终止。此时, 对于任意节点 $s_i$ 均有 $u_i(a'_i, \boldsymbol{a}_{-i}(t)) < u_i(\boldsymbol{a}(t))$, 因此 $\boldsymbol{a}(t)$ 是融合覆盖博弈的纯策略纳什均衡。

### 2. 异步优化算法

假定系统由 $n$ 个节点组成, 每个节点 $s_i$ 有自己的时钟 $t_i$, $s_i$ 以速率 1 的泊松过程进行策略更新。定义策略更新标志 $UT_i$, $UT_i$ 只在策略更新时刻被置为 true, 其余时刻置为 false。算法中 $a$ 表示当前时刻剖面。

**算法 27.2　异步优化算法 ($\gamma$-FCAA)**

---

**输入**: 效用相关节点的位置、随机生成的初始覆盖策略 $a_i(0) \in \{1, 2, ..., k\}$, 时钟 $t_i = 0$, $UT_i \leftarrow$ false, 策略更新标志 $Update_i \leftarrow$ true。

**输出**: 节点 $S_i$ 的纳什均衡覆盖策略 $a_i^*$。

(1) **WHILE** $a\_END =$ false 且 $UT_i =$ true **DO**

(2) 　　　　与 $\forall s_j \in S_i^u$ 通信, 获取 $S_j$ 策略信息;

(3) 　　　　根据效用相关节点的策略, 计算:

(4) 　　　　　$\Delta_i(\boldsymbol{a}) = \max\limits_{a'_i} (u_i(a'_i, \boldsymbol{a}_{-i}) - u_i(a_i, \boldsymbol{a}_{-i}));$

(5) 　　　　　$br_i(\boldsymbol{a}) = \arg\max\limits_{a'_i} (u_i(a'_i, \boldsymbol{a}_{-i}) - u_i(a_i, \boldsymbol{a}_{-i}));$

(6) 　　　　**IF** $\Delta_i(\boldsymbol{a}) > 0$ **THEN**

(7) 　　　　　　$a_i \leftarrow br_i(\boldsymbol{a})$; 向系统发送; **Update**$_i \leftarrow$ **true**;

(8) 　　　　**ELSE**

(9) 　　　　　　向系统发送 $Update_i \leftarrow$ false 消息;

(10) 　　　　**END IF**

(11) **END WHILE**

---

**定理 27.5** 算法 $\gamma$-FCAA 将以覆盖率递增的方式收敛到纯策略纳什均衡。

**证明** 设网络由 $n$ 个节点组成, 节点 $s_i$ 有自己的时钟 $t_i$, $t_i$ 以速率 1 的泊松过程置 $UT_i$ 为 true, 允许 $s_i$ 进行策略更新。$n$ 个相互独立的、速率为 1 的泊松过程之和决定了一个速率为 $n$ 的泊松过程。将该过程决定的到达时间记为 $\{T_k\}_{k \geqslant 0}$。由泊松过程的性质可知, 在 $\{T_k\}_{k \geqslant 0}$ 的每个到达时间, 系统中只有一个节点有机会进行策略更新, 记为 $I_k \in \{s_1, s_2, \cdots, s_m\}$, 显然 $I_k$ 是在 $\{s_1, s_2, \cdots, s_m\}$ 上的独立且服从均匀分布的随机变量。与同步算法证明类似, 每次策略更新势函数将单调递增, 同时, 目标函数是有限值; 因此, 算法 $\gamma$-FCAA 最终收敛到纳什均衡状态。

算法 $\gamma$-FCAA、$\gamma$-FCAA 是融合覆盖博弈的两种不同的最优响应动态过程 (best response dynamics), 由文献[20]的结论可知, 算法 $\gamma$-FCAA、$\gamma$-FCAA 的时间复杂度是 PLS-complete[21], 这意味着在最坏情况下, 算法需要指数时间收敛到纯策略纳什均衡。

# 27.4　实　　验

通过仿真实验对 $\gamma$-FCSA、$\gamma$-FCAA 算法的覆盖性能和收敛性进行验证。算法的覆盖性能包括覆盖率和覆盖稳定性。覆盖率指检测区域内 $(\alpha, \beta, \gamma)$-覆盖的目标点数与总目标点数的比值。覆盖稳定性则由各个子集的覆盖率与覆盖率平均值的方差来进行衡量。算法的收敛性主要验证算法是否收敛到纯策略纳什均衡, 以及收敛的速度参数。

### 27.4.1　算法的覆盖性能

#### 1. 算法的覆盖率

为验证 $\gamma$-FCSA、$\gamma$-FCAA 算法的有效性,将它们与以下算法进行对比实验:① 基于融合的 $k$-集覆盖随机优化算法 (记为 RANDOM),RANDOM 将节点随机地分配到 $k$ 个子集中;② 基于融合的 $k$-集覆盖 0-1 规划算法 (简记为 OPT),将基于融合的 $k$-集覆盖优化问题模型转化为一个 0-1 整数规划问题,进而求解该问题的最优覆盖。

从实验的可行性出发,只考虑 $\gamma = 2$-融合覆盖的情形。问题的 0-1 整数规划模型由公式 (27.8) 确定:决策变量 $x_{z,i}$,如果传感器 $i$ 被分配到第 $z$ 个子集,则 $x_{z,i} = 1$,否则 $x_{z,i} = 0$;决策变量 $y_{z,j}$,如果目标 $j$ 被第 $z$ 个子集覆盖,则 $y_{z,j} = 1$,否则 $y_{z,j} = 0$。设 $T$ 是检测区域内的目标点数;给定一个随机部署的 WSN,常数 $a_{i,j}$ 由如下方式确定:如果节点 $i$ 能够 1-覆盖目标点 $j$,则 $a_{i,j} = 1$,否则 $a_{i,j} = 0$。常数 $b_v$ 由如下方式确定:如果节点 $p$ 与节点 $q$ 能够 2-融合覆盖目标点 $j$,则 $b_v = 1$,否则 $b_v = 0$。

$$\min\left\{\sum_{z=1}^{k}\sum_{j=1}^{T}\left(1-y_{z,j}\right)\right\}$$
$$\text{s.t.}\begin{cases} y_{z,j} - \sum_{i=1}^{n} a_{i,j}x_{z,i} - \sum_{v=1}^{\frac{n(n-1)}{2}} b_v x_{z,p}x_{z,q} \leqslant 0 \\ \sum_{z=1}^{k} x_{z,i} = 1 \\ y_{z,j}, x_{z,i} \in \{0,1\} \\ 1 \leqslant z \leqslant k,\ 1 \leqslant j \leqslant T,\ 1 \leqslant i \leqslant n,\ p < q \end{cases} \tag{27.8}$$

实验环境:检测区域大小为 $10 \times 10$,区域内包含 $50 \times 50$ 目标点。参数设定:$P_D^{\min} = 0.95$,$P_M^{\max} = 0.05$,$\gamma = 2$;分别对节点数 $n = 100, 125, 150, 175, 200, 225, 250, 275, 300$ 的网络进行实验。为保证实验结果的可靠性,对于每一个 $n$ 值,重复实验 20 次。每次实验,初始时刻,随机部署 $n$ 个节点在检测区域。RANDOM 算法随机地将 $S$ 划分为 $k$ 个子集;OPT 算法根据 0-1 整数规划求解的结果划分子集。对于 $\gamma$-FCSA、$\gamma$-FCAA 算法,当算法收敛到纯策略纳什均衡时,根据收敛结果划分子集。每次实验的覆盖率由该次实验子集的平均覆盖率,即 $\left(\left(\sum_{l=1}^{k}\left|C^{\gamma}(S_l^{a})\right|\right)/k\right)/(50 \times 50)$ 计算得到。

最终,将 20 次实验得到的覆盖率进行算术平均,得到节点数为 $n$ 的网络的覆盖率。

图 27.1 给出四个算法覆盖率对比实验的结果。$\gamma$-FCSA、$\gamma$-FCAA 在收敛后得到的覆盖率相当。注意到 $\gamma$-FCSA、$\gamma$-FCAA 算法的覆盖率接近最优覆盖。另外,与 RANDOM 算法相比,在节点数相同的情况下,$\gamma$-FCSA、$\gamma$-FCAA 算法覆盖结果较优。

由于目标函数与势函数一致,如图 27.2(a)(b) 所示,在 $\gamma$-FCSA、$\gamma$-FCAA 算法的收敛过程中,覆盖率单调递增。另外,也可看到,在节点数相同的情况下,提高 $\gamma$ 值也可提高网络的覆盖率。

#### 2. 覆盖的稳定性

覆盖性能的另外一个重要方面是覆盖的稳定性。表 27.1 给出了 $\gamma$-FCSA、$\gamma$-FCAA 与 RANDOM 三种算法的覆盖率方差值。可以看到 $\gamma$-FCSA、$\gamma$-FCAA 算法收敛后,各个子集间覆盖率相差不大，具有好的覆盖稳定性。然而，RANDOM 的覆盖率方差较大，覆盖稳定性差。

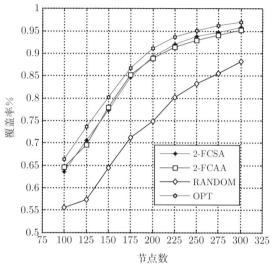

图 27.1　算法覆盖率对比测试

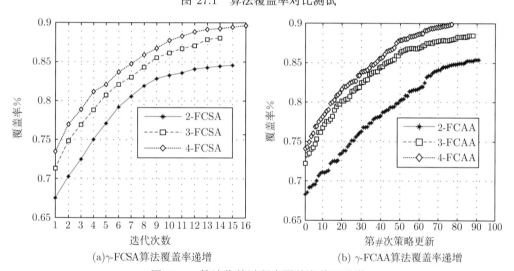

(a) $\gamma$-FCSA算法覆盖率递增　　　　(b) $\gamma$-FCAA算法覆盖率递增

图 27.2　算法收敛过程中覆盖率单调递增

表 27.1　算法覆盖率的方差

| 算法 | $n$ | | | | |
| --- | --- | --- | --- | --- | --- |
| | 100 | 150 | 200 | 250 | 300 |
| $\gamma$-FCSA | 0.0148 | 0.0079 | 0.0071 | 0.0046 | 0.0028 |
| $\gamma$-FCAA | 0.0188 | 0.0074 | 0.0076 | 0.0041 | 0.0018 |
| RANDOM | 0.0408 | 0.0369 | 0.0351 | 0.0330 | 0.0308 |

### 27.4.2　算法的收敛速度

$\gamma$-FCSA、$\gamma$-FCAA 算法的收敛速度受到以下一些因素的影响：① 随机部署的节点数 $n$；② $\gamma$-融合覆盖效用独立距离 $R_\gamma^s$；③ 划分的子集数目 $k$。

如图 27.3 所示，给定 $R_\gamma^s$，$\gamma$-FCSA 算法的收敛迭代次数，随节点数增加而增加。同一节点数，$\gamma$-FCSA 算法的收敛迭代次数随 $R_\gamma^s$ 的加大而增加。主要原因是，随着 $R_\gamma^s$ 的加大，每次迭代时，能同时进行策略更新的节点数减少，从而导致算法最终的收敛次数增加。

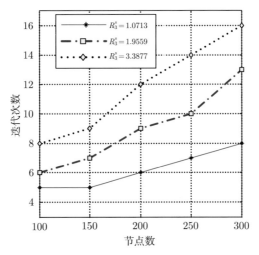

图 27.3　$\gamma$-FCSA 算法的收敛速度

如图 27.4 所示，给定 $R_\gamma^s$，$\gamma$-FCAA 算法的收敛迭代次数也随节点数增加而增加。同一节点数，$\gamma$-FCSA 算法的收敛迭代次数随 $R_\gamma^s$ 的加大而增加。

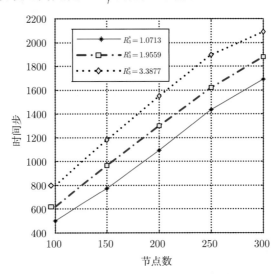

图 27.4　$\gamma$-FCAA 算法的收敛速度

## 27.5　结　　论

WSN 的概率感知模型能反映感知事件的随机性及量化感知精度，采用数据融合技术能有效提高网络的覆盖质量。当 WSN 采用高密度随机部署时，节点的有效覆盖区域存在重叠，此时 WSN 的 $k$-集覆盖优化是一种有效地保质、延时的覆盖优化方法。在节点采用概率感知模型且融合多节点数据进行感知的情况下, 提出一个新的覆盖优化问题, 即基于融合的 $k$-集覆盖优化问题。本章将该问题建模为一个融合覆盖博弈, 证明该博弈是一个势博弈, 进而提出两个基于局部信息的、分布式的覆盖优化算法。对于高密度随机部署的 WSN, 实验结果表明算法收敛后能达到高的覆盖率且具备好的覆盖稳定性, 在给定时延要求的前提下, 能够有效地提升 WSN 的覆盖质量。

# 参 考 文 献

[1] Wang B. Coverage Control in Sensor Networks. Berlin: Springer-Verlag, 2010.

[2] 凡高娟, 王汝传, 黄海平, 等. 基于容忍覆盖区域的无线传感器网络节点调度算法. 电子学报, 2011, 39(1): 89-94.

[3] Fan G J,Wang R C,Huang H P, et al. Tolerable coverage area based node scheduling algorithm in wireless sensor networks. Acta Electronica Sinica, 2011, 39(1): 89-94.

[4] 任丰原, 黄海宁, 林闯. 无线传感器网络. 软件学报, 2003, 14(7): 1282-1290.

[5] Ren F Y, Huang H N, Lin C. Wireless sensor networks. Journal of Software, 2003, 14(7): 1282-1290

[6] Slijepcevic S, Potkonjak M. Power e–cient organization of wireless sensor networks. Proceedings of the IEEE International Conference on Communications. Helsinki: IEEE Computer Society Press, 2001: 472-476

[7] Abrams Z, Goel A, Plotkin S A. Set k-cover algorithms for energy e–cient monitoring in wireless sensor networks. Proceedings of the Third International Symposium on Information Processing in Sensor Networks. California: ACM Press, 2004: 424-432

[8] Deshpande A, Khuller S, Malekian A, et al. Energy e–cient monitoring in sensor networks. Algorithmica, 2011, 59(1): 94-114

[9] Ai X, Srinivasan V, Tham C K. Optimality and complexity of pure Nash equilibria in the coverage game. IEEE Journal on Selected Areas in Communications , 2008, 26(7): 1170-1182

[10] Ahmed N, Kanhere S S, Jha S. Probabilistic coverage in wireless sensor networks. Proceedings of 30th Annual IEEE Conference on Local Computer Networks. Sydney:IEEE Computer Society Press, 2005: 672-681

[11] Mohamed Hefeeda, Hossein Ahmadi. A probabilistic coverage protocol for wireless sensor networks. Proceedings of the IEEE International Conference on Network Protocols. Beijing: IEEE Computer Society Press, 2007: 41-50

[12] 何欣, 桂小林. 基于概率感知覆盖的无线传感器网络节点优化部署方案. 通信学报, 2010, (9A): 1-8

[13] 蒋丽萍, 王良民, 熊书民. 基于感知概率的无线传感器网络 $k$ 重覆盖算法. 计算机应用研究, 2009, 26(9): 3484-3486.

[14] 孟凡治, 王换招, 何晖. 基于联合感知模型的无线传感器网络连通性覆盖协议. 电子学报, 2011, 39(4): 772-779.

[15] 王刚, 赵海, 魏守智. 基于威胁博弈理论的决策的融合模型. 东北大学学报 (自然科学版), 2004(1): 34-37

[16] 张伟卫, 赵知劲, 王海泉. 基于严格位势博弈的动态预留信道选择. 电子技术应用, 2010(11): 135-137, 141

[17]　Xing G L, Tan R, Liu B, et al. Data fusion improves the coverage of wireless sensor networks. Proceedings of the 15th Annual International Conference on Mobile Computing and Networking. Beijing: ACM Press, 2009: 157-168

[18]　Fujishige S. Submodular Functions and Optimization.Second Edition. Amsterdam:Elsevier, 2005

[19]　Fudenberg D, Tirole J. Game Theory. Cambridge, Massachusetts: The MIT Press, 1991.

[20]　Monderer D, Shapley L. Potential games. Games and Economic Behavior, 1996, 14: 124-143.

# 第28章　基于分层结构化设计实现乳腺癌诊断原型系统

赵文嘉[1]，郑智捷[2]

**摘要**：随着老年人比例的增大，乳腺癌的发病率和死亡率不断升高，中国 2005 年启动"百万妇女乳腺普查项目"，为全面进行乳腺普查作前期基础准备工作。为了系统化地培养专业医生，除了临床实践，利用信息技术建立乳腺癌诊断查询系统能对培养专业医师起到辅助诊断和查询的作用。本章描述的系统利用分层结构化的分析技术辅助医生快速学习乳腺专业知识。本章描述分层结构化原理和系统构造框架，探讨数据、信息和知识在系统中组织与存储的方式，以及各个核心功能模块的设计，展示该系统实现的情况。乳腺癌诊断查询系统提供多种查询模式，方便使用者对乳腺医疗信息的自由查询和浏览，有权限的用户可以添加、删除、更新系统中的相应的乳腺医疗信息。系统在设计和实现中应用了分层结构化设计以增强系统的扩展性，使用多级用户管理模式提高系统信息的安全性。

**关键词**：乳腺癌诊断，分层结构化设计，树结构，抽象模式。

## 28.1　概　　述

随着全球化进程和中国网络信息化进程的加快，人们生活水平普遍提高，老龄化、医疗保障体系、生活习惯和饮食结构等社会经济发展带来了巨大变化。乳腺癌的发病率和死亡率有日益增长的趋势。显现出"发病率不断升高、死亡率不断升高、治疗费用不断升高"的三高现象。

据不完全统计，中国每年有 20 余万名妇女患乳癌，4 万余名妇女死于乳癌，1991~2000 年中国城市中乳腺癌的死亡率增长 38.9%，农村为 39.7%，乳腺癌已成为城市女性的头号杀手，成为城市中死亡率增长最快的癌症。女性乳腺癌发病率与 1995 年相比上升了三倍多，并且正以每年 3%~4% 的增长率急剧上升，农村的发病率明显升高，乳腺癌发病率的"城乡差别"正在缩小。虽然中国乳腺癌的发病率明显低于欧美等国家，但死亡率却远高于欧美。其主要原因是中国乳腺癌的早期诊断率偏低，约为 20%，而美国为 80%。因此，通过提高乳腺癌早期诊断率降低乳腺癌的死亡率，遏制乳腺癌发病率快速增长的势头，维护广大妇女的健康和生命，是目前乳腺癌防治的迫切需求。乳腺癌是世界卫生组织确认有明确普查效果的两种恶性肿瘤之一。通过癌症普查可以发现无症状的早期患者，而早诊早治是提高乳腺癌治愈率、降低死亡率的关键。

除此之外，中国有约 70% 的妇女患有各种各样的乳腺疾病。中国女性乳腺癌的另一特

1 新加坡。e-mail: dfwenjia@gmail.com。

2 云南省软件工程重点实验室，云南省量子信息重点实验室，云南大学。e-mail: conjugatelogic@yahoo.com。

本项目由国家自然科学基金 (62041213)，云南省科技厅重大科技专项 (2018ZI002)，国家自然科学基金 (61362014) 和云南省海外高层次人才项目联合经费支持。

点是：发病年轻化，30 岁开始增加，发病高峰年龄为 40~49 岁，比西方妇女早 10~15 年。乳腺疾病严重威胁妇女的生命健康。早期发现、早期诊断和早期治疗，对提高乳腺癌患者的生存率和生活质量至关重要。

早在 1973 年，美国癌症协会和国立癌症研究所开展乳腺癌普查工作，涉及 28 万名女性，查出 3500 例乳腺癌患者，其中 1/3 为早期。尽管美国从 1993 年以后乳腺癌发病率还在继续上升，但是死亡率已经下降，主要是因为美国从 20 世纪 70 年代开始采取了预防措施，重点进行乳腺癌的筛查和普查。经过近 20 年的发展，西方国家大规模乳腺普查和早诊早治技术已经非常成熟。在 20 世纪 90 年代世界卫生组织就向各国建议开展大规模人群的乳腺癌普查。

早期诊断早期治疗乳腺癌存在三方面益处：① 死亡率下降，生命得以延续。早期乳腺癌 10 年生存率高于 90%，晚期乳腺癌 10 年存活率小于 30%。② 减少医疗开销。③ 早期治疗可以防止乳腺癌的转移扩散，使患者可以过有质量的正常生活。

为了增进妇女健康，中国抗癌协会发起了 "百万妇女乳腺普查项目"。为了实现项目目标，需要在乳腺诊断知识和临床经验方面提供更专业的培训。由于乳房 X 射线照相术只是放射领域的一个小分支，而有经验的医师需要忙于大量的患者，因此在整合最新资料方面存在一些困难。

现代医学教育基于两种主要方法：第一种方法是传统方法，基于研究医学史书和过去病例。由于维护不善和经费限制，医院维护的大部分医学书籍已经过时且难以理解，通过传统方法练习，医生将难以获得最新的前沿信息。第二种方法是辅助使用先进的网络信息技术支持，医生可以从网上访问了解最新学术信息快速学习和更新前沿知识。较为流行的方法是建立起发布最新信息的网站，使用搜索引擎来查询互联网。目前这些方法的结果有限，由于信息分散，难以形成专业的知识系统。例如，国际妇女联合会建立过一个在线学习系统，包含预防乳腺癌、诊断和治疗等论题。但是系统的主要目标是教育医学院的学生，而不是医生。如何培训专业医师在短时间内掌握乳腺疾病领域的知识是一个有益的论题。

利用先进的网络信息技术和数字图书馆等形成一类专业图形与诊断查询系统网络的结构，可能提供一个加速培训互动学习的环境帮助医生诊断乳腺疾病。该类系统易于扩展、使用和操作。使用户能够在较短的时间内获得有效的诊断信息。

"百万妇女乳腺普查项目" 引进先进的分辨率较高的乳腺专业影像诊断技术，计划用六年的时间为 100 万名 35~70 岁的妇女每人提供四次符合国际标准的乳腺检查，建立中国妇女的乳腺数据库，通过普查有效实现乳癌的早诊早治，降低乳癌死亡率，普及科学的乳腺疾病预防和保健知识。为实现该项目中国急需培养一批具有专业乳腺诊断知识，并且经验丰富的临床医生。

本章的系统设计以著名放射学权威胡永升的专著《现代乳房影像诊断》为模型，以支撑解释系统的有效性。

## 28.2　系统架构设计

伴随着全球互联网技术的普及和发展，世界趋于平坦，在这种平坦的世界中，知识信息和数据上传的力量不可轻视。借助网络的上传操作,传统的消费者变为现代的生产者,每个人都可能进行免费创作、上传和传播自己的产品与观点。不仅是被动地从商业企业或者传统的机构下载和获取这些资讯,而是对创造、创新、信息集散等流程形成根本性的改变。形成从下而上、遍及全球的普遍现象。知识信息数据等上传模式,正在成为专业教育合作领域中具有革命性的标志之一。

基于传播和组织知识信息与数据的新的模式,我们旨在设计和开发一个基于网络信息的支撑框架系统,使有权限的用户 (资深的乳腺病专家) 能够上传自己的知识体系及新的专业研究发现等内容,逐渐形成一个内容丰富翔实的基于网络的乳腺病知识库。

本系统的设计开发遵循以下原则。

(1) 针对性原则:系统为乳腺病专用知识的资料库,因此不同的用户权限需要提供分级控制。

(2) 易用性原则:系统专为培训乳腺病医生设计开发,该类人群具有较好的计算机操作应用水平,因此系统设计需要有较好的易用性支撑。

(3) 开放性原则:系统可以利用知识信息数据上传扩展,相关的内容可以逐步扩充丰富,有着强大的开放性。

(4) 安全性原则:系统潜在的数据容量较大,需要保障数据库的安全性与稳定性。

系统采用 B/S 设计架构参阅图 28.1,客户端运行浏览器软件。浏览器以超文本形式向 Web 服务器提出访问数据库的要求,Web 服务器接受客户端请求后,将这个请求转化为 SQL 语法,并交给数据库服务器,数据库服务器得到请求后,验证其合法性,并进行数据处理,然后将处理后的结果返回给 Web 服务器,Web 服务器再一次将得到的所有结果进行转化,变成 HTML 文档形式,转发给客户端浏览器以 Web 页面形式显示出来。因此发布动态信息只需要改动一下数据库的若干记录或字段就可以实现了,简化系统维护和升级的方式。

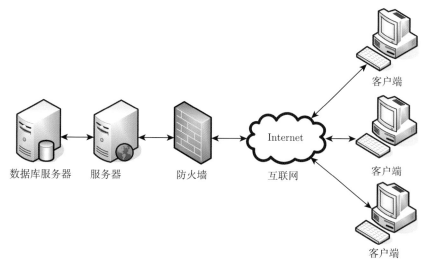

图 28.1 B/S 设计架构图

## 28.3　系统功能模块设计

乳腺诊断信息支持系统是网上专业的乳腺知识数据库，同时用户也能将其作为一个新成果的发布站点，参阅图 28.2。网上乳腺诊断辅助查询系统包括用户管理模块、信息管理模块、信息查询模块。

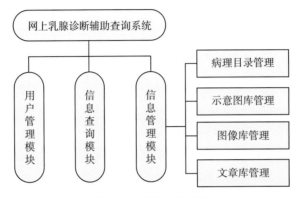

图 28.2　系统功能模块

用户管理模块负责管理使用本系统的用户信息，参阅图 28.3。功能包括用户的登录、注销、密码设置和修改，以及超级用户对低级用户的添加、删除、修改等功能。

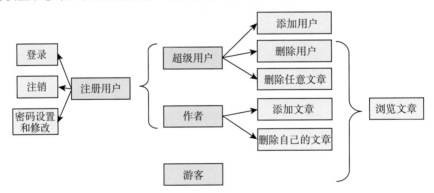

图 28.3　用户管理模块示意图

不同权限的用户能做不同的操作。例如，用户是作者权限，能够修改、添加、删除及保存该作者的知识体系内的信息。对其他作者的信息，可进行自由查询工作。当用户具有超级用户管理员的权限时，可以对在系统中包含的各类信息进行更改。

信息管理模块实现系统的信息管理，功能包括对病理目录信息、病症简介、病理示意图、图像库、文章库等多种格式的信息进行添加、删除、修改、保存等操作。这些信息在操作的过程中相互之间有联系。在对信息进行操作的过程中，需要提供合理的流程进行管理。例如，要删除病例目录下的一个图像库，则系统会提示先删除图像库中所存储的图像，从而减少用户的误删操作。

信息查询模块提供所有用户能够使用的功能模块，也是本设计系统的底层模块，可以为每个用户提供检索和查询的操作，为用户提供广泛的学习资料。系统设计面向普通的用户群体，提供多种形式的操作，简便的查询，支持用户所需各种信息的查询与浏览。

权限为作者的用户，可以根据 "我的图像库" 和 "我的文章库" 的目录，浏览查询自己在系统中已经放入的图像信息和文档信息。

## 28.4 搜索乳腺疾病诊断系统的分层结构设计

传统的教科书中包含的信息是静态的。有用的信息以存储方式在关系数据库中进行存储，按平面矩阵和关键目标形式建立关系。这种模式的关联性与传统的知识表达不一致。对于传统非结构化信息和数据格式标准的专业书籍，许多信息分布在异构系统中，难以进行信息集成。

在层次结构系统诊断乳腺疾病的方式中相关对象划分形成对象之间的关系，而不是平面矩阵模式的关系，允许形成树状数据集 (在医学描述中，对一些具有交叉属性的疾病，树状模型不是严格意义上的树，可以在几类属性交叉之处设置中间区域形成一个节点)，这样的模式有助于整合不同的标准，格式化信息，使得表达的专业知识和信息容易存储、检索，便于理解。

乳腺疾病诊断系统按如下方式进行设计：各个用户将乳房相关信息引入知识系统，抽象形成树、树图。利用适当的链接将所描述的病理案例相关联。形成多个节点的树状结构组织表达的是结构化 "信息"。树上的节点可以表达文本、图像、图形、语音及其组合。树状结构和中间节点通过根节点的病理出发在各层次中形成分类，每个叶节点对应一幅图像，而多个叶节点指向同一个节点形成这些图像共同具有的症状。多个叶节点所连接的上层节点属于更为抽象类的疾病类型 (图 28.4)。利用已有的结构化信息，可以挑选不同的病理症状，形成一个新的抽象查询目录。这种可以编辑删改的层次结构设计，使该类系统可以在肿瘤手术、放射治疗和其他癌症预防的医学、教育与研究中使用。

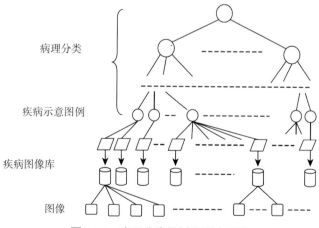

图 28.4 病理分类的树状形态表达

## 28.5　检索系统设计

从用户方便地搜索信息的角度，提供三种检索方法：病理目录检索 (自上而下)；图像检索 (自下而上) 以及按关键字检索。

(1) 病理目录检索。根据树状的病理目录组织，用户可以使用该类目录结构从根到叶分层搜索知识系统，获得关于疾病、图像、文章和其他信息的简要信息 (自上而下的方法，如图 28.5 所示，以查询慢性乳腺炎信息为例)。

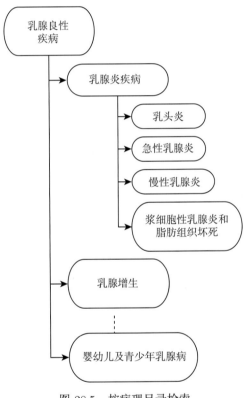

图 28.5　按病理目录检索

(2) 图像检索。遇到疑难问题的用户，可以利用自下而上的方法。显示整个数据库的地图，浏览图像或文章，选择感兴趣的信息。查询其他相关信息等，如图 28.6 所示。页面顶部是系统的概览、图像和其他选项，用户可以根据自己的需要搜索系统。

(3) 按关键字检索。系统具有丰富的信息资源提供多种格式，还具有关键字检索功能。用户输入关键字，系统显示出包含关键字的所有文章以及相关性排名。

## 28.6　用户界面设计

从方便操作的角度，系统的用户界面设计是至关重要的步骤。用户界面的整体设计分为结构设计、交互设计和视觉设计。考虑到系统数据的可扩展性，形成图形丰富多样，设计友

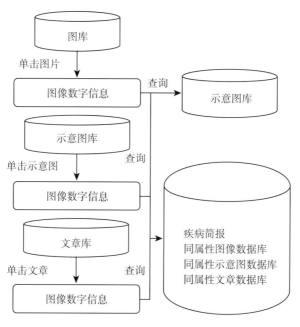

图 28.6 图像检索

好易用的界面十分重要, 系统界面设计的美学水平将影响用户的体验和后续的进一步使用。

从分层结构化系统设计的角度, 可视化界面分为三个部分 (图 28.7)。

第一部分为两种搜索系统的方式组合: 包括水平方向菜单排列、地图、图像、按钮等。方便用户根据放入的信息结构进行自下而上的查询。

第二部分放入注册按钮、搜索框和病理目录。鉴于信息的专业性和输入数据的可靠性与真实性, 设置多级用户以约束不同级别用户的操作类型, 从而确保信息的可靠性。搜索按钮为用户提供关键字搜索方法。底部是病理检索的检查列表, 允许从上到下进行检查。

第三部分是显示用户查询信息的显示区域, 指示高级用户向数据库添加信息的信息。这种模式的页面布局允许非计算机用户直接操作系统。

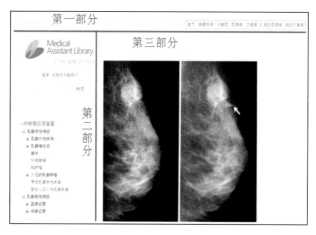

图 28.7 可视化界面

## 28.7　基础功能和操作系统与界面的实现

基于系统/设计框架 (图 28.8)，使用浏览器客户端软件模型，利用标准 HTML，浏览器向服务器发出请求。Web 服务器接受请求并将其转换为 SQL 语句，然后查询数据库服务器。数据库服务器将验证请求和数据的合法性。形成处理结果，返回结构到 Web 服务器。Web 服务器将所有处理结果转换为 HTML 格式，利用浏览器将相关信息提交给用户。为了满足系统动态变化的支撑，可对数据库信息进行对应修改，以满足系统维护和升级的需求。

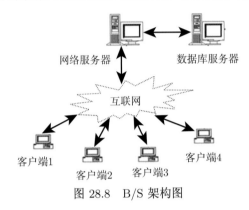

图 28.8　B/S 架构图

乳腺诊断信息系统数据库是一个基于网络技术的乳腺疾病在线可查询的专业知识库，用户可以从数据库中获得专业信息。在实现的系统中包括以下模块：① 系统维护模块。系统管理员为系统维护和用户级别权限设置密码。② 信息管理系统的信息管理模块，包括病理症状简报列表信息、病理图、图像、各种格式的数据等。文档的添加，删除，修改。③ 查询模块。拥有必要信息的用户可以执行各种形式的查询等。

在图 28.9~ 图 28.11 中展现了逐次根据适当的条件获得初步信息之后，再进一步检查后续的相关信息的情形。从这些例子中可以看到，这类系统包含多类结构和组织内容的复杂关系。

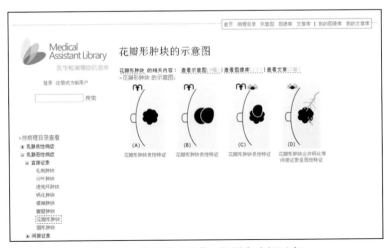

图 28.9　病理目录操作，从图中选择示意

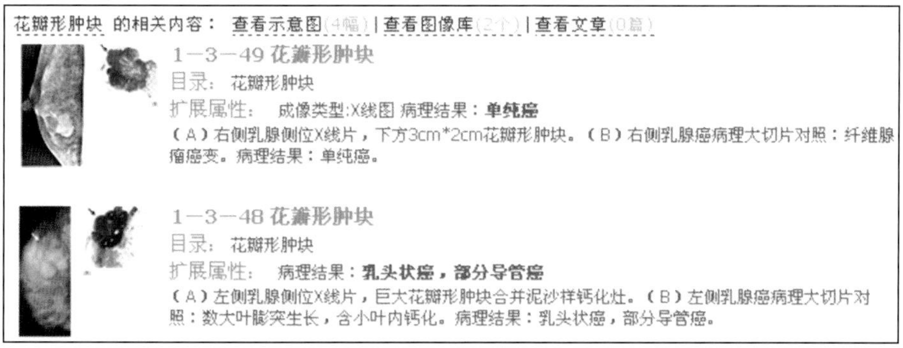

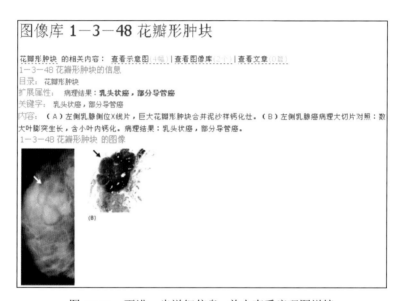

图 28.10 进入下一层之后相关的信息，从图中选择示意

图 28.11 更进一步详细信息，单击查看病理图详情

从给出的系列图示可以看到，该类系统形成一个分层结构化的标题目录。为了保证可靠性和可控制性，防止访客修改数据，系统提供三个用户级别：超级用户、用户和访客。超级用户控制用户访问权限，设置用户名和密码，设置用户级别，添加、删除和进行其他更改操作，可以进行查询。用户根据用户名和密码进入系统，添加、删除和更改文档等操作，在系统中浏览所有可查询信息。访客可以浏览和进行系统查询，但不能在系统中导入或修改信息。每个用户都有自己的用户名和密码进入系统以验证用户身份，并为他们提供相应服务功能。

## 28.8 结 论

该原型系统是根据胡永升的模型设计和实现的。胡永升对该原型的模型和原理表示支持。从系统分析和设计的角度，尽管该原型系统设计和实现是作者对复杂树状体系架构在医学领域中的探索性尝试，但从设计原型和实现系统表述的例子中可以看到，利用分层结构化方法，可以有机地把不同格式的复杂结构化信息整合在一起，更易于表达、存储、检索和理解。系统使用树状病理目录存储，使用不同格式的信息的目录树形结构模式进行存储。对比传统的数据库存储方式，通过这种分层结构化网络存储来表达相关信息，使得构建面向医学专业知识库的工程设计和实现更方便有效。

# 第八部分

# 典型应用———变值随机序列生成器

创造性是一类特殊能力，在自然界的随机性中导入次序。

——Eric Hoffer

利用确定性的机制生成随机序列的想法，本身就带着原罪。

——John von Neumann

人们相信采纳智能化设计是替代随机性的方法。

——Richard Dawkins

利用变值体系 $N$ 元变量伴随的 $2^N! \times 2^{2^N}$ 配置函数空间的宏大可控群集，是一类包含着海量可控变化模式的相空间。

在本书的第八部分典型应用 — 变值随机序列生成器中包括两章。

第 29 章为变值随机序列生成算法及其随机性检测，利用内部结构可控的生成机制，形成变值伪随机序列。在多种 NIST 统计测量功能的支持下，利用多组随机系列进行综合比较，展现变值序列生成器输出的变值随机序列内蕴的量化测量优势。

第 30 章为增强型变值伪随机数序列发生器的设计与实现，综合利用多种优化结构和设计方法，形成增强型变值伪随机序列发生器。利用可以灵活配置的生成机制，有效地扩展潜在的变值表格。动态表格参数从 $N = 4$ 扩展为 $N = 8$，以快速生成模式形成优质的输出系列；在多类测量模式下展现出所生成的伪随机序列可以同 RC4 生成的伪随机序列相互比较。

# 第29章 变值随机序列生成算法及其随机性检测

**摘要：** 高品质的随机序列生成器是各类密码安全体系的核心单元，对保障网络空间安全起到决定性的作用。本章利用变值逻辑方法，构造变值随机序列发生器。利用所构造算法，变值随机序列发生器与一组经典伪随机序列发生器产生的序列进行比较和测试，结果表明新的随机序列生成方法，可以比经典方法产生出满足随机特性更强的伪随机序列。

**关键词：** 变值体系，随机序列发生器，统计测试。

## 29.1 概　　述

经典逻辑在现代密码体系中具有核心作用，多种现代密码如 RC4、HC256 等序列密码构造方法，利用字构成 0-1 向量，从而形成充分长的随机序列。

利用布尔代数和向量变换理论的组合不变性来实现新的理论与应用 [1,2] 是一类长期具有生命力的探索。经典逻辑操作可以利用两种类型规范形式表示：和积范式，积和范式。任何给定的复杂逻辑函数都通过这两种规范形式实现。从一致性、简单性和结构对称性的角度，对任意函数都能使用真值表进行分析，并转化为规范表示 [3]。

在动态系统分析中，具有函数不变性的变换空间 [4,5] 具有特殊的意义。相空间在描述动态系统的关键属性方面起着至关重要的作用，但是在经典逻辑体系下，相位特性难以构建。从密码变换的角度，除了逻辑运算更重要的运算与置换和向量互补运算直接关联，在置换和互补的混合运算之下，密码函数需要的变换空间远大于经典逻辑函数提供的函数空间。

为了在向量逻辑体系下进行扩展，综合利用向量逻辑并在状态群集空间扩展向量置换算符和互补算符和的新型逻辑，体系–变值逻辑，建立形成了统一和一致的框架支撑，针对变值随机序列提出了原型算法 [6]，本章进一步构造满足序列密码要求的生成算法，利用随机性检测对多类随机序列生成算法的交叉比较结果。

## 29.2 变值逻辑方法生成随机序列

生成序列方法在算法 29.1 中描述。检查输出序列部分见算法 29.2。

**算法 29.1** 生成序列

**输入：** $X_N^0$ (矩阵第一行的初始值)，$R$(函数规则)，$P$(置换规则)，$\Delta$(互补规则)，$L$(迭代次数)。

1 复旦大学计算机学院，云南大学软件学院。e-mail: wzyang@ynu.edu.cn。

2 云南省软件工程重点实验室，云南省量子信息重点实验室，云南大学。e-mail: conjugatelogic@yahoo.com。

本项目由国家自然科学基金 (62041213)，云南省科技厅重大科技专项 (2018ZI002)，国家自然科学基金 (61362014) 和云南省海外高层次人才项目联合经费支持。

**输出**: $X_N^L$($L$ 行和 $N$ 列的矩阵)。

第一步　配置 $R$, $P$ 和 $\Delta(i = 0)$

第二步　使用 $R$, $P$ 和 $\Delta$ 来生成 $Y_N$

　　　　$Y = f_P^\Delta(X_N^i)R$

第三步　使用算法 29.2 检查向量 $Y$

第四步　如果 $Y$ 通过检查 $i = i + 1$;

　　　　　　$X_N^i = Y$;

　　　　否则　重新配置 $R$, $P$ 和 $\Delta$(不需要修改所有这些)

　　　　　　转到第二步;

第五步　如果 $i < L$

　　　　　　转到第二步

第六步　输出 $X_N^L$

---

**算法 29.2**　检查输出序列

---

**输入**: $X_N^i$ (当前矩阵) 和 $Y(Y = f_P^\Delta(X_N^i)_R$ 的向量)。

**输出**: 真/假。

第一步　初始化 $j = 0$

第二步　如果 $(j < i)$

　　　　　　如果 $(X_N^i = Y)$ 转到第四步;

　　　　否则 $j = j + 1$;

　　　　　　转到第二步;

　　　　否则　如果 $(j >= i)$

　　　　　　转到第三步;

第三步　返回真

第四步　返回假

---

## 29.3　与 BBS 等生成模型的交叉比较试验

涉及的算法用 C 语言实现, 形成随机序列, 生成程序包。采用该程序包在每次检测时生成的伪随机序列长度 $1000 * 1000 = 10^6$, 然后利用美国 NIST 统计测试套件进行测试, 分别检测每次生成的伪随机序列, 三次检测及其平均值结果参阅表 29.1。

为了测试变值随机序列生成器生成随机序列质量, 利用三组密码序列生成算法: BBS、Sha-1 和 Linear-Congruent (LC) 生成相同数量的随机序列 ($10^6$), 在相同的平台上进行测试, 得到的测量结果参阅表 29.2。

从表 29.2 的测量结果可以看到, 在大多数量化测试中变值随机序列生成方法形成的结果比其他算法更好。

**表 29.1　变值随机序列发生器检测结果**

| 检测方法 | 比较内容 | | | |
|---|---|---|---|---|
| | 检测 1 | 检测 2 | 检测 3 | 平均值 |
| 频率 | 1.0000 | 1.0000 | 1.0000 | 1.0000 |
| 块状频率 | 1.0000 | 1.0000 | 1.0000 | 1.0000 |
| 累加和 | 1.0000 | 1.0000 | 1.0000 | 1.0000 |
| 序段 | 1.0000 | 1.0000 | 0.9960 | 0.9987 |
| 最长序段 | 1.0000 | 1.0000 | 1.0000 | 1.0000 |
| 快速傅里叶变换 | 1.0000 | 1.0000 | 1.0000 | 1.0000 |
| 非周期模板 | 1.0000 | 1.0000 | 1.0000 | 1.0000 |
| 重叠模板 | 1.0000 | 1.0000 | 1.0000 | 1.0000 |
| 通用 | 1.0000 | 1.0000 | 1.0000 | 1.0000 |
| 近似熵 | 1.0000 | 1.0000 | 1.0000 | 1.0000 |
| 顺序 | 0.9880 | 0.9980 | 0.9820 | 0.9893 |
| 线性复杂性 | 0.9340 | 0.9360 | 0.9440 | 0.9380 |

**表 29.2　四种随机序列发生器综合检测交叉比较结果**

| 测试方法 | 比较内容 | | | | |
|---|---|---|---|---|---|
| | 变值 | BBS | Sha-1 | LC | 变值测度排序 |
| 频率 | 1.0000 | 0.9890 | 0.9930 | 0.9850 | 1 |
| 块状频率 | 1.0000 | 0.9860 | 0.9930 | 0.9910 | 1 |
| 累加和 | 1.0000 | 0.9910 | 0.9910 | 0.9920 | 1 |
| 序段 | 0.9987 | 0.9910 | 0.9930 | 0.9930 | 1 |
| 最长序段 | 1.0000 | 1.0000 | 1.0000 | 1.0000 | 1 |
| 快速傅里叶变换 | 1.0000 | 1.0000 | 1.0000 | 1.0000 | 1 |
| 非周期模板 | 1.0000 | 0.9760 | 0.9800 | 0.9780 | 1 |
| 重叠模板 | 1.0000 | 1.0000 | 1.0000 | 1.0000 | 1 |
| 通用 | 1.0000 | 1.0000 | 1.0000 | 1.0000 | 1 |
| 近似熵 | 1.0000 | 1.0000 | 1.0000 | 1.0000 | 1 |
| 顺序 | 0.9893 | 0.9890 | 0.9910 | 0.9780 | 2 |
| 线性复杂性 | 0.9380 | 0.9330 | 0.9140 | 0.9170 | 1 |

# 29.4　结　　论

在变值体系下通过向量置换和互补运算的扩展，所形成的宏大配置空间的排列模式，可以用来形成宏大的序列密码变化空间。

利用变值体系构造设计伪随机序列生成器的方法，对于深入开掘密码生成应用提供了新的模型和原理。良好的随机性测量特性，将为应用变值随机序列对网络空间内容安全提供替代的技术储备，为在整个互联网安全中应用序列密码打下坚实的基础。

## 参 考 文 献

[1]　Bonnet M. Handbook of Boolean Algebras. Amsterdam: North Holland, 1989

[2]　Lee S. Modern Switching Theory and Digital Design. New Jersey: Prentice-Hall, 1978

[3]  Vingron S. Switching Theory: Insight Through Predicate Logic. Berlin: Springer, 2004

[4]  Dunn P. The Complexity of Boolean Networks. Salt Lake: American Academic Press, 1988

[5]  Paterson M. Boolean Function Complexity. Cambridge: Cambridge University Press, 1992

[6]  Zheng J. Variant Construction from Theoretical Foundation to Applications. Berlin：Springer Nature, 2019

# 第30章 增强型变值伪随机数序列发生器的设计与实现

王安[1]，宋静[2]，郑智捷[3]

**摘要**：良好的伪随机数发生器是实现序列密码的前提和基础。在前沿网络空间安全应用环境中，伪随机数发生器占据重要的位置。变值逻辑体系为新型伪随机数发生器设计和实现提供良好的基础，高效地实现变值逻辑算法是设计和实现伪随机数发生器的前提。本章以变值逻辑体系为基础，通过优化基于变值逻辑设计的伪随机数生成器，完成增强型变值伪随机数发生器的设计和实现。在设计方案中应用并行计算的思想，以多组变值逻辑运算为核心，提高产生伪随机数序列的性能。根据设计需求，提出一种新的实现算法，降低时间和空间复杂度，提高算法的灵活性。在实现过程中参考和借鉴 KMP 模式匹配算法、哈希算法。对增强型变值伪随机数发生器的序列进行检测，获得的检测结果与 RC4 序列相似。测试结果显示所提出的增强型变值伪随机数序列发生器的设计和实现达到预期效果。

**关键词**：变值逻辑体系，伪随机数发生器，序列检测。

## 30.1 概　　述

### 30.1.1 研究背景

随着网络空间信息化程度越来越高，大量信息通过网络传递，随之而来的是严重的网络空间安全问题。网络安全的理论与技术越来越受到重视，而其安全保障的核心是密码理论与技术。从 1977 年美国颁布第一个数据加密标准以来，各个国家从政府到民间对密码技术的研究都十分重视，密码理论与技术以惊人的速度迅速发展。从私钥密码到公钥密码实现密码体制的突破，从 DES(数据加密标准，data encryption standard) 到 AES(高级加密标准，advanced encryption standard) 的进化过程，使密码算法研究高潮迭起。

布尔函数在密码算法的设计与分析中占有重要的地位。例如，在流密码中常用的密钥流生成器是非线性滤波生成器和非线性组合生成器，对它们的研究可归结为对布尔函数的研究。而现代分组密码体制中普遍使用的核心模块 S 盒，可归结为多输出布尔函数。更多的探索在对称性、高非线性、相关免疫性、扩散性等方面进行深入研究，特别是对抵抗相关攻击的相关免疫函数类、抗线性分析的 Bent 函数类进行了系统的研究，取得了丰富的成果。人们对布尔函数研究的深入，以及出现的新攻击方法，更加激发人们对布尔函数，特别是满足

---

1 恒生电子股份有限公司，杭州。e-mail: annvic@foxmail.com。

2 中国联通，北京。

3 云南省软件工程重点实验室，云南省量子信息重点实验室，云南大学。e-mail: conjugatelogic@yahoo.com。

本项目由国家自然科学基金 (62041213)，云南省科技厅重大科技专项 (2018ZI002)，国家自然科学基金 (61362014) 和云南省海外高层次人才项目联合经费支持。

不同性质多输出布尔函数的研究兴趣。布尔函数在密码学中具有重要地位,相关的研究不仅具有重要的理论意义,而且具有确定的应用价值 [1]。

### 30.1.2　国内外现状

由于布尔函数在密码学中的重要地位,所以对布尔函数的研究一直很活跃,也取得了一系列重要成果,但仍有许多问题有待解决,尤其是对某些函数类的研究仅处在起步阶段。

为防止攻击者对密码系统进行相关攻击,Siegenthaler 提出相关免疫函数的概念。例如,相关免疫函数的特征刻画、存在的充要条件、构造方法、计数问题、密码学价值以及函数的相关免疫性和其他密码学性质的关系问题等。多位学者对相关免疫函数做过深入的研究。由 Rothaus 提出的 Bent 函数是一类重要的密码函数,具有最高非线性度。抗线性分析是密码系统必须具备的安全性能,非线性是布尔函数最重要的密码学性质之一,取得了一系列的研究成果 [2]。

国内外对于布尔函数在密码学中应用的研究取得积极的进展,这些研究也使布尔函数在密码学中的应用成熟,推动密码学本身的健康发展。如果能推出新的方法或理论,并确认有效,那么对于整个行业的发展无疑将具有重大意义 [3]。

### 30.1.3　本章内容

在传统真值逻辑体系构造基础上,郑智捷提出变值逻辑体系 [4],并阐述了其构造理念和相关概念及性质。在变值逻辑体系下,通过引入变值标准式和不变值标准式的概念,提出了一类扩展的布尔函数表达式构造方法,定义了布尔函数线性复杂度概念及其计算方法。在文献 [5] 中提出了变值逻辑体系在伪随机数生成中应用的基础算法。本章利用文献 [5] 的基础算法,实现增强型变值伪随机数发生器。并对产生的序列进行测试和分析。

主要工作如下。

(1) 提出增强型变值伪随机数生成器方案。

(2) 构造参数的生成方案和实现变值逻辑算法。

(3) 对构造的输出序列进行检测和分析。

### 30.1.4　本章的组织结构

全章共分为五个小节,组织架构如下。

30.1 节阐述研究背景以及该课题的研究现状和进展,提出研究的内容、意义及其特点。

30.2 节介绍变值逻辑体系,描述变值逻辑体系中所产生序列的特性。

30.3 节描述增强型伪随机数生成器的设计方案。

30.4 节介绍变值逻辑运算的实现和参数的转化。

30.5 节针对输出序列的检测模型和检测结果,进行分析。

## 30.2　变值逻辑体系

### 30.2.1　变值逻辑

变值逻辑体系是基于 0-1 逻辑的理论结构,通过扩展经典 0-1 逻辑的 $\{\cap, \cup, \neg\}$,运算形成的表示体系，在已有的三种基本逻辑运算基础上，再增加两种基本运算，分别为置换 $P$ 和互补。在这样的扩展模式下，变值体系包含五个基本算符 $\{\cap, \cup, \neg, P, \Delta\}$。置换能够改变相关列的位置但是不改变列的值；互补根据控制参数来决定是否将该列值取反。

假设对经典逻辑框架下 $N$ 位真值表进行变值运算，即对拥有 $2^N$ 列的真值表进行置换操作和互补操作，置换组 $P\left(2^N\right)$ 将产生 $2^N!$ 种置换方式，互补组 $C\left(2^N\right)$ 将产生 $2^{2^N}$ 种互补方式。对于整个操作过程，将有 $2^N! \times 2^{2^N}$ 种方式，产生与 $2^N \times 2^{2^N}$ 成正比的数据空间。

### 30.2.2　变值伪随机数发生器的可行性

变值逻辑空间的超指数扩展特性使得所产生的伪随机数的周期急剧增大，对伪随机数的整体特性有显著提升作用。

(1) 变值逻辑空间表具有 $2^N \times 2^{2^N}$ 尺度的变值空间。因此基于变值逻辑产生的伪随机数拥有非常长的周期，产生的序列将拥有较强的随机性。

(2) 变值逻辑空间表的控制参数拥有 $2^N! \times 2^{2^N}$ 种方式。控制参数巨大的取值范围将灵活地提高伪随机数的应用特性 [5]。

(3) 变值逻辑空间表存在一定的统计规律，利用同余处理，不能明显地消除其内在规律性，但通过某些复杂设计可以减弱其中的规律性。

# 30.3　增强型变值伪随机数发生器

### 30.3.1　增强型变值伪随机数发生器设计方案

利用上述的变值逻辑体系和变值逻辑空间的特性，变值伪随机数发生器可以产生性能优良的伪随机数序列。文献 [6] 阐述一种基于变值逻辑的静态伪随机数发生器，本章提出的随机序列发生器所产生的序列拥有优良的线性复杂度，体现了变值逻辑体系在伪随机数发生器中的良好特性和应用潜力。但是该类发生器产生的序列，在频数测试和游程测试等伪随机数测试中都不能达到预期的效果。可以说明该类发生器还存在着内在的缺陷和问题。基于该类发生器存在的问题，提出改进的增强型变值伪随机数发生器。

针对存在的问题，提出一种基于并行运算思想的设计方案，增加多组变值逻辑运算并行计算模块。增强型变值伪随机数发生器设计图如图 30.1 所示。

增强型变值伪随机数发生器是由控制机制和变值逻辑运算组成的。在控制机制中加入了并行控制机制，该机制主要是控制变值逻辑运算的分组数量和参数分组分配的，以保证多组变值逻辑运算并行计算。增强型变值伪随机数发生器的核心是多组变值逻辑运算的并行计算。根据发生器的需求，30.4 节实现变值逻辑运算，降低变值逻辑运算的复杂度。

### 30.3.2　输入转化和输出控制机制

输入转化机制由参数控制和处理机制两部分组成。

输入转化机制的参数控制，将用户的输入参数限制在 256 位，不足时补齐到 256 位。处理机制，将 256 位输入参数按位先进行处理，将输入参数转化为控制参数集，传递给并行控制机制作为相关参数。通过输入转化机制，避免变值算法主体暴露在外，也保证整个算法主体能够灵活地接受输入参数空间，符合实际的应用场景。

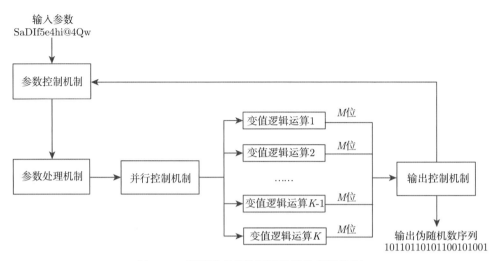

图 30.1　增强型变值伪随机数发生器设计图

输出控制机制，将多组变值逻辑运算得到的结果进行线性处理，或者按照设定的规则输出结果，作为伪随机数序列。

### 30.3.3　并行计算机制

在增强型变值伪随机数发生器中，$K$ 组变值逻辑运算在并行控制机制的引导下进行并行计算，如图 30.2 所示。从每组变值逻辑运算中提取 $N$ 位数据，在输出控制部分组成一组 $K \times M$ 位的数据阵列。通过多组数据的组合来降低在单一变值逻辑运算结果中存在的规律性，同时也强化了所产生伪随机数的周期和参数控制范围。并行计算机制对变值逻辑运算的复杂度和灵活性要求相对较高，因此下面描述一种新的变值逻辑运算表达方式，满足增强型变值伪随机数发生器的需求。

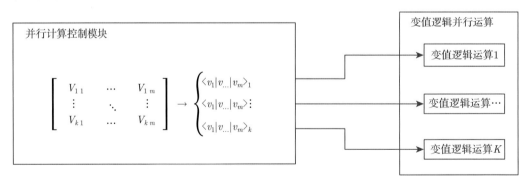

图 30.2　并行计算控制机制示意图

## 30.4　变值逻辑运算

变值逻辑体系通过变化置换参数和互补参数，将输入参数转化为变值逻辑运算所需的参数的格式，并将合适的参数传递给变值逻辑生成算法。变值逻辑生成算法接受置换参数和互补参数，并调用变值逻辑运算，生成变值逻辑空间表。具体流程图如图 30.3 所示。PARAMETER(参数) 经过参数转化模块得到变值逻辑运算参数, 再通过变值逻辑生成模块, 根据传入的参数得到变值逻辑空间表。

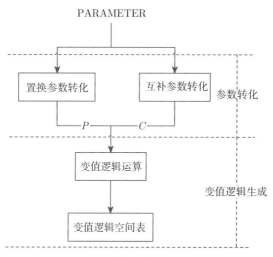

图 30.3　变值逻辑运算流程图

变值逻辑体系的空间大小和变值逻辑运算的控制参数的长度由位数 $N$ 所决定。为方便描述, 以生成的位数为 $N = 4$ 来介绍生成算法。在这样的条件下, 变值逻辑运算的置换参数和互补参数由 $2^N = 16$ 个子参数组成, 设置换参数为 $P[16]$, 互补参数为 $C[16]$, 变值逻辑体系产生的空间为 $2^{2^N} \times 2^N = 1048576$。

### 30.4.1　变值逻辑空间表分析

1. 变值逻辑空间表构造

对变值逻辑体系分析可知, 变值逻辑空间表是通过初始操作、置换操作和互补操作得到的一张变值空间表。变值逻辑空间表生成流程图如图 30.4 所示。

图 30.4　变值逻辑空间表生成流程图

在图 30.5 中, 以 $N = 2$, 置换参数集 $P = \{2, 3, 0, 1\}$, 互补参数集 $C = \{1, 0, 1, 0\}$ 为例, 演示了整个变值逻辑空间表构建的过程。首先得到一张初始化的空间表, 然后通过置换操作得到第二张中间表, 最后进行互补操作完成整个变值逻辑空间表的构建。

1) 置换操作过程的实现描述

在置换操作过程中, 根据置换参数集进行列的交换。对于第一列, 对应的 $P[1] = 2$, 所以第一列中所有的值与第二例中的值进行交换, 依次对每列进行同样的操作。

根据置换操作过程可知, 置换参数集要求是 $0 \sim 2^N$ 的全排列集合, 下面根据此条件设计了置换参数转化算法, 满足变值逻辑运算的要求。

2) 互补操作过程的实现描述

在互补操作过程中，根据互补参数集进行列内部的运算。对于第一列，对应的 $C[1] = 1$，所以未将第一列中的值取反。对于第二列，对应的 $C[2] = 0$，因此将第二列中的值取反，完成该列的互补操作。

根据互补操作过程可知，互补参数集要求是需要 $2^N$ 个元素的 $\{0,1\}$ 序列集合。根据相关特性，设计互补参数转化算法，满足变值逻辑运算互补操作的需求。

| N | 11 | 10 | 01 | 00 |
|---|----|----|----|----|
| 0 | 0 | 0 | 0 | 0 |
| 1 | 0 | 0 | 0 | 1 |
| 2 | 0 | 0 | 1 | 0 |
| 3 | 0 | 0 | 1 | 1 |
| 4 | 0 | 1 | 0 | 0 |
| 5 | 0 | 1 | 0 | 1 |
| 6 | 0 | 1 | 1 | 0 |
| 7 | 0 | 1 | 1 | 1 |
| 8 | 1 | 0 | 0 | 0 |
| 9 | 1 | 0 | 0 | 1 |
| 10 | 1 | 0 | 1 | 0 |
| 11 | 1 | 0 | 1 | 1 |
| 12 | 1 | 1 | 0 | 0 |
| 13 | 1 | 1 | 0 | 1 |
| 14 | 1 | 1 | 1 | 0 |
| 15 | 1 | 1 | 1 | 1 |

(a) 初始示意表

| P | 10 | 11 | 00 | 01 |
|---|----|----|----|----|
| 0 | 0 | 0 | 0 | 0 |
| 1 | 0 | 0 | 1 | 0 |
| 2 | 0 | 0 | 0 | 1 |
| 3 | 0 | 0 | 1 | 1 |
| 4 | 1 | 0 | 0 | 0 |
| 5 | 1 | 0 | 1 | 0 |
| 6 | 1 | 0 | 0 | 1 |
| 7 | 1 | 0 | 1 | 1 |
| 8 | 0 | 1 | 0 | 0 |
| 9 | 0 | 1 | 1 | 0 |
| 10 | 0 | 1 | 0 | 1 |
| 11 | 0 | 1 | 1 | 1 |
| 12 | 1 | 1 | 0 | 0 |
| 13 | 1 | 1 | 1 | 0 |
| 14 | 1 | 1 | 0 | 1 |
| 15 | 1 | 1 | 1 | 1 |

(b) 经置换操作示意表

| C | 10 | 11 | 00 | 01 |
|---|----|----|----|----|
| 0 | 0 | 0 | 1 | 0 |
| 1 | 0 | 1 | 1 | 1 |
| 2 | 0 | 1 | 1 | 0 |
| 3 | 0 | 1 | 1 | 0 |
| 4 | 1 | 1 | 0 | 1 |
| 5 | 1 | 1 | 1 | 1 |
| 6 | 1 | 1 | 1 | 0 |
| 7 | 1 | 1 | 1 | 0 |
| 8 | 0 | 0 | 0 | 1 |
| 9 | 0 | 0 | 1 | 1 |
| 10 | 0 | 0 | 1 | 0 |
| 11 | 0 | 0 | 1 | 0 |
| 12 | 1 | 0 | 0 | 1 |
| 13 | 1 | 0 | 1 | 1 |
| 14 | 1 | 0 | 0 | 0 |
| 15 | 1 | 0 | 1 | 0 |

(c) 经互补操作示意表

图 30.5　变值逻辑空间表生成演示图

通过分析在初始表中每列的排列可以发现，每列中相同值间隔的距离与所在列有关。在第一列中，0,1 交替是以 11 个为循环进行的。第二列中，0,1 是以四个一轮进行交替。第三列是以两个进行交替，最后一列是以一个进行交替。根据以上规律，在生成的时候，按列模式生成整体有序的初始表。因为生成时是根据列号来决定交替的长度，所以在置换操作时可以根据该列的初始值来生成。在完成了初始操作和置换操作之后，根据 $C$ 即互补参数集完成互补操作，则完成整个生成处理。

2. 变值逻辑空间表分析

变值逻辑空间表可以根据其内在的规律按列构造。设为 $N$ 位变值逻辑空间表。则置换操作参数为 $P[2^N]$，互补操作参数为 $C[2^N]$，整个变值逻辑空间表尺度为 $2^{2^N} \times 2^N$。

设 $L_n$ 为第 $n$ 列，$L_n\{2^{2^N}\}$ 为该列值的集合，由 $2^{2^N}$ 个值组成。

变值逻辑空间表每列都可以如 $L_n$ 表示。变值逻辑空间表是由 $2^N$ 个 $L_n$ 组成的，所以变值逻辑空间表 $S$ 表示为

$$S = \left\{ L_{p_1}, L_{p_2}, \cdots, L_{p_{i-1}}, L_{p_i} \right\}, \ i = 2^N$$

周期替换的长度由列号 $n$ 决定，替换周期 $z = 2^n$，因此交替次数 $m = 2^{2^N - n}$。$L_n$ 表示为

$$L_n = \{l_1, l_2, \cdots, l_{m-1}, l_m\}, \ m = 2^{2^N - n}$$

$$l_m = \langle 0_1 | \cdots | 0_z \rangle, \ m \in \text{偶数}, \ z = 2^n$$

$$l_m = \langle 1_1 | \cdots | 1_z \rangle, \ m \in \text{奇数}, z = 2^n$$

为表示初始化后所形成的空间, 初始化空间后, 将进行置换操作。置换参数 $P$ 可以表示为

$$P = \{p_1, p_2, \ldots, p_{j-1}, p_j\}, \ j = 2^N, p_1 \neq p_2 \neq \ldots \neq p_j, p_j < 2^N$$

将初始列表中的 $n = p_n$, 即将该列对应为进行置换操作后的列。直接生成 $p_n$ 列, 将初始化和置换操作合并完成。生成对于 $n$ 列进行置换操作, 表示为

$$L_{p_n} = \{l_1, l_2, \cdots, l_{m-1}, l_m\}, \ m = 2^{2^N - p_n}$$

$$l_m = \langle 0_1 |, \cdots, |0_z \rangle, \ m \in \text{偶数}, \ z = 2^{p_n}$$

$$l_m = \langle 1_1 |, \cdots, |1_z \rangle, \ m \in \text{奇数}, \ z = 2^{p_n}$$

互补操作参数将影响 $\{0, 1\}$ 的产生。互补参数 $C$ 可以表示为

$$C = \{c_1, c_2, \cdots, c_{j-1}, c_j\}, \ j = 2^N$$

将初始列表中的 $\{0, 1\}$ 替换成互补参数 $C$ 集合中的子集合。互补操作为

$$L_n = \{l_1, l_2, \cdots, l_{m-1}, l_m\}, \ m = 2^{2^N - n}$$

$$l_m = \langle C[n]_1 |, \cdots, |C[n]_z \rangle, \ m \in \text{偶数}, \ z = 2^n$$

$$l_m = \langle !C[n]_1 |, \cdots, |!C[n]_z \rangle, \ m \in \text{奇数}, \ z = 2^n$$

综合上述将初始操作、置换操作、互补操作合并成变值逻辑运算操作, 表示为

$$L_{p_n} = \{l_1, l_2, \cdots, l_{m-1}, l_m\}, \ m = 2^{2^N - p_n}$$

$$l_m = \langle C[n]_1 |, \cdots, |C[n]_z \rangle, \ m \in \text{偶数}, \ z = 2^{p_n}$$

$$l_m = \langle !C[n]_1 |, \cdots, |!C[n]_z \rangle, \ m \in \text{奇数} \ z = 2^{p_n}$$

完成整个变值逻辑空间表的构建, 即完成 $2^n$ 次 $L_n$ 的构建。完成 $L_n$ 的构建即完成 $2^{p_n}$ 轮交替。所描述的变值逻辑生成的方法根据系列公式逐步完成。

### 3. 变值逻辑生成算法

变值逻辑的生成是根据上述规律直接生成变值逻辑空间表, 产生出在该参数下整个变值逻辑运算的值 (变值空间表)。再从表中逐个提取输出所需的序列。

算法 30.1 是变值逻辑生成算法的输入、输出和方法的介绍。

### 算法 30.1　变值逻辑空间表生成演示图

**输入**：$N, P, C$, ($N$ 为位数，$P$ 为置换参数，$C$ 为互补参数)。

**输出**：$S\{2^{2^N+N}\}$ 二进制位串 (变值逻辑空间表) 或者选择输出。

**方法**：(1) 输入变量 $N$，由此便可以申请 $2^N \times 2^{2^N}$ 大小的矩阵空间。

    (2) 按行进行控制：$S = \{L_{p_1}, L_{p_2}, \cdots, L_{p_{i-1}}, L_{p_i}\}$，即控制目前所要生成的列 $n$，得到控制参数 $P[n]$，$C[n]$。

    (3) 按列进行控制：$L_{p_n} = \{l_1, l_2, \cdots, l_{m-1}, l_m\}$，即根据目前列号，计算交替周期为 $2^{p_n}$，$m = 2^{2^N - p_n}$。

    (4) 按交替周期进行生成：$l_m = \langle C[n]_1|, \cdots, |C[n]_z\rangle$ ($m \in$ 偶数，$z = 2^{p_n}$)
$$l_m = \langle !C[n]_1|, \cdots, |!C[n]_z\rangle \ (m \in \text{奇数}, \ z = 2^{p_n}).$$

    (5) 按规则输出 $S$。

图 30.6(a) 显示的是控制参数为 2013，$N$ 为 4 的部分结果，图 30.6(b) 显示的是控制参数 1234，$N$ 为 4 的部分结果。通过观察部分结果，生成的变值逻辑空间表与预期计算的结果完全一致。算法对于实现变值逻辑空间表是成功的。但是，该类算法存在生成算法复杂度高、应用不灵活等问题。根据伪随机数生成器设计需求和存在的问题提出了算法的强化版，增强了算法的灵活性，并降低了时间复杂度和空间复杂度。在后续的章节中，继续介绍增强型变值逻辑生成算法的设计与实现。

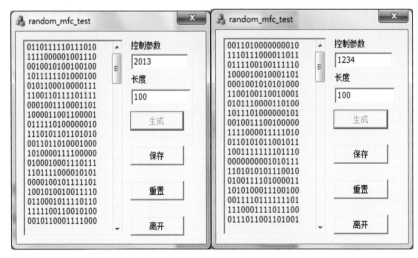

(a) 示意结果1　　　　　　　　　　　　　(b) 示意结果2

图 30.6　变值逻辑生成结果示意图

### 30.4.2　增强型变值逻辑生成算法

增强型变值逻辑生成算法是基于变值逻辑生成算法的改进设计。增强型变值逻辑生成算法可以直接生成变值逻辑空间表中任意位置的值，而不需要像变值逻辑生成算法一样需要生成整个变值逻辑空间表。增强型变值逻辑生成算法基于该数据所在的位置结合置换和互补的运算参数直接映射产生该位数据的变值运算结果。

增强型算法降低了通过生成变值逻辑表方法导致算法空间的复杂度和时间复杂度，同时为基于变值逻辑设计的伪随机数发生器的并行运算提供了可能性。算法中数据位置是通过将变值逻辑表按行转化为相应的一维表来确定的。

根据对变值逻辑空间表的分析可以发现，$l_m$ 集合中的值由 $m$ 值的奇偶性决定。由此，可以将 $l_m$ 修改为

$$l_m = \langle |m\%2 - C[n]_1|, \cdots, |m\%2 - C[n]_z| \rangle, \; z = 2^{p_n} \tag{30.1}$$

设该值所在行编号为 $Y$，列编号为 $X$。则 $m$ 可以表示为

$$m = [Y/2^{p_n}] \tag{30.2}$$

对变值逻辑空间表的分析可知

$$S = \left\{ L_{p_1}, L_{p_2}, \cdots, L_{p_{i-1}}, L_{p_i} \right\}, \; i = 2^N \tag{30.3}$$

$$L_{p_n} = \left\{ l_1, l_2, \cdots, l_{m-1}, l_m \right\}, \; m = 2^{2^N - p_n} \tag{30.4}$$

将公式 (30.1)，公式 (30.2) 代入公式 (30.4) 中，可得

$$L_{p_n} = \left\{ |[1/2^{p_n}]\%2 - C[n]|_1 \cdots |[z/2^{p_n}]\%2 - C[n]|_z \right\}, \; z = 2^{2^N} \tag{30.5}$$

在公式 (30.5) 中，每列的集合可以去除交替控制方法，通过固定列号，根据行号进行数值的计算。

将公式 (30.5) 代入公式 (30.3)，将变值逻辑空间表按行进行一维转化，即 $A = Y \times 2^N + X$。所以 $X_A = A\%2^N, Y_A = A/2^N$，可得

$$S = \left\{ \begin{array}{l} |[Y_1/2^{p_{X_1}}]\%2 - C[X_1]|_1, |[Y_2/2^{p_{X_2}}]\%2 - C[X_2]|_2 \cdots \\ |[Y_{i-1}/2^{p_{x_{i-1}}}]\%2 - C[X_{i-1}]|_{i-1}, |[Y_i/2^{p_{X_i}}]\%2 - C[X_i]|_i \end{array} \right\}, \; i = 2^{2^N + N} \tag{30.6}$$

整个变值逻辑空间表可以表示成公式 (30.6)。由此可知

$$S_i = |[Y_i/2^{p_{X_i}}]\%2 - C[X_i]| \tag{30.7}$$

根据公式 (30.7) 可知，根据值的地址，就可以映射到对应的值。

增强型变值逻辑生成算法流程图如图 30.7 所示。该流程以地址控制开始，也由地址控制结束。地址控制函数控制整个算法生成的个数、所需生成的元素以及生成的起点和终点。算法的输出是单个值输出的，即当地址控制产生地址 $A$ 中的值后就进行输出操作。当完成一个元素的生成后转回地址控制中，由地址控制产生下一个所需生成元素的地址。该算法可以生成完整的变值逻辑空间表，同时也可以生成控制规则的部分元素。算法中不再以交替周期为元素，也不再有以列为单元的概念。变值逻辑空间表中每个值在算法中即为一个元素。增强型算法相比普通生成算法更为灵活，同时时间复杂度也更加良好，可以满足增强型变值伪随机数发生器的需求。算法 30.2 是增强型变值逻辑生成算法的输入、输出和方法的介绍。

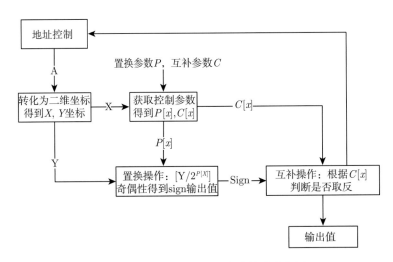

图 30.7　增强型变值逻辑生成算法流程图

### 算法 30.2　增强型变值逻辑生成算法

**输入**：$N, P, C$ ($N$ 为位数，$P$ 为置换参数，$C$ 为互补参数)。

**输出**：$S\{2^{2^N+N}\}$ 二进制位串 (变值逻辑空间表) 或者选择输出。

**方法**：(1) 数据控制：产生地址 $A$。

(2) 地址转化：$X_A = A\%2^N, Y_A = A/2^N$。

(3) 参数生成：置换参数 $P[X_A]$，互补参数 $C[X_A]$。

(4) $S_i = |[Y_i/2^{p_{X_i}}]\%2 - C[X_i]|$

(5) 输出控制。

　　算法执行情况如图 30.8 所示。图 30.8(a) 中设定 $N = 2$，其中的控制参数机制仅供测试使用。图中实现的变值逻辑空间表与预期的计算完全一致，可以证明算法的正确性。

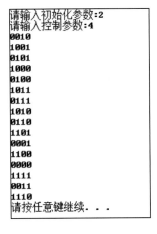

(a) $N$=2 的结果示意图　　　　　　(b) $N$=4 的部分结果示意图

图 30.8　增强型变值逻辑生成算法验证示意图

图 30.8(b) 中是 $N = 4$ 的部分数据,通过观察全局数据,同样也是符合预期计算。根据两图可以判断增强型生成算法中生成的每个元素都符合变值逻辑空间表中对应的元素。

增强型变值逻辑生成算法简化整个生成过程,取消了交替周期、奇偶性判断等机制。使得生成算法在性能和效率上有进一步提高。

从生成的灵活性角度,新的算法有极大的提高。在 C 语言中以 int32 长度进行计算,变值逻辑生成算法 $N$ 的上限是 4,整个变值逻辑空间表的大小为 1048576 位。而增强型变值逻辑生成的 $N$ 上限可以达到 8,变值逻辑空间表的大小为 $2^{256}$,远远高于前者。另外,变值逻辑生成算法是以整个变值逻辑空间表输出的,而增强型变值逻辑生成算法是以单个元素输出的,在地址控制模块中可以加入规则使生成更加灵活。这些条件为变值逻辑空间表在基于变值逻辑的伪随机数生成器中灵活应用提供了坚实的基础。

### 30.4.3 置换参数生成

本节介绍并行机制分配到的参数转化为置换参数 $P$ 的过程。置换运算的控制参数是 $0 \sim 2^N$ 的一组排列组合。当 $N = 4$ 时,存在 $2^N = 16$ 种组合可能性。在参数向置换控制参数转化过程中,需要根据参数产生 $0 \sim 2^N$ 的全排列。

置换参数由 $0 \sim 2^N$ 的数值组成,并且不能重复出现。哈希表生成中使用的哈希函数可以解决控制参数向置换参数转化的问题,在构建哈希表时所使用的冲突处理,可以解决数值重复出现的问题。利用哈希的方法高效地将参数转化为置换参数。

哈希操作通过将单向数学函数应用到任意数量的数据得到固定大小的结果。如果输入数据中有变化,则哈希值也会发生变化。哈希表示根据哈希函数 $H(\mathrm{key})$ 和处理冲突的方法将一组关键字映射到一个有限的连续的地址集 (区间) 上,以关键字在地址集中的标志,作为这条记录在表中的存储位置。

转化过程中使用数学函数 $H(\mathrm{parameter})$ 和存储地址冲突处理法中的再哈希法 Hi=RHi (value), $i = 1, 2, \cdots, k$. RHi 均是不同的哈希函数。同时此处借鉴 KMP 模式匹配算法 [7],做了算法复杂度优化。具体流程如图 30.9 所示。

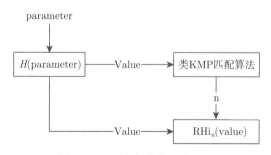

图 30.9 置换参数生成流程图

输入参数 parameter, 通过数学函数 $H()$ 得到 value, value 通过类 KMP 匹配算法得到 $n$ 值与整个置换参数的匹配值,根据 $n$ 处理 value 值,得到该置换参数中元素。具体如算法 30.3 所示,介绍了置换参数转化算法的输入、输出和方法。

图 30.10 是根据不同参数产生的部分排列。结果不能反映出所有的排列是否产生。但通过进一步的测试,可以发现只要输入参数不同,得到的结果不可能一样。总体来看,该算法

可以满足置换参数的产生。该置换参数转化算法在复杂度和正确性上都符合变值逻辑运算的要求。

**算法 30.3　互补参数转化算法**

输入：parameter ($2^n \times n$ 位 0-1 序列)。

输出：$P$ ($2^N$ 位 0$\sim$$2^n$ 全排列)。

方法：(1) 根据参数调 $H()$ 函数将 $n$ 位序列转化得到 value。

　　　(2) 使用类 KMP 方法将 value 与已产生的数据进行匹配，得到匹配结果 $n$。

　　　(3) 根据匹配的结果 $n$，调用 $\text{RHi}_n(\text{value})$ 处理数据重复的问题。

```
2   9   4   10  5   11  6   12  13  7   14  8   15  0   1   3
9   4   10  5   11  13  14  7   12  6   2   15  8   3   0   1
10  13  6   11  14  7   12  0   8   3   1   2   9   4   5
9   12  14  15  0   1   7   11  5   2   3   4   8   6   0   13
0   1   8   12  6   11  5   2   3   9   4   10  13  14  7   15
9   12  14  15  0   1   7   3   10  13  2   4   8   5   11  6
6   3   1   0   8   4   10  13  7   11  14  15  9   5   2   12
12  6   3   9   13  7   11  5   10  8   14  15  2   0   4   1
5   2   9   4   3   10  12  6   7   1   8   13  14  15  0
```

图 30.10　置换参数转化结果示意图

### 30.4.4　互补参数生成

变值逻辑体系中的互补参数 $C$ 由 $2^n$ 位 $\{0,1\}$ 组成的互补参数集。算法 30.4 是互补参数转化算法的输入、输出和方法的介绍。

**算法 30.4　互补参数转化算法**

输入：parameter ($2^N$ 位 0-1 序列)。

输出：$C$($2^N$ 位 $\{0,1\}$ 序列)。

方法：简单线性处理。

$C\{2^n\}$ 位互补参数集存在 $2^{2^N}$ 种组合。从输入参数向互补参数的转化通过简单的方法处理成 $\{0,1\}$ 集即可。

互补参数转化结果示意图如图 30.11 所示。图中是 12 组 16 位的 $\{0,1\}$ 序列，即 12 组的互补参数。

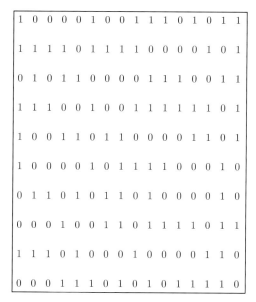

图 30.11 互补参数转化结果示意图

# 30.5 基于变值逻辑的伪随机数序列性能检测

### 30.5.1 散点图模型测试

图 30.12 是该部分所使用的散点图检测模型。该模型对 RC4 算法序列生成器、反馈调节变值逻辑伪随机数发生器、多组并行的变值逻辑伪随机数生成器使用基于数值统计的散点图对比的方法进行分析。其中被检测随机数的长度均为 $10^6$ bit。

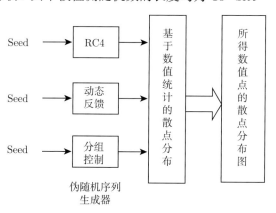

图 30.12 散点图检测模型

图 30.13 的散点图构造模型是基于准随机的蒙特卡罗方法 [7] 和球内均匀分布抽样中所使用的散点图改进设计而来的。基于数值的散点图是通过统计所得随机序列的数值分布情况来观察分析其随机特性的好与差。一般来说所得散点结果图中，如果所有点分布随机均匀且没有明显规律和抱团 [8] 现象，则表明其良好的随机性，若散点分布呈现一定的聚集规律，则表明随机特性中存在较差的方面。

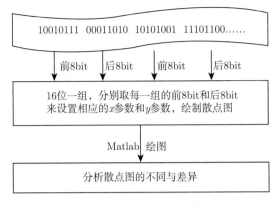

图 30.13　散点图构造模型

分别对 RC4 算法序列生成器、增强型变值逻辑伪随机数发生器进行散点图分析。结果如图 30.14 所示。该部分中的散点图由 500 个点构成。通过图片将 RC4 算法与多组并行变值逻辑伪随机数进行对比，两种随机序列分布均较为分散，但都存在一定区域的轻微抱团现象。因此仅仅从散点图来看，RC4 与新型变值逻辑伪随机数的随机性能相差不大。

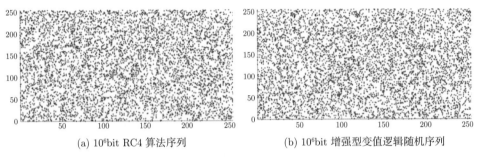

(a) $10^6$bit RC4 算法序列　　　　　　(b) $10^6$bit 增强型变值逻辑随机序列

图 30.14　反馈调节、增强型变值逻辑与 RC4 对比

### 30.5.2　伪随机序列测试方法

一般来说，密钥序列的随机特性越好，越接近于理想随机序列，加密的安全性也就越高。通常，密钥序列的检验标准采用 Golomb 的三点随机性公设，除此之外，还需做进一步局部随机性检验，包括频率检验、序列检验、通用检验、自相关检验和游程检验，以及反映序列不可预测性的复杂度测试等。美国国家标准技术研究院 (National Institution for Standard Technology, NIST) 制定了一套随机序列的测试标准，主要包括：① 测试序列各子矩阵的秩，用以检验被测序列中各定长子序列之间的线性相关性；② 测试序列傅里叶频谱中的峰值，以检测被测序列中与理想随机序列间不同的周期特征；③ 检测序列能否在不损失信息的情况下被显著压缩，能被显著压缩的序列应该是非随机的；④ 测试被测序列线性反馈移位寄存器的长度，以判定被测序列的线性复杂度是否达到要求 (理想随机序列的线性反馈移位寄存器应该很长)；⑤ 测定被测序列的累积量偏移程度是否与理想随机序列相一致 (理想随机序列的累积量的偏移应在零值附近) 等。

该标准共包含 16 项指标，从不同角度检验被测序列在统计特性上相对于理想随机序列的偏离程度。在本书的伪随机序列检测过程中，所用到检测方案也涉及 NIST 测试中的频数检测、游程检测和线性复杂度等测试方法。NIST 测试是通过分析测试结果 $P$ 值来体现的，具体的 $P$ 值的分析方法为：分别将不同算法所得 30000 万位长度的序列分为 300 组，每组 $S = 100$ 万位的样本。通过这样的分组就形成了 300 个序列段，在 NIST 测试中选取频数检测、游程检测和线性复杂度检测这三个典型测试方法进行随机性能检测并采用 Kolmogorov-Smirnov 假设检验 [9] 来确定样本是否满足均匀分布 [10]，同时所得均匀分布结果通过 $P\text{-}P$ 图 [11] 的展现出来。根据 $P\text{-}P$ 图分布的统计特性，分布图中的散点越拟合相应的直线，该分布越接近于均匀分布，序列的随机性能越好。

　　在测试过程中采用对比测试，通过对比发现改进设计后的并行计算机制相对于静态下的变值逻辑生成器的优势，选择在序列密码中常用的 RC4 算法 [12] 的序列与增强型变值逻辑伪随机数发生器输出序列进行对比测试。

### 30.5.3　测试结果及分析

　　静态和增强型变值逻辑对比分析组图如图 30.15 所示。根据 $P\text{-}P$ 图均匀分布的统计特性，分布图中的散点越拟合相应的直线，该分布越接近于均匀分布。通过上述的检测结果的对比，可以直观地看到，并行计算机制下的伪随机序列相比于改进之前，无论是频数测试、游程测试还是线性复杂度测试都更加符合均匀分布，显示明显的性能提升。如果渐进显

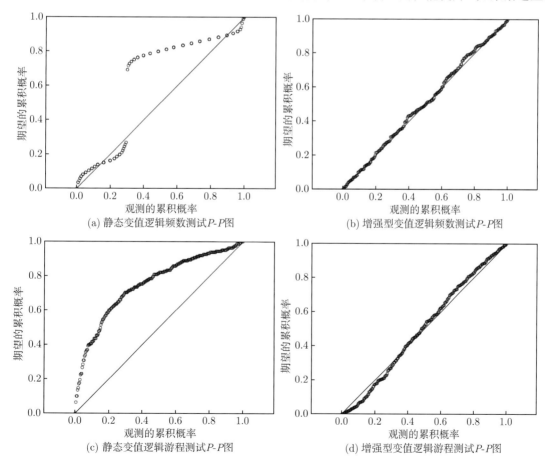

(a) 静态变值逻辑频数测试 $P\text{-}P$ 图　　　　　　(b) 增强型变值逻辑频数测试 $P\text{-}P$ 图

(c) 静态变值逻辑游程测试 $P\text{-}P$ 图　　　　　　(d) 增强型变值逻辑游程测试 $P\text{-}P$ 图

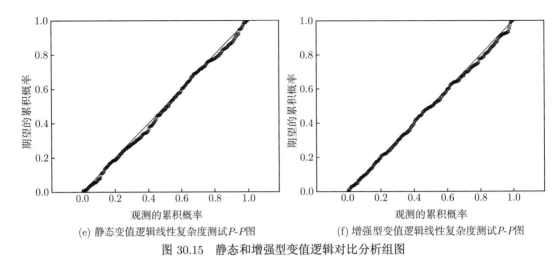

(e) 静态变值逻辑线性复杂度测试 $P$-$P$图　　　　　(f) 增强型变值逻辑线性复杂度测试 $P$-$P$图

图 30.15　静态和增强型变值逻辑对比分析组图

著性设定为标准值 0.05，则并行计算机制变值逻辑发生器所产生的伪随机数符合均匀分布，而静态下的测试则不能通过均匀分布的检测要求。

对比 RC4 算法的检测结果 (图 30.16) 可以发现，RC4 的检测结果符合均匀分布。但从

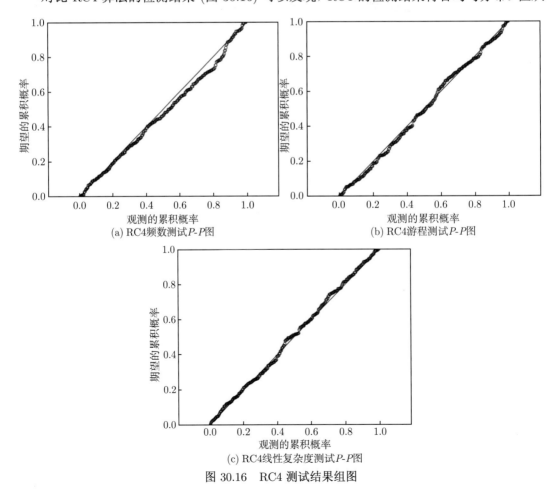

(a) RC4频数测试 $P$-$P$图　　　　　　　　　　　(b) RC4游程测试 $P$-$P$图

(c) RC4线性复杂度测试 $P$-$P$图

图 30.16　RC4 测试结果组图

渐进显著性来对比, 不同的测试方法所产生的渐进显著性各有差别。整体看来, 增强型变值逻辑为随机数发生器产生的伪随机数性能理想。说明本章所描述的生成机制比较是可行的, 这个方面的结果对建议的方法在密码学领域的深入研究和在网络空间安全的实际应用都有现实意义。

## 30.6 结 论

随着网络空间安全、计算机技术和网络通信的普及发展, 伪随机数发生器的作用将会越来越明显。利用变值逻辑体系所产生的序列, 仅通过一些简单的控制方式就可以产生性能优良的伪随机数序列。本章介绍了线性复杂度良好的变值伪随机数发生器。以此为基础针对存在的缺陷, 描述了一种增强型变值伪随机数序列发生器。

本章围绕变值逻辑体系的实现以及变值逻辑在伪随机数中的应用展开了一系列的工作。阐述了变值逻辑体系, 描述了变值逻辑体系中所产生序列的特性, 介绍了基于并行计算思想的增强型变值伪随机数发生器设计方案。通过研究变值逻辑体系中变值逻辑空间表和置换操作、互补操作的实现算法, 实现增强型变值伪随机数发生器的核心部分形成增强型的算法改进。利用系列伪随机数序列的检测分析方法进一步验证变值逻辑体系构造新型算法的潜在价值。

利用增强型变值伪随机数序列生成器在变值逻辑运算体系加入并行控制来产生伪随机序列, 不但扩展了序列的周期而且使产生的序列更加混乱和不可预测, 相应地增强了算法的安全性。

### 参 考 文 献

[1] 温巧燕, 张劫, 钮心忻, 等. 现代密码学中的布尔函数研究综述. 电信科学, 2005, 20(12): 43-46.

[2] 杨义先, 胡正名. 用于序列密码的布尔函数计数问题. 通信学报, 1992, 13(4): 18-24.

[3] 杨自强, 魏公毅. 综述: 产生伪随机数的若干新方法. 数值计算与计算机应用, 2001, 3(2001): 201-216.

[4] 郑智捷. 多元逻辑函数的基础等价变值表示. 云南民族大学学报: 自然科学版, 20(5): 396-397.

[5] Zheng J. Novel pseudo random number generation using variant logic framework. Proceedings of the 2th international Cyber Resilience Conference, 2011: 100-105.

[6] 王安, 宋静, 任仲夷, 等. 一种新型变值逻辑伪随机数发生器的实现与分析. 云南大学学报 (自然科学版), 2013, 35(S2): 120-124

[7] 俞松, 郑骏, 胡文心. 一种改进的 KMP 算法. 华东师范大学学报: 自然科学版, 2009 (4): 92-97.

[8] 林雅榕, 侯整风. 对哈希算法 SHA-1 的分析和改进. 计算机技术与发展, 2006, 16(3): 124-126.

[9] 张广强. 均匀随机数发生器的研究和统计检验. 大连: 大连理工大学, 2005.

[10] 叶钢, 余丹, 李重文, 等. 一种基于 Kolmogorov-Smirnov 检验的缺陷定位方法. 计算机研究与发展, 2013(4): 686-699

[11] 宗序平, 姚玉兰. 利用 QQ 图与 PP 图快速检验数据的统计分布. 统计与决策, 2010, 20: 151-152.

[12] 宋维平. 流密码与 RC4 算法. 吉林师范大学学报: 自然科学版, 2005, 26(2): 71-72.